H.-J. Möller · H. Przuntek · G. Laux · Th. Büttner (Hrsg.)

Therapie im Grenzgebiet von Psychiatrie und Neurologie

Band 2

Springer
Berlin
Heidelberg
New York
Barcelona
Budapest
Hongkong
London
Mailand
Paris
Santa Clara
Singapur
Tokio

H.-J. Möller · H. Przuntek
G. Laux · Th. Büttner (Hrsg.)

Therapie im Grenzgebiet von Psychiatrie und Neurologie

Band 2

Mit 34 Abbildungen und 38 Tabellen

Springer

Prof. Dr. med. Hans-Jürgen Möller
Psychiatrische Klinik, Ludwig-Maximilians-Universität
Nußbaumstraße 7, D-80336 München

Prof. Dr. med. Horst Przuntek
Neurologische Klinik der Ruhr-Universität Bochum im St. Josef-Hospital
Gudrunstraße 56, D-44791 Bochum

Prof. Dr. med. Dipl.-Psych. Gerd Laux
Psychiatrische Klinik und Poliklinik, Universität Bonn
Sigmund-Freud-Straße 25, D-53105 Bonn

Priv.-Doz. Dr. med. Thomas Büttner
Neurologische Klinik der Ruhr-Universität Bochum im St. Josef-Hospital
Gudrunstraße 56, D-44791 Bochum

Therapie im Grenzgebiet von Psychiatrie und Neurologie / H.-J. Möller ... (Hrsg). – Berlin ; Heidelberg ; New York ; Barcelona ; Budapest ; Hongkong ; London ; Mailand ; Paris ; Santa Clara ; Singapur ; Tokio : Springer.

NE: Möller, Hans-Jürgen [Hrsg.]
Bd. 2. Mit 38 Tabellen. – 1996
ISBN-13:978-3-540-60206-4 e-ISBN-13:978-3-642-61017-2
DOI: 10.1007/978-3-642-61017-2

ISBN-13:978-3-540-60206-4 Springer-Verlag Berlin Heidelberg New York

Satzherstellung: Ernst Kieser GmbH, D-86356 Neusäß
Herstellung: PRO EDIT GmbH, D-69126 Heidelberg
SPIN: 10506715 25/3134-5 4 3 2 1 0 - Gedruckt auf säurefreiem Papier

Vorwort

Mit zunehmender Spezialisierung von Psychiatrie und Neurologie und der dadurch bedingten Auflösung des einheitlichen Faches Nervenheilkunde werden die Grenzbereiche zwischen beiden Fächern ein diagnostisches und therapeutisches Problem, da der klinische Alltag oft nicht die Zeit für eine ausreichende Kommunikation zwischen den Vertretern beider Fachgebiete läßt.

In den interdisziplinären Gesprächen zwischen Psychiatern und Neurologen anläßlich der ersten Tagung 1992 wurden diagnostische und therapeutische Fragen erörtert, die im klinischen Alltag schwer zu lösen sind und aus der alleinigen psychiatrischen oder neurologischen Sicht nicht befriedigend beantwortet werden können. Die Publikation der Tagungsergebnisse ist in den Fachkreisen auf sehr positive Resonanz gestoßen, und es wurde der Wunsch geäußert, einen derartigen Gedankenaustausch zu wiederholen. Da neue Forschungsergebnisse aus der Genetik Auswirkungen auf die Diagnostik, Therapie und Prognose neurologischer und psychiatrischer Krankheiten haben, wird der Thematik Neurogenetik und Neurodegeneration neben Depression, Demenz und Prädiktion in der Therapie ein besonderer Tagungsteil gewidmet sein.

Der vorliegende Buchband enthält die Beiträge sowie die wichtigsten Diskussionsbemerkungen der zweiten „Begegnungs-Tagung" zwischen Psychiatern und Neurologen, die im November 1994 stattfand. Wir hoffen, mit diesem Band zur interdisziplinären Kommunikation und wechselseitigen wissenschaftlichen Impulsgebung beitragen zu können.

H.-J. Möller
H. Przuntek
G. Laux
Th. Büttner

Inhaltsverzeichnis

Autorenverzeichnis

Bagli, Dr. rer. nat. M.
Psychiatrische Universitätsklinik
Sigmund-Freud-Straße 25, 53105 Bonn

Büttner, Priv.-Doz. Dr. med. Th.
Neurologische Klinik, St. Josef-Hospital
Ruhr-Universität Bochum
Gudrunstraße 56, 44791 Bochum

Epplen, Prof. Dr. med. J. P.
Humangenetisches Institut, Ruhr-Universität Bochum
Universitätsstraße 150, 44881 Bochum

Filger-Brillinger, Dr. med. J.
Neurologische Klinik, St. Josef-Hospital
Ruhr-Universität Bochum
Gudrunstraße 56, 44791 Bochum

Fuchs, Dr. med. Th.
Psychiatrische Klinik und Poliklinik
Technische Universität München
Ismaninger Straße 22, 81675 München

Füsgen, Prof. Dr. med. I.
Medizinische Klinik, St. Antonius-Klinik
Tönesheider Straße 24, 48553 Welbert

Gaebel, Prof. Dr. med. W.
Psychiatrische Klinik, Heinrich-Heine-Universität
Rheinische Landes- und Hochschulklinik
Postfach, 40605 Düsseldorf

Gaertner, Prof. Dr. med. H. J.
Zentrum für Psychiatrie und Neurologie
Universität Tübingen
Osianderstraße 22, 72076 Tübingen

Hopf, Prof. Dr. med. H. C.
Neurologische Klinik und Poliklinik
Johannes-Gutenberg-Universität Mainz
Langenbeckstraße 1, 55131 Mainz

Janetzky, Dr. med. B.
Neurologische Klinik und Poliklinik, Kopfklinikum
Bayerische Julius-Maximilians-Universität
Josef-Schneider-Straße 11, 97080 Würzburg

Krauseneck, Prof. Dr. med. P.
Nervenklinik Bamberg
St. Getreu-Straße 14–18, 96049 Bamberg

Kuhn, Priv.-Doz. Dr. med. Dr. rer. nat. W.
Neurologische Klinik, St. Josef-Hospital
Ruhr-Universität Bochum
Gudrunstraße 56, 44791 Bochum

Laux, Prof. Dr. med. G.
Psychiatrische Universitätsklinik
Sigmund-Freud-Straße 25, 53105 Bonn

Maier, Prof. Dr. med. W.
Psychiatrische Universitätsklinik
Sigmund-Freud-Straße 25, 53105 Bonn

Möller, Prof. Dr. med. H.-J.
Psychiatrische Klinik, Ludwig-Maximilians-Universität
Nußbaumstraße 7, 80336 München

Przuntek, Prof. Dr. med. H.
Neurologische Klinik, St. Josef-Hospital
Ruhr-Universität Bochum
Gudrunstraße 56, 44791 Bochum

Rao, Frau Prof. Dr. rer. nat. M. L.
Psychiatrische Universitätsklinik
Sigmund-Freud-Straße 25, 53105 Bonn

Reichmann, Prof. Dr. med. H.
Neurologische Klinik und Poliklinik, Kopfklinikum
Bayerische Julius-Maximilians-Universität
Josef-Schneider-Straße 11, 97080 Würzburg

Riederer, Prof. Dr. P.
Psychiatrische Universitätsklinik
Klinische Neurochemie
Füchsleinstraße 15, 97080 Würzburg

Schlegel, Frau Priv.-Doz. Dr. med. S.
Psychiatrische Klinik der Universität Mainz
Untere Zahlbacher Straße 8, 55131 Mainz

Seibel, Dr. med. P.
Neurologische Klinik und Poliklinik, Kopfklinikum
Bayerische Julius-Maximilians-Universität
Josef-Schneider-Straße 11, 97080 Würzburg

Staedt, Dr. med. J.
Psychiatrische Klinik und Poliklinik, Universität Göttingen
Von-Siebold-Straße 5, 37075 Göttingen

Steinberg, Prof. Dr. med. R.
Pfalzklinik Landeck
Weinstraße 100, 76889 Klingenmünster

Stevens, Frau Dr. med. J.
Zentrum für Psychiatrie und Neurologie
Universität Tübingen
Osianderstraße 22, 72076 Tübingen

Stoppe, Frau Dr. med. G.
Psychiatrische Klinik und Poliklinik, Universität Göttingen
Von-Siebold-Straße 5, 37075 Göttingen

Verzeichnis der Diskutanten

Dr. med. R.-U. Burdinski,
Psychiatrische Klinik der Krankenanstalt Gilead
in den Bodelschwingh'schen Anstalten Bethel,
Remterweg 69/71, 33617 Bielefeld

Dr. med. T. Kohler,
Abteilung Psychiatrie,
Universität Ulm im Psychiatr. Landeskrankenhaus,
88214 Ravensburg-Weißenau

Dr. med. M. A. Oschinsky,
Landeskrankenhaus Schleswig,
Stadtfeld und Hestersberg,
Am Damm 2, 24837 Schleswig

Prof. Dr. med. J. Vesper,
Königin-Elisabeth-Krankenhaus,
Herzbergstr. 79, 10365 Berlin

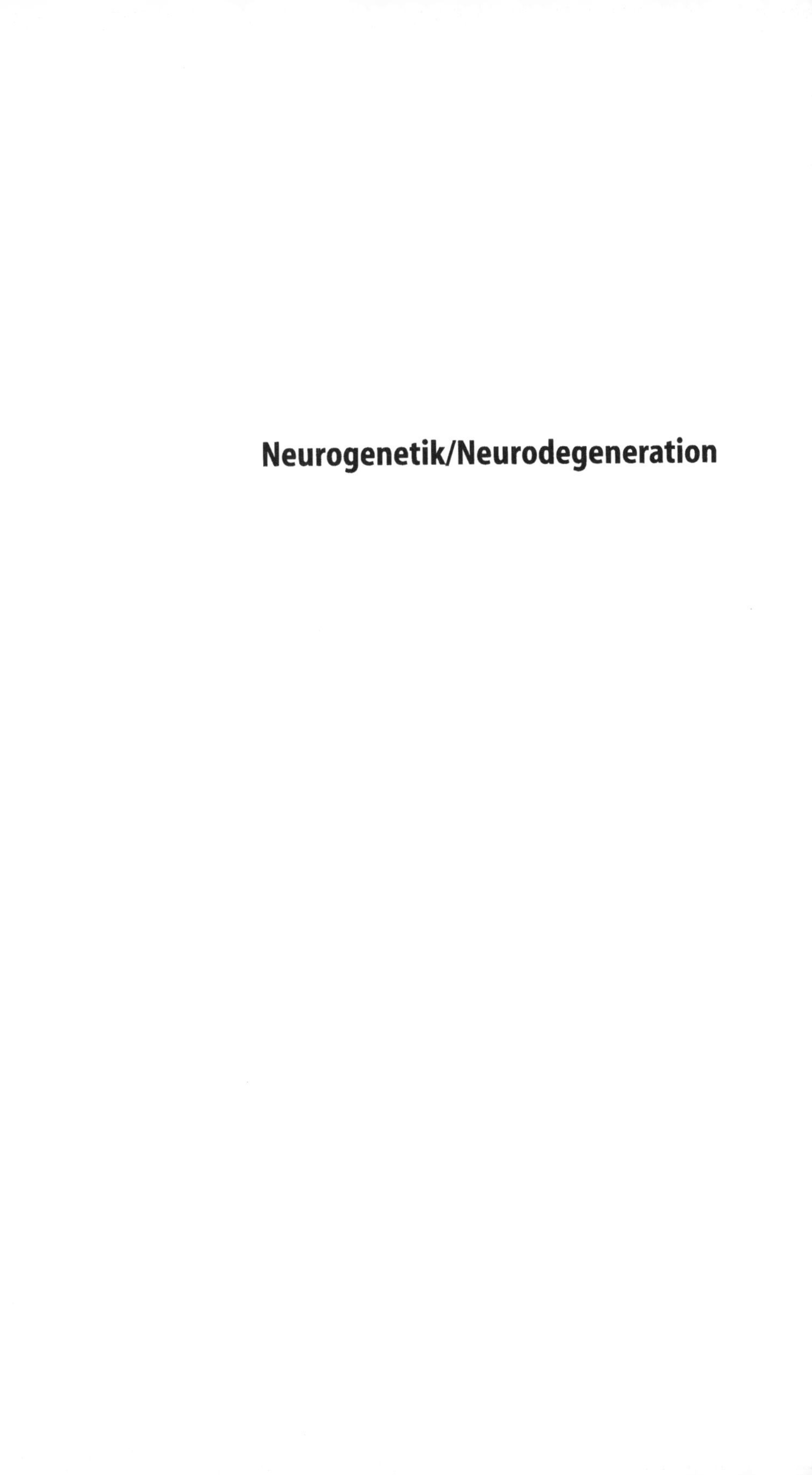

Neurogenetik/Neurodegeneration

Demenz bei Morbus Huntington

H. PRZUNTEK und J. FILGER-BRILLINGER

Der Morbus Huntington ist eine autosomal-dominant vererbte Erkrankung. Im Laufe der über 100jährigen Beschreibung dieser Krankheit zeichneten sich im Rahmen medizinischer methodischer Fortschritte fortlaufend Differenzierungsmöglichkeiten gegenüber anderen Erkrankungen ab bis zu dem Zeitpunkt, da das pathologische Gen auf dem Chromosom 4 sowie das pathologische Genprodukt Huntingtin entdeckt wurde und somit eine genetische differenzierte Zuordnung möglich ist.

Obwohl vor George Huntington mehrere Mediziner die hereditäre Chorea als Krankheit beschrieben und ihre Erblichkeit bereits erkannt hatten (Waters 1841; Gorman 1846; Lund 1860), erreichte erst George Huntington die allgemeine Beachtung dieses Leidens, da er das Krankheitsbild klar definierte und von anderen Erkrankungen abgrenzte.

George Huntington beschrieb am Beispiel betroffener Familien aus Easthampton, Long Island, New York exakt den autosomal-dominanten Erbmodus und das Manifestationsalter der Krankheit in mittleren Lebensjahren. Anhand eigener Erfahrungen mit Chorea-Patienten veranschaulichte er deren antisoziales Verhalten und die Entwicklung depressiver und dementer Symptome.

George Huntington beschrieb 1872 das Krankheitsbild und hob drei besondere Merkmale hervor:

1. die hereditäre Natur,
2. die Tendenz zu Wahnsinn und Suizid,
3. die Manifestation der Krankheit in ihrer schweren Form im Erwachsenenalter.

Die Meinung von George Huntington, daß die nach ihm benannte Krankheit sich erst im mittleren Lebensalter manifestiere, ist leider ein bis heute weitverbreiteter Irrtum geblieben. Dies mag in einer Zeit, in der die ärztliche Beobachtung aufgrund geringer Arztdichte gering war und das Wissen um neurologische Frühsymptome kaum zu vermitteln war, zu entschuldigen gewesen sein. Heute aber, da die tägliche Arbeit wesentlich höhere Anforderungen an die motorischen wie kognitiven Fähigkeiten stellt und die Lebenserwartung deutlich verlängert ist, sollte die Krankheit früher bemerkbar sein. Heute, da wir in der Lage sind, kognitive Störungen mit psychometrischen Methoden früh zu erkennen und Störungen komplexer motorischer Leistungen mit kinesiologischen Methoden leichter sichtbar machen können, sollte es nicht schwierig sein, die Krankheitssymptome des Morbus Huntington wesentlich früher als bislang nachzuweisen.

Die molekularbiologische Zusatzuntersuchung des genetischen Substrats könnte überdies entscheidend zur Sicherung der Diagnose in frühen Stadien beitragen. Es darf aber dennoch nicht außer acht gelassen werden, daß die genetische Beratung unter Einschluß der molekular-genetischen Aufklärung in Deutschland erst vom 18. Lebensjahr an durchgeführt wird. Darüberhinaus ist die Genuntersuchung alleine und die Mitteilung, daß ein Patient Genträger sei, nach dem bisherigen Entwicklungsstand nicht aussagekräftig genug, um Rückschlüsse auf die Entwicklung und Ausprägung der Symptome der Huntington-Erkrankung zuzulassen.

Die bisherigen Untersuchungen lassen allenfalls eine vage Korrelation zwischen Genstruktur und Erkrankungsalter zu, zur Zeit aber noch nicht zwischen Ausprägung der Erkrankung und genetischer Information. Aus diesem Grunde ist der Kliniker mehr als zuvor gefordert, zusammen mit Kollegen aus genetischen Instituten frühzeitig eine detaillierte klinische Umschreibung des Befindens von Huntington-Patienten zu erstellen, und diese mit den detaillierten molekular-biologischen Ergebnissen zu korrelieren. Dies könnte dazu führen, eine zunehmend differenziertere Therapie bei Morbus Huntington auch in frühen Stadien der Erkrankung zu erzielen. Hauptziel des derzeitigen Bemühens um Patienten mit Huntington-Erkrankung ist es, die Krankheit so früh wie möglich zu erkennen, um sie einer optimierten Therapie zuzuführen, die neben der medikamentösen Applikation die begleitende Psychotherapie beinhaltet.

Es scheint nicht nur wichtig, die Gruppe in den Huntington-Familien zu beraten und therapeutisch zu betreuen, die das Huntington-Gen geerbt hat, sondern auch die Risikopersonen, bei denen sich zum Schluß herausstellt, daß sie das Huntington-Gen nicht geerbt haben, denn diese haben ebensolche Schwierigkeiten, sich an die Information zu adaptieren, wie die Genträger.

Das klassische motorische Symptom Chorea und darüberhinaus in unterschiedlichem Ausmaße Dysarthrie, Akinese, Rigor, Tic, Myoklonie, Dystonie, spastische Bewegungsstörung stellen eine Seite der Erkrankung dar, während Störungen des Affektes und der Kognition die andere Seite darstellen neben einer mit dem Fortschreiten der Erkrankung einhergehenden Gewichtsreduktion.

Im affektiven Bereich zeigen sich in frühen Phasen der Erkrankung vermehrt erhöhte Reizbarkeit, Dysphorie, affektiver Kontrollverlust und Aggressivität oder aber auch zunehmende Gleichgültigkeit, Introvertiertheit, auffällige affektive Verarmung und depressive Verstimmung.

Zu den Affektstörungen gehören in erster Linie depressive Verstimmungszustände und Psychosen mit halluzinativen und wahnhaften Elementen. Im intellektuellen Bereich sind Merkfähigkeitsstörung, Konzentrationsschwäche und Zeitgitterstörung zu beobachten. Die schwerste Beeinträchtigung der Huntington-Patienten schlechthin ist aber die Demenz.

Die Erfahrung der beginnenden Konzentrationsstörung und des zunehmenden Gedächtnisverlustes, die Unfähigkeit einer kontinuierlichen zielgerichteten Handlung, einhergehend mit einer sozialen Desintegration, wird sehr früh von Huntington-Patienten selber bemerkt. Dies geht einher mit der Ängstigung und Ungewißheit, wann der Morbus Huntington, das in der Familie seit Generationen bekannte Krankheitsbild, eintreten könnte. Ob dies zu Beginn das ganze Vollbild der Depression ausmacht, oder ob es sich bei den Huntington-Patienten auch in frühen Stadien schon um eine Mischung aus reaktiver und organisch bedingter Form der Depression handelt, ist schwer auszumachen, zumal nach neueren Untersuchungen zumindest zum Zeitpunkt der genetischen Beratung auch die Nachfahren von Huntington-Patienten, die das pathologische Gen nicht haben, depressiv verstimmt sind. In Frühstadien der Depression kommt es gehäuft zu Suizidversuchen, sehr häufig mit Todesfolge. Im Sozialverhalten wird eine zunehmende Insuffizienz, beruflichen und privaten Anforderungen gewachsen zu sein, beschrieben. Die Veränderung in der Persönlichkeit der Betroffenen wie auch die Bewegungsstörungen weisen erhebliche Variationen auf. Die Frage nach dem Zeitpunkt der Krankheitsmanifestation ist daher für die meisten Huntington-Patienten und deren Angehörige nicht ganz eindeutig zu beantworten, wenngleich häufig Mütter von Huntington-Patienten intuitiv bereits die Kinder differenzieren zu können glauben, die die Krankheit bekommen von denen, sie nicht bekommen. Die Ängstigung dieser Mütter wird über lange Phasen ihres Lebens getragen, häufig aber sehr spät geäußert. Hierzu paßt auch, daß über den Morbus Huntington in vielen Familien nicht gesprochen wird.

Der Beginn einer choreatischen Überbewegung zeigt sich häufig nur in einem Überstrecken der oberen Extremitäten, in der Schulter und leichter Hyperlordosierung des Körpers, in einer leichten Spreizbewegung der Finger oder in einer Schnaufbewegung sowie in einer Entharmonisierung des Gangbildes. Diese frühen charakteristischen choreatischen Bewegungen werden meist auch von erfahrenen Neurologen, die mit der Krankheit nicht vertraut sind, übersehen. Sehr früh zeigt sich eine Reduktion des Muskeltonus, vor allem nachweisbar in der Handmuskulatur, sowie die Unfähigkeit, eine Stehwaage durchzuführen.

Vor den klassischen, für jedermann erkennbaren choreatischen Bewegungsstörungen fallen aber sowohl in der Selbst- wie Fremdbeobachtung häufiger Veränderungen im Verhalten, Befinden und Selbsterleben der Betroffenen auf. Die detaillierte Anamneseerhebung von Huntington-Familien illustriert sehr deutlich den schleichenden Beginn der Krankheit in Form subtiler, intellektueller und psychischer Veränderungen der Patienten meist Jahre vor dem Auftreten klassischer Symptome der Huntington-Erkrankung.

Morbus Huntington und Demenz

Bei der Multidimensionalität der Huntington-Erkrankung ist es nicht einfach, die Demenz als isoliertes Phänomen aus den anderen zentralnervösen Störungen herauszuschälen.

In deutschen Lehrbüchern wird die Demenz häufig definiert als chronisch fortschreitende Minderung von Intelligenz, Gedächtnis und Auffassungsgabe mit Persönlichkeitsveränderungen, Nachlassen des logischen Denkens, Kritik- und Urteilsvermögens sowie des Neugedächtnisses, einhergehend mit zeitlicher Desorientierung. In späteren Stadien kommt eine Verminderung des Altgedächtnisses sowie des räumlichen Orientierungsvermögens und Zunahme der Verkennung von Personen, einhergehend mit Verwirrtheitszuständen und Antriebsminderung sowie Störung des sozialen Verhaltens hinzu. Dies paart sich mit einer Persönlichkeitsverflachung.

In Anlehnung an das diagnostische statistische Handbuch für Geisteserkrankungen (Diagnostical Statistical Manual of Mental Disorders (DSMIII)) der Amerikanischen Gesellschaft für Psychiatrie wird die Demenz definiert als

1. ein Verlust der ausreicht, um sozialen und Beschäftigungsfunktionen nicht mehr gewachsen zu sein,
2. Verringerung der Gedächtnisfähigkeiten,
3. eines der folgenden Symptome:
   a) vermindertes Abstraktionsvermögen
   b) vermindertes Beurteilungsvermögen
   c) Aphasie
   d) Apraxie
   e) Agnosie

f) Persönlichkeitsveränderungen
g) die Schwierigkeit, schöpferisch und konstruktiv tätig zu sein und
4. Keine Beeinträchtigung des Bewußtseins.

Sowohl das DSMIII wie auch die umfassendere deutsche Definition der Demenz umschreiben nicht die unterschiedlichen Formen der Demenzen bei unterschiedlichen Krankheitsbildern und die Differenzierungsmöglichkeit zum Beispiel der Huntington-Demenz von anderen Demenzformen. Im folgenden soll vor allem zwei Fragen nachgegangen werden:

1. Unterscheiden sich die Huntington-Demenz und andere Demenzformen voneinander?
2. Wann sind Zeichen der Demenz bzw. der kognitiven Beeinträchtigung bei Huntington-Patienten zu finden?

Erste psychopathometrische Untersuchungen an Huntington-Patienten wurden mittels des Hamburg-Wechsel-Intelligenz-Testes durchgeführt. Es zeichnete sich ein Bild globaler intellektueller Beeinträchtigung ohne Hinweise auf fokale Ausfälle kognitiver Funktionen als Kennzeichen für die Huntington-Demenz ab.

Bei kritischer Betrachtung dieser ersten Untersuchungen zeigte sich, daß entscheidende Variable, wie z. B. Erkrankungsdauer, Alter bei Krankheitsbeginn, prämorbides Intelligenzniveau, pharmakotherapeutische Behandlung, in der Zusammenstellung der zu untersuchenden Patientengruppen unberücksichtigt blieben.

Fehler dieser Art werden bis heute in Studien, gleich welcher Art, von klinisch weniger Erfahrenen immer wieder gemacht. Die an einer dermaßen heterogenen Patientengruppe, vor allem bezüglich der unterschiedlichen Schweregrade der Krankheit, in Abhängigkeit von der Krankheitsdauer gewonnenen Untersuchungsergebnisse gilt es zu hinterfragen.

Es muß angenommen werden, daß die globale Minderung intellektueller Fähigkeiten bereits Ausdruck eines fortgeschrittenen Krankheitsstadiums ist. Die von Aminoff et al. (1975) untersuchten Huntington-Patienten waren bereits durchschnittlich 6,3 Jahre krank, wobei krank meint, daß die Krankheit für jedermann sichtbar war.

Folgerichtig wurden daraufhin Studien durchgeführt, in denen Patienten nach Krankheitsdauer unterschieden wurden, um vor allem im frühen Stadium fokale Defizite ausfindig machen zu können. Frühes Stadium meint hier auch ein frühes Stadium der Erkrankung, wie es für jedermann sichtbar ist. Butters et al. (1976, 1978) führten eine Vergleichsstudie zwischen Huntington-Patienten mit einer Krankheitsdauer von weniger als 12 Monaten und solchen mit einer Krankheitsdauer zwischen 3 und 15 Jahren durch. Die erste Gruppe wurde als frisch diagnostizierte Huntington-Erkrankung (recently diagnosed Huntington's disease = RHD) und die zweite als fortgeschrittene Huntington-Erkrankung (advanced Huntington's disease = AHD) eingestuft. Wesentlicher Bestandteil der angewandten neuropsychologischen Untersuchung war der Hamburg-Wechsler-Intelligenz-Test für Erwachsene (HAWIE), bei dem sich die deutlichsten Defizite in den Subtests rechnerisches Denken, Zahlennachsprechen, Zahlensymboltest und Bilderordnen zeigten. Während die AHD-Patienten ein generell gemindertes Leistungsprofil in sämtlichen Testleistungen aufwiesen, bewegten sich die RHD-Patienten in ihrem Gesamt-IQ-Bereich im Normbereich, wobei jedoch deutliche Defizite in bestimmten Einzelleistungen auffielen. Insgesamt lag der IQ im Handlungsteil des HAWIE unter dem IQ im Verbalteil. Mittels der übrigen Tests der psychometrischen Studie ergaben sich ausgeprägte Gedächtnisstörungen schon bei den RHD-Patienten sowohl in der Prüfung des Kurzzeit- als auch des Langzeitgedächtnisses.

Aus den Ergebnissen ihrer psychometrischen Vergleichsstudie zwischen Huntington-Patienten in frühen und in fortgeschrittenen Stadien der Erkrankung folgerten Butters et al. (1978), daß Gedächtnisstörungen als frühe fokale Zeichen der Huntington-Demenz anzusprechen sind und einer ausgedehnteren intellektuellen Minderung im weiteren Verlauf der Krankheit vorausgehen.

Die Studie von Josiassen et al. (1982) ist der Studie von Butters et al. (1978) in Methode und Ergebnis vergleichbar. Mittels des Hamburg-Wechsler-Intelligenz-Tests für Erwachsene sollten intellektuelle Defizite von Huntington-Patienten mit kurzer Krankheitsdauer im Vergleich zu symptomlosen Nachkommen aus Huntington-Familien aufgedeckt werden.

Die Vergleichsstudie von Josiassen et al. (1982) basierte auf den Ergebnissen der Langzeituntersuchung von Lyle u. Gottesman (1977) an 88 Nachkommen aus Huntington-Familien. In den 50er Jahren wurden Nachkommen von Huntington-Patienten, die klinisch als völlig unauffällig eingestuft wurden, im Rochester State Hospital, Minnesota, unter Leitung von John S. Pearson psychometrisch getestet. 1977 wurden die 88 Risikopersonen in der Nachuntersuchung von Lyle u. Gottesman erneut mit den gleichen Tests überprüft. Die Ergebnisse wurden mit denen von Pearson verglichen und ausgewertet. Aus der damals einheitlichen Gruppe der Risikopersonen ohne klassische choreatische Symptomatik hatten sich zwei Gruppen gebildet:

Gruppe 1: 60 Nachfahren, die noch immer unauffällig waren,
Gruppe 2: 28 Nachfahren, die in der Zeit zwischen den beiden Testungen an Morbus Huntington erkrankt waren und deutliche Bewegungsunruhen zeigten.

Die Auswertung bestätigte die These, daß Leistungseinbußen, d. h. allgemein schlechtere Testergebnisse, schon viele Jahre vor der für jeden sichtbaren Krankheitsmanifestation zu verzeichnen sind. Dabei erwies sich, daß der HAWIE in seinem Handlungteil besonders empfindlich ist. Es waren bereits bei der ersten Testung signifikante Unterschiede zwischen denen, die sich später als Huntington-Patienten erwiesen und denen, die bei der Nachuntersuchung gesund waren, nachzuweisen. Vor diesem Hintergrund haben die Ergebnisse der Josiassen-Studie bestätigende Wirkung. Auch hier prägen die im Vergleich zu den übrigen Untertests schlechteren Ergebnisse im rechnerischen Denken, Zahlennachsprechen, Zahlensymboltest und Bilderergänzen das Beeinträchtigungsmuster der Patientengruppe. In der Gruppe der Risikopersonen zeigte sich eine signifikant erhöhte Variabilität der ansonsten im Normbereich liegenden Subtests untereinander, d. h. die Subtest-Scores korrelieren weniger miteinander als bei Kontrollpersonen. Zahlennachsprechen und Bilderrechnen fallen in dieser Beziehung besonders auf. Die aufgezeigte Variabilität ließe sich als Ausdruck fokaler Frühzeichen intellektueller Beeinträchtigung von klinisch als symptomlos angesehenen Genträgern der Huntington-Erkrankung deuten.

Moses et al. (1981) haben Huntington-Patienten in frühen, mittleren und späten Krankheitsstadien, nämlich die

Gruppe 1: bei Dauer der Erkrankung weniger als 12 Monate,
Gruppe 2: bei Dauer der Krankheit zwischen 36 und 66 Monaten,
Gruppe 3: bei Dauer der Krankheit mehr als 72 Monate untersucht.

Von der Einteilung der Patienten nach Krankheitsdauer in Monaten versprachen sich auch Moses et al. (1981) eine differenzierte Erfassung der Huntington-Demenz. Das besondere Design dieser Studie verschafft dem Untersucher einen Überblick über Verlauf und Progression der Demenz. Die Ergebnisse der Studie mittels der Luria-Nebraska-Neuropsychologischen Batterie zur Prüfung motorischer, rhythmischer taktiler, visueller, rezeptiver und expressiver Funktionen sowie Schreiben, Lesen, Rechnen, Gedächtnis und Intelligenz bestätigen die Ergebnisse vorangegangener Untersuchungen: Die Patientengruppe in frühem Krankheitsstadium unterschied sich von denen im mittleren und späten Stadium in allen Variablen, von der gesunden Kontrollgruppe jedoch nur in zwei Variablen, nämlich Gedächtnis und visuelle Wahrnehmung.

Eine eingehende Umschreibung der Huntington-Demenz wurde von Caine und Shoulson (1983) vorgenommen. Während eines stationären Aufenthaltes zeigten Huntington-Patienten ohne stark beeinträchtigende kognitive und psychiatrische Symptome im täglichen Erleben und im persönlichen Gespräch enorme Schwierigkeiten bei Aufgaben, die Organisation und Planung, folgerichtige Einhaltung von Handlungssequenzen und Abrufung von gespeicherter Information aus dem Gedächtnis erfordern. Der analytischen Betrachtung der Gedächtnisstörungen legten Caine und Shoulson in einer weiterführenden Studie ein Modell für Speicherung und Abrufung von Informationen zugrunde, das eine Vorstellung von dem Prozeß zwischen Aufnahme und Wiedergabe stimulierenden Materials geben soll. Es wird ein Muster für eine Informationsspeicherung von der Exposition zum Stimulus über die initiale Registration, das Enkodieren, bis zur Wiedergabe des Gedächtnisinhaltes gegeben. Ziel der Studie war es, das gestörte Glied in der Kette der Informationsspeicherung und -abrufung ausfindig zu machen. Mittels ihrer standardisierten psychometrischen Verfahren kamen sie zu dem Schluß, daß eine signifikante Störung bei der Enkodierung, als Verschlüsselung neuer Information, vorliegen müsse, und damit konsekutiv natürlich auch die Abrufung gespeicherter Informationen gestört ist, während das Registrieren von Informationen kaum beeinträchtigt erscheint.

Ein Beispiel für die gestörte Enkodierung ist die Störung der selektiven Erinnerung. Testpersonen sollen eine Anzahl von Wörtern in einer bestimmten Zeit auswendig lernen, um sie später aus dem Gedächtnis wiederzugeben. Das dargebotene Wortmaterial setzt sich aus bildhaften Wörtern wie Zug, Haus und wenig bildhaften Wörten wie Freude, Rat usw. zusammen. Bei Normalpersonen werden wesentlich mehr bildhafte Wörter wiedergegeben als abstrakte. Huntington-Patienten hingegen unterscheiden nicht zwischen bildhaften und abstrakten Wortgruppen. Größere Bildhaftigkeit von Wörtern diente den Huntington-Patienten also nicht als Hilfe, diese Wörter leichter zu erinnern.

Diese Beobachtung widerspricht grundlegenden Untersuchungen der Lernpsychologie, nach denen Wortcharakteristika wie Bildhaftigkeit eines Wortes das verbale Lernen und die Wiedergabe des Gelernten beeinflussen.

Bildhafte Wörter werden leichter erinnert und wiedergegeben als weniger bildhafte Wörter. Diese Beobachtung spricht für eine stärkere Gedächtniseinprägung der bildhaften Wörter und läßt sich nur dadurch erklären, daß möglicherweise eine zweifache Verschlüsselung von Wörtern stattfindet, nämlich einerseits eine visuelle und andererseits eine verbale. Auch andere Hilfestellungen, wie z. B. die Nennung von Kategorienamen, um die dazugehörigen Begriffe leichter zu erinnern, z. B. Kategorie Kleidungsartikel mit den dazugehörigen Begriffen Hemd, Hose, Strümpfe, Handschuhe, Mantel usw., wirken sich bei Huntington-Patienten im Gegensatz zu Normalpersonen nicht verbessernd auf deren Ergebnisse aus. Durch eine Minderung assoziierender und kategorisierender Mechanismen wird bei Huntington-Patienten neue Information während des Prozesses der Speicherung weniger bearbeitet im Sinne ihrer Verschlüsselung. Sie kann unbearbeitet wiedergegeben werden. Dafür sprechen die unauffälligen Ergebnisse bei Aufgaben der sofortigen freien Wiedergabe von Wörtern aus dem Gedächtnis. Die Wahrscheinlichkeit der Abrufbarkeit von gespeicherter Information ist abhängig von der Intensität ihrer Bearbeitung zum Zeitpunkt der Speicherung. Wenig bearbeitetes Material wird zwar im Gedächtnis vorhanden sein, die geringe Aufzeichnungsstärke wird eine konsequente Wiedergabe dieses Materials nicht ermöglichen. Auch die auffallenden Schwierigkeiten von Huntington-Patienten bei der Einhaltung der richtigen Reihenfolge von Einzelschritten innerhalb einer Handlungssequenz lassen sich aus den postulierten Speicherdefiziten erklären. Die einzelnen Handlungsschritte können nicht in der Weise gespeichert werden, daß der jeweils nachfolgende Schritt sich aus dem vergangenen ableiten ließe.

Brandt et al. (1984) haben in sehr einfachen Tests gefunden, daß Alzheimer-Patienten nicht in der Lage sind, eine Sequenz von Wörtern aufzuzählen, während dies Huntington-Patienten durchaus noch können, während Patienten mit Huntington-Erkrankung eher nicht geeignet waren im Vergleich zu Alzheimer-Patienten 100 weniger 7 infolge zu rechnen. 83% der Alzheimer-Patienten und 84% der Huntington-Patienten waren mit diesen einfachen Testuntersuchungen zu diskriminieren.

Salmon et al. (1989) versuchten, die Demenz von Huntington- und Alzheimer-Patienten ebenfalls zu differenzieren. Grob klinisch zeichnet sich die Alzheimer-Erkrankung durch eine Neurodegeneration hippocampaler und kortikaler Areale ab und ist durch Amnesie und Sprachdefizite gekennzeichnet, während bei Chorea-Patienten die Bradyphrenie im Beginn überwiegt. Salmon et al. (1989) untersuchten die Patienten mittels einer „Dementia Ratingscala" und fanden, daß die Alzheimer-Patienten wesentlich schlechtere Ergebnisse im Gedächtnissubtest, insbesondere Orientierung und Recall, zeigten, und die Huntington-Patienten schlechter abschnitten bei dem sog. Initiationssubtest, hier insbesondere der verbalen Repetition.

Ereigniskorrelierte Potentiale (P300)

Verleger (1993) untersuchte Huntington-Patienten mit der Methode der sog. ereigniskorrelierten Potentiale (P300). Wenngleich im fortgeschrittenen Stadium alle definitiv an Huntington-Chorea erkrankten Personen auffällige P300-Antworten zeigen, so ist bei Risikopersonen die P300-Antwort unterschiedlich. Es muß somit hinterfragt werden, ob der prognostische Wert der P300-Komponente bei einfacher Aufgabenstellung als früher Parameter für das Vorliegen eines dementiellen Prozesses bei Huntington-Patienten gewertet werden darf, da die Verteilung der individuellen P300-Latenzen weite Streuungen zeigt, die keine individuelle Zuordnung der Einzelbefunde erlauben. Hier ist sicherlich eine Wiederholung dieser Untersuchungen notwendig, wenn genauere molekular-biologische Untersuchungen an größerem Patientengut möglich sind.

Retrograde Amnesie bei Huntington-Patienten

Die bislang beschriebenen psychometrischen Untersuchungen haben deutliche Schwächen im Kurzzeitgedächtnis als markant für die Huntington-Erkrankung in frühen Stadien herausgestellt.

Im Vergleich zur Beobachtung dieses anterograden amnestischen Defizites ist die Frage nach einer retrograden Funktionsminderung bei Huntington-Patienten ebenfalls zu untersuchen. Albert et al. (1979, 1981) prüften das Gedächtnis von Huntington-Patienten im Anfangs- und fortgeschrittenen Stadium der Krankheit in Bezug auf zeitlich zurückliegende Fakten und Ergebnisse mittels der sog. Remote Memory Battery, die ursprünglich zur Untersuchung der retrograden Amnesie von Korsakow-Patienten entwickelt wurde.

In dieser Testbatterie sind die Patienten aufgefordert, prominente Persönlichkeiten der Vergangenheit auf Fotographien zu identifizieren und Fragen zu öffentlich wichtigen Ereignissen und zu berühmten Personen zu beantworten. Die Aufgaben umspannen den Zeitraum der zurückliegenden 50 Jahre und sind nach 10-Jahresblöcken eingeteilt, in denen die jeweiligen Ereignisse und Gesichter zugeordnet sind. Durch die Einteilung in 10-Jahresblöcke soll geprüft werden, inwieweit sich das Erinnerungsvermögen in Abhängigkeit von der zeitlichen Distanz beeinträchtigt zeigt.

Bei der Untersuchung zeigte sich folgendes: Die Huntington-Patienten wiesen eine deutliche Beeinträchtigung des Erinnerungsvermögens bezüglich vergangener Fakten und Ereignisse auf, so daß man durchaus von einer retrograden Amnesie bei der Huntington-Krankheit sprechen kann. Sowohl die erst kurzfristig manifest erkrankten Huntington-Patienten als auch die schon längere Zeit Erkrankten zeigten Erinnerungsdefizite bezüglich der Vergangenheit, die sich quantitativ, aber nicht qualitativ voneinander unterschieden. Die retrograde Amnesie von Huntington-Patienten zeigte in ihrer Ausprägung keine zeitliche Abhängigkeit. Es handelte sich um eine globale retrograde Amnesie, die alle Zeitblöcke gleichermaßen betraf. Diese Beobachtung stellt ein wesentliches Unterscheidungsmerkmal z. B. zur retrograden Amnesie von Korsakoff-Patienten dar. Die retrograde Korsakow-Amnesie zeigt einen temporalen Gradienten, indem Ereignisse der fernen Vergangenheit besser erinnert werden als solche der nahen Vergangenheit. Es ist offenbar so, daß die Huntington-Krankheit in allen Stadien ihrer Progredienz eine retrograde Amnesie aufweist, die durch eine zeitlich unabhängige Einbuße an Engrammen des Langzeitgedächtnisses charakterisiert ist.

Unterschiede zwischen Korsakow-Patienten und Huntington-Patienten zeigten sich auch mittels des Brown-Peterson-Distractor-Testes. Worttriaden, wie z. B. Hals, Stuhl, Gürtel, wurden als verbale Stimuli gezeigt oder vorgelesen. Nach zeitlicher Verzögerung von 3, 9 oder 18 s, die alternativ gefüllt (= Zerstreuung) oder leer (= Möglichkeit der Wiederholung und Einprägung des dargebotenen Wortmaterials) war, sollte der Patient sich die dargebotene Worttriade ins Gedächtnis zurückrufen. Bei der Testdurchführung mit dazwischengeschalteter Zerstreuung zeigten Korsakow- wie Huntington-Patienten ähnlich schwache Ergebnisse. Bei der Durchführung mit der Möglichkeit der eigenen Wiederholung konnten die Korsakow-Patienten im Gegensatz zu den Huntington-Patienten ihre Ergebnisse deutlich verbessern.

In einem weiteren Test, dem Make-A-Picture-Story-Test, wurden vergleichend Huntington-, Korsakow- und Alzheimer-Patienten untersucht. Dabei wurden zwei verschiedene Testbedingungen durchgeführt:

1. eine rein visuelle Wahrnehmung von Bildszenen, die es später wiederzuerkennen galt,
2. eine visuelle Wahrnehmung mit zusätzlich sprachlicher Vermittlung durch Vorlesen einer Geschichte zu den einzelnen Szenen.

Ausgehend von der Theorie, daß sprachliche Fähigkeiten von Huntington-Patienten bis zum späten Stadium der Erkrankung intakt bleiben im Gegensatz zu frühen und später schweren aphasischen Störungen von Alzheimer-Patienten und semantischen Verständnisschwächen von Korsakow-Patienten, schien der Testansatz geeignet und interessant, um zu überprüfen, ob und inwieweit sich sprachliche Hilfestellungen bei den verschiedenen Patientengruppen unterschiedlich auf das bildliche Erinnerungsvermögen auswirken.

Die Testergebnisse bestätigten die These, daß verbale Kennzeichnungen und Vermittlung in einem Kontext erhaltener Sprachfähigkeit als Hilfestellung dienen kann, und dann bei gestörter Sprachfähigkeit die verbale Kennzeichnung nicht mehr wirksam ist.

Bei allen drei Patientengruppen zeigten sich unter der Testbedingung Nr. 1 (Wiedererkennen der Szenen nach visueller Präsentation) vergleichbare schwache Ergebnisse im Unterschied zu der normalen Kontrollgruppe. Unter der zweiten Testbedingung jedoch, bei der zu den gezeigten Szenen eine Geschichte vorgelesen wurde, erbrachten die Huntington-Patienten eine signifikante Verbesserung ihrer Ergebnisse im Unterschied zu den Korsakow- und Alzheimer-Patienten.

Dieses Resultat spricht dafür, daß es auch für Huntington-Patienten durchaus Mediatoren gibt, die zu einer Verbesserung kognitiver Leistungen beitragen. Es mußte trotz allem unklar bleiben, ob es sich hier um einen spezifischen Ausfall neuroanatomischer Strukturen, die für die Speicherung von Information notwendig sind, handelt. Es muß als möglich erachtet werden, daß intakte intellektuelle Möglichkeiten, da wo sie unmittelbar angesprochen werden, mindernde bzw. ausgleichende Wirkung auf andere gestörte Funktionen haben, indem sie über intakte Bahnen das stimulierende Material verschlüsseln und die Aufzeichnungsstärke im Gedächtnis vertiefen und damit seine Wiedergabe verbessern.

Deklaratives und methodisches Verständnis

Das deklarative Verständnis meint die Erfassung inhaltlicher grundlegender Bedeutungen. Das methodische Verständnis bedeutet das Erfassen technischer, den äußeren Ablauf einer Sache betreffender Vorgaben. Zur Prüfung und Unterscheidung von deklarativem und methodischem Verständnis wurde die Mirror Reading Task von Cohen und Squire an Huntington-Patienten, Korsakow-Patienten und Kontrollpersonen angewandt. Dabei gilt das Lesen von spiegelschriftlich geschriebenen Wörtern als relativ reiner Indikator für technische Fertigkeit und Geschicklichkeit (methodisches Verständnis), das Erkennen des Wortmaterials im Sinne des semantischen Abfassens als Indikator für deklaratives Verständnis. Hier wird das Wortmaterial durch einen Worterkennungstest abgefragt.

Das Testergebnis wies eine mögliche Differenzierung zwischen Huntington- und Korsakow-Patienten auf zwei Dimensionen auf:

1. Die Korsakow-Patienten zeigten, wie auch die Normalpersonen, eine signifikante Verbesserung ihrer Lesetechnik durch Reduzierung der dafür notwendigen Zeit im Laufe der Testung. Bei den Huntington-Patienten war keine signifikante Verbesserung zu erzielen.
2. In dem anschließenden Worterkennungstest zur Prüfung der Erfassung der spiegelbildlich dargebotenen Wörter identifizierten die Huntington-Patienten die bereits gelesenen Wörter unter neuen Wörtern in einem mit den Normalpersonen vergleichbaren Maß. Die Korsakow-Patienten dagegen erkannten die dargebotenen Wörter im Vergleich zum Normalkollektiv signifikant seltener.

Diese Untersuchung mittels der Mirror Reading Task verdeutlicht, daß Korsakow-Patienten trotz schwerer Beeinträchtigung ihres Erinnerungsvermögens – das dargebotene Wortmaterial wurde kaum wiedererkannt – die Fähigkeit zur Aneignung von Fertigkeiten in einem den Normalpersonen ähnlichen Maße behalten. Methodische Fähigkeiten bleiben also bei Verlust deklarativer Fähigkeiten erhalten. Das Umgekehrte ist bei den Huntington-Patienten der Fall. Huntington-Patienten waren beeinträchtigt, sich Fertigkeiten und Geschicklichkeiten anzueignen, während ihr Gedächtnis für verbale Stimuli unbeeinträchtigt erschien. Bei ihnen gehen also methodische Fähigkeiten verloren, während deklarative Fähigkeiten kaum gemindert sind.

Diese Ergebnisse lassen sich durch Untersuchungen von Cermak et al. (1973), Corkin (1968), sowie Winocur u. Weiskrantz (1976) untermauern.

Wir selber haben eine Testbatterie entwickelt, um frühe psychologische Ausfälle bei sog. Risikopersonen auszumachen. Die mit dem psychometrischen Verfahren verbundenen Zielsetzungen waren:

1. ein kognitives und emotionales Profil von Risikopersonen zu erstellen,
2. Beeinträchtigungsmuster, die als präklinischer Indikator der Huntington-Erkrankung dienen könnten, herauszustellen,
3. die Bewertung neuropsychologischer Defizite bei Huntington-Patienten.

Um diesen Ansätzen gerecht zu werden, ist eine psychometrische Testbatterie erstellt worden, die auch in frühen Stadien psychische Störungen aufweisen und als Hilfe für die genetische Beratung dienen sollte.

Bei der Auswahl der einzelnen Tests waren eine Reihe von Forderungen ausschlaggebend:

1. eine möglichst hohe Validität, d. h. tatsächliche Erfassung der beschriebenen intellektuellen und affektiven Defizite bei der Huntington-Erkrankung,
2. eine Ökonomie der Testung, d. h. der Test muß für den Patienten zumutbar sein und soll nicht zu lange dauern, und
3. die Testung muß praktikabel sein.

Die von uns verwandte Testbatterie bestand aus dem

1. Syndrom-Kurz-Test
2. Mehrfach-Wortschatz-Test,
3. Raven-Test,
4. Hamburg-Wechsler-Intelligenz-Test für Erwachsene,
5. der Paranoid-Depressivitäts-Skala,
6. dem Depressionsfragebogen nach Zung und
7. dem Benton-Test.

Der Syndrom-Kurz-Test (SKT) wird in der Psychologie zur Erfassung von Aufmerksamkeits- und Gedächtnisstörungen, vor allem zur Verlaufskontrolle des Durchgangssyndroms, durchgeführt. Mit diesem Test wird der erste leichte Störungsgrad psychischer Funktionen wie Aufmerksamkeit oder Gedächtnis erfaßt.

Der Mehrfach-Wortschatz-Test (MWT-B) dient zur Messung des prämorbiden Intelligenzniveaus durch Messung der sogenannten kristallinen Intelligenz. Es ist damit die erworbene Intelligenz, d. h. die Aneignung von Wissen und Fertigkeiten gemeint, die vorwiegend durch die soziokulturelle Umgebung geprägt wird. Sie überschneidet sich größtenteils mit der sprachlichen Intelligenz. Sie ist durch psychische Störungen im

Gegensatz zur flüssigen Intelligenz weniger beeinflußbar. Es geht hier im wesentlichen um Wiedererkennen von präsentierten Wörtern, nicht um das semantische Verständnis.

Der Benton-Test dient zur Messung des visuellen Gedächtnisses und der visuell-motorischen Koordination. Der Proband hat die Aufgabe, vorgegebene Karten mit geometrischen Figuren aus dem Gedächtnis nachzuzeichnen. Hieraus ergibt sich ein Index für die Genauigkeit von Perzeption und Reproduktion. Der Benton-Test ist in seiner Konzeption dem Bender-Gestalt-Test nicht unähnlich, der in den neuropsychologischen Studien von Huntington-Patienten, z. B. durch Lyle u. Gottesman (1977) in signifikant erniedrigten Ergebnissen am empfindlichsten die kognitiven Defizite der Huntington-Patienten gegenüber der Kontrollgruppe widerspiegelte.

Der Raven-Test ist ein sprachfreier Test zur Messung der allgemeinen Intelligenz. Der Proband soll aus einem vorgegebenen Konfigurationsmuster eine fehlende analoge Figur ergänzen. Der Raven-Test stellt einen Indikator für kognitive Fähigkeiten dar, die unabhängig von Ausbildung und soziokultureller Umwelt sind.

Der Hamburg-Wechsler-Intelligenz-Test für Erwachsene dient als Test zur Erfassung der globalen Intelligenz.

Die Paranoid-Depressivitäts-Skala (PD-S) ist ein mehrdimensionaler klinischer Selbsteinschätzungsfragebogen zur Erfassung von Depressivität, Paranoia und Krankheitsverleugnung.

Der Patientenfragebogen nach Zung ist ebenfalls ein Selbsteinschätzungsbogen mit Feststellung über das eigene Befinden, der in gewisser Weise Depressivität widerspiegelt.

Die Testergebnisse bei bis dahin als unauffällig deklarierten Nachfahren von Huntington-Patienten ergaben unterschiedliche Testprofile:

1. Es zeigten sich bei 50% der Patienten erhöhte Werte in der Depressionsskala.
2. In den Leistungstests lassen sich drei unterschiedliche Profile herauszeichnen:
   a) ein allgemein erniedrigtes Niveau,
   b) ein normales Niveau,
   c) ein partiell erniedrigtes Niveau, wobei Benton-Test und Handlungsteil des HAWIE besonders als pathologisch auffallen. Die letzte Gruppe ist mit Sicherheit als früher Hinweis für die Entwicklung einer Huntington-Störung anzusehen.

Stellenwert neuropsychometrischer Testverfahren für die Deskription psychologischer Veränderungen in frühen Stadien der Huntington-Erkrankung

Die Untersuchungsergebnisse zeigen, daß die Huntington-Demenz im frühen Stadium kein globales Defizitsyndrom darstellt. Abhängig von der Progredienz höherer kognitiver Funktionsstörungen zeigen sich spezifische pathopsychologische Querschnittsbilder. Fokale Ausfallserscheinungen sind insbesondere im Bereich visueller Retention, visuomotorischer Koordination, Kurzzeitgedächtnis und Merkfähigkeitsleistung auffällig. Zudem imponiert bei Huntington-Patienten eine stark ausgeprägte Störung bei der Planung, Organisation und Einhaltung der richtigen Reihenfolge komplexer Handlungsfolgen. In der analytischen Aufschlüsselung dieser Funktionsstörung scheint die These von einer Enkodierungsstörung bei Huntington-Patienten am weitesten tragfähig. Differentielle Aspekte der Huntington-Demenz, die eine Herausarbeitung dieser Demenzform aus dem Gros ätiologisch anders bedingter dementiver Abbauformen erlauben, ergeben sich allein aus Forschungsansätzen, die sich nuanciert und spezifisch dem Leistungsprofil dementer Patienten nähern.

Die Ergebnisse zahlreicher psychometrischer Untersuchungen an Huntington-Patienten und deren symptomfreien Nachkommen stimmen trotz aller Unterschiedlichkeit in methodischem Testansatz, Testbedingungen, Testgruppenzusammensetzungen usw. in einer Reihe von Punkten erstaunlich überein.

Die weitgehende Identität der Untersuchungsresultate dem Zufall zuzusprechen, ist bei dem vorhandenen Materialreichtum als höchst unwahrscheinlich anzusehen.

Es zeigt sich Übereinstimmung darin, daß Gedächtnisstörungen und Erinnerungsvermögen sowie Störungen im visuomotorischen Bereich weltweit beobachtet werden. Dennoch scheint es ausgesprochen wichtig, auf die Grenzen neuropsychometrischer Testverfahren hinzuweisen. Neuropsychologische Tests können das Maß 100%iger Genauigkeit und Aussagesicherheit nicht erfüllen. Spreen u. Benton (1967) selber geben für die richtige Identifizierung von Personen mit subtilem Hirnschaden mittels neuropsychologischer Testbatterien im bestmöglichen Fall 70–80% Testgenauigkeit an.

Gerade jetzt, in der Zeit, da Huntington-Patienten bzw. Erbmalsträger molekularbiologisch aufs genaueste anhand der Genanalyse und der Bestimmung des Huntingtons identifiziert werden können und sich unterschiedliche CAG-repeat-Längen auf dem Chromosom 4 nachweisen lassen, bedarf die Zuordnung früher Choreasymptome in Korrelation zu der genetischen Information einer neuen Aufarbeitung. Wichtig für solche Untersuchungen ist, daß molekular-biologische Untersuchungen von sehr empfindlichen und gut validierten klinischen und psychometrischen Untersuchungen begleitet werden. Dies scheint im Augenblick nicht der Fall zu sein. Neuere Untersuchungen, wie die von Strauß et al. (1985), die Patienten mit pathologischem Gentest und neuropsychologischen Beeinträchtigungen untersuchten, konnten bislang keine direkte Korrelation zwischen Gentestergebnis und neuropsychologischem Testergebnis erbringen. Dies dürfte aber daran liegen, daß die meisten dieser Untersuchenden mit zu kleinen Fallzahlen arbeiten. In der Anwendung neuropsychometrischer Testverfahren an Huntington-Patienten und deren symptomfreien Nachkommen ist eine ständige Verbesserung in der Exaktheit der Methode und der statistischen Evaluation notwendig, vor allem im Hinblick auf das prämorbide Intelligenzniveau der Krankheit. Die Vielzahl der eingehenden Faktoren und die mitbestimmenden unbekannten Variablen setzen allerdings der Vergleichbarkeit von Testpersonen ihre Grenzen. Ein wesentlicher Parameter ist z. B. der Streßfaktor, der bei Huntington-Patienten sicherlich eine größere Rolle spielt als bei Kontrollpersonen. Ein weiterer Bias dürfte sein, daß intellektuelle Leistungen ein höchst multifaktorielles Phänomen sind: Alter, soziale Herkunft, Intelligenz, Bildung, kontinuierliche Ängstigung fließen prägend und bestimmend in die geistigen Leistungsvollzüge ein. Die Erfassung kognitiver Leistungsfähigkeit muß vor allem da, wo sie zu wertenden Aussagen kommen will, diese Faktoren möglichst umfassend miteinbeziehen.

Trotz der kritischen Skepsis, die sich aus den soeben genannten Aspekten ergibt, wird man nicht umhinkommen, die Sinnhaftigkeit einer psychopathometrischen Aufschlüsselung der dementiellen und affektiven Störungen bei Huntington-Patienten in unterschiedlichen Stadien zu betonen.

Dies gilt besonders jetzt, da genetische Analysen zur Verfügung stehen. Es wird sich auch nach der Analyse des Genmaterials und des pathologischen Genproduktes das therapeutische Procedere neben der Beeinflussung des motorischen Störmusters an den psychopathologischen Störmustern orientieren müssen sowohl auf dem Gebiet neuropsychologischer als auch pharmakologischer Behandlung. Bei den molekular-biologisch diagnostizierten aber noch als präsymptomatisch geltenden Huntington-Patienten wird sich das gesamttherapeutische Konzept auf die psychischen Störungen und subjektiven Leidensmomente der Patienten einlassen müssen.

Für die Neuropsychophysiologie ergibt sich aus dem komplexen Krankheitsbild der Huntington-Erkrankung eine interessante wissenschaftlich außerordentlich fruchtbare Schnittstelle zwischen genetisch-pathophysiologischer Primäralteration und klinisch-psychologischen Ausdrucksformen. Schnittstellen solcher Art dürften für die Humanwissenschaft und insbesondere für die Neuropsychologie eines der aufregendsten Forschungsfelder der Zukunft darstellen.

Interdisziplinäre Ansätze bieten zum ersten Mal die Möglichkeit, psychosomatische Störungen mit valider molekular-biologischer und klinisch neuropsychologischer sowie modernster kinesiologischer Methodik angehen zu können. Zugleich wird sich auch aus der Kooperation von Grundlagenforschern und klinischen Forschern ein Konzept entwikkeln lassen müssen, das sowohl der biologischen Aspekthaftigkeit menschlichen Seins gerecht zu werden fähig ist, als auch dem individuellen persönlichen Erleben und Befinden des einzelnen Menschen entspricht, oder, um mit Karl Popper zu sprechen, reduktionistische Betrachtungsweise des Naturwissenschaftlers und holistische Betrachtungsweise des Arztes müssen im Interesse des Patienten eine fruchtbare Symbiose eingehen, um zu einer sinnhaften Problemlösung beizutragen.

Diskussion

Frage: Angenommen, ein Patient kommt in die Psychiatrie und hat gewisse psychische Auffälligkeiten, hat aber wohl noch keine sicheren motorischen Zeichen einer Chorea Huntington. Unter welchen Umständen würden Sie zu einer Gendiagnostik raten? Sollte man bestimmte motorische Symptome der Chorea voraussetzen, bevor man sich zur Gendiagnostik entschließt?

Antwort: Wir können uns nicht auf die klinischen motorischen Zeichen diagnostisch verlassen. Die psychologischen Befunde werden mit Hilfe doch sehr komplexer Methoden bei diesen Patienten erhoben. Deshalb müssen wir auch gute komplexe motorische Untersuchungen durchführen. Das ist sicherlich etwas, was wir neu in unserer Ausbildung mitaufnehmen müssen. Wir müssen Patienten, die psychische Auffälligkeiten haben, auch motorisch exakt untersuchen.

Immer dann, wenn Kinder psychisch auffällig werden durch Aggressivität und durch Nachlassen der Schulleistungen oder durch Unkonzentriertheit, müssen Sie darüber nachdenken, daß eine Chorea Huntington vorliegen kann, wenn entsprechende familienanamnestische Daten vorhanden sind.

Frage: Was ist eigentlich besser, die quälende Ungewißheit oder die manchmal negative Sicherheit? Was sagen denn die Patienten selber dazu, Selbsthilfegruppen oder entsprechende Institutionen?

Antwort: Ich kann Ihnen vielleicht erste Beobachtungen schildern. Als die Gendiagnose nicht möglich war, haben die Familien gesagt, wir möchten gerne eine diagnostische Abklärung haben. Als wir soweit waren, diese durchzuführen, fiel auf, daß sich viele Familien zurückgezogen haben und nicht an dem genetischen Test teilnehmen wollten.

Mittlerweile gibt es einen zunehmenden Anteil von Familienmitgliedern, welche genetische Aufklärung wünschen. Das ist darauf zurückzuführen, daß wir die psychologische Begleitbehandlung und -betreuung wesentlich verbessern konnten. Mit der Verbesserung der Copingstrategien – „Wie gehe ich mit der Krankheit um?"; „Wie werde ich mit der Krankheit umgehen?" – ist ein zunehmendes Bedürfnis nach diagnostischer Sicherheit eingetreten. Außerdem sollten wir nicht mehr so negativ der Therapie gegenüberstehen. Die ganze Krankheit gilt ja heute als nicht kausal therapierbar. Ähnliches gilt auch für den Morbus Parkinson. Wenn wir in der Lage sind, psychologische und motorische Defizite früh zu erkennen, dann haben vielleicht bei der Chorea Huntington Thymoleptika und auch Substanzen wie Physostigmin ihre Berechtigung neben jenen Medikamenten, die die überschießende Motorik dämpfen. Und damit dürfte in Zukunft die Akzeptanz der Diagnose leichterfallen.

Frage: Sie deuten darauf hin, daß die Hyperkinese erst eine Spätmanifestation ist und die früheren motorischen Störungen mehr in einer Hemmung der motorischen Differenziertheit bestehen. Wie weit kann man diese Symptome von den Störungen beim Morbus Parkinson unterscheiden? Die zweite Frage ist: So wie Sie dargestellt haben, gibt es vielleicht doch schon sehr frühzeitig ein typisches Muster, bestehend aus motorischen und psychopathologischen Störungen, welches für das Vorliegen einer Chorea spricht. Wie pathognomonisch ist denn dieses Muster?

Antwort: Die Bestätigung für dieses diagnostisches Muster, das wir postulieren, werden wir aus der Kooperation mit der Humangenetik erhalten können. Die genetische Analyse wird uns in die Lage versetzen, diese Patienten sehr früh zu erkennen. Wir werden dann vielleicht in einigen Jahren über die pathognomische Stichhaltigkeit dieser Befunde Antwort geben können.

Was die motorischen Befunde betrifft, ist es tätsächlich zunächst eine Organisationsstörung der Motorik, die auffällt. Die motorischen Störungen im Frühstadium des Morbus Parkinson und der Chorea Huntington sind dabei durchaus vergleichbar.

Frage: Sie haben die Chorea als ein Beispiel für die Notwendigkeit einer neuen fachlichen Spezialität genommen. Es tut sich im Moment einiges im Weiterbildungsbereich: einerseits qualifiziert sich die Psychiatrie, aber nicht in neuropsychologischer, sondern eher in psychotherapeutischer Kompetenz. Andererseits wird es wieder einen Nervenarzt geben. Schließlich hört man Diskussionen, man solle doch künftig in der psychiatrischen Ausbildung die Neurologie streichen. Dies führt begreiflicherweise zum Protest. Jetzt habe ich nicht ganz verstanden: Soll der Neurologe künftig die spezielle Expertise, die sie angesprochen haben, erwerben? Soll der Psychiater sie erwerben? Oder soll es einen Dritten geben, den „Motorik-Spezialisten"? Welche Expertise setzen Sie im Team Ihres Chorea-Zentrums voraus, um diesem Bedarf Rechnung zu tragen?

Antwort: Das Problem ist, daß wir bei allen zerebralen neurologischen Störungen, wenn wir nur genau hinsehen, auch psychologische Störungen finden. Auf der anderen Seite wird versucht, die Motorik wieder in stärkerem Maße in die Psychiatrie einzuführen. Ich muß immer vom Patienten ausgehen. Es gibt Patienten, die sowohl psychologische wie motorische Störungen haben. Muß das nicht ein Arzt sein, der diesen einen Patienten behandelt? In der Endausbaustufe unseres Chorea-Zentrums wird es so sein, daß dort ein Facharzt für Neurologie und Psychiatrie mit schwerpunktmäßiger Ausbildung in Psychiatrie sein wird. Und es wird ein Facharzt sein mit schwerpunktmäßiger Ausbildung in der Vermessung der motorischen Störung. Schließlich gibt es einen Sozialarbeiter und einen Psychologen. Diese bilden ein Team, welches den Choreapatienten betreuen wird. Wir sollten insgesamt keine Psychiatrieausbildung ohne Neurologie betreiben und wir sollten keine Neurologieausbildung ohne Psychatrie durchführen.

Frage: Was Sie angedeutet haben, bedeutet ja letztlich, konsequent weitergedacht, daß wir für jede Krankheit einen eigenen Arzt haben müssen. Ich sehe das unter einem anderen Aspekt. Wenn Sie spezielle Krankheiten mit ihrer jeweiligen Problematik betreuen wollen, und Sie sagen, ich kann das am besten im Team, dann bedeutet das doch, daß eine intensivere Kooperation stattfinden muß. Wenn Sie jetzt einzelne Facharztweiterbildungen so weit streuen, daß nachher eine sehr differenzierte Kompetenz gar nicht mehr erwartet werden kann, weil das Wissen in den Einzelbereichen zu breit gegliedert ist, dann kaufen Sie dafür Inkompetenz ein. Ich plädiere für eine Disziplinkompetenz. Deswegen stehe ich für die Trennung von Neurologie und Psychiatrie, allein aus der Bewältigung des Wissens und der Fachkompetenz. Eine verstärkte Kooperation würde alle Nachteile dieser Differenzierung beseitigen lassen. Und ich denke, was Sie mit Ihrem Team realisieren, ist ja ein gutes Beispiel für die erfolgreiche Anwendung der Kooperation.

Antwort: Die Realität der behandelten Patienten mit Chorea ist ja, daß sie zunächst neurologische Patienten sind, und dann, ab einem bestimmten Schweregrad der Erkrankung, zu psychiatrischen Patienten werden. Ich bin nicht ein eigentlicher Anhänger der Trennung der Disziplinen. Ich halte es nicht für gut, wenn die neurologische Kompetenz in der Psychiatrie überhaupt nicht mehr gegeben ist.

Frage: Die genetische Diagnostik stützt sich auf die Analyse von Blutzellen. Man kann davon ausgehen, daß auch andere Organe wohl die charakteristischen Veränderungen zeigen. Dann stellt sich die Frage: Untersuchen wir die Patienten zu oberflächlich und meinen, es ist nur eine Erkrankung des zentralen Nervensystems, oder ist das Genprodukt nur im Striatum wichtig? Welche Erkenntnisse liegen zu dieser Frage vor?

Antwort: Wenn Sie Neurologe sind, denken Sie natürlich daran, daß das nigrostriatale System zunächst das wichtigste sein könnte. Wenn Sie Psychiater sind, denken Sie über andere Hirnzentren nach. Wenn Sie aber Dermatologe sind, denken Sie darüber nach, daß die Haut gestört sein kann, und Sie wissen, daß wir auch einen gestörten Hautstoffwechsel bei Chorea Huntington-Patienten haben. Das hängt also von Ihrer Blickweise ab.

Frage: Ich wollte noch mal kurz die neuropsychologische Diagnostik ansprechen. Wir haben im psychiatrischen Weiterbildungskatalog minimale oder fast keine Vorgaben an erforderlichen Kenntnissen hinsichtlich neuropsychologischer und psychometrischer Diagnostik. Gerade die Psychiater sollten jetzt zusammen mit Neurologen mit Motorikschwerpunkt arbeiten, um die Operationalisierung motorischer Störungen weiter zu verbessern. Das wäre auch ein Unterschied zu den Leonhardologen, wo es in erster Linie um den klinischen Eindruck geht. Ich denke, wir sollten die apparative Seite der Diagnostik weiterentwickeln.

Antwort: Die Leonhardologen haben ja nun die Motorik in fortgeschrittenem Stadium beobachtet. Wir können natürlich auch die instrumentelle Untersuchung verfeinern. Die Methoden, die wir jetzt anwenden müssen, müssen sehr viel moderner und viel präziser sein als bisher. Gerade auch mit den neueren Auswertungen, die mit der elektronischen Datenverarbeitung möglich sind, lassen sich weitere Differenzierungen durchführen. Man sollte darüber nachdenken, dieses Verfahren tatsächlich in die Neurologie und auch in die Psychiatrie einzuführen. Wir sind in der Neurologie auch noch weit davon entfernt, diese Methoden überhaupt in unseren Weiterbildungskatalog aufzunehmen.

Literatur

Albert M, Butters N, Brandt J (1981) Patterns of remote memory in amnesic and demented patients. Arch Neurol 38: 495-500

Albert MS, Butters N, Levin J (1979) Temporal gradients in the retrograde amnesia of patients with alcoholic Korsakow's disease. Arch Neurol 36: 211-216

Aminoff MJ, Marshall J, Smith F (1975) Pattern of intellectual impairment in Huntington's chorea. Psychol Med 5: 169-172

Avanzini G, Girotti F, Caraceni T, Spreafilo R (1979) Oculomotor disorders in Huntington's chorea. J Neurol Neurosurg Psychiatry 42: 581-589

Backenridge CJ (1982) Prognostic factors in Huntington's disease of early on set. Eur Neurol 21 (2): 112-116

Bamfort KA, Caine ED, Kido DK et al. (1989) Clinicalpathologic correlation in Huntington's disease. Neurology 39: 796-801

Barette J, Marsden CD (1979) Attitudes of families to some aspects of Huntington's chorea. Psychol Med 9: 327-336

Baroff GS, Falek A, Haberlandt W (1980) Impairment of psychomotor function in the early diagnosis of Huntington's chorea. Wr Z f Nervenheilkunde XV/1-4: 28-37

Boll T, Heaton R, Reitan R (1974) Neuropsychological and emotion correlates of Huntington's chorea. J Nerv Ment Dis 158: 61-69

Brandt J, Strauß ME, Larus J et al. (1984) Clinical correlates of dementia and disability in Huntington's disease. J Clin Neuropsychol 6 (4): 401-412

Butters N (1984) The Clinical aspects of memory disorders: Contributions from experimental studies of amnesia and dementia. J Clin Neuropsychol 6 (1): 17-36

Butters N, Tarlow S, Cermak LS, Sax D (1976) A comparison of the information processing deficits of patients with Huntington's chorea and Korsakow's syndrome. Cortex 12: 134-144

Butters N, Sax D, Montgomery K, Tarlow S (1978) Comparison of the neuropsychological deficits associated with early and advanced Huntington's disease. Arch Neurol 35: 585-589

Caine ED, Shoulson I (1983) Psychiatric syndromes in Huntington's disease. Am J Psychiatry 140: 728-733

Cermak LS, Lewis R, Butters N, Goodglass H (1973) Role of verbal mediation in performance of motor tasks by Korsakow patients. Percept Mot Skills 37: 259-262

Clark AW, Parhad IM, Folstein SE et al. (1983) The nucleus basalis in Huntington's disease. Neurology 33: 1262-1267

Corkin S (1968) Acquisition of motor still after bilateral medial temporal-lobe excision. Neuropsychologia 6: 255-265

Doshay LJ, Constable K (1949) Artane therapy of parkinsonism. JAMA 140: 1317-1322

Fedio P, Cox CS, Neophytides A et al. (1979) Neuropsychological profile of Huntington's disease: Patients and those at risk. Adv Neurol 23: 27-35

Fisher JM, Kennedy JL, Caine ED, Shoulson I (1983) Dementia in Huntington's disease: a cross-sectional analysis of intellectual decline. Adv Neurol 38: 229-238

Folstein SE, Folstein MF (1983) Psychiatric features of Huntington's disease: recent approaches and findings. Psychiatr Dev 2: 193-206

Folstein S, Franz ML, Jensen B et al. (1983) Conduct disorder and affective disorder among the offspring of patients with Huntington's disease. Psychol Med 13: 45-52

Gorman CR (1846) On a form of chorea, vulgarly called Magrum's. Thesis, Jefferson Med Coll Philadelphia

Huber StJ, Paulson GW (1987) Memory impairment associated with progression of Huntington's disease. Cortex 23: 275-283

Huntington G (1872) On chorea. Med Surg Rep Philadelphia 317-321

Josiassen RC, Curry L, Roemer RA et al. (1982) Patterns of intellectuall deficit in Huntington's disease. J Clin Neuropsychol 4 (2): 173 - 183
Leblhuber F (1993) Frühe und präsymptomatische Erkennung der Chorea Huntington. Fortschr Neurol Psychiatr 61: 1 - 21
Lund JC (1860) ‚Chorea sancti Viti i Saetesdalen'. Beretning om sundhedstilstanden og medicinalforholdene i Norge: p 137
Lund JC (1868) ‚Om Saitesdalen'. Beretning om sundhedstilstanden og medicinalfor-holdene i Norge: p 16
Lyle OE, Gottesman II (1977) Premorbid psychometric indicators of the gene for Huntington's disease. J Consult Clin Psychol 45 (6): 1011 - 1022
Lyle O, Quast W (1976) The Bender Gestalt: use of clinical judgment versus recall scores in prediction of Huntington's disease. J Consult Clin Psychol 44 (2): 229 - 232
Lyon JW (1863) Chronic hereditary chorea. Amer med Tms 7: 289 - 290
Martone M, Butters N, Payne M et al. (1984) Dissociations between skill learning and verbal recognition in amnesia and dementia. Arch Neurol 41: 965 - 970
Meudell P, Butters N, Montgomery K (1978) The role of rehearsal in the short-term memory performance of patients with Korsakow's and Huntington's disease. Neuropsychol 16: 507 - 510
Moses JA jr., Golden CJ, Berger PA, Wisniewski AM (1981) Neuropsychological deficits in early, middle and late stage of Huntington's disease as measured by the Luria-Nebraska-Neuropsychological Battery. Int J Neuro Sci 14: 95 - 100
Norton JC (1975) Patterns of neuropsychological test performance in Huntington's disease. J Nerv Ment Dis 161: 276 - 279
Pericak-Vance MA, Elston RC, Conneally PM et al (1983) Age-of-onset heterogeneity in Huntington's disease families. Am J Med Gent 14: 49 - 59
Pillon B, Dubois B, Ploska A, Agid Y (1991) Severity and specificity of cognitive impairment in Alzheimer's, Huntington's, and Parkinson's diseases and progressive supranuclear palsy. Neurology 41: 634 - 643
Propert DN (1980) Presymptomatic detection of Huntington's disease. Med J Aust 1: 609 - 612
Reyes MG, Gibbons S (1985) Dementia of the Alzheimer's type and Huntington's disease. Neurol 35 (2): 273 - 277
Salmon DP, Kwo-on-Yuen PF, Heindel CW et al. (1989) Differentiation of Alzheimer's disease and Huntington's disease with the Dementia Rating Scale. Arch Neurol 46: 1204 - 1208
Spreen O, Benton A (1967) Comparative Studies of some psychological tests for cerebral damage. J. Nerv. Ment. Dis. 140: 323 - 333
Strauss ME et al. (1985) Is there increased WAIS pattern variability in Huntington's disease? J. Clin. Exp. Neuropsychol. 7: 122 - 126
Verleger R (1993) Endogene EEG-Potentiale in der Neurologie: Psychologische Forschung im biologischen Gewand. Bericht über den 38. Kongreß der Deutschen Gesellschaft für Psychologie, Bd. 2, Hogrefe Verlag Göttingen, Berlin, Toronto, Seattle. p 408 - 421
Waters CO: Letter dated 5th May 1941. In: Dunglison R (1848) Practice of medicine, vol 2, 1st edn. Philadelphia, Lea & Blanchard, pp 245, 1843 and vol 2, 3rd edn, pp 216 - 218
Weingartner H, Caine ED, Ebert MH (1979) Imagery, encoding, and retrieval of information from memory: some specific encoding - retrieval changes in Huntington's disease. J Abnorm Psychol 88 (1): 52 - 58
Webb M, Trzepacz PT (1987) Huntington's disease: Correlations of men tal status with chorea. Soc Biol Psychiatr 22: 751 - 761
Wilson RS, Garron DC (1987) Psychological features of Huntington's disease and the problem of early detection. Soc Biol 27 (1): 11 - 19
Winocour G, Weiskrantz L (1976) An investigation of paired-associate learning in amnestic patients. Neuropsychologia 14: 97 - 110

Zur Gendiagnostik neurologischer Erkrankungen

J. T. Epplen

Einleitung

Neue gentechnologische Errungenschaften werden nach vorsichtigen Einschätzungen mindestens die Hälfte der medizinischen Heilversuche in den nächsten 20–30 Jahren ausmachen, auch wenn diese Entwicklungen derzeit erst allmählich angedacht und eingeleitet werden können. Dagegen hat die molekulargenetische Diagnostik bereits heute einen kaum überschätzbaren Stellenwert in der theoretischen und klinischen Medizin. Im Hinblick auf die routinemäßig einsetzbaren DNA-Untersuchungen sind zunächst zwei Prinzipien zu unterscheiden, die *direkte* und die *indirekte Gendiagnostik* (Epplen et al. 1994a, 1995a, Abb. 1). Während direkte Gendiagnostik veränderte oder variable Basenabfolgen unmittelbar im Gen oder den Expression-regulierenden Sequenzen aufspürt, nutzt man auf dem indirekten Anmarschweg (zumeist hochinformative) DNA-Marker. Diese Marker lassen aufgrund genetischer Kopplung Aussagen über die Zustandsform benachbarter Gene zu (Normalallel oder krankheitsauslösende Mutation, Polymorphismus oder seltene Variante ohne krankheitsrelevante Bedeutung). Die Aussagesicherheit auf der Basis indirekter DNA-Diagnostik ist abhängig vom „Informationsgehalt" der untersuchten Familiensituation und von der ‚genetischen' Entfernung des Markers vom interessierenden Merkmal: Geringe Rekombinationshäufigkeit in der Generationenfolge ergibt aussagekräftige Segregationsergebnisse. Wiewohl dieses Prinzip

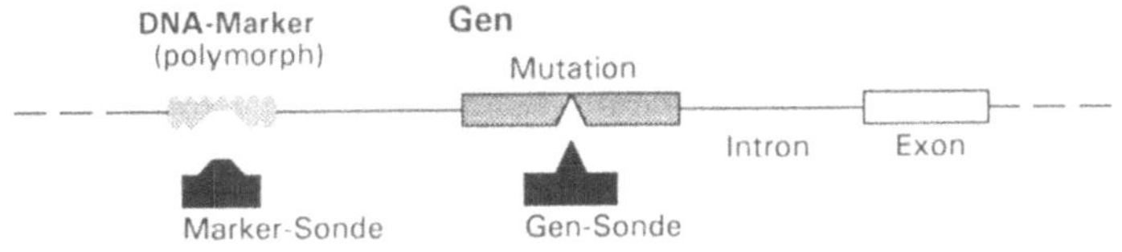

Abb. 1. Direkte und indirekte Gendiagnostik greifen im Gen selbst bzw. möglichst unmittelbar in der Nähe des untersuchten Merkmals an. Es stehen verschiedene, teilweise sich ergänzende technische Möglichkeiten zur Verfügung. Beide Analyseprinzipien der direkten und der indirekten Gendiagnostik sind komplementär, schließen sich also keinesfalls gegenseitig aus. Je enger die genetische Kopplung eines indirekten Markersystems zum untersuchten Gen (bzw. Mutation) ist, desto aussagesicherer sind indirekt gestellte Diagnosen.

Einfacher Erbgang

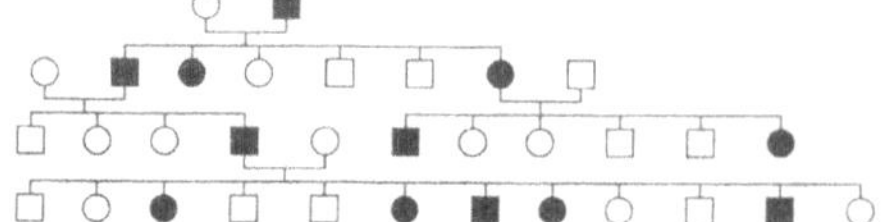

Komplexer Erbgang: Identität durch Abstammung

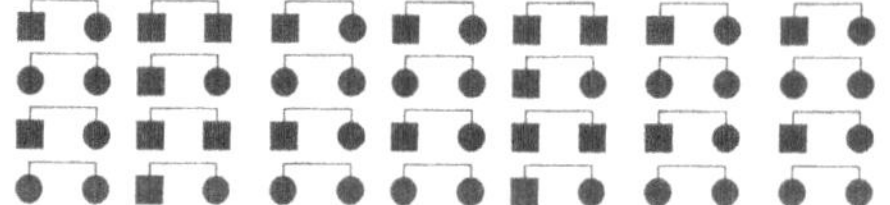

Komplexer Erbgang: Statistische Assoziation

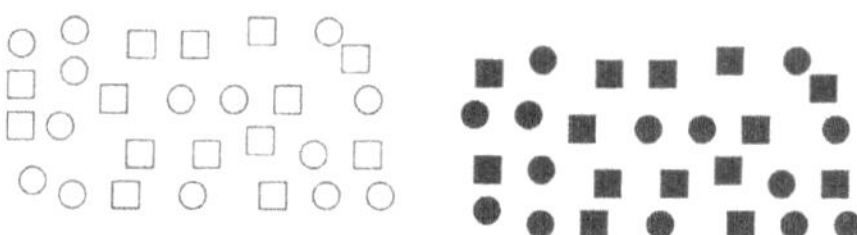

Komplexer Erbgang: Experimentelle Kreuzung

Abb. 2. Strategien zur Kandidatengenanalyse als Voraussetzung für die (direkte) DNA-Diagnostik bei Erkrankungen mit einfachem und komplexem Vererbungsmodus. Mutationen in Kandidatengenen bei einfachen Erbgängen können auf der Basis von DNA-(Blut-)-Proben von informativen Familien sehr effizient demonstriert werden. Die Untersuchungsstrategien ‚Identität durch Abstammung' und ‚statistische Assoziation' erfordern sehr große Kollektive von Betroffenen (und Kontrollen). Die experimentelle Kreuzung kann natürlich nur im Tiermodell für menschliche Erbkrankheiten sehr aufschlußreich sein

der indirekten Diagnostik zunächst nur als Übergangsstadium zu direkten Nachweisverfahren erscheinen mag, so wird hier zu diskutieren sein, welche Bedeutung beiden diagnostischen Möglichkeiten aktuell und zukünftig zukommen wird. Welche weiteren Entwicklungen können heutzutage mit einiger Verläßlichkeit prognostiziert werden? Wird z. B. die totale Genomanalyse beim Menchen weitere grundlegend neue Erkenntnisse bringen, die die gendiagnostischen Anwendungen allgemein und in der Neurologie im besonderen befruchten werden?

Bevor die DNA-Diagnostik eingesetzt werden kann, muß zumindest die genomische Lokalisation des betroffenen Gens möglichst detailliert bekannt sein bzw. müssen Mutationen charakterisiert werden. Die gegenwärtigen Möglichkeiten zur molekularen Analyse genetischer Erkrankungen können nach dem jeweiligen Vererbungsmodus differenziert werden (Abb. 2). Zum Aufspüren von Mutationen bei monofaktoriellen Erkrankungen hat sich der *Kandidatengenweg* als besonders erfolgreich erwiesen. Hierbei wird ein bestimmtes Gen als vermeintlich bester ‚Kandidat' für die weiterführende Charakterisierung des ‚erblichen Defekts' auf der Basis aller verfügbaren Vorkenntnisse ausgewählt. Es werden dann im Kandidatengen Mutationen gesucht, die natürlich vollständig mit dem gegebenen Krankheitsbild kosegregieren müssen, d. h. in derselben Vererbungsphase weitergegeben werden. Wegen des vergleichsweise enormen Arbeitsaufwands ist die sog. *Positionsklonierung* von Krankheitsgenen nur vergleichsweise selten erfolgreich angewandt worden. Es müssen enorme Strecken genetischen Materials überstrichen und vergleichsweise eingehend charakterisiert werden. Erst nach der Identifikation eines Kandidatengens in der fraglichen genomischen Position kann die gezieltere Mutationssuche wie oben angedeutet beginnen. Der durchschnittliche Arbeitsaufwand für eine ausführliche Mutationssuche ist beträchtlich: Ein trainierter, fleißiger Mitarbeiter kann ein durchschnittlich großes Gen pro Jahr erfolgreich ‚beackern'. Ausnahmen bei der Betrachtung der vergleichsweise niedrigen Effizienz über den Positionsklonierungsweg stellen diejenigen Krankheitsbilder dar, bei denen zufällig gefundene Chromosomenaberrationen oder sog. Trinukleotidblock-Verlängerungen den Vorverdacht auf eine kausale Beziehung des Gens zum Krankheitsbild (Kandidatenschaft) nahegelegt haben.

Bei komplexen Erbgängen können je nach der Struktur und der Verfügbarkeit des angesammelten Patientenguts zwei verschiedene Strategien zur Identifizierung von krankheitsrelevanten Genen verfolgt werden (s. Abb. 2): genetische Identitätsanalyse von Genen/Markern aufgrund der Abstammung ("*identity by descent*") oder statistische Assoziation eines definierten Krankheitsbilds mit Genen/Markern in der Population im Vergleich mit einem Normalkollektiv. Die rein experimentelle Kreuzung ist besonders aufschlußreich und natürlich nur auf tierische Modellsysteme für menschliche Erkrankungen beschränkt.

Zusammen mit dem Verständnis des Potentials molekulargenetischer Werkzeuge erlaubt dieser sehr vereinfachte und gestraffte theoretische Unterbau ein gezieltes Vorgehen zur Charakterisierung von Kandidatengenen für Erkrankungen. Die eigentliche DNA-Diagnostik wird anschließend abhängig vom nachzuweisenden Effekt etabliert und basiert dann meist auf der einen oder anderen Version von spezifischer Vervielfältigung des entsprechenden Genabschnitts mittels der Polymerasekettenreaktion (PCR; inklusive anschließender gelelektrophoretischer Analytik zur Molekulargewichtsbestimmung der Amplifikate). Die Erörterungen hier sind im wesentlichen auf diejenigen Krankheitsbilder beschränkt, die bevorzugt in einer neurologischen Fachklinik vorgestellt werden sollten.

Jede (monofaktoriell bedingte neurologische) Erbkrankheit bedarf eigens etablierter indirekter bzw. direkter DNA-Diagnostik

Derzeit sind bereits mehr als 5700 monofaktoriell bedingte Erbkrankheiten systematisch zusammengestellt worden (s. Katalogisierung von McKusick u. Amberger 1993; OMIM data base im Internet). Die allermeisten dieser Erkrankungen sind sehr selten oder gar nur in vereinzelten Familien beschrieben worden. Der gegenwärtige Stand der DNA-diagnostischen Möglichkeiten bei neurologisch relevanten Erbkrankheiten ist in Tabelle 1 zusammengefaßt. Ungefähr die Hälfte der diagnostizierbaren Krankheitsbilder kann bisher ausschließlich indirekt angegangen werden. Für die indirekte Analyse ist natürlich eine informative Familiensituation notwendig, in der die Vererbungsphase der interessierenden genetischen Region über möglichst eng an das Krankheitsgen gekoppelte Marker verfolgt werden kann. Es muß in der Regel mindestens die DNA einer erkrankten Person in der betreffenden Familie für die Untersuchung verfügbar sein. Weiterhin müßten oftmals Familienmitglieder eingeschlossen werden, die eigentlich an der Untersuchung wenig interessiert sind bzw. diese Verfahren grundsätzlich ablehnen. Diese Problematik wird in der genetischen Beratung eingehend besprochen, bevor die interessierten Familienmitglieder selbst – und nur sie selbst – die Initiative zur Befragung der einzubeziehenden Verwandten ergreifen können.

Tabelle 1. Gegenwärtiger Stand (Mai 1995) der gendiagnostischen Möglichkeiten bei neurologischen Erkrankungen

Krankheits-gruppe	Erkrankung	Vererb. Modus[a]	Gen Locus	Gen-Defekt[b]	Gendiagnose		Chromosomale[c] Lokalisation
					Direkt	Indirekt	
Basalganglien Erkrankungen	M. Huntington	ad	Huntingtin	Tri	ja		4p16.3
	Familiäre Hyperekplexie (M. Startle)	ad	Glycin Rezeptor (GLRA1)	Pm	ja		5q
	Torsion Dystonie (1)	ad				heterogen	9q32 – 34
	DRPL Atrophy	ad	Atrophin	Tri	ja		12
	Dystonia (dopamin sensitive)	ad				ja	14
	McLeod-Syndrome	Xr	XK	De, Pm	ja		Xp21
	Torsion Dystonia (3)	Xr			ja		Xq11.2 – 21.3
	Dystonia-Parkinson-Syndrome	Xr					14q
	M. Kennedy (BSMA)	Xr	Androgen-Rezeptor	Tri	ja		Xq21.3
Heredo-Ataxien	Spinozerebellare Ataxie (1)	ad	SCA-1	Tri	ja		6p
	Ataxie mit Sel. Vit. E Defizienz (AVED)	ar				ja	8q
	Friedreich-Ataxia	ar				ja	9q13 – 21.1
	Ataxia Teleangiectatica	ar				heterogen	11q22 – 23
	Spinocerebellar Ataxia (2)	ad				ja	12
	Spinocerebellar Ataxia (3)	ad				ja	14
	M. Machado-Joseph	ad					14
	Spinocerebellar Ataxia (4)	ad					?
Neuro-degenerative Erkrankungen	M. Alzheimer (Frühmanifestation)	ad					14q23 – 24.1
	M. Alzheimer (Spätmanifestation)	ad					19q13.2
	M. Alzheimer (Frühmanifestation)	ad	?Apolipoprotein E4?				21q21.3 – 22
	M. Alzheimer (Frühmanifestation)	ad					?
Fehlbildung Epilepsien	Miller-Dieker-Lissenzephalie	sp	LIS-1	De	(ja)		17p13.3
	Juvenile Myoklonusepilepsie	ad			(ja)		6p21.3
	Progr. Kindheitsepilepsie (Northern)	ar				heterogen	8pter-p22
	Benigne famil. neonatale Krämpfe	ad				?	8q
	Benigne famil. neonatale Krämpfe	ad				?	20q13.2
	Progr. Myoklonusepilepsie (Lundborg)	ar				?	21q22.3
Heredodege-nerative Rücken-marksläsionen	Spinale Muskelatrophien						
	-Werdnig-Hoffmann Typ (SMA1)	ar				ja	5q11.2 – 13.3
	-Intermediary Typ (SMA2)	ar				ja	5q11.2 – 13.3
	-Kugelberg-Welander Typ (SMA3)	ar/ad					5q/?
	-Erwachsenen-Form (SMA4)	ar/ad				heterogen	?

Krankheits-gruppe	Erkrankung	Vererb. Modus[a]	Gen Locus	Gen-Defekt[b]	Gendiagnose		Chromosomale[c] Lokalisation
					Direkt	Indirekt	
	Famil. amyotrophische Lateralsklerose	ad	SOD1	Pm	ja		21q22.1
	Famil. amyotrophische Lateralsklerose	ar				heterogen	2q33 – 35
	„MASA Syndrom"	X	Neuronales L1CAM	Pm	ja		Xq28
	Hydrozephalus	X	L1CAM	Pm	ja		Xq28
	Spastische Spinalparalyse (1)	Xr	L1CAM	Pm	ja		Xq28
	Spastische Spinalparalyse (2)	Xr	Proteolipid	Pm	(ja)		Xq21 – 22
	M. Pelizaeus-Merzbacher	Xr	Proteolipid	Du	(ja)		Xq21 – 22
	Famil. spastische Paraplegie	ad					2p21 – 24
	Famil. spastische Paraplegie (SPG5A)	ar					8
	Famil. spastische Paraplegie (SPG3)	ad					14q
Neuropathien	M. Charcot-Marie-Tooth 1B	ad	Myel in PO	Pm	ja		1q23.3 – 23
	M. Charcot-Marie-Tooth 2A	ad					1p35 – 36
	M. Charcot-Marie-Tooth 2B	ad					?
	M. Charcot-Marie-Tooth 2C	ad					?
	M. Charcot-Marie-Tooth 4A	ar					8q13 – 21.1
	M. Charcot-Marie-Tooth 1A	ad	Myelin 2 (PMP22)	Du, Pm	ja		17p11.2
	M. Charcot-Marie-Tooth 1C	ad					?
	M. Charcot-Marie-Tooth X	Xr	Connexin 32	Pm	ja		Xq13.1
	M. Déjerine-Sottas (HSMN III) DSDB	ar, sp	Myelin PO	Pm	ja		1q23.3 – 23
	M. Déjerine-Sottas (HSMN III) DSDA	sp, ad	PMP 22	Pm	ja		17p11.2
	Heredit. Neuropathie+Drucklähmung (HNPP)	ad	PMP 22	De, Pm	ja		17p11.2
	Amyloid-Polyneuropathie	ad	Transthyretin	Pm	ja		18q11.2 – 12.1
Neuromuskuläre und Muskel Erkrankungen	Facioscapulohumerale Muskeldystrophie	ad			(ja)		4q33 – 35
	Maligne Hyperthermie	ad				heterogen	7q
	kongenitale Muskeldystrophie	ar	Merosin			heterogen	6q2
	Fukuyama kongenitale Muskeldystrophie	ar			ja		9q31 – q33
	Muskeldystrophie	ar	Adhalin	Pm	ja	heterogen	17q12 – 21.33
	Central Core Disease	ad	Ryanodin-Rezeptor (RYR1)	Pm	ja		19q12 – 13.2
	Maligne Hyperthermie	ad	Ryanodin-Rezeptor (RYR1)	Pm	(ja)	heterogen	19q12 – 13.2
	Myotonische Dystrophie	ad	Proteinkinase (Muskel)	Tri	ja		19q13.3
	Muskeldystrophie (Duchenne)	Xr	Dystrophin	De, Pm, Tr	ja	heterogen	Xp21.2
	Muskeldystrophie (Becker)	Xr	Dystrophin	De (frame)	ja	heterogen	Xp21.2
	Muskeldystrophie (Emery-Dreyfuß)	Xr					Xq28

Krankheits-gruppe	Erkrankung	Vererb. Modus[a]	Gen Locus	Gen-Defekt[b]	Gendiagnose		Chromosomale[c] Lokalisation
					Direkt	Indirekt	
Fam. Per. Paresis	Hypokaliäm. periodische Parese	ad, sp	Dihydropyr. Rezp. (CACNLIA3)	Pm	ja		1q31 – 32
Myotonien	Myotonia Congenita (Thomsen)	ad	Chlorid-Kanal (CLCN1)	Pm	ja		7q35
	Generalisierte Myotonie (Becker)	ar	Chlorid-Kanal (CLCN1)	Pm, De	ja		7q35
	Periodische Ataxie mit Myokymie	ad	Kalium-Kanal (KCNA1)	Pm	ja		12p
	Paramytonia Congenita	ad	Natrium-Kanal (SCN4A)	Pm	ja		17q23
	Myotonia Permanens	ad	Natrium-Kanal (SCN4A)	Pm	ja		17q23
	Hyperkaliäm. famil. periodische Parese	ad	Natrium-Kanal (SCN4A)	Pm	ja		17q23
Phacomatosen	M. Von Hippel-Lindau	ad				heterogen	3p25
	Tuberöse Sklerose (TSC1)	ad				ja	9q34.3
	Tuberöse Sklerose (TSC2)	ad	Tuberin	De	(ja)	ja	16p13.3
	Neurofibromatose 1 Recklinghausen	ad	NF1		ja		17q11.2
	Neurofibromatose 2	ad	NF2		ja		22q11 – 13.1
Speicher-Krankheiten	M. Gaucher	ar	Glucocerebrosidase	Pm	ja		1q21
	M. Wilson	ar	Cu-binding ATPase	De, Pm	ja		13q14.3
	M. Niemann-Pick	ar	Sphingomyelinase PDE1				17
	Metachromatische Leukodystrophie	ar	Arylsulfatase A	Pm	ja		22q13.31
	M. Menkes	Xr	Cu-bindende ATPase	De (16 %)	ja		Xq13.3
	Adrenoleukodystrophie	Xr					Xq28
Mitochondriale Erkrankungen	Leber's Her. Opticus-Neuropathie (LHON)	mit	Complex I, III, IV	Pm	ja		mit
	Myoclonus Epilesie (MERFF)	mit		Pm	ja		mit
	Myoclonus Epilesie (MELAS)	mit		Pm	ja		mit
	Kearns-Sayre Syndrome (KSS)	mit		ext. De, Du	ja		mit
	Progr. externe Ophthalmoplegie (PEO)	mit		ext. De	ja		mit

[a] Vererbungsmodus: *ad* autosomal dominant, *ar* autosomal rezessiv, *sp* spontan, *X* X chromosomal, *Xr* X-chromosomal rezessiv, *mit* mitochondrial
[b] Kategorien genetischer Defekte: *De* Deletion (*ext.* extensiv; *frame* im Leserahmen), *Du* Duplikation, *Pm* Punktmutation, *Tr* Translokation, *Tri* Trinukleotiderkrankung.
[c] Genlokalisation, Chromosom, Arm (*p* kurzer Arm; *q* langer Arm), Region, Subregion etc. ? widersprüchliche Literaturangaben

Das herausragende Werkzeug für die indirekte DNA-Diagnostik sind gegenwärtig hochinformative Mikrosatellitensysteme (Litt u. Luty 1989; Epplen et al. 1994b), die durch PCR-Technologie mit vergleichsweise geringem Aufwand dargestellt werden können. Mikrosatelliten bestehen im wesentlichen aus simplen repetitiven DNA-Elementen, also Tandem-Abfolgen von kurzen Sequenzmotiven (Einheiten von 1–6 Basen) wie z. B. ...CACACACACACACACACACA... Die Anzahl der hintereinandergeschalteten Motiveinheiten ist in den verschiedenen Ausprägungsformen eines genetischen Locus innerhalb einer Population variabel. Bei bis zu 20 (und mehr) verschiedenen Allelen pro Locus in menschlichen Bevölkerungen werden sogar Heterozygotieraten von maximal 99% erreicht. Aufgrund der Eigenschaften der Mikrosatelliten und der zumindest teilweisen Automatisierbarkeit der meist vergleichsweise technisch anspruchsarmen Untersuchungsgänge haben diese Systeme weniger informative und arbeitsintensivere Polymorphismustypen (z. B. Restriktionsfragmentlängen-Polymorphismus, RFLP) bereits weitgehend ersetzt.

In der direkten DNA-Diagnostik bedient man sich eines Spektrums verschiedener molekulargenetischer Methoden, um die eigentlich krankheitsauslösenden Mutationen eindeutig darzustellen: Größere Deletionen in Genen, Duplikationen oder Amplifikationen (via Southernblot-Hybridisierung restriktionsenzym-verdauter DNA; [PCR]), Punktmutationen (mutationsspezifische Oligonukleotidhybridisierung, selektive PCR oder gelegentlich Restriktionsenzymverdau) und Trinukleotidblock-Verlängerungen (siehe unten; PCR, Southernblot-Hybridisierung restriktionsenzymverdauter DNA) können unmittelbar erfaßt werden. Selbst wenn die direkte Diagnostik fest etabliert ist, wie bei M. Huntington (s. unten), gibt es in der genetischen Beratungspraxis immer wieder Indikationen für indirektes Vorgehen: z. B. wenn ein Elternteil als Risikoperson den eigenen Genträgerstatus nicht wissen will, jedoch das Krankheitsgen beim heranwachsenden Feten definitiv auszuschließen ist. Dazu muß dann nachgewiesen werden, daß ein normales Allel vom nicht betroffenen Großelter vererbt wurde.

Trinukleotidkrankheiten – ein neues Paradigma

Verstärktes Interesse an Mikrosatelliten wurde nicht nur durch indirekte Gendiagnostik bei neuropsychiatrischen Erkrankungen geweckt, sondern auch als ein neuer Mutationsmechanismus bei einigen dominant vererbten neuropsychiatrischen Leiden entdeckt worden war, der simple repetitive Trinukleotidblöcke in kodierenden Genabschnitten betraf. Die Mutationen beim Fragilen X (FRA X) Syndrom (Fu et al. 1991), der myotonen Dystrophie (Brook et al. 1992), der spinozerebellaren Ataxie Type 1 (SCA 1; Orr et al. 1993), der Dentato-Rubro-Pallido-Luys-Atrophie (Koide et al. 1994), bei Morbus Kennedy (La Spada et al. 1991) und M. Huntington (The Huntington's Disease Collaborative Research Group 1993) beruhen auf der Verlängerung simpler Trinukleotidblocks (Übersicht in Ross et al. 1993) über einen kritischen Grenzwert hinaus. Auf der Basis dieser sog. dynamischen Mutationen können auch *de novo* verlängerte Trinukleotidblöcke in bis dahin nicht betroffenen Familien auftreten (Neumutationen; Richards u. Sutherland 1992). Zusätzlich zu den bereits identifizierten, neuropsychiatrisch relevanten Erkrankungsgenen sind zwischenzeitlich zahlreiche weitere Gene mit Trinukleotidblocks definiert worden, deren mögliche (Dys-)Funktionen noch völlig offen sind. Im Gehirn des Menschen beherbergen bis zu 0,3% aller mRNAs repetitive $(CTG)_n/(CAG)_n$-Blöcke mit mehr als 10 hintereinandergeschalteten simplen Motiven. Sie können als Kandidatengene für neuropsychiatrische Erkrankungen direkt herangezogen werden. Daher werden bereits einige familiäre Erkrankungen mit entsprechender Symptomatik intensiv auf Veränderungen in diesen Genabschnitten begutachtet.

Die differentialdiagnostischen Möglichkeiten in der Klinik verbessern sich vor allem durch die direkte Gendiagnostik beträchtlich. Als Beispiel sei nur die SCA1-Diagnostik angeführt (Schöls et al. 1995). Weniger als 15% der spinozerebellaren Krankheitsbilder entfallen in einem deutschen Patientenkollektiv auf die SCA1. Mindestens 3 weitere chromosomale Lokalisationen sind bereits für diese symptomatisch vergleichsweise einheitlichen Ataxieformen definiert. In nicht allzu ferner Zeit wird man damit insgesamt eine völlig neue Kategorisierung der spinozerebellären Krankheitsbilder erreicht haben. Zugleich wird über Expressionsstudien und Zellkulturexperimente (Schmitt et al. 1995) sowie transgene Tiermodellsysteme, z. B. auch für M. Huntington, die kausale Pathogenese zunehmend aufgeklärt werden können. Die Auswirkungen dieses Wissens auf therapeutische Neuanfänge bleiben bis auf weiteres völlig offen.

Wird DNA-Diagnostik bei komplex vererbten, multifaktoriell bedingten Erkrankungen wie multiple Sklerose möglich?

Im Gegensatz zu den mendelnden Erbkrankheiten sind komplex vererbte Erkrankungen nach wie vor beinahe als Alpträume für den Genetiker zu bezeichnen – besonders auch für den humangenetisch beratenden Arzt. Die überragende Relevanz dieser Erkrankungen, wie rheumatoide Arthritis (RA) oder multiple Sklerose (MS), ergibt sich unmittelbar aus deren Häufigkeiten in der Bevölkerung. Meist ist völlig unklar, wieviele Gene überhaupt an der Krankheitsauslösung und am Verlauf beteiligt sind. Ein weiterer Unsicherheitsfaktor in der kausalen Pathogenese ist das Ausmaß der möglichen und tatsächlichen Beeinflussung durch die Umwelt. Auch die Molekulargenetik kann augenblicklich noch keinen entscheidenden Beitrag zur (Differential)Diagnostik geschweige denn zur Therapie dieser weitgespannten Krankheitskategorie leisten. Dennoch könnten die ersten umfassenderen Strategien zur Analyse der kausalen Pathogenese, z. B. des Diabetes mellitus (Thomson 1994) und auch der multiplen Sklerose, verhalten optimistisch stimmen. Hier sollen lediglich unsere ersten eigenen Ergebnisse zu den genetischen Komponenten der MS und deren weitere Implikationen gestreift werden, ohne jedoch auf die Komplexität der eigentlichen immunologischen Implikationen einzugehen. Detaillierte Übersichten zu den Möglichkeiten der indirekten Gendiagnostik auch bei (auto)immunologischen Phänomenen wurden erst kürzlich veröffentlicht (Epplen et al. 1995b; Schwaiger u. Epplen 1995).

Zur umfassenden genetischen Analyse einer komplex vererbten Erkrankung wie der MS ist es derzeit praktisch nur möglich, das gesamte Genom im Vergleich von vielen Patienten und ebenso vielen Normalpersonen durchzumustern, wenn ein modernst eingerichtetes, weitgehend automatisiertes Labor sich dieser Aufgabe mit mehreren technischen und betreuenden wissenschaftlichen Mitarbeitern ausschließlich widmet. In Ermangelung derartiger Möglichkeiten versuchen wir zunächst, uns auf möglichst relevante Gene/Genomabschnitte bei diesen Erkrankungen zu beschränken. Unsere Strategie schließt daher initial die Untersuchung von mehr als 20 verschiedenen Genorten ein, die für das einwandfreie Funktionieren des Immunsystems von besonderer Bedeutung zu sein scheinen (‚Immunoprinting‘). Die verschiedenen Ausprägungsformen der

Gene (Polymorphismen) werden indirekt über intragenische (in den Introns befindliche) oder eng benachbarte Mikrosatelliten diagnostiziert. Bei vergleichbar vererbten Volkskrankheiten wie der RA stellen spezifische Kombinationen von ansonst offensichtlich völlig physiologischen Polymorphismen genetische Prädispositionsfaktoren für die Krankheitsmanifestation dar (Gomolka et al. 1995).

Interessanterweise ließen sich bisher bei der MS genetische Einflüsse vieler immunologisch relevanter Gene ausschließen. Lediglich die Anlagen für Tumor-Nekrose-Faktor α, den antigenspezifischen T-Lymphozytenrezeptor kodierenden α/-Locus und natürlich bestimmte *HLA-DRB*-Gene scheinen Prädispositionsfaktoren in bestimmten Gruppen von Erkrankten darzustellen (Epplen et al. 1995b). Gegenwärtig werden weitere große Kollektive von Erkrankten und Kontrollen in diese umfassende Strategie mit einbezogen. Damit soll eine statistische Absicherung der Befunde auch in verschiedenen Populationen erreicht werden.

Ausblick

Die unvorhersagbare Natur absoluter Quantensprünge bei den Entwicklungen in der Molekularbiologie bedingt, daß epochale Veränderungen selbstverständlich nicht geweissagt werden können. Welche Entwicklungen können aus dem gegenwärtigen Stand der Wissenschaft mit annehmbarer Sicherheitsperspektive prognostiziert werden? Eine fortschreitende Automatisierung der derzeit noch personalintensiven Arbeiten wird eine extreme Ausdehnung des Dienstleistungsangebots für DNA-Diagnostik erlauben. Wenn im nächsten Jahr alle menschlichen Gene über cDNA-Sequenzen bekannt und über internationale Datennetze zugänglich sein werden, ist es eine Frage des eingesetzten Personals, um die maximal erforderlichen 60000 bis 100000 Personen x Jahre für die umfassende Mutationsanalyse wirklich aller Erbmerkmale bereitzustellen.

Diesem ungeheuren diagnostischen Potential steht heute leider noch ein grundsätzliches und verbreitetes Unverständnis der besonderen Implikationen humangenetischer Diagnosen auch innerhalb der medizinischen Profession gegenüber. Die kausalpathogenetische Analyse vieler multifaktorieller Erkrankungen bedürfen wohl der mehr oder weniger kompletten Sequenzanalyse des menschlichen Genoms als Grundvoraussetzung. Daher werden sich die diagnostischen Möglichkeiten auf absehbare Zeit (ungefähr in den nächsten 10 Jahren) auf wenige besser untersuchbare Zusammenhänge beschränken müssen. In wieweit dann die therapeutischen Konzepte und Durchbrüche aufgeholt haben gegenüber aussagekräftigsten Diagnosen, ist sicher viel entscheidender für den Patienten bzw. den symptomfreien, präklinischen Anlageträger. Daher sind entsprechende Prioritäten alsbald auch für die Förderung der therapeutischen Forschung zu setzen. Die hochinteressanten aber extrem komplexen genetischen Grundlagen für Verhalten und Befinden müssen zuallererst in Tiermodellen einigermaßen verstanden werden (Lubjuhn et al. 1995; Schneider-Stock u. Epplen 1995), bevor irgendwelche Rückschlüsse auf ähnliche Zusammenhänge beim Menschen überhaupt möglich und zulässig erscheinen. Dennoch kann die in diesen Monaten breit angestoßene Diskussion erblicher Komponenten bei Verhaltens- und Befindlichkeitsmerkmalen größere Bevölkerungskreise auf möglicherweise einschneidende Entwicklungen auf diesem Sektor aufmerksam machen und entsprechende Kritikfähigkeit und Behutsamkeit langsam wachsen lassen.

Schlußbetrachtung

Direkte DNA-Diagnostik wird aus dem vertieften kausalen Verständnis der genetisch (mit-)bedingten Erkrankungen eine völlig neue Krankheitskategorisierung auf der Basis eines Einordnungsprinzips der betroffenen Gene erlauben. Die Diagnosesicherheit und -genauigkeit nähert sich bereits heute für einige Erkrankungen zusehends dem theoretischen Optimum (100%) und ist damit praktisch als sicher anzusehen. Insbesondere auch Differentialdiagnosen werden praktisch unzweifelhaft ohne die vormals verbliebene Spanne an erheblichen Unsicherheitsfaktoren.

Prädiktive Diagnostik ist bereits für einige spät manifestierende Erbkrankheiten möglich mit all' jenen Argumenten pro und contra, die in der genetischen Beratungsstelle mit den Klienten/Patienten und deren Angehörigen im Sinne der individuellen Situation des Ratsuchenden besprochen werden müssen. Die Entscheidungsfindung der Ratsuchenden bleibt autonom, wiewohl das Beraterteam auch später beständig für die Klienten zur Verfügung stehen muß. Grundsätzlich neue ethische Implikationen der DNA-Diagnostik müssen dauerhaft im größeren Zusammenhang überdacht werden, inklusive einer Diskussion im Kreise möglichst vieler gesellschaftlicher Interessenvertreter und Gruppen. Konsensfähige Übereinkünfte zu prinzipiellen Problemen der genetischen Diagnostik sollten unmittelbar an diese Diskussionen angestrebt werden. Auch mehr als 200 Selbsthilfegruppen allein in Deutschland leisten unüberschätzbare Beiträge, da man oftmals Familien/Individuen mit ähnlich gelagerter Alltagsproblematik mit Problemlösungsmöglichkeiten zu Rate ziehen kann, die von den professionellen Mitarbeitern in den Beratungsstellen und im Gesundheitswesen mangels eigener Alltagspraxis nicht erbracht werden können.

Diskussion

Frage: Man gewinnt den Eindruck, die Huntington-Krankheit ist eine monogene Krankheit. Wie verhält es sich aber mit jenen Huntington-Kranken, die einen negativen Gennachweis haben? Stimmt es also nicht, daß Morbus Huntington eine monogene Krankheit ist? Wie kann man das erklären?

Antwort: Wir werden auf der Ebene der molekulargenetischen Befunde zu einer neuen Kategorisierung von Krankheiten kommen. Für einige Erkrankungsbilder kommen durchaus verschiedene Gene als Kandidaten in Frage. Es ist sicherlich nur ein Bruchteil derjenigen Gene bekannt, die zu Trinukleotidkrankheiten prädisponieren können bzw. kausal daran beteiligt sind. Wir werden noch einige Jahre warten müssen, um Ihre Frage zu klären.

Anmerkung: Es gibt noch eine ganze Reihe hereditärer Choreaformen, die keine klassische Chorea Huntington darstellen. Es besteht die Gefahr, daß bei unzureichender klinischer Untersuchung diese Formen mit der Chorea Huntington verwechselt werden. Dann ist natürlich auch kein positiver Gennachweis zu erwarten. Wenn ich klinisch eine falsche Diagnose stelle, kann ich vom Humangenetiker nicht erwarten, daß die genetische Diagnostik die Aufklärung gibt.

Frage: Ich befürchte, daß diese Patienten mit negativem Gentest in klassischen Huntington-Familien gefunden wurden. In diesen Fällen gilt, daß der Kliniker gut untersucht habe, und der Genetiker zu dem Schluß kommt, die Vorfahren haben eine klassische Chorea Huntington. Wie sind in diesen Einzelfällen die Ergebnisse der genetischen Untersuchung zu erklären? Und dann ist die Frage, wie sich die Repeatlängen von Generation zu Generation verändern.

Antwort: Wir haben in einer unter 125 erfaßten Familien ein Individuum, das jahrelang bereits unter der Diagnose Chorea Huntington geführt wurde. Mittlerweile ist diese Person etwa 60 Jahre alt. Und es stellt sich heraus, daß der Patient keine Trinukleotidverlängerung hat. Es ist somit klar, daß seine Symptomatik nicht kausal mit dem Hungtington-Gen zusammenhängt. Es gibt wenige dieser Konstellationen. Mir sind aus der Literatur insgesamt 4 Fälle bekannt.

Frage: Bei der hereditären sensomotorischen Neuropathie (HSMN), der sog. neuralen Muskelatrophie, gibt es phänotypisch praktisch identisch aussehende Krankheiten, deren Schädigung auf differenter genetischer Lokalisation beruht. Eine Erklärungsmöglichkeit für die genannten Konstellationen wäre, daß auch bei der Chorea Huntington phänotypisch gleich aussehende Krankheiten aufgrund von Veränderungen an verschiedenen Genorten entstehen.

Anmerkung: Wenn Sie sehr gezielt mit differenzierten Tests diese Patienten untersuchen und detailliert motorische Muster berücksichtigen, kommen Sie unter Umständen bei diesen Kranken zu unterschiedlichen Phänotypen von Chorea. Es gibt Choreatiker, die führen ihre choreatischen Bewegungen nach außen und überstrecken die Hände. Und es gibt Patienten mit Chorea, die führen diese Bewegung zur Körperachse hin. Man muß sauber differenzieren. Ich finde es beschämend, wenn klinische Symptome ungenau beschrieben werden, und dann einem Genetiker zugemutet wird, diese verschiedenen Symptome unter einer Diagnose zu führen.

Antwort: Bei HSMN Typ 3 gibt es zwei unterschiedliche Gene, die, soweit ich das aus der Literatur entnehmen kann, absolut das gleiche phänotypische Krankheitsbild hervorrufen. Wir haben also da auch dieselbe Endstrecke, ähnlich wie in verschiedenen multifaktoriell bedingten Erkrankungen.

Frage: Was weiß man inzwischen über die Spontanmutationsrate?

Antwort: In einer größeren Studie in Kanada und Amerika wurde eine Rate zwischen 3 und 4% an Spontanmutation nachgewiesen. In unseren Daten, die in Deutschland ungefähr 600 Diagnosen und zusammen mit Dänemark und Frankreich knapp 1000 Diagnosen umfassen, ist die Rate etwas niedriger, etwa 2%.

Frage: Gibt es Hinweise für ethnische Abhängigkeiten? Wir dachten früher, daß Chorea Huntington in erster Linie aus dem europäischen Raum kommt.

Antwort: Da die Spontanmutationsrate doch sehr viel höher ist, als früher vermutet wurde, ist anzunehmen, daß auch z. B. bei Asiaten Spontanmutationen auftreten. Sie müßten durchaus das Krankheitsbild auch außerhalb Europas diagnostizieren können.

Frage: Gibt es neuere Erkenntnisse über den Zusammenhang zwischen der Anzahl der Repeats und dem Schweregrad der klinischen Symptomatik, d. h. der motorischen und psychiatrischen Symptome?

Antwort: Unsere Arbeitsgruppe ist im Begriff, diese Zusammenhänge systematisch zu untersuchen. Im Augenblick können wir noch keine Daten vorlegen. Wir haben den Eindruck, daß es keine eindeutige Korrelation der Repeatlänge mit der klinischen Symptomatik gibt. Anders verhält es sich mit der Beziehung zwischen Repeatlänge und Erstmanifestationsalter der Symptome.

Literatur

Brook JD, McCurrach ME, Harley HG et al. (1992) Molecular basis of myotonic dystrophy: expansion of a trinucleotide (CTG) repeat at the 3′ end of a transcript encoding a protein kinase family member. Cell 68: 799-808

Epplen JT, Buitkamp J, Bocker T, Epplen C (1994a) Indirekt gene diagnosis for complex multifactorial diseases. Gene, im Druck

Epplen JT, Mäueler W, Epplen C (1994b) Exploiting the informativity of „meaningless" simple repetitive DNA from indirekt gene diagnoses to multilocus genome scanning. Biol Chem Hoppe Seyler's, im Druck

Epplen JT, Buitkamp J, Epplen C et al. (1995a) Indirekt DNA/gene diagnoses via electrophoresis – an obsolete principle? Electrophoresis, im Druck

Epplen C, Buitkamp J, Rumpf H et al. (1995b) Immunoprinting reveals different genetic bases for (auto)immune diseases. Electrophoresis, im Druck

Fu Y-H, Kuhl DPA, Pizzuti A et al. (1991) Variation of the CGG repeat at the fragile X site results in genetic instability: resolution of the Sherman paradox. Cell 67: 1047-1058

Gomolka M, Menninger H, Saal JE et al. (1995) Immunoprinting: Various genes are associated with increased risk to develop rheumatoid arthritis in different groups of adult patients. J Mol Med, im Druck

The Huntington's Disease Collaborative Research Group (1993) A novel gene containing a trinucleotide repeat that is expanded and unstable on Huntington's disease chromosomes. Cell 72: 971-983

Koide R, Ikeuchi T, Onodera O et al. (1994) Unstable expansion of CAG repeat in hereditary dentatorubral-pallidoluysian Atrophy (DRPLA). Nature Genet 6: 9-13

La Spada AR, Wilson EM, Lubahn DB et al. (1991) Androgen receptor gene mutations in X-linked spinal and bulbar muscular atrophy. Nature 352: 77-79

Litt M, Luty JA (1989) A hypervariable microsatellite revealed by in vitro amplification of a dinucleotide repeat withion the cardiac muscle actin gene. Am J Hum Genet 44: 397-401

Lubjuhn VT, Curio E, Muth S et al. (1995) Paternal care in great tits (*Parus major*) depends on genetic relatedness. Behavior, zur Veröffentlichung eingereicht

McKusick VA, Amberger JS (1993) The morbid anatomy of the human genome: chromosomal location of mutations causing disease. J Med Genet 30: 1-26

Orr HT, Chung M, Banfi S et al. (1993) Expansion of an unstable trinucleotide CAG repeat in spinocerebellar ataxia type 1. Nature Genet 4: 221-226

Richards RI, Sutherland GR (1992) Heritable unstable DNA sequences. Nature Genet 1: 7-9

Ross CA, McInnis MG, Margolis RC, Li SH (1993) Dynamic mutations. Trends Neurosci 16: 254-257

Schmitt I, Bächner D, Hameister H, Epplen JT, Rieß O (1995) On the expression of the *Huntingtin* gene in the mouse embryo. Hum Mol Genet, zur Veröffentlichung eingereicht

Schneider-Stock R, Epplen JT (1995) Congenic AB mice – a novel means for studying the genetics of aggression. Behav Neural Biol, zur Veröffentlichung eingereicht

Schöls L, Rieß O, Schöls S et al. (1995) Spinocerebellar ataxia type 1: Clinical and neurophysiological characteristics of the genetically defined subtype of dominant hereditary ataxias in German kindreds. Neurology, zur Veröffentlichung eingereicht

Schwaiger FW, Epplen TJ (1995) Exonic *MHC-DRB* polymorphisms and intronic simple repeat sequences: Janus' faces of DNA sequence evolution. Immunol Reviews, zur Veröffentlichung eingereicht

Thomson G (1994) The analysis of complex genetic disease: progress and paradigms. Nature Genet 8: 108-110

Ethische Problematik prädiktiver genetischer Tests bei neurodegenerativen Erkrankungen

W. Maier

Innerhalb sehr kurzer Zeit werden für viele genetisch bedingte Störungen Gene identifiziert oder zumindest auf dem Genom lokalisiert sein, deren Mutanten für das Auftreten monogen übertragener Erkrankungen verantwortlich sind oder deren Mutanten erheblich zum Erkrankungsrisiko beitragen. Damit ergeben sich insbesondere für monogene Erkrankungen (d. h. Mutationen an einem Genort verursachen die Störung) neue diagnostische Möglichkeiten:

a) Die *klinischen Diagnosen* können durch einen genetischen Test abgesichert werden, worauf im weiteren aber nicht eingegangen wird.
b) Bei asymptomatischen Angehörigen Erkrankter kann noch vor oder während der Risikoperiode das Erkrankungsrisiko präzise geschätzt werden; bei monogenen Erkrankungen mit nahezu vollständiger Penetranz, wie der Huntington-Erkrankung, kann z. B. mit an Sicherheit grenzender Wahrscheinlichkeit das zukünftige Auftreten der Erkrankung vorausgesagt oder ausgeschlossen werden (*prädikativer genetischer Test*).
c) Durch *pränatale Diagnostik* kann der Risikostatus bestimmt werden.

Prädikative genetische Tests werden derzeit für viele genetische Störungen verfügbar. Diese Angebote richten sich v. a. an Angehörige von Erkrankten. Prädiktive genetische Tests sind vor allem dann von entscheidender Bedeutung, wenn präventivmedizinische Interventionen möglich sind, die die Expression des Phänotyps entweder verhindern oder zumindest abschwächen oder verzögen. Ein Beispiel ist die Hämotochromatose, bei der eine prädiktive Testung ebenso wie präventivmedizinische Interventionen möglich sind (Motulsky 1994).

Auch für einige genetisch bedingte neurodegenerative Erkrankungen sind prädiktive Diagnosestellungen verfügbar bzw. möglich. Das wichtigste Beispiel ist M. Huntington. Deren Anwendung ist in ethischer Hinsicht aus folgenden Gründen besonders kritisch:

1. Für diese Erkrankungen gibt es *keine Prophylaxe und keine Therapie*; es gibt nicht einmal eine symptomatische Therapie, die den Krankheitsverlauf verlangsamt.
2. Die Erkrankungen treten i. d. R. erst *in der zweiten Lebenshälfte* auf; die Kenntnis des Grades des Erkrankungsrisikos kann die Lebensführung in der ersten Lebenshälfte erheblich und dabei auch nachteilig beeinflussen.
3. Bei Anlageträgern bzw. zu Beginn bestimmter neurodegenerativer Erkrankungen besteht eine erhöhte *Suizidalität*, die möglicherweise durch das Wissen, gegenwärtig oder in naher Zukunft an einer progressiv verlaufenden Erkrankung mit verherrenden psychosozialen Folgen zu leiden, ausgelöst oder zumindest verstärkt werden kann (di Maio et al. 1993; Farrer 1986).

Exemplarisch wurden die sich daraus ergebenden Anwendungsproben im Bereich neurodegenerativer Erkrankungen für die Testung auf Vorliegen des Gens für die Huntington-Erkrankung in mehreren Zentren erarbeitet, die Programme zur prädiktiven Diagnostik bei M. Huntington etabliert haben. Diese Leitlinien können zugleich als Modelle für andere genetisch bedingte neurodegenerative Erkrankungen diskutiert werden.

Huntington-Erkrankung

Aufgrund der Kopplungsanalysen von Gusella et al. (1983) wurden Mitte der 80iger Jahre erstmals prädiktive genetische Tests für die Huntington-Erkrankung verfügbar. Diese Tests waren zunächst indirekte Tests, die sich auf genetische Marker stützen, die in unmittelbarer Umgebung (im Kopplungsungleichgewicht) des Erkrankungsgens lagen; die prädiktive Diagnose erfolgte in Form einer Kopplungsanalyse. Sie ist weitgehend nur auf familiäre Fälle anwendbar. Sensitivität und Spezifität des indirekten Tests waren zunächst noch nicht perfekt, aber meist über 95%. Seit kurzem sind direkte Mutationsanalysen möglich, die das Krankheitsgen sicher identifizieren können (Huntington's Disease Collaborative Research Group 1993). Sie sind auch bei nichtfamiliären Fällen anwendbar.

In einigen Ländern wurde es für dringend erforderlich gehalten, daß vor einer breiten Anwendung dieses Tests in ausgewählten Einrichtungen modellhaft Programme zur prädiktiven Testung auf der Grundlage der Kopplungsmethode etabliert werden, die einer systematischen Evaluation unterzogen werden:

In Balitmore (Codori et al. 1994), Vancouver (Huggins et al. 1992) und Leyden (Tibben et al. 1992) wurden Programme auf der Grundlage der indirekten Kopplungsanalyse eingerichtet. Vor kurzem wurde auch das erste Programm für die prädiktive Testung durch direkte Mutationsanalyse (Vancouver) vorgestellt (Benjamin et al. 1994).

Evaluation der Modellprogramme zur prädiktiven Diagnostik bei M. Huntington

Diese Programme und ihre Evaluation können modellhaft auch für zukünftige Programme für andere genetische Erkrankungen gelten. Sie helfen die Chancen und Risiken der prädiktiven genetischen Diagnostik abzuschätzen und können damit Grundlage der ethischen Beurteilung zur Indikationsstellung sein. Bestandteile dieser Programme sind:

a) *vor Testung psychologische Untersuchung und Beratung, genetische Beratung* über a priori Risiko sowie über mögliche Testergebnisse und deren Konsequenzen;
b) *Testung nach informierter Entscheidung* des Probanden; Möglichkeit zum Widerruf der Entscheidung für eine prädiktive Diagnostik während einer Latenzperiode;
c) *nach Ergebnismitteilung Fortführen der psychologischen Beratung und Selbsthilfegruppe.*

Die Ergebnisse dieser Untersuchungen unter mit erhöhtem Krankheitsrisiko belasteten Angehörigen von Patienten mit Huntington-Erkrankung ergaben:

1. Befragungen zur Einstellung von Risikoprobanden zu prädiktiven Tests vor deren Verfügbarkeit (also 1983 – 1985) ergaben, daß eine große Mehrheit an der Durchführung dieses Tests bei ihrer Person interessiert ist. Das Interesse nach Einführung der direkten

Tests war aber deutlich niedriger als erwartet. Nur 10–50% der Risikopersonen nahmen das Angebot wahr. Dabei gab es eine deutliche Variation zwischen verschiedenen Zentren und Ländern. In der BRD sind nach einer Untersuchung des Freiburger Instituts nicht mehr als ca. 20% der Risikopersonen zu einer prädiktiven Testung bereit (Wolf u. Walter 1992). Die ausführliche Aufklärung über verschiedene Risiken und deren Konsequenzen und über das Fehlen therapeutischer Möglichkeiten vor der Durchführung der genetischen Testung führte in einigen Programmen bei bis zu 25% der Risikopersonen, die ursprünglich einen prädiktiven Test nachfragten, zu einem Widerruf dieser Entscheidung (Benjamin et al. 1994).

2. Als häufigster Grund für die Teilnahme wurde die aus der Unsicherheit erwachsende Erwartungsangst vor einer möglichen schweren, progredient verlaufenden Erkrankung genannt. Fragen der Familienplanung (Kinderwunsch) stellten in einer deutschen Untersuchung nur den zweithäufigsten Beweggrund dar. Bei den Teilnehmern wurde die Unsicherheit über das Erkrankungsrisiko jeweils als mehr beeinträchtigend gewertet, als die mögliche Sicherheit über ein zukünftiges Krankheitsschicksal (Codori et al. 1994; Wolf u. Walter 1992; Meissen et al. 1991). In einer Freiburger Untersuchung wurden Risikoprobanden auch zum Grund der Nichtteilnahme an Programmen zur prädiktiven Diagnostik gefragt. Angst vor Extremreaktionen (Suizid) war dabei der wichtigste Grund (Wolf u. Walter 1992). Andere amerikanische Arbeitsgruppen kommen jedoch zu unterschiedlichen Schlußfolgerungen (Quard u. Morris 1993).

3. Die Risikopersonen, die sich zu einer Testung bereit finden, unterscheiden sich durch affektive Stabilität, stabile Persönlichkeitsstruktur, Fehlen psychischer Störungen in der Anamnese und effiziente Bewältigungsstrategien von den Risikopersonen, die eine Testung ablehnen oder dieser ambivalent gegenüberstehen (Codori et al. 1994). Die ablehnenden Risikopersonen haben eine eher pessimistische Grundeinstellung und erwarten im Fall einer positiven prädiktiven Diagnose (d. h. Diagnose eines hohen Erkrankungsrisikos) ausgeprägtere Schwierigkeiten für sich und für ihre Bezugspersonen und Kinder (inklusive depressiver Reaktionen) als diejenigen Risikopersonen, die eine prädiktive Diagnostik wünschen (van der Steenstraden et al. 1994). Es ist bemerkenswert, daß diese ablehnenden Risikopersonen über ihre mögliche genetische Belastung häufiger sehr früh, d. h. während der Kindheit erfahren haben und nicht erst im Erwachsenenalter, wie dies bei den Risikopersonen, die eine prädiktive Diagnostik wünschten, der Fall war; die Ablehner hatten also ihre wichtigsten schulischen, beruflichen und privaten Lebensentscheidungen in Kenntnis ihrer möglichen genetischen Belastung getroffen, was bei den Teilnehmern an Programmen der prädiktiven Diagnostik überwiegend nicht der Fall war (van der Steenstraden et al. 1994).

4. Risikopersonen zeigten unmittelbar nach Mitteilung eines *positiven Testergebnisses* (d. h. Diagnose eines hohen Erkrankungsrisikos) erwartungsgemäß depressive, ängstliche und wütende Reaktionen, die aber nach 2–3 Monaten meist nicht mehr feststellbar waren (Tibben et al. 1992; Bloch et al. 1992). Bei einer Teilgruppe von Probanden mit einem positiven Testergebnis wurde aber auch von langdauernden Anpassungsschwierigkeiten berichtet, die sich auch in behandlungsbedürftigen psychischen Syndromen niederschlugen und zu überdauernde erhebliche Schwierigkeiten im Alltagsleben führten (Tibben et al. 1993). Obwohl bei Probanden, die aufgrund der prädiktiven Diagnostik kein erhöhtes Erkrankungsrisiko aufwiesen, vorwiegend positive Langzeitwirkungen berichtet werden, sind auch häufig negative Auswirkungen zu erkennen (Codori u.

Brandt 1994). Ein Teil der Risikopersonen mit *negativen Testergebnissen* berichteten z. B. von Schuldgefühlen gegenüber betroffenen Angehörigen (*"Survivors guilt"*), die vor Bekanntwerden des Untersuchungsergebnisses nicht antizipiert wurde (Codori u. Brandt 1994; Tibben et al. 1992, Frets et al. 1991).

Weder unmittelbar nach Bekanntgabe des Testresultats noch in dem übersehbaren nachfolgenden Verlauf wurde in keinem der drei genannten Zentren über Suizide oder Suizidversuche bei Teilnehmern des Testprogramms berichtet. Dabei hatten die getesteten Risikopersonen nach dieser Testung an längerdauernden psychosozialen/psychotherapeutischen Betreuungsprogrammen teilgenommen und davon (nach subjektiver und objektiver Beobachtung) entscheidend profitiert (Tibben et al. 1992; Chapman 1993).

5. In regelmäßigen Verlaufsuntersuchungen konnten bei Risikopersonen mit negativem Testergebnis (d. h. Ausschluß des Erkrankungsrisikos) einerseits günstige, andererseits ungünstige Folgen im Rahmen der Partnerschaft und des Familienlebens festgestellt werden. Überraschenderweise traten negative Langzeitfolgen auch bei den Risikopersonen mit negativem Testergebnis in beruflicher und familiärer Hinsicht auf. Dieses Ergebnis wurde für mehrere Zentren berichtet (Huggins et al. 1992).

Die Beobachtungen sollten nicht dazu verleiten, das Risiko für mögliche negative Folgen prädikativer Tests als vernachlässigbar anzusehen. Die getroffenen Feststellungen sind an die folgenden Rahmenbedingungen gebunden:

a) Die genannten Ergebnisse wurden in Programmen erhoben, die extensiv und langfristig durch *psychosoziale therapeutische Betreuung* begleitet waren, die möglicherweise Extremreaktionen verhindert haben; es ist wünschenswert, daß sich auch außerhalb dieser Modellprogramme Finanzierungsmöglichkeiten für solche unterstützenden Maßnahmen finden lassen (z. B. Tibben et al. 1992, 1993).

b) Diejenigen Risikopersonen, die sich zur prädiktiven genetischen Testung bereit erklärten, sind nicht repräsentativ für die Gesamtgruppe von Risikopersonen. Es fand ein *Selbstselektionsprozeß* statt (Mastromauro et al. 1987; Codori et al. 1994). Die Risikoprobanden, die einen prädiktiven Test durchführen ließen, waren durch ein höheres Maß an psychischer Stabilität charakterisiert und daher möglicherweise einem reduzierteren Risiko für suizidale und andere Extremreaktionen ausgesetzt als die Ablehner. Bei einer breiteren Verfügbarkeit prädikativer Tests wird sich möglicherweise die Ablehnschwelle reduzieren; daher könnten mehr Risikopersonen mit geringer Kapazität zur Problembewältigung und evtl. erhöhtem Suizidrisiko an Testungen teilnehmen.

c) Die genannten Evaluationsuntersuchungen nehmen auf Programme der letzten Jahre Bezug, in denen lediglich mit der indirekten genetischen Testung, nicht aber mit der direkten Testung gearbeitet wurde. Es liegen derzeit noch keine empirischen Untersuchungen über die Reaktionen auf die Mitteilung des genetischen Risikostatus bei Teilnehmern von Programmen zur direkten prädiktiven Diagnostik vor. Viele der Teilnehmer an diesen Programmen haben die vorher eine mögliche indirekte Testung wegen mangelnder Kooperativität oder Verfügbarkeit anderer Familienmitglieder nicht in Anspruch genommen. Für die indirekte, auf Kopplungsuntersuchungen basierende Diagnostik ist nämlich die Kenntnis des Genotyps mehrerer anderer, informativer Familienangehöriger erforderlich. Möglicherweise ist aber die erforderliche Kooperativität der Familie zugleich *ein Prädikator für die Unterstützung*, die eine Risikoperson nach

Kenntnis des Testergebnisses erfahren kann. Dieser mögliche Selektionsmechanismus könnte teilweise für die günstigen Langzeitergebnisse der Modellprogramme für die indirekte genetische Diagnostik verantwortlich sein. Unter dieser Bedingungen wäre bei der jetzt möglichen direkten Testung ähnlich günstige Verarbeitungen ungünstiger Testergebnisse nicht mehr zu erwarten.

d) Die beobachtete Verlaufsstrecke ist relativ kurz. Insbesondere bleibt abzuwarten, ob die bekannte Häufung von Suiziden zu Beginn der Huntington-Erkrankung bei Personen, die eine prädikative Testung erhielten, zunimmt oder zu einem früheren Zeitpunkt auftritt.

Somit muß trotz der überraschend günstigen Ergebnislage bei den Modellprogrammen zur prädikativen Testung in der Diskussion ethischer Rahmenbedingungen die Möglichkeit nachteiliger Folgen vor allem für Risikopersonen, die ein positives Testergebnis (d. h. für Träger des Krankheitsgens) erhalten, zumindest vorläufig bedacht werden. Dies gilt insbesondere bei einer größeren Verbreitung und Propagierung des prädikativen Testens. Eine wichtige Konsequenz der Modellprogramme ist jedenfalls, daß prädikatives genetisches Testen bei Erkrankungen der zweiten Lebenshälfte ohne suffiziente prophylaktisch oder kurativ wirksame Therapien nur dann ethisch vertretbar ist, wenn langfristige psychosoziale/psychotherapeutische Unterstützungen zugleich angeboten werden (z. B. Tibben et al. 1993) und wenn Risikopersonen mit ambivalenter Einstellung nicht zum Test gedrängt werden (Sharpe et al. 1994a). Anderenfalls sind ungünstige Extremreaktionen nicht auszuschließen.

Kriterien der ethischen Beurteilung prädiktiver Diagnostik

Für die ethische Beurteilung der Anwendung prädiktiver genetischer Diagnostik sind verschiedene regulative Prinzipien entwickelt worden (Chapman 1990; Bloch u. Hayden 1990):

1. Als vorrangiges Prinzip wird allgemein die *Autonomie* der Risikopersonen anerkannt. Dieses Prinzip beeinhaltet zunächst die ausschließliche Souveränität über den eigenen Körper und damit die ausschließliche Entscheidungsbefugnis über Interventionen, die die körperliche Integrität berühren. Im Rahmen der genetischen Beratung wird dieses Prinzip allgemein noch weiter ausgelegt:

- Es umfaßt auch das Recht, über Wissen oder Nichtwissen eines Risikostatus zu entscheiden;
- es umfaßt das Recht, über das Schicksal einer Schwangerschaft zu entscheiden.

Die Inanspruchnahme des Prinzips der *Autonomie* erfordert aber auch eine Orientierung an allgemeinen ethischen Normen. Daher wird es durch die Verpflichtung zur moralischen Verantwortlichkeit der Entscheidungen und Handlungen (Yarborough et al. 1989) eingeschränkt.

Hieraus ergaben sich für die prädiktive genetische Diagnostik die folgenden Leitlinien: Die Entscheidung über die Inanspruchnahme einer prädiktiven genetischen Diagnostik bleibt allein dem Risikoprobanden überlassen; ohne explizite Zustimmung des Probanden im Rahmen eines *"informed consent"* (Sharpe et al. 1994b) kann prädiktive Diagnostik nicht durchgeführt werden.

Da das Wissen um ein deutlich erhöhtes Krankheitsrisiko die Lebensführung erheblich beeinflussen kann, ist auch das Recht auf Nichtwissen zu respektieren. Falls in der pränatalen Diagnostik ein erhöhter Risikostatus des künftigen Kindes festgestellt wird, wird in den meisten Kulturen eine Entscheidung zum Schwangerschaftsabbruch aus medizinischer Indikation als mit dem Prinzip der moralischen Verantwortlichkeit verträglich angesehen; diese allgemeine Feststellung basiert allerdings auf der Annahme des Fehlens prophylaktischer und therapeutischer Möglichkeiten und dem möglichen frühen Beginn der progredient verlaufenden Erkrankung, die mit schwersten Belastungen für den Kranken und seine Bezugspersonen verbunden ist. Angesichts der entscheidenden Erkenntnisfortschritte der Ätiologie des M. Huntington ist diese Voraussetzung aber möglicherweise nicht mehr lange gültig. Damit würde auch die Grundlage für einen Schwangerschaftsabbruch problematisch.

2. Aus der Autonomie der Risikoprobanden ergibt sich auch die Verpflichtung zu einer *nichtdirektiven* genetischen Beratung bei M. Huntington. Dies gilt insbesondere für die Entscheidung über die Durchführung eines prädiktiven Tests und für Fragen des Schwangerschaftsabbruchs nach einer pränatalen Diagnostik (Sharpe 1994b). Diese derzeit gebotene Zurückhaltung des genetischen Beraters würde aber dann problematisch werden, wenn prophylaktische Möglichkeiten verfügbar würden (Motulsky 1994). Unter dieser, derzeit noch hypothetischen Bedingung wäre die moralische Verantwortlichkeit z. B. einer Entscheidung eines Risikoprobanden gegen die Inanspruchnahme der prädiktiven genetischen Diagnostik zumindest problematisch.

3. Eine autonome, verantwortliche Entscheidung über die Durchführung eines prädiktiven Tests setzt eine hinreichende Kenntnis der unterschiedlichen Ergebnisse, ihrer möglichen Konsequenzen und Risiken voraus; dieser Konstellation ist gegen die Risiken der Fortführung des Lebens unter Kenntnis des prädiagnostischem Risikostatus voraus. Bedingung für eine autonome verantwortliche Entscheidung ist also die Verfügbarkeit umfassender Informationen über die Konsequenzen eines jeden möglichen Risikostatus (*"informed decision"*). Einer Entscheidung für oder gegen die Durchführung eines prädiktiven genetischen Tests bei einer Risikoperson muß also eine umfassende genetische Beratung vorausgehen. Die etablierten Programme zur prädiktiven Diagnostik belegen, daß diese Beratungsphase eine erhebliche psychologische Belastung darstellt; daher ist deren Begleitung durch psychosoziale Hilfsangebote erforderlich, um die Entscheidungsfähigkeit der Risikoprobanden zu garantieren.

Die Wahrung des Prinzips der Autonomie gebietet es, daß die Erkenntnisse über den Ablauf des Entscheidungsprozesses beim Risikoprobanden aus den Modellprogrammen genutzt werden. Die relativ hohe Rate von Risikoprobanden, die vor der Durchführung der prädiktiven Diagnostik oder der Ergebnismitteilung ihren ursprünglichen Diagnostikwunsch widerrufen, zeigt, wie wichtig mehrwöchentliche Latenzperioden zwischen Beratung, Testung und Ergebnismitteilung sind.

4. Autonome Entscheidungen sind nicht allen Risikoprobanden möglich. Diese Feststellung gilt insbesondere für ungeborene und heranwachsende Kinder. Unter diesen Bedingungen müssen andere Personen als der direkt Betroffene ersatzweise die Entscheidung für oder gegen eine prädiktive Diagnostik treffen. In dieser Situation ist das dem Prinzip der Autonomie analoge regulative Kriterium das *Wohl des Risikoprobanden bzw. dessen vermeintliches Wohl*; aufgrund dieses Kriteriums sollten sich die Entscheidungen, die dem Risikoprobanden ohne erkennbare Nachteile für einen späteren Zeitpunkt

überlassen werden können, aufgeschoben werden, und zwar solange, bis eine autonome Entscheidung möglich ist; z. B. ergeben sich aus der prädiktiven genetischen Diagnostik von M. Huntington bei einem Kind unter den gegenwärtigen Behandlungsbedingungen in der Regel keine unmittelbaren Konsequenzen, die für das Wohl des Kindes entscheidend wären. Folglich wäre es in dieser Situation angemessener, die prädiktive Diagnostik bis zu dem Zeitpunkt zurückzustellen, in dem eine autonome Entscheidung möglich ist.

5. Auch das Vorliegen psychopathologischer Syndrome, die im Vorfeld von M. Huntington häufig auftreten (Watt u. Seller 1993), kann die Fähigkeit, eine autonome Entscheidung zur Durchführung der prädiktiven Diagnostik zu fällen, einschränken. Psychopathologisch relevante Reaktionen können aber auch durch die Beratungssituation im Vorfeld der prädiktiven Diagnostik induziert werden. Dem *Interesse des Risikoprobanden* ist unter diesen Bedingungen wohl dann am besten gedient, wenn die Entscheidung über die Durchführung der Diagnostik auf einen Zeitpunkt nach der Remission der psychischen Störung verschoben wird.

6. Es besteht ein potentielles Interesse von Dritten (Arbeitgeber, Versicherungsunternehmen) an Daten prädiktiver genetischer Tests. Das Untersuchungsergebnis ist Eigentum des Ratsuchenden und wird nur bei schriftlicher Genehmigung des Untersuchten an Dritte weitergegeben. Der Proband kann zu jedem Zeitpunkt von der Untersuchung zurücktreten bzw. auf die Mitteilung des Ergebnisses verzichten (z. B. Allen u. Oester 1993).

Dieses Prinzip ist insbesondere bei Adoptionsfällen nur schwer durchsetzbar. Biologische Eltern, Adoptionseltern oder Adoptionsvermittler wünschen manchmal eine Feststellung des genetischen Risikostatus vor Adoptionen. Die Folgen eines Tests sind dabei für den Risikoprobanden vorwiegend negativ (Bloch u. Hayden 1990). Daher ist auch in dieser Situation zur Wahrung des vermeintlichen Wohles des Risikoprobandens ein zurückhaltender Einsatz der prädiktiven Diagnostik angesagt.

Konflikt zwischen Recht auf Wissen und Recht auf Nichtwissen

Der exakte Risikostatus einer Risikoperson kann auch informativ für das Risiko anderer Angehöriger sein: wenn z. B. die Huntington-Erkrankung in der Großelterngeneration auftrat und wenn zusätzlich durch prädiktive Testung auch bei einem Enkel das Krankheitsgen bzw. Marker für dieses Gen identifiziert worden ist, folgt, daß das dazwischenliegende Elternteil auch Genträger ist. Nun ist die Konstellation denkbar, daß ein Großelternteil mit M. Huntington verstorben ist, ein gesunder Enkel eine prädiktive Testung wünscht, daß aber dessen Eltern ihr Recht auf Nichtwissen wahrnehmen und sich dazu entscheiden, den wahren Risikostatus nicht wissen zu wollen. Damit entsteht ein Konflikt mit dem Recht auf Wissen bei der anderen Risikoperson (Enkel). Beide Rechte sind also gegeneinander abzuwägen (Shaw 1987).

Diese Situation ist insbesondere deshalb zunehmend relevant, als es seit kurzem einen direkter Test auf Vorliegen der pathogenen Mutation gibt. Diese Analyse stützt sich ausschließlich auf das Genom der zu testenden Risikoperson; bis vor kurzem war lediglich ein indirekter Test möglich, der über eine Kopplungsanalyse erfolgte. Hierzu waren auch Blutproben von anderen Verwandten erforderlich, so daß bei mangelnder Zustimmung zu einem prädiktiven Test in der Familie wahrscheinlich die für die Testung erforderlichen Materialien nur selten verfügbar wurden.

Grundsätzlich können zwei Positionen bezogen werden (de Wert 1992):

a) Ein Kriterium ist das Wohl der nachfragenden Risikoperson. Diesem Prinzip folgen die Empfehlungen der Weltgesellschaft für Neurologie (IHA, WFN 1994). Diese legen zwar nahe, daß die Risikopersonen, deren Risikostatus durch Testung eines Angehörigen exakt bekannt wurde, um Zustimmung gebeten werden: Im Konfliktfall geben sie aber grundsätzlich dem Recht auf Wissen der nachfragenden Risikopersonen die Priorität. Diese Mehrheitsposition, die dem genetischen Berater die Arbeit erheblich erleichtert, ist jedoch nicht unumstritten (de Wert 1992).
b) Ein weiteres Kriterium ist der Grundsatz "primum non nocere". Dabei wäre im Einzelfall abzuwägen, ob dem Angehörigen, der eine Testung ablehnt, durch die mögliche Mitteilung des Tests Schaden widerfährt. Wenn ja, wäre abzuwägen, ob dessen Schaden den Nutzen aufwiegt, den der Proband von einem Testergebnis haben kann (de Wert 1992).

Dieser Zusammenhang sowie die starke emotionale Betroffenheit von Mitgliedern von Risikofamilien, die entweder ein maximales oder geringes Erkrankungsrisiko haben, hat folgende Frage aufgeworfen: ist die einzelne Risikoperson, die um einen Test nachfragt, der Klient oder ist es dessen Familie? Die tiefgreifenden emotionalen Reaktionen innerhalb der Familie sprechen vorwiegend für die letztgenannte Version. Sie wird in der Literatur durch viele empirische Untersuchungen belegt (Kessler u. Bloch 1989; Kessler 1994; Chapman 1990). Die inzwischen vielerorts befolgten Richtlinien des neurologischen Weltverbundes respektieren diese Position leider nur bedingt.

Pränatale prädiktive Testung für M. Huntington

Auch eine pränatale Gendiagnostik ist für die Huntington-Erkrankung möglich und wird von Risikopersonen auch in der Bundesrepublik in Anspruch genommen (z. B. Thies et al. 1992). Die ethische Beurteilung wird durch die Überlagerung der berechtigten Interessen der Eltern und der mutmaßlichen Interessen des zukünftigen Kindes erschwert. Der Indikationsstellung für die pränatale Diagnostik werden allgemein zwei Grundprinzipien zugrundegelegt:

1. Entscheidend ist nicht nur der Wunsch der werdenden Mutter zur pränatalen Diagnostik, sondern auch die beabsichtigten Entscheidungen bei den verschiedenen, möglichen Ergebniskonstellationen. Insbesondere ist eine pränatale Diagnostik angezeigt, wenn ein Schwangerschaftsabbruch unter der Bedingung beabsichtigt ist, daß beim werdenden Kind der pathogene Genotyp nachgewiesen wird.
2. Weiterhin ist zu beachten, daß wegen fehlender therapeutischer Konsequenzen das Wissen eines Heranwachsenden um den genauen Risikostatus dessen Wohl in aller Regel nicht fördert (z. B. van der Steenstraten 1994); zugleich wird auf diese Weise eine spätere Wahrnehmung seines Rechts auf Nichtwissen verhindert, d. h. eine autonome Entscheidung gegen die Durchführung prädiktiver Tests ist nicht mehr möglich.

Folglich ist die Indikation für eine prädiktive genetische Diagnostik im Rahmen einer Schwangerschaft bei einer Risikoperson insbesondere dann gegeben, wenn bei einem Testergebnis, das für ein hohes Erkrankungsrisiko beim werdenden Kind spricht, ein Schwangerschaftsabbruch erfolgen soll. Falls dies nicht der Fall ist, hätte das Interesse des Kindes (also das unter 2. genannte Prinzip) Vorrang.

Bei pränataler Diagnostik, die ohne Absicht eines Schwangerschaftsabbruchs bei positivem Ergebnis (d. h. hohem Risiko für das zukünftige Kind) durchgeführt werden soll (wenn also das unter 1. genannte Prinzip keine Anwendung findet), wird allgemein Zurückhaltung empfohlen (IHA, WFN 1994; Benjamin et al. 1994). In diesem Fall wird nämlich die autonome Entscheidung des Kindes, einen solchen Test durchführen zu lassen oder nicht durchführen zu lassen, vorweggenommen; das Recht des Kindes auf Wissen bzw. Nichtwissen wäre damit berührt. Mangels therapeutischer Möglichkeiten wäre also die Entscheidung über die Durchführung der prädiktiven Diagnostik auf jenen späteren Zeitpunkt zu verschieben, an dem das betroffene Kind selbst eine autonome Entscheidung treffen kann. Wird ein positives Ergebnis (d. h. hohes Risiko) der pränatalen Diagnostik dem Kind frühzeitig mitgeteilt, so kann damit in dessen Lebensplanung und Lebensführung erheblich eingegriffen werden. Die Möglichkeit zur Bewältigung des zu erwartenden Krankheitsschicksals werden unter dieser Bedingung eher unzureichend realisiert (z. B. van der Steenstraten et al. 1994).

Dagegen stünden bei genetischen Erkrankungen, deren Manifestation durch prophylaktische Maßnahmen zu verhindern wäre oder deren ungünstiger Verlauf zumindest gemildert werden kann, der Wunsch der Eltern nach pränataler Diagnostik grundsätzlich im Einklang mit dem mutmaßlichen Interesse des Kindes. Dies muß selbst für Erkrankungen angenommen werden, für die solche Maßnahmen in gesicherter Form nicht existieren, wo aber die Hoffnung besteht, durch frühzeitige gezielte Förderung den weiteren Verlauf günstig zu beeinflussen. Dies wäre z. B. beim fragilen X-Syndrom der Fall. Dort ist durch Förderungsmaßnahmen u. U. vor dem 16. Lebensjahr eine günstigere Entwicklung möglich; nach dem 15. Lebensjahr sind Einflußmöglichkeiten dagegen sehr begrenzt (Wiegers et al. 1992).

Die ethischen Rahmenbedingungen für die prädiktive genetische Diagnostik bei der Huntington-Erkrankung sind intensiv in der Literatur diskutiert (unter Zugrundelegen des indirekten genetischen Tests mittels der Kopplungsanalyse). Für die jetzt verfügbar gewordene direkte genetische Testung gelten diese ethischen Überlegungen ebenfalls.

Alzheimer-Erkrankung

Seit mehreren Jahren sind auch für die *Alzheimer-Erkrankung* replizierte Kopplungsbefunde (zum Chromosom 14 und 21) bekannt. Einige Mutationen, die die Erkrankung wahrscheinlich hervorrufen können, sind mittlerweile bekannt. Diese Befunde haben aber nur für eine sehr kleine Anzahl von mehrfach belasteten Familien Gültigkeit; bei multiplen Familien mit vorwiegendem Erkrankungsbeginn vor dem 60. Lebensjahr stehen ca. 60% der Familien mit einem der beiden Kopplungsbefunde in Übereinstimmung. Prädiktive Diagnosestellungen für Subtypen des M. Alzheimer in Form direkter oder indirekter genetischer Tests sind damit möglich. Für die verbleibenden, früh beginnenden familiären Erkrankungsformen (oder zumindest einer Teilgruppe) wurde neuerdings ein Kopplungsbefund zu Chromosom 1 bekannt. Das pathogene Gen ist noch nicht identifiziert. Für diesen Subtyp sind derzeit also indirekte Tests prinzipiell möglich. Auf die mögliche prädiktive Diagnostik in multipel belasteten Familien mit früh beginnender DAT können die analogen ethischen Überlegungen, wie bei der prädiktiven Diagnose zu M. Huntington angewandt werden.

Unter beiden Konstellationen liegen den familiären DAT-Fällen kausale Gene zugrunde. Seit ca. 1 Jahr ist auch eine gut abgesicherte Assoziation zwischen der DAT und dem APO-E4-Allel auf Chromosom 19 bekannt. Träger dieses Allels tragen ein erhöhtes Risiko für DAT, im Mittel 2- bis 4-mal bei Heterozygoten und wesentlich höher bei den, allerdings relativ seltenen Homozygoten (Corder et al. 1994). Früh und spät beginnende Fälle sind mit diesem Allel assoziiert. Es handelt sich um ein Suszeptibilitätsgen, das alleine für die Krankheitsentstehung nicht ausreicht.

Die relativen Risiken sind altersabhängig: Sie nehmen mit zunehmendem Alter deutlich ab. Die relativen Risiken für Träger des heterozygoten Genotyps E3/E4 (über alle Altersbereiche gemittelt) liegen zwischen 3.9 und 4.4 und für Träger des homozygoten Genotyps zwischen 15.6 und 19.3 (Corder et al. 1994).

Die genannten relativen Risiken sind von breiten Unsicherheitsintervallen umgeben. Sie müssen aber auch im Vergleich zu anderen klassischen Risikofaktoren gesehen werden (van Duijn et al. 1991). Das relative Risiko für die häufigen Heterozygoten mit Apo E4 ist dabei nicht wesentlich höher als für mehrere andere epidemiologische Risikofaktoren. Lediglich die relativ seltenen Homozygoten mit Apo E4 (ungefähr 4% in der Allgemeinbevölkerung) sind mit einem deutlich höheren Risiko verbunden.

Die Voraussagen, die bei Suszeptibilitätsgenen möglich sind, stellen grundsätzlich nur Wahrscheinlichkeitsaussagen dar; dagegen sind bei Vorliegen von kausalen Genen relativ sichere Aussagen für den Betroffenen möglich. Suszeptibilitätsgene stellen nämlich lediglich Risikofaktoren dar, die zusammen mit anderen genetischen und nichtgenetischen Risikofaktoren das Gesamtrisiko festlegen. Risikofaktoren können miteinander interagieren; gesichertes Wissen zur Modulation des Erkrankungsrisikos durch Kumulationen verschiedener Risikofaktoren fehlt. Damit fehlt eine gesicherte Grundlage für die Schätzung des Erkrankungsrisikos in Einzelfällen. Bei der Mitteilung des Apo-E-Genotyps an einen nachfragenden Klienten sollte daher auch die fehlende Sicherheit bei der Wertung des Befundes für einen Einzelfall betont werden. Standards für die Risikobestimmung anderer in gesundheitlicher Hinsicht komplexen Störungen, die alle Risikofaktoren berücksichtigen, sind ebenfalls noch nicht entwickelt worden (Motulsky 1994).

Der Mangel an gesichert wirksamen prophylaktischen therapeutischen Möglichkeiten wird gelegentlich als Argument genannt, den Apo-E-Genotyp an nachfragende Klienten nicht mitzuteilen (Förstl et al. 1994). Wie anhand der Beratungssituation bei M. Huntington ausgeführt, steht diesem Vorbehalt das Recht des autonom entscheidenden Klienten auf das Wissen seines Risikostatus entgegen. Allerdings sollte sichergestellt werden, daß dem Klienten eine angemessene Wertung eines einzelnen genetischen Risikofaktors bei einer komplexen genetischen Störung möglich ist. Hierzu ist eine ausführliche, kompetente Beratung erforderlich.

Zusammenfassung

Prädiktive genetische Tests werden mittelfristig für viele neuropsychiatrischen Erkrankungen verfügbar sein. Sie können dann von eminentem präventivmedizinischem Nutzen sein, wenn prophylaktische Therapien oder Frühinterventionen möglich sind, die den weiteren Verlauf günstig beeinflussen. Sie bergen aber auch erhebliche Risiken und Gefährdungen. Prinzipiell ist die Situation bei der Einführung von Programmen zur prädiktiven genetischen Testung ähnlich der Situation bei der Einführung neuer pharmakologischer Therapien: Der implizierte Nutzen wie die implizierten Risiken sollten vor der breiten Anwendung hinreichend dokumentiert sein; ebenso sollten begleitende Evaluationen (Anwendungsbeobachtungen) die Sicherheit und den deutlichen Nutzen in der breiten Anwendung belegen. Die Etablierung von umfassenden Evaluationsprogrammen bereits zu Beginn des Aufbaus von Programmen zur prädiktiven Testung ist der beste Garant dafür, daß diese neuen diagnostischen Möglichkeiten nicht ähnlich eingehenden juristischen Rahmenbedingungen ausgesetzt werden, wie dies für pharmakologische Therapien zur Regel geworden ist.

Diskussion

Kommentar (Przuntek): Ich möchte noch einmal zu bedenken geben, daß die Depression und der Suizid nicht am Beginn der Krankheitssymptome stehen. Die Frühsymptome sind Krankheitssymptome, die eigentlich bis jetzt nicht zur Chorea Huntington gezählt wurden, nämlich Kopfschmerzen und Abgeschlagenheit. Aufgrund dieser Störungen, die diese Kinder und Jugendlichen an sich wahrnehmen, fühlen sie sich krank und neigen dann zur Suizidalität. Deshalb ist aus meiner Sicht die frühe Diagnostik mit entsprechenden Hilfestellungen wichtig, damit keine einseitige internistische Abklärung erfolgt.

Zum Problem, daß Enkelkinder wissen wollen, ob sie später auch erkranken, da das Elternteil noch nicht erkrankt ist, meine ich, daß in der Regel die Krankheit vertuscht wird. Das habe ich bei meinen Untersuchungen immer wieder erlebt.

Antwort: Ich meine, man sollte mit der Diagnose zurückhaltend umgehen. Das heißt aber auch, daß das Depressions- und Suizidrisiko bedacht werden sollte und eine entsprechende engmaschige psychologische oder psychiatrische Betreuung bei getesteten Risikopersonen durchgeführt werden sollte. Problematisch an den Guidelines ist, daß die Autonomie und die Freiwilligkeit der Entscheidung gefordert wird. Im Falle von Kindern können die Eltern meines Erachtens nur dann ihr Einverständnis zur Testung geben, wenn sie mit Sicherheit zum Wohle des Kindes handeln. Dies ist aber nicht zu beweisen, wenn keine Therapie verfügbar ist. Auch nach meiner Erfahrung ist es so, daß der Wille, an Untersuchungen von psychiatrischen Erkrankungen in Familien nicht partizipieren zu wollen, in der Regel mit einer ausgeprägten Symptomatik verbunden ist.

Fragen: Ich meine nicht, daß man schlußfolgern sollte, ohne eine spezifische Therapie für eine genetisch bedingte Erkrankung könne man nicht zum Wohle des Kindes handeln und sollte deshalb dann auch keine Diagnostik genetischer Art betreiben. Es gibt auch eine Reihe von unspezifischen Symptomen, die man sinnvoll mit Medikamenten oder supportiv behandeln kann. Außerdem kann durch die richtige Diagnosestellung erreicht werden, daß dieser Patient nicht in falsche Kanäle kommt, z. B. zu einer fehlindizierten Psychotherapie.

Grundsätzlich ist zu sagen, wenn wir nicht ganz klare differentialdiagnostische Indikationen haben, werden Kinder bis zum 18. Lebensjahr nicht getestet, das schreiben die derzeitigen Richtlinien vor. Wenn aufgrund der klinischen Diagnostik eine therapeutische Intervention sinnvoll erscheint, dann sollte man diese durchführen, ich sehe dies unabhängig von der Durchführung eines genetischen Tests. Ich meine, daß wir den über 18jährigen Kindern von Risikopersonen, die also ein 25%iges Risiko haben, die Diagnostik nicht verweigern dürfen. Sonst machen diese kommerzielle Institutionen und die

Betreffenden fallen aus einer möglichen Betreuung eines Huntington-Zentrums völlig heraus.

Mich erinnert diese Thematik sehr an die Diskussion um den HIV-Test; dort ist es doch erstaunlich, daß Suizidversuche oder Suizide bei einem asymptomatischen Patienten nach einem positiven Testergebnis extrem selten sind.

Mir ist nicht klar geworden, wie Ihr Standpunkt hinsichtlich der Konsequenzen einer pränatalen Diagnostik ist. Meinen Sie, daß ein Schwangerschaftsabbruch in Frage kommt oder nicht?

Es scheint mir ethisch sehr problematisch, einen Schwangerschaftsabbruch vorzunehmen im Fall einer positiven Prädiktion einer Erkrankung, die doch relativ spät auftritt. Als Zuspitzung könnte man sich ja dann vorstellen, daß Eltern das Recht haben, über einen Schwangerschaftsabruch im Falle einer Voraussage einer genetisch bedingten Alzheimer-Krankheit zu entscheiden, d. h. also zu entscheiden, wie sie das Lebensende ihres Kindes sich vorstellen oder nicht. Das scheint mir außerordentlich problematisch.

Kann man im Rahmen des Betreuungsrechtes eine Diagnostik veranlassen, bei Schizophrenen, bei symptomatischen Chorea-Patienten?

Wie ist das Wissen um die „frühen Störungen" der Kinder, um die Pathogenese? Welche Bedeutung haben psychogene Faktoren?

Antwort: Eine Parallele mit der Suizidalität bei HIV-Patienten sehe ich nicht: die Literatur belegt deutlich eine Häufung von Suiziden im Zusammenhang mit der Huntington-Erkrankung. Diskrete feinmotorisch-neuropsychologische Störungen sind auch häufige Symptome; die Anwendung einer prädiktiven genetischen Diagnostik sehe ich hier als problematisch an, da jemand, der noch eine lange Verlaufsstrecke bis zum Ausbruch der Erkrankung haben könnte, diese lange Zeit im Wissen um die spätere Erkrankung anders verbringen wird als ohne dieses Wissen. Ich glaube nicht, daß es ratsam wäre, hier zu einer prädiktiven Diagnostik zu drängen. Eine prädiktive genetische Diagnostik ist für mich in der Regel nur dann sinnvoll, wenn in der Familie bereits auf genetischer Basis ein Fall mit Huntington-Erkrankung identifiziert worden ist.

Die deutschen Beratungsinstitutionen würden eine direkte Testung durchführen, selbst wenn der evtl. betroffene Elternteil eine Testung ablehnt und auf sein Nichtwissen pocht.

An den Beratungsinstitutionen wird hinsichtlich eines vorzeitigen Schwangerschaftsabbruchs eine direkte genetische Testung nur dann durchgeführt, wenn die Eltern erklären, daß sie bei Vorliegen eines positiven Testresultates, also einer Mutation beim Kind, einen Schwangerschaftsabbruch zumindest in Erwägung ziehen. Hinsichtlich des Schwangerschaftsabbruches liegt nach unserer Rechtsauffassung die Entscheidung zunächst im Ermessen der Mutter. Das Recht auf sein zukünftiges Wohl, das das zukünftige Kind hat, ist ein nachrangig zu behandelnder Gesichtspunkt. Nach meiner Auffassung ist bei einer Erkrankung, die mit einer relativ hohen Wahrscheinlichkeit in den ersten 2–4 Lebensdekaden nicht so symptomatisch wird, daß die Lebensfunktionen erheblich einschränkt, es ethisch unbedingt gerechtfertigt, einen Schwangerschaftsabbruch durchzuführen.

Literatur

Allen W, Ostrer H (1993) Invited editorial:: Anticipating unfair uses of genetic information. Am J Hum Genet 53: 16–21

Benjamin CM, Adam S, Wiggins S et al. (1994) Proceed with care: Direct predictive testing for Huntington disease. Am J Hum Genet 55: 606 - 617

Bloch M, Hayden MR (1990) Opinion: Predictive testing for Huntington disease in childhood: challenges and implications. Am J Hum Genet 46: 1 - 4

Bloch M, Adam S, Wiggins S et al. (1992) Predictive testing for Huntington disease in Canada: The experience of those receiving an increased risk. Am J Med Genet 42: 499 - 507

Chapman MA (1990) Invited editorial: Predictive testing for adult-onset genetic disease: Ethical and legal implications of the use of linkage analysis for Huntington disease. Am J Med Genet 47: 1 - 3

Chapman MA (1992) Invited editorial: Canadian experience with predictive testing for Huntington disease: Lessons for genetic testing centers and policy makers. Am J Med Genet 42: 491 - 498

Chapman MA (1993) Reply essay: Ensuring consumer safety. Predictive testing for Huntington disease: Response to Dr. Seymour Kessler, "reinventing the wheel". Am J Med Genet 45: 698 - 710

Codori AM, Brandt J (1994) Psychological costs and benefits of predictive testing for Huntington's disease. Am J Med Genet 54: 175 - 184

Codori AM, Hanson R, Brandt J (1994) Self-selection in predictive testing for Huntington's disease. Am J Med Genet 54: 167 - 173

Corder EH, Saunders AM, Risch NJ et al. (1994) Protective effect of apolipoprotein E typ 2 allele for late onset Alzheimer disease. Nature Genetics 7: 180 - 183

de Wert G (1992) Predictive testing for Huntington disease and the right not to know. Some ethical reflections. Birth Defects 28: 133 - 138

di Maio L, Squittieri F, Napolitano G et al. (1993) Suicide risk in Huntington's disease. J Med Genet 30: 293 - 295

Farrer CA (1986) Suicide and attempted suicide in Huntington disease: Implications for preclinical testing of persons at risk. Am J Med Genet 24: 305 - 311

Förstl H, Czech C, Sattel H, Geiger-Kabisch C (1994) Apolipoprotein E und Alzheimer-Demenz. Nervenarzt 65: 780 - 786

Frets PG, Verhage F, Niermeijer MF (1991) Characteristics of the postcounseling reproductive decision-making process: An explorative study. Am J Med Genet 40: 298 - 303

Gusella JF, Wexler NS, Conneally PM et al. (1983) A polymorphic DNA marker genetically linked to Huntington's disease. Nature 306: 234 - 238

Hayden MR (1991) Invited editorial comment: Predictive testing for Huntington disease: Are we ready for widespread community implementation? Am J Med Genet 40: 515 - 517

Huggins M, Bloch M, Wiggins S et al. (1992) Predictive testing for Huntington disease in canada: Adverse effects and unexpected results in those receiving a decreased risk. Am J Med Genet 42: 508 - 515

Huntington's Disease Collaborative Research Group (1993) A novel gene containing a trinucleotide repeat that is expanded and unstable on Huntington's disease chromosome. Cell 72: 971 - 983

International Huntington Association (IHA) and World Federation of Neurology (WFN) (1994) Guidelines for molecular genetics predictive test in Huntington's disease. J Med Genet 31: 555 - 559

Kessler S, Bloch M (1989) Social system responses to Huntington disease. Fam Proc 28: 58 - 67

Kessler S (1994) Predictive testing for Huntington disease: A psychologist's view. Am J Med Genet 54: 161 - 166

Mastromauro C, Myers RH, Berkman B (1987) Attitudes toward presymptomatic testing in Huntington disease. Am J Med Genet 26: 271 - 282

Meissen GJ, Mastromauro CA, Kiely DK et al. (1991) Understanding the decision to take the predictive test for Huntington disease. Am J Med Genet 39: 404 - 410

Motulsky AG (1994) Predictive genetic diagnosis. Am J Hum Genet 55: 603 - 605

Quaid KA, Morris M (1993) Reluctance to undergo predictive testing: The case of Huntington disease. Am J Med Genet 45: 41 - 45

Sharpe NF (1994 a) Informed consent and Huntington disease: A model for communication. Am J Med Genet 50: 239 - 246

Sharpe NF (1994 b) Psychological aspects of genetic counseling: A legal perspective. Am J Med Genet 50: 234 - 238

Shaw MW (1987) Invited editorial comment: Testing for the Huntington Gene: A right to know, a right not to know, or a duty to know. Am J Med Genet 26: 243 - 246

Spurdle A, Kromberg J, Rosendorff J, Jenkins T (1991) Prenatal diagnosis for Huntington's disease: A molecular and psychological study. Prenat Diagn 11: 177 - 185

Thies U, Zühlke C, Bockel B, Schröder K (1992) Prenatal diagnosis of Huntington's disease (HD): Experiences with six cases and PCR. Prenat Diagn 12: 1055 - 1061

Tibben A, Vegter-Van der Vlis M, Skraastad MI et al. (1992) DNA-testing for Huntington's disease in the netherlands: A retrospective study on psychosocial effects. Am J Med Genet 44: 94 - 99

Tibben A, Duivenvoorden HJ, Vegter-van der Vlis M et al. (1993) Presymptomatic DNA testing for Huntington disease: Identifying the need for psychological intervention. Am J Med Genet 48: 137 - 144

Van der Steenstraten IM, Tibben A, Roos RAC et al. (1994) Predictive testing for Huntington disease: Nonparticipants compared with participants in the dutch program. Am J Hum Genet 55: 618–625

Van Duijn CM, Clayton D, Chandra V, Fratiglioni et al. (1991) Familial aggregation of Alzheimer's disease and related disorders: A collaborative re-analysis of case-control studies. Int Epidemiol 20 (Suppl 2): S13–S20

Watt DC, Seller A (1992) A clinico-genetic study of psychiatric disorder in Huntington's chorea. Psychol Med Mon Suppl 23

Wiegers AM, Curfs LMG, Fryns JP (1992) A longitudinal study of intellegence in dutch fragile X boys. Birth Defects 28: 93–97

Wolff G, Walter W (1992) Attitudes of at risk persons for Huntington disease toward predictive genetic testing. Birth Defects 28: 119–126

Yarborough M, Scott JA, Dixon LK (1989) The role of beneficience in clinical genetics: non-directive counseling reconsidered. Theor Med 10 (2): 139–149

Das mitochondriale Genom*

H. Reichmann, B. Janetzky und P. Seibel

In der Entwicklungsgeschichte der Eukarionten kam es zu einer Symbiose von Zellen mit einer Struktur, die an Bakterien erinnerte, und ihr eigenes Genom mitbrachten. Diese Strukturen nennen wir heute Mitochondrien. Sie sind in allen menschlichen Zellen zu finden und gelten als „Kraftwerke" der Zelle, da sie 90 % des Energiebedarfes der Zelle durch die Synthese von Adenosintriphosphat (ATP) abdecken. Es ist daher naheliegend, daß insbesondere solche Zellen oder Organe viele Mitochondrien enthalten, die einen hohen Energiebedarf haben. So gehören Herz- und Skelettmuskel sowie das Gehirn zu den Organen mit überdurchschnittlich vielen Mitochondrien. Eine Übersicht über den zellulären Energiestoffwechsel zeigt die Abb. 1. Hier ist zu erkennen, daß im Anschluß an den Abbau von Glukose (Glykolyse, Zytosol) Pyruvat durch das Enzym Pyruvat-Dehydrogenase zu Acetyl-CoA umgewandelt und als Substrat in den Zitratzyklus (Mitochondrien) eingeschleust wird. Fettsäuren werden aktiviert, mit Hilfe von Carnitin und

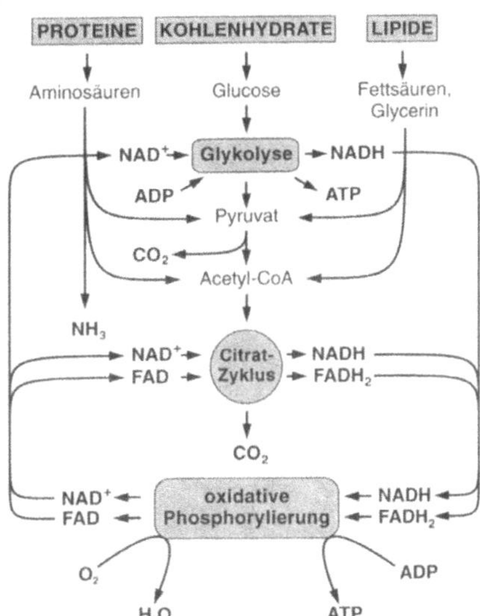

Abb. 1. Schematische Darstellung des aeroben Energiestoffwechsels

* Diese Arbeit wurde durch Mittel der Deutschen Forschungsgemeinschaft und des Bundesministerium für Forschung und Technologie unterstützt.

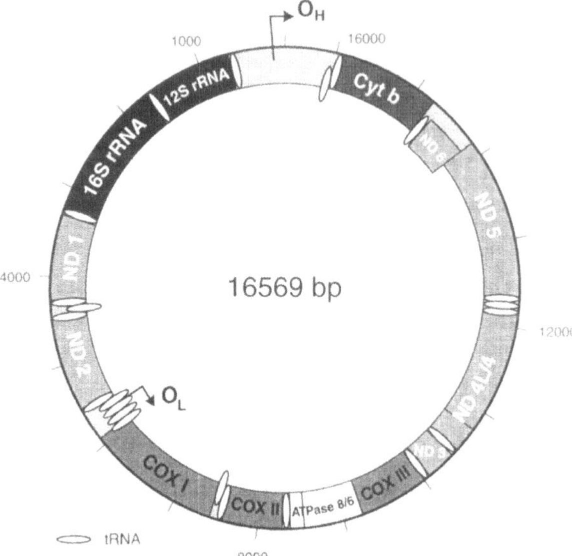

Abb. 2. Das mitochondriale Genom des Menschen. *ND1-6* Untereinheiten des Komplex I der Atmungskette (NADH-Dehydrogenase), *Cyt b* Untereinheit des Komplex III der Atmungskette (Cytochrom b), *COX I-III* Untereinheiten des Komplex IV der Atmungskette (Cytochrom-c-Oxidase), *ATPase 6/8* Untereinheiten des Komplex V der Atmungskette (ATP-Synthetase), O_H O_L Ursprungspunkte der DNA-Replikation

der Carnitinpalmitoyl-Transferase durch die innere Mitochondrienmembran geschleust und ebenfalls als Acetyl-CoA im Anschluß an die β-Oxidation dem Zitratzyklus zugeführt. Während der Stoffwechselreaktionen entsteht NADH und $FADH_2$, die als Substrate der Atmungskette dienen. Die Atmungskette, die an der inneren Mitochondrienmembran lokalisiert ist, wird durch fünf Enzymkomplexe gebildet. Die bei der Oxidation von NADH und $FADH_2$ zu NAD^+ und FAD freiwerdende Energie wird in mehreren Schritten dazu benutzt, Protonen (H^+), in den Intermembranraum zu pumpen. Die ATP-Synthetase (Komplex V) nutzt schließlich die Energie des kontrollierten Rückstroms der Protonen zur Synthese von ATP.

Während Ausdauersportler sich durch eine Zunahme des mitochondrialen Volumens an höhere Leistungen adaptieren, wurde erstmals 1962 von Luft et al. der Verdacht auf eine Funktionsstörung der Mitochondrien gestellt (mitochondriale Myopathie, MM). Seither gehören zur Diagnose einer MM 1. ein typisches klinisches Bild mit Ausdauerschwäche und proximaler Muskelschwäche, 2. morphologisch veränderte Mitochondrien und 3. der Nachweis eines biochemischen Defekts, im Idealfall gemessen an isolierten Mitochondrien. Da der Skelettmuskel einen besonders hohen Energiebedarf hat, war es nicht erstaunlich, daß in diesem Organ erstmals Störungen des mitochondrialen Energiestoffwechsels gefunden wurden. 1977 erweiterten Shapira und Mitarbeier den Begriff der MM auf „mitochondriale Enzephalomyopathien" (Shapira et al. 1977; Egger et al. 1981) und prägten den Begriff „mitochondriale Zytopathie", um damit auszudrücken, daß nahezu alle menschliche Zellen einen mitochondrialen Defekt aufweisen können.

Gerade in der Neurologie, die sich in erster Linie mit Erkrankungen des zentralen Nervensystems und der Muskulatur beschäftigt, wurde eine Vielzahl von Erkrankungen beschrieben, die auf Störungen des mitochondrialen Energiestoffwechsel zurückzuführen sind. Während man in den 70er und 80er Jahren Mitochondriopathien biochemisch in Defekte der Pyruvatoxidation, des Lipidstoffwechsels, des Zitronensäurezyklus sowie der

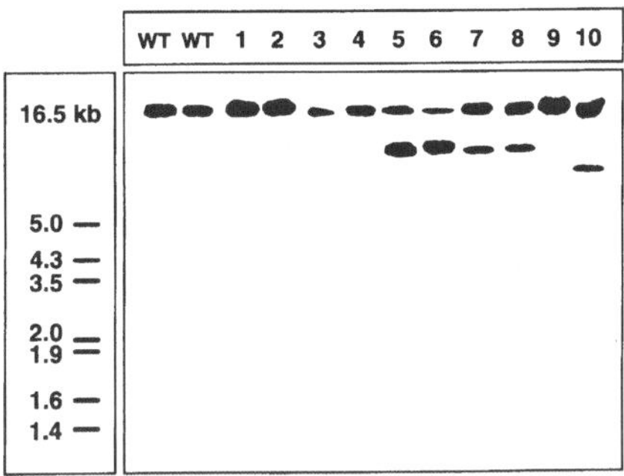

Abb. 3. Southern-blot-Analyse mitochondrialer DNA. Genomische DNA wird aus Biopsiematerial der Patienten isoliert, mit den Restriktionsendonukleasen Bam HI oder Pvu II behandelt und elektrophoretisch aufgetrennt. Nach dem Transfer der Nukleinsäuren auf eine Membran ("southern-Blot") wird die mtDNA spezifisch über radioaktive markierte Sonden angefärbt. *Spuren 1 und 2* normale mtDNA von Kontrollen, *Spuren 3, 4 und 9* Patienten DNA ohne Längenvariation, *Spuren 5–8 und 10* Patienten DNA mit unterschiedlichem Gehalt an deletierter mtDNA

oxidativen Phosphorylierung einteilte, stehen heute molekulargenetische Einteilungen im Vordergrund.

Wie eingangs bereits erwähnt, enthalten Mitochondrien ein eigenes kleines zirkuläres Genom mit 16569 Basenpaaren (Anderson et al. 1981). Vergleicht man das menschliche mitochondriale (mt) Genom mit dem der Hefe und anderer Pilze, so ist es bis zu 150 mal kleiner (Levings u. Brown 1989). Vergleicht man es gar mit der nukleären DNA, die 3 Mrd. Basenpaare enthält, oder mit dem größten menschlichen Gen, dem Dystrophin-Gen, das 2 Mio. Basenpaare ausmacht, ist es verschwindend klein. Man geht heute davon aus, daß im Zuge der Evolution nichtessentielle Informationen verloren gingen oder der Zellkern diese Informationen in sein Genom integrierte. Das mtGenom kodiert für 13 Proteine der Atmungskette. Sieben kodieren für den aus etwa 40 Untereinheiten bestehenden Komplex I. Weiter werden eine von 10 Untereinheiten des Komplex III, drei Untereinheiten von 13 des Komplex IV (Zytochrom-c-Oxidase) und zwei von 14 Untereinheiten des Komplex V (ATP-Synthetase) mitochondrial kodiert. Daneben enthält das mtGenom noch die Information für zwei ribosomale RNAs (16S und 12S) sowie für 22 tRNAs (Abb. 2). Diese Kompaktheit erlaubt im Gegensatz zum nukleären Genom keine Introns, sondern nur kodierende Exons einschließlich der Regulationsbereiche für Replikation und Transkription. Neben der Besonderheit der fehlenden Introns unterscheidet sich das mtGenom vom nukleären Genom auch noch durch einen abweichenden genetischen Code und durch seine maternale Vererbung. Letzteres läßt sich dadurch erklären, daß Eizellen eine Vielzahl von Mitochondrien enthalten, wohingegen das penetrierende Spermium den mitochondrienreichen Schwanzteil abwirft und sich in seinem Kopfteil keine Mitochondrien befinden. Diese Beobachtungen veranlaßten 1981 die Zeitschrift "Nature" einen Artikel mit dem Titel "small is beautiful" über das mt Genom zu publizieren (Borst u. Grivell 1981).

Neben "small is beautiful" ist das mtGenom heute als Ursache für einige neurologische Erkrankungen erkannt worden. 1988 beschrieben Holt et al. erstmals Patienten mit einer MM, in deren Muskulatur eine Deletion des mtGenoms nachweisbar war. Im gleichen Jahr beschrieben Lestienne u. Ponsot bei einem Patienten mit Kearns-Sayre-Syndrom (KSS) eine Deletion, bevor anfangs 1989 die Arbeitsgruppe um DiMauro 123 Patienten mit MM untersuchten und bei 32 Patienten ebenfalls Deletionen des mtGenoms fanden (Moraes et al. 1989). All diese Patienten waren an KSS oder chronisch progressiver externer Ophthalmoplegie (CPEO) erkrankt. Die einfachste Nachweismethode für diese Deletionen ist die 'Southern-blot'-Technik, wo letztenendes über eine Gelelektrophorese der Nachweis der mtDNA geführt wird (Abb. 3). Während Normalpersonen lediglich eine

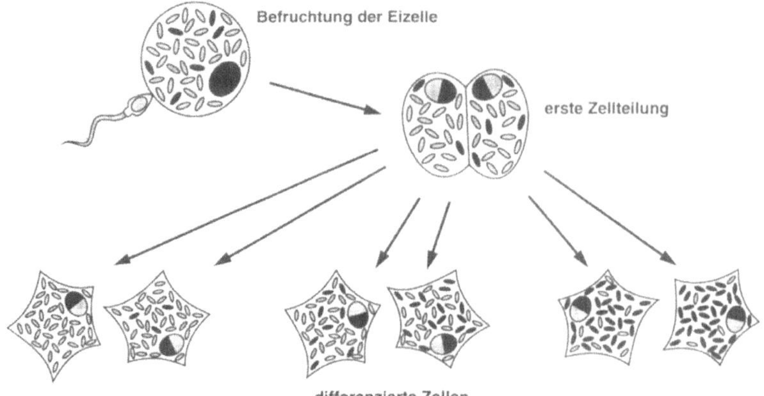

Abb. 4. Segregation defekter Mitochondrien. Nach der Befruchtung einer heteroplasmatischen Eizelle unterliegen die Mitochondrien einer statistischen Segregation. Die ausdifferenzierten Zellen zeigen unterschiedliche Mengen an defekten Mitochondrien. Die Anzahl defekter Mitochondrien ist auch in einer ausdifferenzierten Zelle nicht konstant, da die Mitochondrien einem natürlichen Turnover unterliegen

Bande, entsprechend der Originalgröße des mtGenoms von 16.5 kb, zeigen, weisen die meisten Patienten mit KSS oder CPEO eine zusätzliche kleinere zweite Bande auf. Diese zweite Bande (Abb. 3) entspricht der deletierten mtDNA und ist entsprechend der Größe der Deletion weiter ins Gel gewandert. Die Eindringtiefe vermittelt einen guten Hinweis auf die Größe einer Deletion, während die Stärke der Bande einen Eindruck über die Menge an deletierter DNA wiedergibt. Das gleichzeitige Auftreten einer Mischpopulation von intakter und deletierter mtDNA wird als Heteroplasmie bezeichnet. Da jedes Mitochondrium 6–10 mtDNA-Moleküle enthält (Murphy et al. 1984), ist noch unklar, ob sogar in einem einzelnen Mitochondrium Heteroplasmie herrschen kann. Gesichert ist jedoch, daß z. B. entlang einzelner Muskelfasern, neben normalen Mitochondrien fokal Mitochondrienhaufen mit deletierter mtDNA liegen (Shoubridge et al. 1990; Reichmann 1992). Man geht davon aus, daß von einem „defekten" Mitochondrium, aufgrund eines Replikationsvorteiles der kleineren DNA, vermehrt Mitochondrien mit deletierter DNA abstammen. Es gibt aber auch Hinweise, daß neben der langsamen Vermehrung von Mitochondrien mit Deletionen, was das relativ hohe Alter beim Beginn erster Krankheitssymptome erklären könnte, auch das Gegenteil, nämlich das Verschwinden von Mitochondrien mit Deletionen vorkommen kann. Die unterschiedliche Verteilung von Mitochondrien mit Deletionen in verschiedenen Organen (Segregation, s. Abb. 4) erklärt das bunte klinische Bild mitochondrialer Zytopathien. Obwohl, wie in Abb. 3 gezeigt, Deletionen unterschiedlicher Größe zu einer CPEO oder einem KSS führen können, gibt es doch überdurchschnittlich viele Patienten, die die sog. "common deletion" von 5 kb aufweisen, die von 13 identischen Basenpaaren flankiert wird (Schon et al. 1989). Neben einfachen Deletionen des mtGenoms, wurden auch Patienten mit multiplen Deletionen beschrieben (Zeviani et al. 1989; Reichmann et al. 1993), wobei die erste Familie aus Italien stammt, einem autosomal-dominantem Erbgang folgt und deren Mitglieder an Ptosis, PEO, Dysphagie, Katarakt und Ausdauerschwäche litten und früh verstarben. Unsere Patienten waren unter anderem an einem KSS (Reichmann et al. 1993) bzw. an einem M. Madelung (Klopstock et al. 1994) erkrankt. Die Menge an deletierter DNA nahm bei der italienischen Familie mit zunehmendem Alter zu und entsprach der Schwere des Krankheitsbildes (Servidei et al. 1991), was bei den singulären Deletionen nicht der Fall war. Hier hatte man von der Größe und Menge der deletierten DNA nicht auf den Phänotyp zurückschließen können.

Eine weitere Spielart ist die Duplikation von mtDNA. Poulton und Mitarbeiter berichteten von 2 Patienten mit KSS und Ophthalmoplegie plus, die neben der normalen auch mtDNA mit einer Duplikation von etwa 8 kb aufwiesen (Poulton et al. 1989).

Noch neueren Datums sind der Nachweis von mtDNA Depletionen bei zunächst 5 Kindern mit MM (Tritschler et al. 1992). Diese Kinder waren meist im 1. Lebensjahr mit Muskelschwäche und Störungen ihrer psychomotorischen Entwicklung aufgefallen und früh verstorben. Sie zeigten eine bis zu 98% Depletion an mtDNA und konsequenterweise biochemisch multiple Störungen der Atmungskettenkomplexe sowie histologisch 'ragged red fibers' (RRF). 'Ragged red fibers' stellen eine vermehrte subsarkolemmale Ansammlung von Mitochondrien mit abnormer mtDNA dar und sind auch morphologisch spezifisch kennzeichnend für CPEO und KSS. Deletionen, Duplikationen und Depletionen führen somit zu verringerter Expression von Atmungskettenuntereinheiten und von tRNAs.

Daneben beschrieb die Arbeitsgruppe um Wallace erstmals eine Punktmutation des mtGenoms, die zu einer mitochondrialen Zytopathie, nämlich zur Leber-Optikusatrophie (LHON) führt (Wallace et al. 1988). LHON äußert sich in einem raschen bilateralen zentralen Sehverlust sowie kardialen Rhythmusstörungen. Es sind insbesondere junge Männer zwischen 20 und 24 Jahren betroffen und teilweise findet sich eine maternale Vererbung. Die bekannteste mit LHON assoziierte Punktmutation ist an Position 11778 des mtGenoms (Singh et al. 1989). Diese Untereinheit betrifft die 340. Aminosäure der NADH-Dehydrogenase Untereinheit 4 und führt besonders im Sehnerven zu einer reduzierten Enzymaktivität des Komplexes I. In den letzten Jahren sind jedoch noch mindestens 7 weitere Punktmutationen beschrieben worden, die heute mit LHON assoziiert werden.

Die übrigen bisher beschriebenen Punktmutationen des mtGenoms liegen überwiegend in Genabschnitten, die für tRNAs kodieren. In diesem Zusammenhang sind das MERRF- (Myoklonusepilepsie, "ragged red fibers") und das MELAS-Syndrom (mitochondriale Enzephalopathie mit Laktatazidose und schlaganfallsähnlichen Episoden) zu nennen. Beim MERRF-Syndrom ist an Position 8344 des mtGenoms eine Mutation der tRNA für Lysin, die den T-Ψ-C Loop betrifft, charakterisiert worden (Shoffner et al. 1990). In den ersten 3 beschriebenen Familien fanden sich altersentsprechende Korrelationen zwischen Genotyp und Phänotyp, wobei die Patienten und ihre weniger stark betroffenen maternalen Verwandten zwischen 2 und 27% wildtyp DNA aufwiesen. Biochemisch wirkt sich die Mutation dieser tRNA auf die Aktivität von Komplex I und IV aus, die durch verringerte mitochondriale Proteinsyntheseraten induziert werden (Seibel et al. 1991). Beim MELAS-Syndrom liegt die Punktmutation an Position 3243 (Goto et al. 1990) und alternativ, wenngleich seltener an Position 3271 des mtGenoms (Hayashi et al. 1993). Die Mutation an Position 3243 liegt in der tRNA für Leucin (UUR). Interessant ist die Frage, ob die intrazerebralen Durchblutungsprobleme, die zu Schlaganfällen führen, auf vermehrten Mitochondrien in den Endothelien mit Verringerung des Gefäßlumens beruhen, oder ob aufgrund von Störungen des zerebralen Energiestoffwechsels lokale Schlaganfälle entstehen. Diese Frage ist immer noch nicht schlüssig beantwortet.

Ein weiteres Krankheitsbild, das mit dem Acronym NARP (proximale neurogen bedingte Muskelschwäche, Ataxie und Retinitis pigmentosa) verknüpft wurde, betrifft die Umwandlung eines hoch konservierten Leucins zu Arginin in der Untereinheit 6 der ATP-Synthetase (Komplex V) von Position 8993 des mitochondrialen Genoms (Holt et al. 1990). Besonderes Interesse findet diese Punktmutation, da bei maternal vererbtem infantilen Leigh-Syndrom (MILS) diese Punktmutation häufig nachzuweisen ist (Tatuch et al. 1992; Ciafaloni et al. 1993).

Zunehmend häufig werden auch Punktmutationen bei Krankheiten, die bisher mit Deletionen des mtGenoms verknüpft wurden, beschrieben. So haben wir schon mehrere Patienten gefunden, die klinisch ein klassisches KSS oder CPEO hatten, die aber genetisch statt einer Deletion die typische MELAS-Punktmutation an Position 3243 aufwiesen. Desweiteren fanden wir eine neue Punktmutation an Position 5692, die wahrscheinlich zu einer Konformationsänderung im Anticodon der tRNA für Asparagin führt (Seibel et al. 1994). Durch diese Konformationsänderung kommt es vermutlich zu einer Störung in der Proteinsynthese.

Trotz dieser Erkenntnisse ist die Umsetzung der beschriebenen Deletionen und Punktmutationen in den tRNAs oder Strukturgenen noch nicht bzgl. des resultierenden Phänotyps und der Störungen der Proteinsynthese endgültig aufgeklärt und derzeit Gegenstand intensiver Forschung.

Infolge seiner charakteristischen Eigenschaften findet das mtGenom bereits interessante Anwendungen, wie bei der Frage, wo die Ursprünge der Menschheit liegen, wobei Afrika (Äthiopien oder südliche Sahara) favorisiert wird (Merriwether et al. 1991). Ferner gelingt mit Hilfe des mtGenoms der Verwandtschaftsnachweis beim Vergleich von Kindern mit ihrer Mutter. So konnten nahezu zweifelsfrei in Rußland die Überreste der ermordeten Zarenfamilie den Romanows zugeschrieben werden (Gill et al. 1994). Besonderes Interesse findet das mtGenom mittlerweile auch bei neurodegenerativen Erkrankungen, wie z. B. dem Morbus Parkinson (Lestienne et al. 1991). Es ist bei diesen Krankheiten mit dem vermehrten Auftreten von freien Radikalen zu rechnen, so daß Alterationen gerade der mitochondrialen DNA hoch wahrscheinlich wären, da ja im Bereich der Atmungskette besonders viele Radikale zu vermuten sind und die mtDNA über keine Histone verfügt und einen nur unzureichenden Reparaturmechanismus besitzt (Tritschler u. Medori 1993). Es ist auch davon auszugehen, daß mit zunehmendem Alter Fehler in der mtDNA akkumulieren und diese sogar beschleunigend auf Störungen im Energiestoffwechsel des alten Menschen wirken. Hinweise für solche Assoziationen gibt es bereits für das Gehirn und den Herzmuskel (Lestienne 1992; Müller-Höcker et al. 1992; Corral Debrinski et al. 1992). Somit werden Analysen des mtGenoms sicherlich ein zukunftsträchtiges Feld neurologischer Forschung bleiben. Nicht unmöglich erscheint uns, daß auch in näherer Zukunft eine Korrektur solcher Deletionen oder Punktmutationen durch das Einschleusen intakter mtDNA (Seibel et al. 1995) gelingen wird.

Diskussion

Frage: Handelte es sich bei den von Ihnen im Vortrag erwähnten Patienten mit Morbus Down, die in 20% eine Punktmutation ihres zirkulären Genoms 5.460 aufwiesen, um gesicherte Trisomien?

Antwort: Ja, die Diagnose war gesichert. Man sagt ja immer, das Down-Syndrom sei die galoppierende Seneszenz des Adoleszenten. Die neuropathologischen Veränderungen des Gehirn eines Patienten mit Morbus Down ähneln sehr stark jenen Veränderungen, die sich im Gehirn von Patienten mit Morbus Alzheimer finden. Man sagt deshalb häufig, daß Morbus Down ein Modell ist für die Pathologie des Morbus Alzheimer. Wir haben diese Patienten deshalb als eine Vergleichsgruppe ausgewählt.

Frage: Ich kann aber doch eigentlich nicht erwarten, daß sich bei Patienten mit Morbus Down eine andere Häufigkeit an Mutationen in dieser Position herausstellt als bei den anderen Untersuchten.

Antwort: Das ist richtig. Aber eine gewisse Relevanz scheinen diese Befunde zu haben. Ich hoffe, daß hier niemand ableitet, Morbus Alzheimer sei eine Mitochondriopathie. Aber es scheint Zusammenhänge mit dieser DNA zu geben. Bei den neurodegenerativen Erkrankungen wird als möglicher Pathogenesemechanismus zur Zeit die Bildung freier Radikale diskutiert. Im Gegensatz zum nukleären Genom besitzt das mitochondriale Genom keine Histone, es kann sich nicht reparieren. Man kann sich deshalb sehr gut vorstellen, daß häufig dieses mitochondriale Genom in Mitleidenschaft gezogen wird. Deshalb ist es für mich eine interessante Struktur.

Frage: Wenn diese Mutation des zirkulären Genoms keine Neumutation ist, müßte diese Mutation, die von der Mutter übertragen würde, familiär stark gehäuft vorkommen. Wenn diese Mutation eine erhebliche krankheitsrelevante Wirkung hätte, müßten bevorzugt Familien betroffen sein, in denen Geschwisterpaare an Morbus Alzheimer erkrankt sind. Wissen Sie etwas über die Familien der Probanden, die Sie untersucht haben?

Antwort: Es handelte sich nicht um Fälle mit familiärem Morbus Alzheimer. Die Gesetze der Vererbung über das mitochondriale Genom folgen aber nicht den Mendel'schen Regeln. Im Ovar der Mutter finden sich sehr viele verschiedene Eizellen. Deletionen im mitochondrialen Genom können auch nur einzelne Eizellen betreffen. Deshalb ist es selten, daß viele Geschwister erkranken. Es kommt aber vor. Die wichtigere Frage, die wir uns stellen, ist: Was ist mit der Mutter unseres Patienten? Da die Verteilung des Genoms über verschiedene Organe sehr mosaikhaft ist, kann es vorkommen, daß die Untersuchung z. B. des Blutes der Mutter negative Befunde ergibt, weil das falsche Organ untersucht wurde. Diese Frage können wir also mit unseren derzeitigen Methoden leider noch nicht beantworten.

Frage: Die senile Demenz vom Alzheimer-Typ ist eine der Erkrankungen, welche noch für Spekulationen zur genetischen Heterogenität Anlaß gibt. Und bei der Trisomie 21 sollen nach neueren Studien nicht alle Patienten im klassischen Sinne eine Demenz entwickeln. Inwieweit hat die von Ihnen nachgewiesene Punktmutation einen Einfluß auf den Krankheitsverlauf oder die spezifische Symptomausprägung?

Antwort: Zur klinischen Symptomatik können wir zur Zeit noch keine Beziehungen herstellen. Wir sind im Begriff, diese Zusammenhänge zu untersuchen.

Frage: Wir führen inzwischen zu der Klärung verschiedener Erkrankungen Muskelbiopsien zur Frage einer mitochondrialen Störung durch. Manchmal stellt der Pathologe eine Mitochondriopathie fest, während Ihre Untersuchung des Enzym- und Genombesatzes ein negatives Ergebnis erbringt. Wie erklären Sie diesen Widerspruch?

Antwort: Das ist für mich kein Widerspruch. Wie gesagt, die Krankheit ist sehr mosaikhaft. Es kann also passieren, daß der Morphologe unter tausend Muskelfasern zwei erkrankte Fasern entdeckt. Unsere biochemischen Methoden wären für diese Situation nicht sensibel genug, da die extrahierten Proteine dieser gemischten eintausend Fasern untersucht würden. Beide hinsichtlich ihres Proteinbesatzes veränderte Fasern würden sich nicht auf das Meßergebnis auswirken. Wir besitzen jetzt zwar eine Apparatur, die Aktivitäten einzelner Fasern und Neurone messen kann, aber dieses Verfahren ist in der Routinediagnostik noch nicht einsetzbar. Was das Genom betrifft, können wir mit der PCR (Polymerasekettenreaktion) geringe Mengen von Deletionen hochamplifizieren. Wir wissen alle, wie viele Fehler mit dieser Methode entstehen können. Also muß auch hier ein gewisser Anteil erkrankten Gewebes vorliegen, um die Diagnose stellen zu können. Schließlich können aber auch morphologische Veränderungen bestehen und eine Funktionsstörung der Mitochondrien, ohne daß die richtige Punktmutation gefunden wird. Wir kennen erst 20 Punktmutationen, nahezu jedes viertel Jahr kommt eine neue hinzu. Es ist anzunehmen, daß wir bei vielen Krankheitsbildern die richtige Mutation noch nicht kennen.

Frage: Ich möchte zwei Fragen stellen. Erstens: Nicht alle genetisch bedingten Erkrankungen werden durch Punktmutationen hervorgerufen, sondern es gibt auch pathogene Deletionen. Gibt es hierbei einen Unterschied hinsichtlich der Krankheitsausprägung und -schwere? Zweitens: Wie viele Organe oder welche Organe sollte man angesichts der Mosaikartigkeit betroffener Organe untersuchen? Sollen wir das Blut untersuchen, auch die Haut, das geht technisch noch einfach, aber sollen wir auch noch andere Organe biopsieren?

Antwort: Das Kearns-Sayr-Syndrom ist eine sehr schwer verlaufende Erkrankung, die auf Deletionen beruht. Der Morbus Leigh führt häufig zum Tode, hat aber eine Punktmutation. Man kann somit nicht sagen, daß eine Deletion besser oder schlimmer als eine Punktmutation ist. Man würde ja denken, eine Deletion ist schlimmer, weil sie sowohl tRNA codierende Abschnitte als auch Abschnitte, die für Proteine codieren, betrifft. Man weiß aber, daß manche Krankheiten durch Punktmutationen einen sehr schweren Verlauf nehmen. Eine allgemeine Aussage zur Korrelation mit dem Schweregrad der Erkrankung ist deshalb nicht zu treffen.

Welches Organ untersucht werden soll, ist ebenfalls außerordentlich schwer zu entscheiden. Für den Neurologen ist nach wie vor die Muskelbiopsie hilfreich, weil der Muskel gut morphologisch untersucht werden kann. Mit biochemischen und molekulargenetischen Methoden ist häufig die Diagnose nicht zu stellen, so daß die Aussage des Morphologen nach wie vor entscheidend ist. Welches Material am besten untersucht werden soll, hängt auch von der Fragestellung ab. Bei Verdacht auf MERRF-Syndrom (Myoklonusepilepsie, "ragged red fibers") sollte der Muskel untersucht werden. Bei Verdacht auf MELAS-Syndrom (mitochondriale Enzephalopathie mit Laktatazidose und schlaganfallsähnlichen Episoden) reicht die Untersuchung des Blutes. Dann gibt es die Leber-Optikusatrophie, bei der eine Haarwurzel untersucht werden kann. Die jeweilige Verdachtsdiagnose muß deshalb zwischen klinisch und im Labor tätigen Ärzten diskutiert werden.

Frage: Macht es keinen Sinn, prinzipiell Blut, Haar und Haut zu untersuchen?

Antwort: Das sprengt die vorhandenen Laborkapazitäten. Man sollte mit der Blutuntersuchung beginnen.

Frage: Gibt es Untersuchungen über die Frage, ob mit zunehmendem Alter der Mutter vermehrt Deletionen oder Punktmutationen stattfinden. Das wäre interessant, insofern man sagen könnte, daß vielleicht Erstgeborene gegenüber Spätgeborenen weniger leicht eine Mitochondriopathie bekommen können.

Antwort: Aus der Literatur gewinnt man den Eindruck, daß ältere Mütter gefährdeter sind bzgl. der Übertragung dieser Erkrankungen. Eindeutige Schlußfolgerungen sind allerdings aus der mir bekannten Literatur nicht möglich. Es zeigt sich aber, daß wir eigentlich alle mitochondrial erkrankt sind. Die Störungen der Mitochondrien ist ein ganz wesentliches Phänomen des Altwerdens. Deletionen sowohl im zentralen Nervensystem als auch vor allem im Herzmuskel, werden mit zunehmendem Alter signifikant häufiger. Für die normale Lebensspanne ist dieses Phänomen aber kein echtes Problem.

Literatur

Anderson S, Bankier AT, Barrell BG et al. (1981) Sequence and organization of the human mitochondrial genome. Nature 290: 457-465

Borst P, Grivell LA (1981) Small is beautiful - portrait of a mitochondrial genome. Nature 290: 443-444

Ciafaloni E, Santorelli FM, Shanske S et al. (1993) Maternally inherited Leigh syndrome. J Pediatr 122: 419-422

Corral Debrinski M, Horton T, Lott MT et al. (1992) Mitochondrial DNA deletions in human brain: regional variability and increase with advanced age. Nat Genet 2: 324-329

Egger J, Lake BD, Wilson J (1981) Mitochondrial cytopathy. A multisystem disorder with ragged red fibres on muscle biopsy. Arch Dis Child 56: 741-752

Gill P, Ivanov PL, Kimpton C et al. (1994) Identification of the remains of the Romanov family by DNA analysis. Nat Genet 6: 130-135

Goto Y, Nonaka I, Horai S (1990) A mutation in the tRNA (Leu) (UUR) gene associated with the MELAS subgroup of mitochondrial encephalomyopathies. Nature 348: 651-653

Hayashi J, Ohta S, Takai D et al. (1993) Accumulation of mtDNA with a mutation at position 3271 in tRNA (Leu) (UUR) gene introduced from a MELAS patient to HeLa cells lacking mtDNA results in progressive inhibition of mitochondrial respiratory function. Biochem Biophys Res Commun 197: 1049-1055

Holt IJ, Harding AE, Morgan-Hughes JA (1988) Deletions of muscle mitochondrial DNA in patients with mitochondrial myopathies. Nature 331: 717-719

Holt IJ, Harding AE, Petty RK, Morgan-Hughes JA (1990) A new mitochondrial disease associated with mitochondrial DNA heteroplasmy. Am J Hum Genet 46: 428-433

Klopstock T, Naumann M, Schalke B et al. (1994) Multiple symmetric lipomatosis: abnormalities in complex IV and multiple deletions in mitochondrial DNA. Neurology 44: 862-866

Lestienne P (1992) Mitochondrial DNA mutations in human diseases: a review. Biochimie 74: 123-130

Lestienne P, Ponsot G (1988) Kearns-Sayre syndrome with muscle mitochondrial DNA deletion. Lancet 1: 885

Lestienne P, Nelson I, Riederer P et al. (1991) Mitochondrial DNA in postmortem brain from patients with Parkinson's disease. J Neurochem 56: 1819

Levings CS, Brown GG (1989) Molecular biology of plant mitochondria. Cell 56: 171-179

Luft R, Ikkos D, Palmieri G et al. (1962) A case of severe hypermetabolism of non-thyroid origin with a defect in the maintenance of the mitochondrial respiratory control: a correlated clinical, biochemical and morphological study. J Clin Invest 41: 1776-1804

Merriwether DA, Clark AG, Ballinger SW et al. (1991) The structure of human mitochondrial DNA variation. J Mol Evol 33: 543-555

Moraes CT, DiMauro S, Zeviani M et al. (1989) Mitochondrial DNA deletions in progressive external ophthalmoplegia and Kearns-Sayre syndrome. N Engl J Med 320: 1293-1299
Müller-Höcker J, Seibel P, Schneiderbanger K et al. (1992) In situ hybridization of mitochondrial DNA in the heart of a patient with Kearns-Sayre syndrome and dilatative cardiomyopathy. Hum Pathol 23: 1431-1437
Murphy BJ, Robin ED, Tapper DP et al. (1984) Hypoxic coordinate regulation of mitochondrial enzymes in mammalian cells. Science 223: 707-709
Poulton J, Deadman ME, Gardiner RM (1989) Duplications of mitochondrial DNA in mitochondrial myopathy. Lancet 1: 236-240
Reichmann H (1992) Enzyme activity analyses along ragged-red and normal single muscle fibres. Histochemistry 98: 131-134
Reichmann H, Gold R, Meurers B et al. (1993) Progression of myopathology in Kearns-Sayre syndrome: a morphological follow-up study. Acta Neuropathol Berl 85: 679-681
Schon EA, Rizzuto R, Moraes CT et al. (1989) A direct repeat in a hotspot for large-scale deletion of human mitochondrial DNA. Science 244: 346-349
Seibel P, Degoul F, Bonne G et al. (1991) Genetic biochemical and pathophysiological characterization of a familial mitochondrial encephalomyopathy (MERRF). J Neurol Sci 105: 217-224
Seibel P, Lauber J, Klopstock T et al. (1994) CPEO is associated with a new mutation in the mitochondrial tRNA (Asn). Biochem Biophys Res Commun, im Druck
Seibel P, Trappe J, Villani G et al. (1995) Transfection of mitochondria: strategy towards a gene therapy of mitochondrial DNA diseases. Zur Publikation eingereicht
Servidei S, Zeviani M, Manfredi G et al. (1991) Dominantly inherited mitochondrial myopathy with multiple deletions of mitochondrial DNA: clinical, morphologic, and biochemical studies. Neurology 41: 1053-1059
Shapira Y, Harel S, Russell A (1977) Mitochondrial encephalomyopathies: a group of neuromuscular disorders with defects in oxidative metabolism. Isr J Med Sci 13: 161-164
Shoffner JM, Lott MT, Lezza AM et al. (1990) Myoclonic epilepsy and ragged-red fiber disease (MERRF) is associated with a mitochondrial DNA tRNA (Lys) mutation. Cell 61: 931-937
Shoubridge EA, Karpati G, Hastings KE (1990) Deletion mutants are functionally dominant over wild-type mitochondrial genomes in skeletal muscle fiber segments in mitochondrial disease. Cell 62: 43-49
Singh G, Lott MT, Wallace DC (1989) A mitochondrial DNA mutation as a cause of Leber's hereditary optic neuropathy. N Engl J Med 320: 1300-1305
Tatuch Y, Christodoulou J, Feigenbaum A et al. (1992) Heteroplasmic mtDNA mutation (T-G) at 8993 can cause Leigh disease when the percentage of abnormal mtDNA is high. Am J Hum Genet 50: 852-858
Tritschler HJ, Medori R (1993) Mitochondrial DNA alterations as a source of human disorders. Neurology 43: 280-288
Tritschler HJ, Andreetta F, Moraes CT et al. (1992) Mitochondrial myopathy of childhood associated with depletion of mitochondrial DNA. Neurology 42: 209-217
Wallace DC, Singh G, Lott MT et al. (1988) Mitochondrial DNA mutation associated with Leber's hereditary optic neuropathy. Science 242: 1427-1430
Zeviani M, Servidei S, Gellera C et al. (1989) An autosomal dominant disorder with multiple deletions of mitochondrial DNA starting at the D-loop region. Nature 339: 309-311

Psychosen, Halluzination und visuelle Perzeptionsstörungen

Halluzinationen bei endogenen Psychosen

T. Fuchs

Abb. 1 *„Wie lange haben Sie denn schon diese Halluzinationen?"* Harald R. Sattler

Einleitung

Die obige Zeichnung illustriert zunächst die seit jeher gängige Verknüpfung von Halluzination und psychischer Krankheit, die im populären Verständnis fast synonym miteinander sind; darüber hinaus zeigt sie aber auch, daß Halluzinieren für den psychotisch Erkrankten nicht nur bedeutet, etwas wahrzunehmen, was für andere nicht da ist, sondern auch ein Sich-Verhalten zu diesem Wahrgenommenen als neuer Realität impliziert: ein Befangen- und Gefangensein in seiner halluzinatorisch veränderten Welt. Esquirol hat demgemäß 1838 in seiner ersten wissenschaftlichen Definition der Halluzination als Wahrnehmung ohne äußeres Objekt von einem *«état d'hallucination»* gesprochen, also einem Halluzinations*zustand*, in dem der Betroffene sich befinde (Esquirol 1838).

Die folgenden Ausführungen zur Epidemiologie, Phänomenologie und Ätiologie psychotischer Halluzinationen lösen sie als Symptom aus dieser Erlebnisgesamtheit heraus; dies ist gerechtfertigt, solange im Bewußtsein bleibt, daß das Halluzinieren nicht zu einer isolierten Wahrnehmungsanomalie verkürzt werden kann, sondern letztlich im Zusammenhang des psychotisch veränderten Weltverhältnisses zu sehen ist.

Epidemiologie, diagnostische und prognostische Wertigkeit von Halluzinationen

Modalität

So auffallend und eindrucksvoll die Halluzinationen des Psychotikers für seine Umgebung sind, so problematisch bleibt ihre Bedeutung und Aussagekraft für den Psychiater. Ihr beinahe ubiquitäres Auftreten schwächt ihre diagnostische Relevanz; selbst in Populationen Gesunder, wie etwa bei 375 Studenten in der Untersuchung von Posey u. Losch (1983), fanden sich 71 %, die zumindest kurzzeitig im Wachzustand schon einmal Stimmen gehört, und 39 %, die bereits ein Lautwerden ihrer Gedanken erlebt hatten. Dabei handelte es sich natürlich in der Regel um pseudohalluzinatorische Phänomene mit negativem Realitätsurteil.

Offenbar erhalten Halluzinationen erst im Kontext der Erkrankung eine diagnostische Bedeutung, die traditionell vor allem in den verschiedenen *Sinnesmodalitäten* gesucht wurde. Akustische Halluzinationen sollten für die Schizophrenie wegweisend sein, optische hingegen für organische oder affektive Psychosen. Empirische Daten belegen zwar die Häufigkeit akustischer Trugwahrnehmungen bei Schizophrenen: nach einer Übersicht von Slade u. Bentall (1988) über 16 Studien mit insgesamt 2924 Patienten litten etwa 60 % unter akustischen, nur knapp die Hälfte (29 %) aber unter optischen Halluzinationen. Die International Pilot Study der WHO (1975) fand akustische Halluzinationen sogar bei 74 % von 1202 schizophrenen Patienten. – Die entsprechenden Angaben für akustische und optische Halluzinationen bei affektiven Störungen schwanken beträchtlich, von 2 % bis über 50 % (Spitzer 1988, S. 457), wobei jedenfalls die Häufigkeit bei bipolaren Psychosen meist deutlich höher liegt als bei den unipolaren (Taylor u. Abrams 1975; Winokur 1984).

Dennoch ist die Spezifität der Modalitäten als gering zu veranschlagen. Goodwin et al. (1971) untersuchten 116 fortlaufend aufgenommene Patienten mit prominenten Halluzinationen; von denen, die „Stimmen" hörten, erwiesen sich nur 35 % als Schizophrene, die restlichen 65 % gehörten den Diagnosegruppen affektive Psychosen, Alkoholismus, organisches Psychosyndrom und Hysterie an. Optische Halluzinationen waren häufiger bei den Hirnorganikern (89 %) und Alkoholikern (85 %), traten aber auch bei etwa 3/4 der affektiven und schizophrenen Patienten auf. In einer verwandten Untersuchung von Lowe (1973) an 60 halluzinierenden Patienten ergab die Diskriminanzanalyse für die Modalität keine diagnostische Wertigkeit; am besten differenzierten *Frequenz* und *Dauer* der Halluzinationen zwischen den verschiedenen Gruppen: Manisch-depressive und organische Patienten halluzinieren seltener und kürzer als paranoide. – Auch in Studien von Nathan et al. (1969) und Cutting (1987) trennten akustische und optische Halluzinationen nicht befriedigend zwischen organischen und funktionellen Psychosen. Am ehesten läßt sich noch sagen, daß optische Halluzinationen bei Schizophrenen nicht isoliert auftreten (wie häufig bei Hirnorganikern), sondern in Verbindung mit Trugwahrnehmungen anderer Modalitäten (Nathan et al. 1969; Frieske u. Wilson 1966).

Zudem zeigt der interkulturelle Vergleich, daß die Häufigkeit von Halluzinationen in Psychosen kulturabhängig ist. Insbesondere treten optische Halluzinationen außerhalb der westlichen Welt ungleich häufiger auf. So fand Zarroug (1975) bei 69 Schizophrenen in Saudi-Arabien optische Trugwahrnehmungen in 62 %, annähernd gleich häufig wie akustische. Ähnliche Ergebnisse zeigten sich in Ländern wie Mexiko, Cuba, Kenia, in der erwähnten internationalen WHO-Studie sowie in vergleichenden Untersuchungen bei Euro-Amerikanern und Afrikanern (Slade u. Bentall 1988; Murphy et al. 1963). Sie legen die These nahe, daß die unterschiedliche psychotische Symptomatik auf ein eher bildhaft-symbolisches, weniger abstrakt-diskursives Denken und Erleben in außerwestlichen Kulturen zurückzuführen ist.

Interessanterweise gibt es Hinweise darauf, daß in früheren Zeiten auch in Europa optisches Halluzinieren häufiger zu beobachten war (Al-Issa 1977). Lenz (1964) analysierte 430 Krankengeschichten schizophrener Patienten der letzten 100 Jahre in Wien und fand einen deutlichen Symptomwandel von optischen zu akustischen Halluzinationen: „‚Erscheinungen' werden immer weniger beobachtet, das abstrakte Denkfunktionen voraussetzende wahnhafte Geschehen auf akustischer Ebene wird immer häufiger" (Lenz 1964, S. 44). Optische Halluzinationen treten vorwiegend in akuten, stark angst- und affektbesetzten psychotischen Zuständen auf, seltener dagegen in chronischen Schizophrenien; für akustische Halluzinationen gilt eher das Umgekehrte (McCabe et al. 1972; Asaad u. Shapiro 1986). Der beschriebene Symptomwandel könnte daher, zusammen mit der deutlich abnehmenden Häufigkeit katatoner Symptombilder in unserem Jahrhundert (Cooper u. Sartorius 1977), auf einen kulturell bedingten Rückgang „ekstatischer", visuomotorisch gebundener psychotischer Erlebnisformen hinweisen.

Inhalt

Die Sinnesmodalität von Halluzinationen, insbesondere das Hören von „Stimmen", kann, wie gezeigt, nicht als valider differentialdiagnostischer Indikator gelten. Aussichtsreicher erscheint die Beurteilung ihres *Inhalts*. – So erwies sich in einer Studie von Winokur et al. (1985) an 269 Patienten unterschiedlicher Diagnosegruppen die Differenzierung von stimmungskongruenten und -inkongruenten Halluzinationen als zuverlässiger Parameter: obgleich die 140 schizophrenen Patienten häufig depressive (69 %) oder maniforme (25 %) Syndrome aufwiesen, zeigten sie so gut wie keine (1 – 6 %) stimmungskongruenten Halluzinationen (d. h. etwa Stimmen schuldhaften oder grandiosen Inhalts). Umgekehrt fehlten stimmungsinkongruente Halluzinationen bei den unipolar-affektiven Patienten völlig, bei den bipolaren weitgehend (3 – 7 %). Der begleitende Affekt kann also bei der klinischen Beurteilung von Halluzinationen von großer Bedeutung sein.

Das wichtigste inhaltliche Kriterium ist seit Kurt Schneider (1980) die sprachliche Form verbaler akustischer Halluzinationen. Bekanntlich hat Schneider den miteinander *dialogisierenden* und den *kommentierenden* Stimmen besonderen Rang als pathognomonischen Symptomen der Schizophrenie zuerkannt, da gerade in der indirekten Bezugnahme auf die Person des Halluzinierenden eine hochgradige Entfremdung und Externalisierung der inneren Vorstellungswelt zum Ausdruck kommt. Hinzu treten als akustische Phänomene ersten Ranges die lautwerdenden Gedanken, in denen diese Enteignung der psychischen Gehalte bereits begonnen hat (s. unten). – Der pathognomonische Wert der Erstrangsymptome ist zwar nicht absolut zu nehmen – in der erwähnten Studie von Goodwin et al. (1971) waren dialogisierende und kommentierende Stimmen affektiven Erkrankungen sogar ebenso häufig zuzuordnen wie schizophrenen; Carpenter et al. (1973) fanden Erstrangsymptome bei einem Viertel affektiver Psychosen; in organischen und schizophrenen Psychosen treten akustische Phänomene ersten Ranges in vergleichbarer Häufigkeit auf (Johnstone et al. 1988). Dennoch ist in der internationalen WHO-Studie (1975) die Bedeutung der dialogisierenden und kommentierenden Stimmen als Bestandteil des schizophrenen Kernsyndroms und als differentialdiagnostisches Kriterium gegenüber den affektiven Psychosen eindrucksvoll bestätigt worden. Dabei kam die gleiche diagnostische Dignität aber auch der *imperativen* Form des Stimmenhörens zu, die bereits Huber in seiner Fortentwicklung der Psychopathologie nach Schneider als Erstrangsymptom anerkannt hatte (Huber et al. 1979).

Nach den Ergebnissen verschiedener großer Studien (Mellor 1970; Carpenter u. Strauss 1974; Köhler et al. 1977; Huber et al. 1979; Marneros 1984) liegt die Häufigkeit akustischer Erstrangphänomene bei etwa einem Fünftel schizophrener Erstaufnahmen und steigt im weiteren Krankheitsverlauf auf 40–50% (Huber et al. 1979). Für das Gedankenlautwerden werden dabei sehr unterschiedliche Anteile von 1,5% (Köhler et al. 1977) bis 28% (Carpenter u. Strauss 1974) angegeben. Mit zunehmendem Alter bei Erstmanifestation nimmt die Häufigkeit von akustischen im Gegensatz zu anderen Erstrangsymptomen deutlich zu, von 18% bei den unter 40jährigen, auf 30% bei den über 40jährigen (Marneros 1984). Schließlich weisen die Spätschizophrenien (Manifestationsalter >45–50 Jahre) und Altersparaphrenien (>60 Jahre) einen besonderen Reichtum an Trugwahrnehmungen aller Modalitäten auf, wobei akustische Erstrangsymptome mit bis zu 50%, optische Halluzinationen mit 40–60% vertreten sind (Marneros u. Deister 1984; Pearlson et al. 1989; Howard et al. 1994).

Ob Halluzinationen allgemein auch eine prognostische Bedeutung zukommt, ist nach den in der Literatur vorliegenden Ergebnissen nicht klar zu entscheiden (Spitzer 1988, S. 455ff.). Hingegen erwies sich in der Bonner Verlaufsstudie unter den Erstrangsymptomen eine Gruppe, nämlich die der akustischen Halluzinationen, als signifikanter Prädiktor für einen ungünstigen Langzeitverlauf schizophrener Psychosen (Gross u. Huber 1987). Die akustischen Trugwahrnehmungen neigen auch zu Persistenz und Verschlechterung im Alter (Ciompi u. Müller 1976, S. 91ff.). Hingegen spricht das Gedankenlautwerden als initiales Symptom eher für eine günstige Prognose; nach Gross u. Huber könnte dieser Unterschied mit der frühzeitig ausgeprägteren „Auflösung der Ich-Kontur", dem Durchlässigwerden der Ich-Umwelt-Schranke bei den dialogisierenden und imperativen Stimmen in Zusammenhang stehen (Gross u. Huber 1987).

Zur Phänomenologie und Entstehung akustischer Halluzinationen

Dimensionalität halluzinatorischen Erlebens

Daß die akustischen Halluzinationen der Schizophrenen offensichtlich ihrer eigenen Erinnerungs- und Gedankenwelt entstammen, ihr Denken andererseits typische assoziative Störungen erkennen läßt, hat bereits der deutschen Psychiatrie der Jahrhundertwende einen Zusammenhang zwischen Denk- und Wahrnehmungsstörungen nahegelegt. Wernicke (1906) führte die typischen akustischen Halluzinationen letztlich auf eine „Lockerung im Gefüge der Assoziationen" zurück, mit der Folge des Eindringens „autochthoner", automatischer Bewußtseinsinhalte in den Gedankenablauf. Schröder (1926) sah die Halluzinationen bereits als Endstufe einer schrittweisen, über das Gedankenlautwerden führenden Versinnlichung der eigenen Gedanken an. Eine gewisse Hemmnis für die weitere Erforschung dieses Zusammenhangs bedeutete allerdings der von Jaspers postulierte „Abgrund übergangsloser Verschiedenheit" zwischen den sog. „Pseudohalluzinationen" im inneren Vorstellungsraum und „leibhaftig im äußeren objektiven Raum" erlebten Trugwahrnehmungen (Jaspers 1973, S. 59f.).

In der klinischen Praxis wurden jedoch schon seit Bleuler (1911, S. 90) Zwischenstufen und Übergänge zu den eigentlichen Halluzinationen im Sinn von Jaspers immer wieder beobachtet; gerade die Bestrebungen zu einer validen Schizophreniediagnostik im internationalen Vergleich hatten mit einem hohen Anteil (bis zu 40 %) fraglicher, nicht eindeutig als vorhanden oder abwesend beurteilbarer Halluzinations- und Wahnphänomene zu kämpfen (Strauss 1969). Daher herrscht heute die Tendenz vor, Halluzinationen, Pseudohalluzinationen und Gedankenlautwerden nicht mehr streng kategorial zu trennen. Es erscheint sinnvoller, an diesen Phänomenen verschiedene *Dimensionen* zu unterscheiden, die sich kontinuierlich (und nicht unbedingt parallel zueinander) verändern können: dazu gehören vor allem Klarheit, Intensität, Sinnlichkeit (Leibhaftigkeit), räumliche Lokalisierung, Ichgehalt bzw. Ichfremdheit, Realitätsurteil bzw. wahnhafte Verarbeitung sowie begleitender Affekt.

In der unterschiedlichen Phänomenologie der „Stimmen" in der akuten und der chronischen Schizophrenie lassen sich einige dieser Dimensionen illustrieren. In der akuten Psychose können die Patienten ihre Stimmen häufig nur schwer beschreiben; sie gebrauchen Wendungen wie „als ob" oder „wie wenn", sprechen von einer „Flüstersprache", von Hören „mit der Seele", „mit dem Gehirn" oder dem „Gedächtnis" (Hillers 1963). Es mangelt den Stimmen an der vollen sinnlichen Qualität; ihre Lokalisierung innerhalb des eigenen Körpers kommt nicht nur vor, sondern ist sogar häufig (>40 % nach Junginger u. Frame 1985). Ihre Herkunft aus dem eigenen Ich ist gewissermaßen latent noch gegenwärtig: Das Hören ist eher ein „Empfangen" oder „Innewerden" als eine Wahrnehmung im eigentlichen Sinn; der Kranke und seine Stimmen bilden eine innige Erlebniseinheit. Staunen, Bannung oder Angst charakterisieren häufig die emotionale Befindlichkeit. Insgesamt eignet hier also dem Halluzinieren ein eher *zuständlicher* als gegenständlich wahrnehmender, d. h. ein nur wahrnehmungs*ähnlicher* Erlebensmodus.

Anders in der chronischen Schizophrenie: erst hier kann man in der Regel von „eigentlichen" Halluzinationen im Sinn von Jaspers sprechen. Sie werden leibhaftig im äußeren Raum erlebt, vom eigenen Ich klar abgegrenzt, äußeren und ich-fremden Quellen (Sendern u. a.) wahnhaft zugeschrieben. Eine Konsolidierung hat stattgefunden: Die Stimmen werden im Gegensatz zur akuten Psychose nun auch durchgängig in Gegenwart anderer gehört (Goodwin et al. 1971), sie sprechen nur noch bedingt auf neuroleptische Therapie an, ihr Inhalt ist einförmig, die affektive Beteiligung des Kranken meist gering (Glatzel 1971). Insgesamt tragen sie am ehesten den Charakter *gegenständlicher Wahrnehmung.*

Einen anderen Beleg für ein kontinuierliches Erlebensspektrum in den verschiedenen Dimensionen liefern Beobachtungen über die Rückbildung von Halluzinationen unter der Therapie. Nach den Beobachtungen von Kruse (1959), Hoehn-Saric u. Gross (1968) und Larkin (1979) gehen zunächst v. a. die Häufigkeit und die Intensität der Stimmen zurück; sie werden seltener, weniger dominierend und schwächer erlebt, die negative emotionale Beeindruckung läßt nach oder wandelt sich sogar in angenehme Empfindungen infolge positiverer Inhalte. Im weiteren Verlauf kommt es häufig zu einer Umkehrung des Realitätsurteils, zur Umbenennung von „Stimmen" in „Gedanken", teilweise auch zur räumlichen (Rück-)Verlagerung der Phoneme von außen nach innen (Kruse 1959). Mitunter sind die Patienten sogar in der Lage, ihre Halluzinationen willentlich zu beeinflussen, sie also wieder der Ich-Aktivität zu unterstellen.

Diese Beobachtungen zeigen, daß Kontinua in den Dimensionen halluzinatorischen Erlebens bestehen, wenn sie sich auch keineswegs immer gleichsinnig verändern müssen. Hat diese Feststellung nun auch Bedeutung für die *Genese* der akustischen Erstranghalluzinationen? Bevor wir dieser Frage weiter nachgehen, soll ein Schema zwei dabei wesentliche Dimensionen zueinander in Beziehung setzen, nämlich die *Leibhaftigkeit*

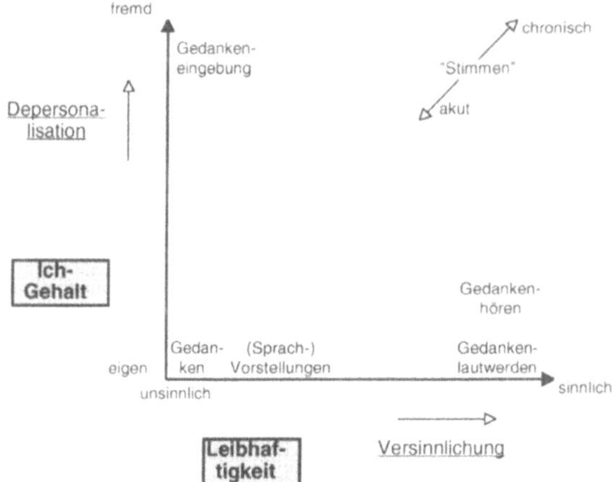

Abb. 2. Psychotische Externalisierung von Bewußtseinsgehalten

(Sinnlichkeit), also den Wahrnehmungscharakter psychotischer Phänomene einerseits, und den Grad ihrer *Ich-Zugehörigkeit* andererseits.

Die eine Dimension (Ordinate) beschreibt also eine zunehmende *Versinnlichung* oder *Wahrnehmungsähnlichkeit* der Bewußtseinsgehalte, die andere (Abszisse) ihre zunehmende *Ich-Fremdheit* oder *Depersonalisation.* Dem Nullpunkt sind die gewöhnlichen, selbst gesteuerten Gedanken zuzuordnen; eine erste Versinnlichungskomponente wird in vorgestellten, das Denken begleitenden Sprechakten erreicht, wie sie sich alltäglich vollziehen (in den neueren kognitiven Psychosemodellen als "*inner speech*" bezeichnet; vgl. Hoffmann 1986). Das Gedanken*lautwerden* trägt dann schon sensorischen Charakter, wobei aber die inhaltliche Beziehung zum eigenen Denken noch erhalten bleibt. Streng genommen muß davon noch das Gedanken*hören* differenziert werden, bei dem „die eigenen Gedanken des Kranken von anderen ausgesprochen werden" (Bleuler 1983, S. 37; vgl. auch Klosterkötter 1988, S. 128), also bereits eine Ich-Entfremdung und Außenattribution hinzugetreten ist. Die eigentliche „autopsychische Depersonalisation" der Bewußtseinsgehalte (Wernicke 1906) ist aber erst mit dem *Stimmenhören* erreicht; dabei lassen sich, wie wir gesehen haben, die akustischen Halluzinationen in der akuten und der chronischen Schizophrenie in Bezug auf ihren Grad an Gegenständlichkeit und Ich-Fremdheit typisierend unterscheiden. – Die gleiche Entfremdung der Gedanken kann schließlich aber auch ohne gleichzeitige Versinnlichung erfolgen, was zum Erlebnis der *gemachten* Gedanken oder Gedanken*eingebung* führt.

Entstehung der akustischen Erstranghalluzinationen aus Basissymptomen

Wie die Abb. 2 zeigt, stehen akustische Halluzinationen 1. Ranges, Gedankenlautwerden und Gedankeneingebung in enger phänomenaler Beziehung zueinander. Daß dies auch ihrer Genese entspricht, hat Klosterkötter (1988) in seiner eingehenden Untersuchung der Übergangsreihen zwischen defizitären und produktiven Schizophreniesymptome zeigen können. An 121 ausgewählten Patienten einer größeren Stichprobe ließen sich auf der Grundlage des Basisstörungskonzepts nach Huber (1983) vorwiegend kognitive, an sich noch uncharakteristische Prodromalsymptome (unterhalb der Schwelle äußerlich erkennbarer Denkzerfahrenheit) eruieren, die nach bestimmten Verlaufsmustern regelhaft in die produktiven Erstrangphänomenen der Psychose mündeten. Den akustischen Halluzinationen (n = 48) gingen dabei in allen Fällen zunächst noch paroxysmale Störungen der Denkvorgänge im Sinne von Gedankendrängen, -perseveration, -interferenz oder -blockade voraus. Die immer intensivere, schließlich pausenlose Folge unkontrollierbarer Gedankenfragmente nahm häufig bereits die Form unwillkürlicher Selbstinstruktionen, Selbstkommentare und Selbstgespräche an. Darauf folgte in allen Sequenzen ein Gedankenlautwerden, daß dann mit zunehmender, beängstigender Intensität den Eindruck fremden Sprechens hervorrief. Am Ende wurden aus den Selbstinstruktionen von außen erteilte Befehle, aus den Selbstkommentaren fremde Bemerkungen über das eigene Tun und aus den inneren Selbstgesprächen fremde Dialoge. Dazu ein Beispiel aus den Erlebnisschilderungen der Patienten:

Ganz zu Anfang habe er nur Konzentrationsstörungen bemerkt und dann auch schon einmal, daß „unsinnige Sachen" in sein Denken eingedrungen seien, die er nicht habe „unterbrechen" können ... das quälende „Durcheinander" (habe) immer ausgedehnter die Form solcher „Selbstgespräche" angenommen ... Er habe wohl noch gewußt, daß es alles seine Gedanken gewesen seien. Doch sei so eine „Klangfarbe" hinzugekommen, wie wenn die einzelnen Gedanken von „inneren Stimmen" ausgesprochen würden. Deren „Sprechweise" habe dabei mit den Stimmen bekannter Personen übereingestimmt. ... (Schließlich habe er) sich unwillkürlich die Frage stellen müssen, ob man nicht tatsächlich gerade draußen über ihn gesprochen habe (Klosterkötter 1988, S. 134f.).

Diese Erlebnismodalität des „als ob" kann schließlich unter dem Druck der äußerst verstörenden Erfahrungen nicht mehr aufrechterhalten werden; das Meinhaftigkeitsbewußtsein für die auditiven Eindrücke geht verloren und der Prozeß der psychotischen Externalisierung ist im Hören fremder Personen mit vollem Realitätsurteil zum Abschluß gekommen.

Das Gedankenlautwerden entspräche demnach einer Zwischenstufe im Übergang zu vollständig depersonalierter auditiver Wahrnehmung. – Anders die *Gedankeneingebung*: in ihrem Vorfeld herrschen nach den von Klosterkötter erfaßten Symptomfolgen Gedankeninterferenz und -perseverieren vor, ohne daß die Intensität pausenlosen Gedankendrängens erreicht würde. Der „Verlust der Leitbarkeit der Denkvorgänge" (Huber 1983) verläuft hier gewissermaßen flacher; die im Vordergrund stehende Neu- und Fremdartigkeit der eigenen kognitiven Akte führt deshalb ohne vorherige Versinnlichung zur autopsychischen Depersonalisation, d. h. zum Eindruck, die erlebten Gedanken würden „von anderswoher" vollzogen.

Da die akustischen Halluzinationen und die Gedankenbeeinflussungsphänomene also auf der gleichen Grundlage von Denkstörungen entstehen, die Halluzinationen aber einem höheren Grad dieser Basisstörungen entsprechen, ist zu erwarten, daß beide Symptome nicht gleichzeitig auftreten können, was auch in der Tat den Befunden entspricht (Klosterkötter 1988, S. 182). – Durch eine Steigerung der kognitiven Desintegration im weiteren Krankheitsverlauf wäre aus dem gleichen Grund auch die schon erwähnte (s. S. 62) Zunahme und Chronifizierung gerade der akustischen Erstranghalluzinationen zu erklären.

Die hier nur skizzierte Herleitung von produktiven Erstrangsymptomen aus kognitiven Basisstörungen soll nun nicht den Eindruck erwecken, als handele es sich bei der schließlichen psychotischen Externalisierung um eine einfache gedankliche Weiterverarbeitung im Sinne von Erklärungswahnideen für irritierende Erlebnisse. Diese rationalistische Vorstellung wird in den derzeitigen angloamerikanischen Schizophreniekonzeptionen favorisiert (z. B. Hoffmann 1986; Maher 1988); sie reicht jedoch auch für Klosterkötter nicht aus, um die tiefgreifende Erlebnisumwandlung und unerschütterliche Gewißheit im psychotischen, insbesondere halluzinatorischen Geschehen zu begründen. Halluzinationen können, wie bereits zu Beginn hervorgehoben, nicht als unabhängiges Symptom mit eigener Ätiologie begriffen werden; sie entspringen vielmehr einem umfassenden Zusammenbruch innerer Ordnungen und der Einheit des Ich. Erst die psychotische Umstrukturierung der Person mit einer Außenverlagerung struktureller Teilbereiche (Kisker 1960) läßt die zunehmende Intensität kognitiver Störungen in die Grenzauflösung zwischen inneren Vorstellungen und äußeren Wahrnehmungen umschlagen.

Ätiologische Modelle

Auf der Grundlage der bisherigen Ausführungen wäre nun von ätiologischen Modellen der Genese akustischer Halluzinationen vor allem zu erwarten, daß sie zum einen das Eindringen unwillkürlicher Bewußtseinsinhalte in die normalen Denkabläufe, zum anderen den Verlust der Diskrimination von Vorstellung und Wahrnehmung im Erleben zu erklären vermögen. Unter diesem Gesichtspunkt sollen einige Theorien in Umrissen betrachtet werden.

Eine der ersten und nachhaltig weiterwirkenden Konzeptionen ist die von J. H. Jackson, nach der psychopathologische Symptome durch den Mechanismus der Enthemmung oder *Disinhibition* untergeordneter Funktionszentren des ZNS zustandekommen (Berrios 1985). Dem Paradigma der Epilepsie folgend, postulierte Jackson eine "top-down"-Inhibition, d. h. eine Hierarchie hemmender Einflüsse im gesunden zentralen Nervensystem. Der Ausfall höherer regulierender Zentren hätte dann die Konsequenz einer sekundären Disinhibition stammesgeschichtlich älterer Funktionen oder Automatismen – z. B. von Halluzination und Wahn. Dieses Modell bildet bis heute eine Grundlage zahlreicher theoretischer Überlegungen zur Genese psychischer Störungen, insbesondere der Schizophrenie. Dabei hielt man jedoch nicht immer am Prinzip der hierarchischen, „abwärts" gerichteten Inhibition fest: Nach der "*perceptual release*"-Theorie der Halluzinationsentstehung, die West 1962 formulierte, hat auch der ständige Zustrom sensorischer Afferenzen von der *Peripherie* her inhibitorische Wirkung, nämlich auf engrammatisch gespeicherte Gedächtnisinhalte. Ein Verlust strukturierter Wahrnehmung oder Reizentzug, wie z. B. im Schlaf oder bei sensorischer Deprivation, führt danach gleichfalls zu einer Disinhibition und Freisetzung ("*release*") gespeicherter Wahrnehmungserinnerungen in Form von Träumen oder Halluzinationen (West 1962, 1975).

Wests Theorie wird unter anderem durch die Beobachtung von Halluzinosen gestützt, die durch sensorische Beeinträchtigung, d. h. Seh- und Hörverlust ausgelöst werden, also möglicherweise als „release"-Phänomene infolge Deafferenzierung zu interpretieren sind (Charles-Bonnet-Syndrom bzw. musikalische Halluzinose; vgl. Fuchs u. Lauter 1992). Zudem war schon Bleuler bekannt, daß die Halluzinationen Schizophrener in isolierter Umgebung zunehmen (Bleuler 1911, S. 88). Auch nach neueren experimentellen Untersuchungen mit verschiedenen auditiven Reizbedingungen (Slade 1974; Margo et al. 1981) inhibiert strukturierte, vor allem sprachliche Stimulation die Halluzinationen am meisten, während Stille oder „weißes Rauschen" ihre Häufigkeit und Intensität steigern. –

Allerdings läßt sich aus der Modifikation bereits bestehender Halluzinationen nicht ohne weiteres auf ihre Genese schließen; es erscheint sehr fraglich, ob etwa der soziale Rückzug in den Prodromalstadien der Psychose einen ausreichenden Reizentzug darstellt, um Halluzinationen auszulösen. Wests Theorie basiert zudem in hohem Maß auf der sensorischen Deprivationsforschung der 60er Jahre und ihrer Beschreibung halluzinationsähnlicher Phänomene, deren Vergleichbarkeit mit psychotischen Halluzinationen aber heute überwiegend bezweifelt wird (Slade u. Bentall 1988).

Neuere Theorien nehmen in der Regel ihren Ausgang von den kognitiven Schizophreniemodellen der Neuropsychologie: Danach sind die basalen, experimentell nachweisbaren Defizite Schizophrener charakterisiert durch Störungen der selektiven Aufmerksamkeit, der Auswahl relevanter und Hemmung irrelevanter Reize sowie ihrer Weiterverarbeitung und Integration mithilfe der Abrufung früherer Erfahrungsmuster zu Vergleichsprozessen. Diese Störungen der Informationsverarbeitung müssen sich im Gegenzug aber auch in Fehlsteuerungen beim Aufbau intentionaler Denk- und Sprechakte auswirken, also in den exekutiven Denkfunktionen. – Auf diesen Modellen basieren – je nach Schwerpunktsetzung in dem komplexen Gefüge von Wahrnehmung und Denken – unterschiedliche Theorien der Halluzinationsentstehung, von denen hier nur einige herausgegriffen werden können:

a) Nach den Ergebnissen der neueren kognitiven Psychologie und Neurophysiologie (Gregory 1973; Marcel 1983) stellt Wahrnehmung keine nur passive Rezeption von Daten dar, sondern selbst einen aktiven (wenn auch nicht bewußt gesteuerten) Prozeß, in dessen Verlauf semantische Entscheidungen in Abhängigkeit von früher ausgebildeten Mustern, Konzepten oder Schemata getroffen werden. Die sensorisch eintreffenden „Indizien" aktivieren gespeicherte Schemata, die dann in diesen Indizien wiedererkannt werden. Wahrnehmung basiert also auf der Interaktion von sensorischen Stimuli und konzeptueller Verarbeitung oder von Sinnesdaten und „hypothesengenerierenden Systemen" (Emrich 1988). Nach *Hemsleys* Modell ist nun diese Interaktion bei Schizophrenen gestört: sie vermögen nicht in ausreichendem Maß, bekannte oder erwartete Muster im sensorischen Material wiederzuerkennen; infolgedessen ist ihre Informationsverarbeitungskapazität schneller überfordert (Hemsley 1977, 1990). Resultat ist eine erhöhte Mehrdeutigkeit oder *Ambiguität* des Wahrgenommenen, subjektiv als sensorische, insbesondere auch als *Sprachverständnis*störung erlebt (Chapman 1966; Bull u. Venables 1974; Gross u. Huber 1972). Diese unstrukturierte Reizaufnahme hat aber zur Folge, daß die autonome Produktion von Schemata aus dem Langzeitgedächtnis kompensatorisch gesteigert wird. Damit dringt gespeichertes Material unintendiert ins Bewußtsein und wird halluzinatorisch bzw. externalisiert wahrgenommen. – Auch in diesem Modell spielt also die Disinhibition eine Rolle: Die Fähigkeit zur Strukturierung des sensorischen Materials inhibiert danach die Eigenproduktion von „Wahrnehmungshypothesen".

b) Betrifft nach Hemsley die Störung vor allem die sensorische Informationsaufnahme und -verarbeitung, so ist nach den beiden folgenden Modellen die *Produktion* von Denk- und Sprechakten betroffen. – Nach *Hoffmann* (1986) sind verbale Halluzinationen nichts anderes als Sprachvorstellungen oder „subvokales", inneres Sprechen, das aber anders als beim Gesunden aufgrund eines desorganisierten Sprachaufbaus als fremd und unbeabsichtigt im Bewußtsein erlebt wird. Bei Schizophrenen sei die Generierung von Sprechakten gestört, die sich normalerweise an gespeicherten, als solchen nicht bewußten Sprachplänen orientiere. Als Folge davon kämen ungeplante Sprachkonstrukte zu Bewußtsein, die als abweichend vom eigentlich Intendierten erlebt werden ("mismatching"). Diese Abweichung werde dann von den Betroffenen mit der Herkunft der fremden Gedanken aus der Außenwelt erklärt. Hoffmann verweist u. a. auf die Beobachtungen etwa Chapmans (1966), wonach Schizophrene ihre sprachlichen Äußerungen vielfach als unpassend zu dem betrachten, was sie eigentlich sagen wollten. Die gleiche Erfahrung in den subvokalen Sprach*vorstellungen* liege den Halluzinationen zugrunde.

Offensichtlich basiert Hoffmanns Modell auf einer Reihe nicht unproblematischer Annahmen. Daß akustische Halluzinationen nur die sinnliche Qualität inneren Sprechens haben – also eigentlich eher unsinnliche Qualität – entspricht zumindest häufig nicht dem Erleben der Kranken. Ebensowenig bestehen vor oder gleichzeitig mit allen Halluzinationen Sprachintentionen, die als abweichend von den halluzinatorischen Gedankeninhalten erlebt werden könnten. Auch konnte Hoffmann eine zu erwartende statistische Korrelation zwischen dem Auftreten von Halluzinationen und Sprachstörungen bei Schizophrenen nicht sicher nachweisen (Slade u. Bentall 1988; S. 133). Sehr rationalistisch mutet schließlich die Vorstellung an, die halluzinierten Inhalte würden nicht sensorisch, sondern nur infolge eines gewissermaßen wahnhaften Fehl*urteils* nach außen verlagert (vgl. zur Kritik die Kommentare zu Hoffmann 1986).

c) Ähnliche Diskrepanzen zwischen inneren Sprechakten und vorgegebenen kognitiven Sprachplänen sehen auch *Frith u. Done* (1988) als Ausgangspunkt der Genese von Halluzinationen an. Nur bestehen sie nach ihrem Modell nicht tatsächlich, sondern werden durch Ausfälle eines internen Monitors für ablaufende Sprechakte vorgetäuscht. Ein solches *Monitor- oder Reafferenzprinzip* verhindert z. B., daß bei willkürlichen Augenbewegungen die wahrgenommenen Gegenstände „hin- und herspringen", während dies bei äußerem Druck auf die Bulbi der Fall ist. Frith u. Done postulieren nun ein Monitorsystem für alle intendierten Akte einschließlich der eigenen Gedanken. Ein Ausfall dieses Monitors hätte zur Folge, daß eine Sprachvorstellung zwar korrekt produziert werden kann, über ihre Quelle beim Betroffenen jedoch Unklarheit herrschen muß. Da ihm also sein Denken der eigenen Gedanken nicht mehr bewußt ist, attribuiert er die fremden Gedanken in die Außenwelt. – Frith u. Done versuchen auch, dieses Monitorsystem nach aktuellen neurophysiologischen und -anatomischen Konzeptionen im Hippokampus bzw. seiner Verbindung zum präfrontalen Kortex zu lokalisieren.

Bei allen Unterschieden im Einzelnen haben die vorgestellten Modelle doch erkennbare Gemeinsamkeiten: Verbale Halluzinationen entstehen demnach durch bestimmte neuropsychologische und neurolinguistische Störungen, die zu einer Verselbständigung der internen Produktion von Sprachvorstellungen führen. Die nun automatisch und unintendiert ins Bewußtsein dringende, subvokale Sprache wird als ich-fremd erlebt und deshalb einer äußeren Quelle zugeschrieben. – So plausibel diese neueren Modellvorstellungen aufgrund psychopathologischer und experimentalpsychologischer Beobachtungen erscheinen, lassen sie doch eine Reihe von Fragen offen, die abschließend aufgeworfen werden sollen:

1. Wie kommt es zur akustischen Versinnlichung der eigentlich nur vorgestellten oder subvokalen Phänomene? Die skizzierten Modelle vermögen zwar die Entstehung von Gedankeneingebungen, also die Depersonalisationskomponente in Abb. 2 verständlich zu machen, nicht jedoch die zunehmende *Leibhaftigkeit* der automatischen Eindrücke. – Möglicherweise ist es erst die zunehmende Intensität der erlebten kognitiven Störungen (Gedankeninterferenz, -jagen) zusammen mit der psychotischen Irritation und Angst, die das Diskriminationsvermögen zwischen Denken und Hören zusammenbrechen läßt (Klosterkötter 1988).

2. Läßt sich die Fremdattribution der „Stimmen" wirklich durch einen normalpsychologisch verständlichen Fehlschluß aus abnormen Wahrnehmungen erklären? – Zahlreiche Bilder und Gedanken tauchen täglich unwillkürlich in unserem Bewußtsein auf, ohne daß wir nach einer äußeren Quelle dafür suchen. Zudem müßte sich der solchermaßen Sich-Täuschende doch von alternativen Erklärungen überzeugen lassen. Die psychotische Externalisierung erscheint daher nicht erklärbar ohne die Einbettung der abnormen Erfahrungen in eine grundlegende Umstrukturierung der Person, mit der Reaktivierung eines phylo- und ontogenetisch älteren, subjektzentristischen Realitätsbezugssystems, wie dies bereits Conrad angenommen hatte (Klosterkötter 1988, S. 226ff.).
3. Wenn Halluzinationen generell fehlgesteuerten Denkakten entspringen, wie ist dann ihr uniformer Inhalt zu erklären? Warum kommt es nicht zu neutralen, sondern ganz überwiegend zu anklagenden, herabsetzenden, bedrohlichen oder obszönen Stimmen? – Freud hat ursprünglich eben aus diesen Inhalten von Halluzinationen auf eine beobachtende Instanz in der Psyche, das Über-Ich geschlossen (Spitzer 1988, S. 209f.). Geht die psychotische Umstrukturierung der Person mit einer Entbindung seelischer Komplexe einher, denen gegenüber das Ich sich nur noch entmächtigt, verurteilt und verloren erleben kann? – Wie sich zeigt, verlassen wir mit solchen Überlegungen die Ebene der kognitiven Neuropsychologie. Wie aber psychodynamische und -genetische Erklärungen (die nicht notwendig der psychoanalytischen Theoriebildung folgen müssen) mit den skizzierten kognitiven Modellen der Halluzinationsentstehung in Verbindung gebracht werden können, ist gegenwärtig eine noch offene Frage.

Diskussion

Frage: Wie ist der Stand der biologischen Forschung („biologische Marker") hinsichtlich Halluzinationen, was zeigen Kernspin-, SPECT- oder PET-Befunde? Kann man anhand bildgebender Verfahren zwischen akustischen und optischen Halluzinationen separieren? Wie ist die neurobiochemische Befundlage, z. B. HVA?

Antwort: Ich habe in neueren Arbeiten keine diesbezüglichen Befunde gefunden.

Frage: Dies war ein sehr schöner Überblick über die Versuche einer phänomenologischen Analyse, ich habe allerdings den Eindruck einer Sackgasse. Die verschiedenen beschriebenen Modelle sollten einer entsprechenden Überprüfung zugeführt werden, sie müßten von Neurowissenschaftlern operationalisiert, d. h. z. B. mit einfachen Stimuli wie ein neuropsychologisches Symptom untersucht werden. Es sollte ein Brückenschlag versucht werden und nicht das Thema auf Halluzinationen bei Schizophrenie eingeengt werden, deshalb die Frage, wie ist es bei den exogenen Psychosen?

Antwort: Leider ist dies ein noch offenes Gebiet, zu dem ich im Moment keine fundierte Darstellung geben kann.

Kommentar: Eine andere Art der Halluzination wird relativ selten beschrieben, nämlich die Musikhalluzinationen. Diese treten ja typischerweise bei älteren Leuten auf, die langsam – über Jahrzehnte hinweg – ertauben. Ab einem bestimmten Zeitpunkt hören sie plötzlich Musik wie aus dem Radio oder von einem Plattenspieler, wobei sie sich von diesem Phänomen noch distanzieren können. Hierzu liegen ja recht interessante topographisch-funktionelle-organpathologische Befunde vor.

Frage: Sie hatten ja zu Anfang Ihres Referates auf die bekannte Dichotomie zwischen optischen und akustischen Halluzinationen hingewiesen und auf die Zuordnung zur exogenen Psychose und zur eher endogenen Psychose. Meine Frage betrifft nun Schizophrene mit optischen Halluzinationen. Kommen nach Ihrer Erfahrung diese optischen Halluzinationen gleichzeitig, koexistierend vor, dominieren sie dann, wenn sie vorkommen und sind es bestimmte Patientengruppen, die bevorzugt optische Halluzinationen zeigen?

Antwort: Bei Schizophrenen kommen die optischen Halluzinationen ganz überwiegend in Verbindung mit anderen Modalitäten vor, es sind Phänomene der akuten Erkrankung, der akuten Psychose, die aber überwiegend in Verbindung mit olfaktorischen oder akustischen Halluzinationen auftreten.

Frage: Steht die optische Wahrnehmung inhaltlich im Zusammenhang mit den akustischen Phänomenen oder ist das völlig losgelöst?

Antwort: Nein, das ist häufig in inhaltlicher Verbindung mit akustischen Halluzinationen. Ob dies eine besondere Patientengruppe ist, kann ich nicht sicher sagen, ist aber nicht mein Eindruck und dazu gibt es auch keine Befunde in der Literatur. Offenbar spielt aber ein kultureller Faktor eine Rolle.

Frage: Ich wollte noch einmal an die alten Reizversuche bezüglich optischer Halluzinationen erinnern (Area 17, 18, 19). Es existieren ja offenbar primäre Reizphänomene an der Hirnrindenstruktur – dies kennen wir ja auch bei Anfallserkrankungen, hier sistieren ja halluzinatorische Anfallstypen nach Epilepsie-chirurgischen Eingriffen. Interessieren würde mich die Abgrenzung zum Traum, gibt es Befunde, die das Traumerleben dieser Patienten in irgendeiner Weise mit einer Halluzination in Verbindung bringen können?

Antwort: Die Patienten beschreiben ihre Träume deutlich anders, umgekehrt Halluzinationen als sehr andersartiges Erleben als das Traumerleben. Das Traumerleben dieser Patienten entspricht unserem normalen Traumerleben, es bleibt auf einer sehr imaginativen, fantastischen Stufe und verwandelt sich nicht etwa in eine zunehmende Sinnlichkeit, die die Halluzinationen im Gegensatz dazu ja doch aufweisen.

Literatur

Al-Issa I (1977) Social and cultural aspects of hallucinations. Psychol Bull 84: 570–587

Asaad G, Shapiro B (1986) Hallucinations: Theoretical and clinical overview. Am J Psychiatry 143: 1088–1097

Berrios GE (1985) Positive and negative symptoms and Jackson. A conceptual history. Arch Gen Psychiatry 42: 95–97

Bleuler E (1911) Dementia praecox oder Gruppe der Schizophrenien. Deuticke, Leipzig Wien

Bleuler M (1983) Lehrbuch der Psychiatrie, 15. Aufl. Springer, Berlin Heidelberg New York

Bull HC, Venables PH (1974) Speech Perception in Schizophrenia. Brit J Psychiatry 125: 350–354

Carpenter WT, Strauss JS (1974) Cross-cultural evaluation of Schneider's first-rank symptoms of schizophrenia: A report from the International Pilot Study of Schizophrenia. Am J Psychiatry 131: 682–687

Carpenter WT, Strauss JS, Muleh S (1973) Are there pathognomonic symptoms in schizophrenia? Arch Gen Psychiatry 28: 847-852
Chapmann J (1966) The early symptoms of schizophrenia. Brit J Psychiatry 112: 225-251
Ciompi L, Müller C (1976) Lebensweg und Alter der Schizophrenen. Eine katamnestische Langzeitstudie bis ins Senium. Springer, Berlin Heidelberg New York
Cooper C, Sartorius N (1977) Cultural and temporal variations in schizophrenia: a speculation on the importance of industrialisation. Brit J Psychiatry 130: 50-55
Cutting J (1987) The phenomenology of acute organic psychosis. Comparison with acute schizophrenia. Brit J Psychiatry 151: 324-332
Emrich HM (1988) Zur Entwicklung einer Systemtheorie produktiver Psychosen. Nervenarzt 59: 456-464
Esquirol J (1838) Des maladies mentales. Bailleres, Paris
Frieske DA, Wilson WP (1966) Formal qualities of hallucinations: a comparative study of the visual hallucinations of patients with schizophrenic, organic and affective psychoses. In: Hock W, Zubin J (eds) Psychopathology of schizophrenia. Grune & Stratton, New York, pp 152-169
Frith CD, Done DJ (1988) Towards a neuropsychology of schizophrenia. Brit J Psychiatry 153: 437-443
Fuchs T, Lauter H (1992) Charles Bonnet syndrome and musical hallucinations in the elderly. In: Katona C, Levy R (eds) Delusions and hallucinations in old age. Gaskell, London, pp 187-198
Glatzel J (1971) Über akustische Sinnestäuschungen bei chronisch Schizophrenen. Nervenarzt 42: 17-26
Goodwin DW, Alderson P, Rosenthal R (1971) Clinical significance of hallucinations in psychiatric disorders. Arch Gen Psychiatry 24: 76-80
Gregory RL (1973) The confounded eye. In: Gregory RL, Gombrich EH (eds) Illusion in nature and art. Duckworth, London, pp 49-95
Gross G, Huber G (1972) Sensorische Störungen bei Schizophrenien. Arch Psychiatr Nervenkr 216: 119-130
Gross G, Huber G (1987) Die Bedeutung der Symptome 1. Ranges für die Diagnose und Prognose der Schizophrenie. In: Olbrich HM (Hrsg) Halluzination und Wahn. Springer, Berlin Heidelberg New York Tokyo
Hemsley DR (1977) What have cognitive deficits to do with schizophrenic symptoms. Brit J Psychiatry 130: 167-173
Hemsley DR (1990) Information processing and schizophrenia. In: Straube ER, Hahlweg K (eds) Schizophrenia, Concepts, vulnerability and intervention. Springer, Berlin Heidelberg New York Tokyo pp 59-76
Hillers F (1963) Über Halluzinationen bei Schizophrenen. Psychiatr Neurol 145: 100-116, 129-143
Hoehn-Saric R, Gross M (1968) Auditory hallucinations in schizophrenia: Early changes under drug treatment and drug withdrawal. Am J Psychiatry 124: 1132-1135
Hoffmann RE (1986) Verbal hallucinations and language production processes in schizophrenia. Behav Brain Sci 9: 503-548
Howard R, Almeida O, Levy R (1994) Phenomenology, demography and diagnosis in late paraphrenia. Psychol Med 24: 397-410
Huber G (1983) Das Konzept substratnaher Basissymptome und seine Bedeutung für Theorie und Therapie schizophrener Erkrankungen. Nervenarzt 54: 23-32
Huber G, Gross G, Schüttler R (1979) Schizophrenie. Eine verlaufs- und sozialpsychiatrische Langzeitstudie. Springer, Berlin Heidelberg New York
Jaspers K (1973) Allgemeine Psychopathologie, 9. Aufl. Springer, Berlin Heidelberg New York
Johnstone EC, Cooling CD, Frith CD et al. (1988) Phenomenology of organic and functional psychoses and the overlap between them. Brit J Psychiatry 153: 770-776
Junginger J, Frame CL (1985) Self-report of the frequency and phenomenology of verbal hallucinations. J Nerv Ment Dis 173: 149-155
Kisker KP (1960) Der Erlebniswandel des Schizophrenen. Springer, Berlin Heidelberg New York
Klosterkötter J (1988) Basissymptome und Endphänomene der Schizophrenie. Springer, Berlin Heidelberg New York Tokyo
Köhler K, Guth W, Grimm G (1977) First-rank symptoms of schizophrenia in Schneider-orientied German centers. Arch Gen Psychiatry
Kruse W (1959) Effect of trifluoperazine on auditory hallucinations in schizophrenics. Am J Psychiatry 116: 318-321
Larkin AR (1979) The form and content of schizophrenic hallucinations. Am J Psychiatry 136: 940-943
Lawson JS, McGhie A, Chapman J (1964) Perception of Speech in Schizophrenia. Brit J Psychiatry 110: 375-380
Lenz H (1964) Vergleichende Psychiatrie. Wilhelm Maudrich, Wien

Lowe GR (1973) The phenomenology of hallucinations as an aid to differential diagnosis. Brit J Psychiatry 123: 621-633
Maher BA (1988) Language disorders in psychoses and their impact on delusions. In: Spitzer M, Uehlein FA, Oepen G (eds) Psychopathology and philosophy. Springer, Berlin Heidelberg New York Tokyo, pp 109-120
Marcel AJ (1983) Conscious and unconscious perception: An approach to the relations between phenomenal experience and perceptual processes. Cognit Psychol 15: 238-300
Margo A, Hemsley DR, Slade PD (1981) The Effects of Varying Auditory Input on Schizophrenic Hallucinations. Brit J Psychiatry 139: 122-127
Marneros A (1984) Frequency of occurence of Schneider's first rank symptoms in schizophrenia. Eur Arch Psychiatry Neurol Sci 234: 78-82
Marneros A, Deister A (1984) The psychopathology of ‚late schizophrenia'. Psychopathology 17: 264-274
McCabe MS, Fowler RC, Cadoret RJ, Winokur G (1972) Symptom differences in schizophrenia with good and poor prognosis. Am J Psychiatry 128: 1239-1243
McGhie A, Chapman J (1961) Disorders of attention and perception in early schizophrenia. Brit J Med Psychol 34: 103-116
Mellor CS (1970) First rank symptoms of schizophrenia. Brit J Psychiatry 117: 15-23
Murphy HBM, Wittkower ED, Fried J, Ellenberger HA (1963) A cross cultural survey of schizophrenic symptomatology. Int J Soc Psychiatry 9: 235-249
Nathan PE, Simpson HF, Andberg MM (1969) A systems analytic model of diagnosis: II. The diagnostic validity of abnormal perceptual behavior. J Clin Psychol 25: 115-119
Pearlson GD, Kreger L, Rabins PV et al. (1989) A chart review study of late-onset and early-onset schizophrenia. Am J Psychiatry 146: 1568-1574
Posey TB, Losch ME (1983) Auditory hallucinations of hearing voices in 375 normal subjects. Imagination, Cognition, and Personality 2: 99-113
Schneider K (1980) Klinische Psychopathologie, 12. Aufl. Thieme, Stuttgart
Schröder P (1926) Das Halluzinieren. Z Neurol Psychiatry 101: 599-614
Slade PD (1974) The external control of auditory hallucinations: An information theory analysis. Brit J Soc Clin Psychol 13: 73-79
Slade PD, Bentall RB (1988) Sensory deception: A scientific analysis of hallucination. John Hopkins University Press, Baltimore London
Spitzer M (1988) Halluzinationen. Ein Beitrag zur allgemeinen und klinischen Psychopathologie. Springer, Berlin Heidelberg New York Tokyo
Strauss (1969) Hallucinations and delusions as points on continua function. Arch Gen Psychiatry 21: 581-586
Taylor MA, Abrams R (1975) Acute mania: clinical and genetic study of responders and nonresponders to treatments. Arch Gen Psychiatry 32: 863-865
Wernicke C (1906) Grundriß der Psychiatrie in klinischen Vorlesungen, 2. Aufl. Thieme, Leipzig
West LJ (1962) A general theory of hallucinations and dreams. In: West LJ (ed) Hallucinations. Grune & Stratton, New York, pp 275-291
West LJ (1975) A clinical and theoretical overview of hallucinatory phenomena. In: Siegel RK, West LJ (eds) Hallucinations. Behavior, experience, and theory. John Wiley & Sons, New York Sidney Toronto, pp 287-313
Winokur G (1984) Psychosis in bipolar and unipolar affective illness with special reference to schizo-affective disorder. Brit J Psychiatry 145: 236-242
Winokur G, Scharfetter C, Angst J (1985) The diagnostic value in assessing mood congruence in delusions and hallucinations and their relationship to the affective state. Eur Arch Psychiatry Neurol Sci 234: 299-302
World Health Organization (1975) Schizophrenia: a multinational study. WHO, Genf

Dopaminerg-, muscarinerg-, glutamaterg- und serotonerg-induzierte Psychosen. Zur Behandlung pharmakotoxisch bedingter, psychischer Störungen bei der Antiparkinson-Therapie

H. P. Kapfhammer, D. Naber

Einleitung

Der Morbus Parkinson ist nach der Demenz vom Alzheimer-Typ die vermutlich zweithäufigste neurodegenerative Erkrankung. Ihre Prävalenz beträgt ca. 150 Patienten auf 100000 Personen der Allgemeinbevölkerung. Sie zeigt einen dramatischen Anstieg im höheren Lebensalter mit einem Häufigkeitsgipfel in der 7. und 8. Lebensdekade (Schoenberg 1986). Die Erkrankung geht mit einer Reihe von neuropsychiatrischen Defiziten einher. Diese sind Ausdruck der voranschreitenden Degeneration. Sie können aber auch Folgen der multimodalen medikamentösen Interventionen sein, die mit den zugrundeliegenden pathophysiologischen Prozessen interagieren. Je nach eingesetzten diagnostischen Kriterien schwanken die Häufigkeitsangaben für depressive Syndrome zwischen 15 und 30%, die für dementielle Syndrome zwischen 10 und 80% (Gibb 1989). In ca. 20% komplizieren paranoid-halluzinatorische Syndrome den Therapieverlauf (Saint-Cyr et al. 1993). Eine Betrachtung der neuroanatomischen und neurochemischen Veränderungen beim Morbus Parkinson verspricht einen modellhaften Einblick in die Entstehung organisch bedingter psychischer Störungen.

Veränderungen in den Neurotransmittersystemen bei Morbus Parkinson

Tabelle 1 faßt summarisch wichtige Verschiebungen in den unterschiedlichen Neurotransmittersystemen bei Morbus Parkinson zusammen (Hedera u. Whitehouse 1994).

Tabelle 1. Neurotransmitterveränderungen beim Morbus Parkinson. (Nach Hedera u. Whitehouse 1994)

	Anatomische Region				
Neurotransmitter	Motorischer Kortex	Präfrontaler limbischer Kortex	Pallidum	Striatum	Substantia nigra
Dopamin	Verringert	Verringert	Verringert	Verringert	Verringert
Noradrenalin	Verringert	Verringert			
Acetylcholin		Verringert		Erhöht	
Serotonin		Verringert			Verringert
GABA			Variabel	Variabel	Variabel
Substanz P	Variabel	Variabel	Erniedrigt	Variabel	Erniedrigt
Neuropeptid Y			Unverändert	Erhöht	Unverändert
Somatostatin		Variabel	Variabel	Erhöht	Unverändert
Enkephaline			Erniedrigt	Variabel	Erniedrigt
Cholezystokinin			Erniedrigt	Variabel	Erniedrigt
Neurotensin		Erniedrigt	Unverändert	Unverändert	Variabel

Hierbei ist grundlegend, daß nicht die Funktionstüchtigkeit eines Systems, sondern das Zusammenwirken der einzelnen Systeme die entscheidende Voraussetzung für eine wirksame Kontrolle fein abgestimmter motorischer Bewegungsabläufe ist. Das heißt, ein Verständnis für die Pathologie gestörter Bewegungen, für mögliche medikamentöse Therapieansätze, aber auch für das Auftreten von hieraus resultierenden psychotropen bzw. pharmakotoxischen Effekten ergibt sich nur aus einer Zusammenschau grundlegender Interaktionen zwischen den Systemen. Kurz herausgestellt sollen zunächst Veränderungen im dopaminergen, cholinergen, serotonergen und glutamatergen System werden.

Dopamin

Unter normalphysiologischen Bedingungen üben mesostriatale dopaminerge Bahnen über D_1-Rezeptoren einen direkten inhibitorischen Einfluß auf den Globus pallidus internus und die Substantia nigra (Pars reticularis) aus. Dieser Hemmeffekt wird an den Thalamus weitergegeben. Es kommt hier zu einer Enthemmung thalamokortikaler Impulse, die eine Bewegungsfreisetzung bewirken. Diesen direkten inhibitorischen dopaminergen Effekten über D_1-Rezeptoren stehen indirekte exzitatorische Effekte regulierend entgegen, die über D_2-Rezeptoren vermittelt werden (Carlsson 1993). Bei gesunden Personen überwiegen die direkten die indirekten dopaminergen Wirkungen. Bei der Parkinson-Krankheit liegt eine zentrale Degeneration der melaninhaltigen dopaminergen Neuronen in der Substantia nigra (Pars compacta) vor. In die voranschreitende Degeneration werden die dopaminergen Projektionen ins Putamen und den Nucleus caudatus miteinbezogen, wobei v. a. die anterioren und posterioren Anteile besonders schwerwiegend betroffen sind. Das Ausmaß des Dopaminverlustes im Striatum korreliert mit dem Neuronenuntergang in der Substantia nigra (Hornykiewicz, Kish 1986). 70–80% der dopaminergen Zellen müssen hier zerstört sein, bis es zu einer klinischen Symptommanifestation kommt (Hornykiewicz 1988). Die im Striatum generierten dopaminergen Impulse lassen eine Verschiebung in Richtung relativ verstärkter indirekter exzitatorischer Effekte erkennen, die über die thalamische Zwischenschaltung schließlich zu einer Reduktion der kortikalen Bewegungsentwürfe führen. Auch das mesocorticolimbische dopaminerge System (Area tegmentalis ventralis, Areae peri- und retrorubralis) kann degenerativ verändert sein. Parkinsonpatienten mit einer dementiellen Zusatzsymptomatik zeigen besonders häufig solche pathologischen Veränderungen auf (Brown, Marsden 1990)

Acetylcholin

Die Freisetzung von Acetylcholin steht im Striatum unter glutamaterger Kontrolle. Striatale cholinerge Interneurone hemmen die präsynaptische Dopaminausschüttung. Umgekehrt erniedrigt wiederum Dopamin über D_2-Rezeptoren diese cholinerge Aktivität. Bei der Parkinson-Erkrankung herrscht ein relativ erhöhter cholinerger Tonus vor und trägt zur Verstärkung der klinischen Symptomatik bei (Hornykiewicz u. Kish 1986). Eine Degeneration der aufsteigenden cholinergen Bahnen zu den basalen Vorderhirnneuronen kann nachgewiesen werden, wobei der Zellverlust vor allem bei dementen Parkinson-Patienten stark ausgeprägt ist (Ruberg et al. 1982).

Serotonin

Bei Morbus Parkinson ist die Anzahl der serotonergen Neuronen im Nucleus raphe erniedrigt, die 5-HT-Konzentrationen in den aufsteigenden Bahnen sind gesunken. Der serotonerge Einfluß in der Substantia nigra ist ebenfalls gemindert. Hier hemmt Serotonin die dopaminerge Aktivität. Die Veränderungen im Serotoninsystem scheinen für die häufigen affektiven Störungen bei Parkinsonpatienten von pathogenetischer Relevanz zu sein (Mayeux 1990). In späteren Stadien der Erkrankung, in denen L-Dopa nicht mehr in den dopaminergen Neuronen zu Dopamin decarboxyliert werden kann, dringt Dopamin auch in nicht-dopaminerge Zellen, z. B. serotonerge Neurone ein und verdrängt Serotonin. Es kann passager zu einem relativen Überwiegen des serotonergen Einflusses kommen. Ein Zusammenhang zu L-Dopa-Psychosen hiermit wird diskutiert (Birkmayer u. Riederer 1975).

Glutamat

Die Bedeutung von Glutamat in der Pathophysiologie des Morbus Parkinson wird zunehmend erkannt. Kortikostriatale glutamaterge Bahnen innervieren über N-Methyl-D-Aspartat-(NMDA) Rezeptoren das Putamen, den Nucleus caudatus und den Nucleus subthalamicus. Mesostriatale dopaminerge inhibitorische Nervenbahnen unterliegen einer hemmenden glutamatergen Modulation. Unter normalphysiologischen Bedingungen schützt sich der Kortex gegen eine Informationsüberflutung bzw. eine Übererregung durch Feedbackmechanismen. Das antagonistische Zusammenspiel von Glutamat und Dopamin stellt die Grundlage für einen zentralen Regelkreis, der Striatum und Pallidum einerseits, Thalamus und Kortex andererseits zusammenschließt. Glutamat und Dopamin vermitteln einen dosierten hemmenden Effekt an den Thalamus und die mesenzephale retikuläre Formation. Ziel dieses sich wechselseitig ausbalancierenden glutamatergen versus dopaminergen Effektes ist es, den sensorischen Input zum Kortex zu reduzieren, aber auch kortikal generierte Bewegungsabläufe zu ermöglichen. Die Degeneration der dopaminergen nigrostriatalen Neuronen bei Morbus Parkinson bedingt eine starke Irritation in dem Regelkreis von Basalganglien-Thalamus-Kortex. Der Dopaminverlust und der hiermit korrelierte, relativ erhöhte glutamaterge Tonus resultieren in einem verstärkten inhibitorischen Input aus dem Striatum und dem Globus pallidus an den Thalamus und führen schließlich zu einer Reduktion der kortikalen Aktivierung, die für die klinische Symptomatik von Akinese und Rigor verantwortlich zeichnet (Riederer u. Lange 1992). Wird hingegen der glutamaterge Einfluß z. B. infolge medikamentöser Interventionen übermäßig reduziert, so kann ein relatives dopaminerges Übergewicht eine verstärkte Enthemmung der thalamokortikalen Impulse bewirken. Eine übermäßige kortikale Stimulation kann resultieren, die jenseits einer bestimmten Schwelle die Integrationskapazität des Kortex übersteigt. Eine Psychose mit vorwiegend produktiver Symptomatik einerseits, eine desintegrierte überschießende Psychomotorik andererseits imponieren dann auf einer klinisch-phänomenologischen Ebene (Carlsson 1993).

Fassen wir die grundlegenden Veränderungen bei Morbus Parkinson in den geschilderten Neurotransmittersystemen zusammen, dann läßt sich schematisch eine dopaminerge Unterfunktion, ein relatives Überwiegen der cholinergen Aktivität, ein reduzierter serotonerger Einfluß wie ein relativ erhöhter glutamaterger Tonus festhalten. Selbstverständlich müßten diese Kenngrößen noch durch weitere pathologische Verschiebun-

Tabelle 2. Symptome in organisch-bedingten psychischen Störungen und mögliche neuroanatomische und neurochemische Zusammenhänge. (Nach Trzepacz 1994)

Symptom	Hirnregion	Neurochemie
Schlafstörungen	Hirnstamm, subkortikal	NA, ACH, 5-HT
Wahnideen	Linkstemporal, mesofrontal, rechtsparietal	DA, 5-HT, Glut, ACH
Halluzinationen	Temporal, parietal, okzipital, pedunkular	DA, NA, 5-HT, ACH
Aufmerksamkeitsdefizite	Hirnstamm, präfrontal, rechtsparietal	DA, NA, ACH, GABA, Glut
Gedächtnisdefizite	Temporal, dienzephal	ACH, NA, 5-HT, DA, NMDA
Desorientiertheit	Präfrontal, rechtshemisphärisch	DA, NA, ACH
Handlungsplanung	Präfrontal	DA, NA, ACH, GABA
Psychomotorik	Frontal, subkortikal, temporal	DA, ACH, 5-HT
Visuelle Räumlichkeit	Parietal, rechtsfrontal	ACH, DA
Affekt	Rechtshemisphärisch, präfrontal	GABA, NA, DA, ACH

NA Noradrenalin, *ACH* Acetylcholin, *5-HT* Serotonin, *DA* Dopamin, *GABA* Gammaaminobuttersäure, *NMDA* N-Methyl-D-Aspartat, *Glut* Glutamat

gen in anderen z. B. dem GABAergen System ergänzt werden. Vorläufig gründen aber die aktuell verfügbaren medikamentösen Ansätze noch auf Bemühungen, diese prinzipiellen Neurotransmitterdefizite bzw. -überaktivitäten zu korrigieren.

Neuroanatomische und neurochemische Zusammenhänge bei organischbedingten psychischen Störungen

Die gängigen diagnostischen Klassifikationssysteme der klinischen Psychiatrie wie DSM III-R und ICD-10 kennen eine Reihe von organisch bedingten psychischen Störungen. Unter diesen sind das Delir, die organisch bedingte Halluzinose und die organisch bedingte wahnhafte Störung für unser Thema pharmakotoxischer Effekte bei der Antiparkinsontherapie von besonderem Interesse. Nach wie vor sind die neuroanatomischen und neurochemischen Grundlagen dieser organisch bedingten psychischen Störungen nur unzureichend erforscht. Wichtige Details stammen jedoch aus Untersuchungen, in denen zum einen Läsionen in definierten Hirnarealen, zum anderen selektive pharmakologische Methoden zu anregenden Erkenntnissen führten. Tabelle 2 gibt einen summarischen Überblick über diese grundlegenden neuroanatomischen und -chemischen Aspekte (Trzepacz 1994). In der Analyse einzelner organischer Psychosyndrome erweist es sich als Vorteil, zunächst die Zusammenhänge auf einer Symptomebene zu klären.

Aufmerksamkeitsdefizite

Eine Störung der Aufmerksamkeit zählt zu den prominentesten Charakteristika eines Delirs. Die Funktion, selektiv auf einen bestimmten Stimulus zu fokussieren, die Fähigkeit, die Aufmerksamkeit aufrecht zu erhalten, also das Konzentrationsvermögen, die Aufmerksamkeitsspanne insgesamt wie auch die Fertigkeit, bei Erfordernis den Aufmerksamkeitsfokus auf neue Reizkonstellationen einzustellen sind bei deliranten

Patienten empfindlich beeinträchtigt. Eine gewisse hemisphärische Verteilung von Einzelkomponenten der Aufmerksamkeit deutet sich an, wenn die selektive Aufmerksamkeit bevorzugt links-parietal, die aufrecht erhaltene Aufmerksamkeit vor allem rechts-parietal gesteuert wird (Cutting 1992). Der präfrontale Kortex beeinflußt ebenfalls die Aufmerksamkeitsfokussierung, aber auch die Fähigkeit zur mentalen Umstellung. Störungen hier resultieren in einer vermehrten Ablenkbarkeit und Zerstreuung einerseits, in einer Perseverationsneigung andererseits (Cummings 1985). Läsionen im Thalamus können gleichfalls Aufmerksamkeitsdefizite verursachen (Adams et al. 1982). In einer neurochemischen Perspektive liegt ein allgemeines Arousal den spezielleren Aufmerksamkeitsfunktionen zugrunde. Es wird über die noradrenergen Systeme der Formatio reticularis im Hirnstamm einschließlich des Nucleus coeruleus und die aufsteigenden cholinergen pontinen Bahnen vermittelt. Mesokortikale dopaminerge Bahnen zum frontalen Kortex tragen zur Aufmerksamkeit und zur mentalen Umstellungsfähigkeit bei (Trzepacz 1994).

Schlafstörungen

Störungen des normalen Schlaf-Wach-Zyklus unterliegen den bekannten Fluktuationen der Bewußtseinslage und Vigilanz beim Delir. Funktionelle Beeinträchtigungen in den noradrenergen, cholinergen und serotonergen Hirnstammkernen, die maßgeblich das Alternieren von REM/non-REM-Schlafstadien regulieren, können nachgewiesen werden (McCarley u. Hobson 1975).

Kognitive Dysfunktionen

Formale Denkstörungen wie z. B. eine assoziative Auflockerung, eine auffällige Umständlichkeit oder Tangentialität im Denken, eine thematische Inkohärenz werden bei deliranten Zuständen häufig angetroffen. Eine exakte hirnlokalisatorische Beschreibung formaler Denkabläufe gelingt aber nach wie vor nur sehr ungefähr. Präfrontale und temporale Hirnareale scheinen jedoch maßgeblich an einer geordneten Abfolge einzelner Denkschritte beteiligt zu sein (Trzepacz 1994). Die Bedeutung einer dopaminergen Vermittlung von Denkstörungen kann an der positiven klinischen Beeinflußbarkeit durch dopaminblockierende Neuroleptika ersehen werden. Auch glutamat-sensitive NMDA-Rezeptoren tragen möglicherweise bedeutsam dazu bei, wie in dem Modell der Phencyclidin-induzierten Psychose illustriert werden kann (Heresco-Levy et al. 1992). Der negative Einfluß von anticholinergen Substanzen auf formale Denkleistungen ist eine häufige klinische Erfahrung.

Gedächtnisstörungen

Beeinträchtigungen der Merkfähigkeit, aber auch des Altzeitgedächtnisses charakterisieren ein Delir. Neuroanatomisch werden visuelle Eindrücke bevorzugt rechtstemporal, verbal kodierte Informationen hingegen linkstemporal gespeichert (Cutting 1990). Delirante Patienten berichten oft über eine Amnesie für die gesamte Episode. Hierbei können sowohl Störungen der Fähigkeit zum Erwerb von neuen Wissensinhalten, Defizite im Kurzzeitgedächtnis und/oder der Speicherung bzw. Konsolidierung im Langzeitgedächtnis zugrunde liegen. Amnestische Syndrome werden durch Dysfunktionen in mesotemporalen (Hippocampus), dienzephalen (anteriorer Thalamus, Corpora mammillaria) und neokortikalen Systemen verursacht (Squire 1986). Einflüsse aus mehreren Neurotransmittersystemen sind wichtig. Cholinerge und adrenerge, dopaminerge und cholinerge wie auch glutamaterge Aktivitäten sind für die Funktionstüchtigkeit des vielfacettierten Gedächtnissystems belegt (McGaugh 1983; Morris 1989; Brito 1992).

Trugwahrnehmungen

Störungen der Wahrnehmungsfunktionen können sowohl symptomatischer Bestandteil eines Delirs sein oder aber als ein eigenständiges Syndrom imponieren. Vor allem die visuelle Modalität ist betroffen. In neuroanatomischer Hinsicht ergeben sich bei Läsionen in umschriebenen Hirnarealen distinkte, halluzinatorische Muster: eine primäre kalkarine Aktivität ist durch weiße Lichtsensationen, das okzipitale Assoziationsareal durch farbige Lichter und geometrische Figuren, der parietale Lobus durch lebhafte szenische Halluzinationen, der temporale Kortex durch ein szenisches Erleben charakterisiert, in das die eigene Person miteinbezogen ist; pedunkulare Halluzinationen, die bei Läsionen des oberen Mittelhirns auftreten können, stellen lebhafte, geformte visuelle Trugwahrnehmungen dar, die manchmal von Schlafstörungen und psychomotorischer Agitiertheit begleitet sein können (Cummings 1985). Halluzinationen und Illusionen als falsche Wahrnehmungen sind vor allem Ergebnis einer linkszerebralen, Metamorphopsien wie Wahrnehmungsverzerrungen hingegen einer rechtszerebralen Störung (Cutting 1990). Acetylcholin, Katecholamine und Serotonin spielen in der Neurophysiologie der visuellen Halluzinationen eine grundlegende Rolle (Trzepacz 1994). Ein modellhafter Einblick in die Pathogenese von Halluzinationen ist über das Studium der Effekte von LSD möglich, die vor allem serotonerg vermittelt werden.

Wahnbildungen

Wahnhaftes Denken kann bei deliranten Zuständen vorliegen. Es ist dann meist nicht starr fixiert oder systematisiert, sondern eher flüchtiger Natur. Häufig imponieren Verfolgungsgedanken, oder aber Aspekte der Umwelt werden auf zuweilen bizarre Weise in ein Wahndenken transformiert. Möglicherweise liegt diesen inhaltlichen Denkstörungen beim Delir eine primäre Dysfunktion formaler kognitiver Akte zugrunde (Trzepacz et al. 1988). Läsionen im Thalamus, in den Basalganglien und in rechtsposterioren (temporalen, parietalen, okzipitalen) Hirnarealen können aber auch ohne prominente Symptome eines Delirs ausgeformte Wahnsysteme verursachen (McAllister 1992). Eine bilaterale Schädigung des präfrontalen Kortex führt vermutlich infolge der hierbei beeinträchtigten Einsichtsfähigkeit leichter zu wahnhaftem Denken (Benson u. Stuss 1990). Bahnen zwischen dem Hippocampus und dem präfrontalen Kortex, die ein internes Monitoring vermitteln, können ebenfalls bei der Bildung von Wahnideen beteiligt sein (Frith u. Done 1988). In einer neurochemischen Perspektive ist der pathogenetische Einfluß einer dopaminergen Überaktivität durch die klinische Wirksamkeit von Neuroleptika gut belegt. Hierbei ist bedeutsam, daß zwischen subkortikalen Strukturen und dem präfrontalen Kortex ausgiebige dopaminerge Verbindungen bestehen. Ein möglicher weiterer wichtiger Beitrag wird durch glutamatsensitive NMDA-

Rezeptoren vermittelt. Eine Blockade des glutamatergen Tonus z. B. durch Phencyclidin beeinträchtigt die thalamische Filterfunktion und fördert eine kortikale Überstimulation (s. oben). Serotonin moduliert die dopaminerge Aktivität über präsynaptische 5-HT3-Rezeptoren. Eine Antagonisierung hier läßt theoretisch eine Reduktion psychotischer Episoden erwarten (Palfreyman et al. 1992). Ein cholinerges Defizit kann bei der Alzheimer-Demenz mit Wahnideen assoziiert sein, die zumindest passager über Physostigmin reduzierbar sind (Cummings et al. 1993).

Medikamentöse Ansätze bei Morbus Parkinson und ihre möglichen psychotoxischen Effekte

Die in der modernen medikamentösen Behandlung der Parkinson-Erkrankung beschrittenen Wege zielen auf eine Korrektur der hauptsächlichen pathologischen Veränderungen in den Neurotransmittersystemen:

Eine Erhöhung des dopaminergen Einflusses wird erreicht durch:
- L-Dopa + Decarboxylasehemmer (Benserazid, Carbidopa),
- Dopaminagonisten (Bromocriptin, Lisurid, Pergolid, Apomorphin),
- partielle Dopaminagonisten (Tergurid),
- Monoaminoxydase-B-Hemmer (L-Deprenyl).

Eine Erniedrigung des cholinergen Einflusses wird erreicht durch:
- Anticholinergika (Trihexyphenidyl, Biperiden, Benzatropin, Bornaprin, Metixen, Orphenadrin, Procyclidin).

Eine Erniedrigung des glutamatergen Einflusses wird erreicht durch:
- Amantadin, Memantin.

Auch wenn die aufgeführten Einzelsubstanzen jeweils ihre Hauptwirkung über die Beeinflussung eines bestimmten Neurotransmittersystems entfalten, so bestehen doch in aller Regel auch Effekte in anderen Systemen. Lisurid besitzt beispielsweise nicht nur eine hohe dopaminerge Aktivität, sondern übt konzentrationsabhängig auch serotonergantagonistische und α-adrenolytische Effekte aus. Amantadin reduziert nicht nur den exzitatorischen glutamatergen Tonus, sondern führt auch zu einer Freisetzung von Dopamin aus den präsynaptischen Vesikeln. Zudem muß klinisch eine anticholinerge Wirkkomponente beachtet werden.

Aus den oben skizzenhaft zusammengestellten neurochemischen Grundlagen organisch bedingter Störungen lassen sich für die medikamentöse Therapie der Parkinsonschen Erkrankung psychotoxische Effekte insbesondere dann hypothetisch erwarten, wenn es zu dysbalancierten Übergewichten im dopaminergen und serotonergen System bzw. Unteraktivitäten im cholinergen und glutamatergen System kommt. Es muß jedoch berücksichtigt werden, daß auf einer klinischen Handlungsebene durch den kombinierten Einsatz mehrerer Medikamente immer auch mit Interaktionseffekten zwischen den unterschiedlichen Systemen zu rechnen ist.

Psychotoxische Effekte der Therapie mit L-Dopa

Psychiatrisch relevante Nebenwirkungen unter L-Dopa bei Parkinsonpatienten decken ein breites Spektrum ab. Sie reichen von depressiver Verstimmung, Euphorie, Hypersexualität, Persönlichkeitsveränderung, lebhafter Traumaktivität, Alpträumen, über lebhafte Halluzinationen und paranoide Psychosen hin zu deliranten Zustandsbildern (Goetz et al. 1982). In einer klinischen Studie an 300 Parkinsonpatienten (Alter: 66,2 ± 9,6 Jahre, Krankheitsdauer: 8,3 ± 5,5 Jahre, Dauer der L-Dopa-Therapie: 6,9 ± 5 Jahre) ließen sich drei Schweregrade neuropsychiatrischer Nebenwirkungen festhalten:

1. veränderte Traumaktivität,
2. einfache Verwirrtheit oder Halluzinationen bei erhaltener Einsichtsfähigkeit und Orientiertheit,
3. Wahn oder chronische Verwirrtheit.

Die Häufigkeit des Schweregrades 1 betrug 22 %, die Häufigkeit der Schweregrade 2 und 3 lag bei 52 %. Aufgeschlüsselt in Einzelsyndromen ließen sich bei 56 Patienten visuelle Halluzinationen, bei 31 Verwirrtheiten, bei 20 Wahnbildungen, bei 17 eine Hypersexualität und bei 13 wiederkehrende Panikattacken diagnostizieren (Chana et al. 1994).

Allgemein kann als klinische Regel gelten, daß Patienten mit einer Einschränkung ihrer intellektuellen Funktionen infolge des neurodegenerativen Prozesses ein höheres Risiko hinsichtlich dieser psychotoxischen Effekte haben (Sacks et al. 1972). Ebenso bedeutet ein höheres Lebensalter eine verstärkte Auftretenswahrscheinlichkeit (Pederzoli et al. 1983). Dies gilt auch für paranoide Psychosen, die in ca. 4–15 % unter L-Dopa vorkommen. Patienten mit einer positiven psychiatrischen Anamnese bilden eine Ausnahme. Im Gegensatz zu Patienten ohne dieses Lebenszeitrisiko, die erst im späteren Krankheitsverlauf produktiv psychotisch dekompensieren können, zeigen diese Patienten oft schon zu Beginn der Einstellung auf L-Dopa paranoide Ideen (Klawans 1988). Patienten unter L-Dopa-Langzeittherapie entwickeln zunächst meist ein paranoides Wahnsystem bei klarem Sensorium ohne Zeichen formaler Denkstörungen oder anderer deliranter Symptome (Beckson u. Cummings 1992).

Auch isolierte Halluzinosen kommen oft bei einem normalen Bewußtseinszustand vor. Sie treten verstärkt bei höheren Dosierungen vor allem nachts auf. Ihre Inzidenz beträgt ca. 20 %. In der Regel sind die Trugwahrnehmungen ohne erschreckenden Charakter, visuell, szenisch geformt, wiederkehrend und für den individuellen Patienten relativ stabil. Meist gehen sie mit einer lebhaften Traumaktivität und mit Schlafstörungen einher (Cummings 1992). In einer Perspektive des Krankheitsverlaufs deutet letzterer Aspekt sowie ferner die Tatsache, daß psychotische Zustandsbilder mit Wahnbildungen und/oder Halluzinationen und initial klarem Sensorium meist schließlich in Verwirrtheiten einmünden, darauf hin, daß es sich bei den L-Dopa-induzierten Psychosen möglicherweise um ein „Kindling-Phänomen“ handelt (Moskovitz et al. 1978). Auf einer neurochemischen Ebene scheinen die L-Dopa-Psychosen die allmählich erschöpfte Decaboxylierungs- und Speicherungsfähigkeit dopaminerger Neurone in der Substantia nigra anzukündigen. Ein Eindringen von L-Dopa in nicht-dopaminerge Neurone mit konsequenter Verdrängung der dort gespeicherten Transmitter und zusätzlicher Störung der ohnehin prekären Imbalance der Bioamine wäre vorstellbar. Die bei L-Dopa-Psychosen gefundenen erhöhten Liquorspiegel von 5-Hydroxyindolessigsäure, dem Endmetaboliten des Serotonin weisen in diese Richtung (Birkmayer u. Riederer 1975).

Psychotoxische Effekte der Therapie mit Dopaminagonisten

Dopaminagonisten zeichnen sich durch eine direkte Wirkung an den Dopaminrezeptoren aus. Die Vertreter der Ergotalkaloide (Bromocriptin, Lisurid, Pergolid) sowie Apomorphin stimmen in ihrem D_2-Rezeptoren-Agonismus überein. Hinsichtlich der D_1-Rezeptoren verhalten sie sich unterschiedlich. Dopaminagonisten umgehen den bei einer L-Dopa-Therapie benötigten Decarboxylierungsschritt von L-Dopa zu Dopamin. Sie versprechen deshalb auch bei fortgeschrittenen Stadien der Parkinsonschen Krankheit mit dem zunehmenden Untergang der nigrostriären Bahnen und dem starken Verlust an Decarboxylaseaktivität noch einen therapeutischen Nutzen, wenngleich der alleinige Einsatz von Dopaminagonisten einer L-Dopa-Gabe unterlegen ist (Kapfhammer u. Rüther 1985). Im allgemeinen scheinen die psychiatrischen Nebenwirkungen unter den Ergotalkaloiden häufiger als unter Apomorphin zu sein, sich im klinischen Spektrum ähnlich wie unter L-Dopa zu verhalten (Saint-Cyr et al. 1993).

Bromocriptin, ein D_2-Rezeptor-Agonist und D_1-Antagonist mit zusätzlichen Dopamin-freisetzenden Effekten aus den präsynaptischen Vesikeln kann bereits bei Neueinstellung visuelle Halluzinationen auslösen (Teychenne et al. 1986). Hierbei ist zu erinnern, daß Bromocriptin derselben pharmakologischen Gruppe wie Lysergsäurediethylamid (LSD), ein potenter serotonerger Agonist mit bekannten halluzinogenen Effekten, angehört. Wenngleich eine L-Dopa-Zusatztherapie zunächst die Auftretensrate an pharmakotoxischen Nebenwirkungen unter Bromocriptin nicht erhöht, finden sich bei älteren Patienten in den Spätstadien der Erkrankung durchaus additive oder synergistische Effekte (Toyokura et al. 1985). In einer amerikanischen Studie wurde eine Inzidenz von 24% Verwirrtheitszuständen bei Patienten registriert, die gleichzeitig mit L-Dopa behandelt wurden und häufig bereits Zeichen einer dementiellen Zusatzsymptomatik hatten (Lieberman et al. 1985).

Lisurid ist vor allem ein postsynaptischer D_2-Rezeptor-Agonist und in seiner Wirkung relativ unabhängig von präsynaptisch noch verfügbaren Dopaminkonzentrationen. Bei einer subcutanen Infusion führte Lisurid bei 47% der mit L-Dopa zusätzlich behandelten Patienten zu psychiatrisch relevanten Nebenwirkungen. Hierunter imponierten Halluzinationen, Alpträume, lebhafte Traumaktivität und paranoide Wahnsysteme (Vaamonde et al. 1991). Bei Applikation per os dürfte die Rate pharmakotoxischer Effekte der von Bromocriptin oder Pergolid entsprechen.

Allgemein wird die Inzidenz von psychiatrisch relevanten Nebenwirkungen unter Dopaminagonisten aus der Ergotalkaloid-Gruppe im Vergleich zur L-Dopa-Therapie als zwei- bis dreifach erhöht eingeschätzt (Saint-Cyr et al. 1993). Apomorphin hingegen verursacht auch in höheren subkutan verabreichten Dosierungen bei nur ca 15% der Patienten Halluzinosen und/oder Verwirrtheiten (Frankel et al. 1990). Der partielle Dopaminagonist Tergurid, der nur an durch Dopaminverarmung supersensitiven D_2-Rezeptoren wirken soll, scheint durch eine noch geringere Rate an pharmakotoxischen Psychosen ausgezeichnet zu sein, ist aber auf dem deutschen Markt nicht zugelassen (Horowski 1984).

Psychotoxische Effekte der Therapie mit Anticholinergika

Anticholinergika besitzen ein hohes Risiko, bei älteren Patienten Verwirrtheitszustände auszulösen, speziell wenn bereits Zeichen eines intellektuellen Abbaus bestehen. Im

Vergleich zur L-Dopa-Therapie scheinen die Halluzinationen weniger ausgeformt zu sein, einen variableren Gehalt zu zeigen und mit einem stärkeren Angstcharakter einherzugehen (Goetz et al. 1982). In einer stationär behandelten Gruppe von Parkinson-Patienten mit dementieller Zusatzsymptomatik traten unter Behandlung mit L-Dopa und Carbidopa in 47% Verwirrtheitszustände auf. Wurde zusätzlich das Anticholinergikum Benzhexol hinzugegeben, so erhöhte sich diese Nebenwirkungsrate dramatisch auf 93% (De Smet et al. 1982). Die Dosierung der Anticholinergika ist bei Parkinsonpatienten mit den Gedächtnisleistungen negativ korreliert (Miller et al. 1987).

Psychotoxische Effekte der Therapie mit MAO-Hemmern

Der selektive MAO-B-Hemmer L-Deprenyl verlängert über eine Blockade der oxidativen Desaminierung die Wirkzeit von Dopamin im ZNS. Er übt möglicherweise auch einen protektiven Effekt hinsichtlich der Bildung von freien Radikalen aus, die dem neurodegenerativen Prozeß inhärent sein sollen, und verzögert dadurch das Auftreten von kognitiven Defiziten in der Krankheitsprogression (Rinne et al. 1991). Allein verabreicht, zeichnet sich L-Deprenyl durch eine verschwindende Rate an pharmakotoxischen Nebenwirkungen aus. In einer Kombination mit L-Dopa können jedoch Verwirrtheiten und Halluzinationen auftreten, deren pathogenetischer Mechanismus auf der verstärkten und verlängerten Wirkung von Dopamin beruht (Golbe 1989). Klinisch zu beachten ist, daß die Kombination eines MAO-Hemmers wie z. B. von Tranylcypromin, aber auch von L-Deprenyl mit serotonergen Substanzen z. B. mit einem selektiven Serotonin-Wiederaufnahmehemmer wie Fluoxetin zu einem sog. „serotonergen Syndrom" führen kann (Suchowersky, de Vries 1990). Dieses ist in seiner Vollausprägung durch Verwirrtheit, Hypomanie, Ruhelosigkeit, Myoklonus, Hyperreflexie, Schwitzen, Schüttelfrost, Tremor, Diarrhoe und Koordinationsstörungen charakterisiert und stellt eine medizinische Notfallsituation dar (Sternbach 1991). Ein „serotonerges Syndrom" wurde auch unter einer Kombination von Bromocriptin und L-Dopa/Carbidopa beschrieben (Sandyk 1986). Als pathogenetischer Mechanismus wird eine Decarboxylierung von L-Dopa zu Dopamin in 5-HT-Neuronen mit einer Verdrängung von Serotonin in den synaptischen Spalt und Bindung an 5-HT-Rezeptoren diskutiert.

Psychotoxische Effekte der Therapie mit Amantadin und Memantin

Amantadin wie auch Memantin besitzen mehrere pharmakologische Eigenschaften. Sie bewirken eine Freisetzung von Dopamin aus den präsynaptischen Terminalen und blokkieren die Wiederaufnahme des Dopamins aus dem synaptischen Spalt. Anticholinerge Effekte können ebenfalls nachgewiesen werden. Eine interessante Wirkung ergibt sich ferner aus dem Antagonismus an den NMDA-Rezeptoren. Sie zeichnen sich also durch eine Reduktion des glutamatergen Tonus aus. In ihren antiakinetischen, aber auch in ihren möglichen psychotogenen Eigenschaften sind sie den Dopamin-mimetischen Substanzen gut vergleichbar, wie in Abb. 1 veranschaulicht wird (Riederer et al. 1993). In einer täglichen Zusatzdosierung von 200 mg Amantadin zeigten 14% von 351 mit L-Dopa behandelten Patienten Zeichen von Verwirrtheit, Schlaflosigkeit und ängstlicher Nervosität (Schwab et al. 1972). Bei einer etwas höheren Dosierung von 300 mg Amantadin traten bei 47% der über 65 Jahre alten Patienten, bei 23% der jüngeren Patienten

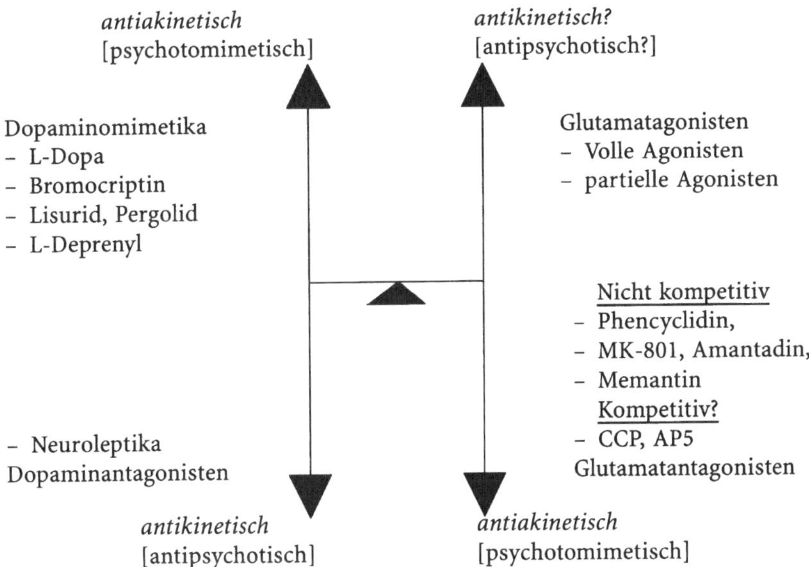

Abb. 1. Modellhafter Zusammenhang der Balance zwischen dopaminergen und glutamatergen Agonisten und Antagonisten in ihren Effekten auf das motorische Verhalten und die Induktion psychotischer Phänomene. (Nach Riederer et al. 1993)

Verwirrtheiten und Halluzinationen auf. Der Höhepunkt dieser pharmakotoxischen Psychosen war zwischen dem dritten und neunten Behandlungsmonat (Timberlake u. Vance 1978). Für die Hypothese, daß eine Reduktion des glutamatergen Einflusses durch diese Substanzen zu psychotischen Symptomen führen kann, spricht eine klinische Beobachtung. Unter Memantin können auch bei niedrigen Dosierungen, die einen allenfalls verschwindenden Antiparkinsoneffekt zeigen, pharmakotoxische Psychosen ausgelöst werden (Riederer et al. 1991).

In der Schilderung der neurochemischen Grundlagen von organisch bedingten psychischen Störungen wurde darauf hingewiesen, daß distinkte Psychosyndrome in der Regel durch Störungen in mehreren Neurotransmittersystemen vermittelt werden, und daß Veränderungen in einem bestimmten System durchaus mit unterschiedlichen psychischen Störungen korreliert sein können (s. oben). Dieser Sachverhalt findet auch auf der klinischen Ebene ein Pendant. Pharmakotoxische Effekte bei Parkinsonpatienten werden selten durch ein Medikament allein ausgelöst, sondern stellen sich als Resultante eines meist multimodalen Vorgehens dar. Und ihre Häufigkeit ist in einem engen Zusammenhang mit der Krankheitsprogression selbst und den damit einhergehenden pathologischen Veränderungen in den unterschiedlichen Neurotransmittersystemen zu sehen. Pharmakotoxische Psychosen treten allgemein in ca. 30% auf, bei stationären Patienten im letzten Krankheitsdrittel hingegen in 60–70%, wie Danielczyk und Mitarbeiter (1988) in einer klinischen Studie zeigten. Die Autoren analysierten bei 20 Patienten mit pharmakotoxischen Psychosen auch den Zusammenhang zu Änderungen in der Antiparkinsonmedikation:

In einem mehrmonatigen Untersuchungszeitraum registrierten sie 93 Änderungen in der Medikation (Dosissteigerungen). In 48,8% der Fälle kam es im Anschluß an eine solche Änderung zu einer pharmakotoxischen Psychose. Diese wurden am häufigsten unter Amantadin beobachtet (da bei den alten Patienten L-Dopa meist konstant gehalten wurde), gefolgt von L-Dopa und Lisurid, nicht jedoch nach Veränderungen in der Dosis von Tergurid, einem partiellen Dopaminagonisten (Wirkentfaltung an supersensitiven Dopaminrezeptoren infolge Dopaminverarmung), wenn gleichzeitig L-Dopa relativ hoch dosiert gehalten war (Reduktion der Supersensitivität der Dopaminrezeptoren und dadurch geringeres Risiko eventueller psychotoxischer Effekte von Tergurid). Ein eigenständiger Einfluß einer begleitenden, aber konstant gehaltenen Anticholinergika-Therapie konnte registriert werden. Delire waren jedoch immer möglich bei einer Steigerung des Anticholinergikums. Bei Lisurid-Gabe und gleichzeitiger antidepressiver Medikation kam es zu häufigeren psychotoxischen Effekten als nach Höherdosierung je eines der Präparate.

Ansätze in der Behandlung pharmakotoxisch-bedingter psychischer Störungen bei der Antiparkinsontherapie

Treten psychiatrisch relevante Störungen wie ein Delir, Halluzinationen oder paranoide Ideen als Nebenwirkungen der Antiparkinsonmedikation auf, so empfiehlt es sich zunächst, vertretbare Reduktionsschritte vorzunehmen. Hierbei kann ein von Experten erarbeiteter Algorithmus, der sich auf umfassende klinische Erfahrungen stützt, eingehalten werden (Koller et al. 1994).

In einem ersten Schritt sollten anticholinerge Substanzen sowie Amantadin/Memantin langsam reduziert werden. Abhängig vom praktizierten medikamentösen Regime kann in einem nächsten Schritt die Gabe des MAO-B-Hemmers L-Deprenyl ausgeschlichen werden. Es sind schließlich die Dopaminagonisten zu reduzieren und dann abzusetzen. Eine sehr vorsichtige Reduktion der L-Dopa-Medikation kann sich anschließen.

Dieses Procedere birgt stets das erhebliche Risiko einer Verschlechterung der Parkinsonsymptomatik. Bei einigen Patienten kann es notwendig sein, vorübergehend ganz auf L-Dopa zu verzichten. Um ein mögliches L-Dopa-Entzugssyndrom, das mit den Symptomen von schwerwiegendem Rigor, Fieberanstieg, Instabilität der autonomen Funktionen, Stupor, Koma und möglichem Tod einem malignen neuroleptischen Syndrom sehr ähnlich ist (Keyser u. Rodnitzky 1991), zu kontrollieren, ist eine intensivmedizinische neurologische Überwachung dieser Patienten notwendig.

Versagen all diese Maßnahmen bei der Behandlung der pharmakotoxisch-bedingten psychischen Störungen, so muß stets eine antipsychotische Medikation ernsthaft erwogen werden. Auch bei diesem Vorgehen besteht zunächst das therapeutische Dilemma, daß mit den klassischen Neuroleptika einerseits über die D_2-Rezeptorblockade zwar eine relativ rasche Kontrolle der produktiv psychotischen Symptome zu erzielen ist, aber in aller Regel mit einer rapiden Verschlechterung der Parkinsonsymptomatik erkauft wird. Ein Ausweichen auf niederpotente Neuroleptika wie Thioridazin, Cis-Clopenthixol oder Remoxiprid kann versucht werden. Als entscheidende Behandlungsalternative gilt aber der Einsatz des atypischen Neuroleptikums Clozapin. Clozapin zeichnet sich durch eine bevorzugte D_1-Blockade aus, die mesolimbisch stärker als nigrostriär ist, besitzt zusätzlich eine Serotonin-S_2-Blockade und zeigt ferner noradrenolytische, anticholinerge und antihistaminerge Wirkkomponenten. Systematische Erfahrungen mit Risperidon, das mit einem potenten D_2-Antagonismus, einem ausgeprägten Serotonin-S_2-Antagonismus und einer zusätzlichen α_1- und Histamin-H_1-blockierenden Wirkung eine gewisse Ähnlichkeit mit Clozapin besitzt, stehen noch aus.

Studien

Bisher mit unterschiedlichen Substanzen offen durchgeführte Studien zur Behandlung pharmakotoxischer Psychosen sollen kurz dargestellt werden.

Über positive Erfahrungen mit niedrig dosiertem Cis-Clopenthixol, das ein günstigeres Verhältnis der D_1-/D_2-Blockade als andere klassische Neuroleptika z. B. aus der Butyrophenon-Gruppe zeigt, berichteten Danielczyk und Fischer (1990). In einer durchschnittlichen Tagesdosis von ca. 8–10 mg Cis-Clopenthixol erzielten sie bei vorübergehend reduzierter L-Dopa-Medikation und alternativer Amantadin-Infusion eine gute antipsychotische Kontrolle. Bei diesem Vorgehen trat keine signifikante Verschlechterung im Parkinson-Status ein.

Birkmayer u. Riederer (1985) kamen aufgrund der beobachteten neurochemischen Veränderungen bei L-Dopa-Psychosen zu der Hypothese, daß der Einsatz von L-Tryptophan der Verdrängung in den serotonergen Neuronen durch L-Dopa entgegenwirken müsse. Sie fanden mit dieser therapeutischen Strategie günstige Ergebnisse bei leichten (prä)psychotischen Symptomen.

Unterstellt man eine signifikante Rolle eines cholinergen Defizits in der Pathogenese von Wahnsymptomen bei Patienten mit dementieller Zusatzsymptomatik, so wäre theoretisch ein günstiger Effekt auch durch den Einsatz von Physostigmin erwartbar. In der Tat fanden Cummings et al. 1993), daß sich Wahnideen bei Alzheimer-Patienten zumindest passager positiv durch Physostigmin beeinflussen ließen.

Unter der Hypothese einer kortikolimbischen Überstimulation von 5-HT-Rezeptoren bei L-Dopa-ausgelösten Halluzinosen setzten Zoldan et al. (1993) Ondansetron, einen 5-HT3-Rezeptorantagonisten, mit ermutigendem Erfolg ein. Ondansetron ist als ein potentes Antiemetikum bei Karzinompatienten in Gebrauch.

Diese therapeutischen Erfahrungen entstammen vereinzelten klinischen Beobachtungen oder Untersuchungen, die sicherlich noch einer weiteren klinischen Replizierung bedürfen und durch kontrollierte Studien abgesichert werden müssen. Wesentlich überzeugender hingegen sind die Ergebnisse mit Clozapin. Eine Reihe von in der Regel offen durchgeführten klinischen Studien belegte eine gute Kontrolle der psychotischen Symptome in durchschnittlichen Tagesdosierungen von unter 100 mg Clozapin bei fehlendem negativen Einfluß auf die Parkinson-Symptomatik. Zusätzlich wurde ein günstiger Effekt auf den Tremor sowie vereinzelt auch auf sog. "Inter-dose-off-Zustände" beobachtet. Erhebliche therapeutische Probleme durch die Gabe von Clozapin können jedoch infolge einer starken Sedierung und ausgeprägten orthostatischen Hypotension entstehen (ca. 20%). Es empfiehlt sich deshalb eine sehr vorsichtige, einschleichende Dosierung etwa mit initial 12,5 mg. Werden Dosierungen über 100 mg Clozapin verabreicht, ist auch mit einer Verstärkung der Parkinson-Symptomatik zu rechnen. Gelegentlich wird auch eine Akathisie registriert, die vor allem die Nachtruhe empfindlich stören kann. Bei einer längerfristigen Applikation über mehrere Wochen kann es gelegentlich zu einem späteren Auftreten von Verwirrtheitszuständen auch unter Clozapin kommen. Eventuell spielt hierbei die anticholinerge Wirkkomponente von Clozapin eine bedeutsame pathogenetische Rolle (Scholz u. Dichgans 1985; Friedman et al. 1987; Friedman u. Lannon 1989; Roberts et al. 1989; Wolters et al. 1989; Pfeiffer et al. 1992; Gershanik et al. 1992; Factor et al. 1992; Lew u. Waters 1992; Linazasoro et al. 1992; Greene et al. 1993; Koller et al. 1994).

Tritt unter einer kombinierten Antiparkinsontherapie ein „serotonerges Syndrom" auf, so müssen die verdächtigten serotonergen Substanzen abgesetzt und die Vitalfunktionen überwacht bzw. sichergestellt werden. Ein eventuell günstiger Effekt kann durch den Einsatz von Methysergid (Serotoninantagonist) und Propranolol erwartet werden (Sternbach 1991).

Zumindest erwähnt werden muß, daß unter den Therapiealternativen in der Behandlung von pharmakotoxisch-bedingten psychischen Störungen bei Parkinsonpatienten auch die Elektrokrampftherapie zu positiven Effekten v. a. bei produktiv psychotischen Symptomen führen kann. Als bedeutsame Nebenwirkungen müssen aber die Verschlechterung einer vorbestehenden Verwirrtheit bzw. die Induktion eines passageren Verwirrtheitszustands beachtet werden. Andererseits wird gelegentlich unter EKT auch eine Besserung der Parkinsonsymptome beobachtet (Douyon et al. 1989; Faber u. Trimble 1991).

Diskussion

Frage: Gibt es Zusammenhänge zwischen Plasmaspiegel von Dopa oder Dopamin und dem Auftreten von pharmakotoxischen Psychosen? Des weiteren würde mich der Vergleich der Inzidenz der Häufigkeit pharmakotoxischer Psychosen unter L-Dopa-Therapie, Selegilin-Therapie und unter der Kombination beider Substanzen interessieren.

Antwort: Zur ersten Frage: sicherlich nicht. Eine klare Korrelation ist bisher nicht dokumentiert, fast alle Patienten sind allerdings unter kombinierter Therapie und die Studien betreffen nur relativ geringe Fallzahlen. Die zweite Frage kann ich nicht beantworten.

Kommentar: Es gibt Berichte und eine umfangreiche klinische Literatur, daß beim Parkinson-Patienten die Antiparkinsonmedikation durch Komedikation mit L-Tryptophan deutlich verringert werden konnte und die psychotischen Zustände hierdurch deutlich reduziert werden konnten.

Ich möchte außerdem darauf hinweisen, daß die von Ihnen dargestellten Befunde den Delirkriterien entsprachen und somit keine klassischen Psychosekriterien erfüllten. Wir Neurologen sprechen fast immer von medikamentös induzierten Psychosen. Wahrscheinlich müßte es richtiger heißen z. B. dopaminerg-induziertes Delir. Ich glaube im übrigen schon, daß die dopaminerg-induzierten Halluzinationen (auch die psychotischen Zustände von Parkinson-Patienten), sich von cholinerg oder anticholinerg induzierten unterscheiden lassen. Wenn wir ein Dopaminergikum geben, dann wird der Brechreiz für eine kurze Zeit ausgelöst, der antiakinetische Effekt dauert vielleicht 2–3 h, maximal 24 h, der psychotogene Effekt hält allerdings Tage an, können wir das erklären?

Antwort: Nein, das kann ich auch nicht beantworten. Es stimmt aber mit unseren klinischen Erfahrungen überein – die Psychose hält relativ lange an, über Tage.

Frage: Gibt es Dopa-induzierte Psychosen bei Nichtparkinsonpatienten, also bei sonst Gesunden? Ist das besondere Setting des Parkinson-Syndroms dafür prädisponierend?

Antwort: Ich glaube, daß Parkinson-Patienten in der Tat prädestiniert sind, weil sie auch ohne Dopa irgendwann ihre Psychose bekommen würden. Die Frage ist eigentlich: Bei welchem Patienten geben wir Dopa? Das sind in der Regel die Patienten mit dopaminsensitiven Dystonien und die Parkinson-Patienten. Es ist auffällig, daß wir bei Patienten mit dopaminsensitiven Dystonien mit relativ hohen Mengen Dopa beginnen, dann allmählich im Laufe der Therapie die notwendige Dopamenge ganz erheblich reduzieren können, im Gegensatz zu Parkinson-Patienten, wo wir tatsächlich die Dosis kontinuierlich steigern müssen.

Frage: Wie ist es mit der Vergleichbarkeit mit den Modellpsychosen bzw. den Psychosen nach Amphetamin- oder Kokaingabe, wo ja auch eine relativ hohe Dosis und oft auch eine Verabreichung über eine langen Zeitraum notwendig ist, bevor die Psychose auftritt?

Der Dopaminrezeptor ist sicherlich sofort und intensiv stimuliert, aber nur eine geringe Zahl dieser Patienten erleidet dann tatsächlich eine Psychose?

Antwort: Hier dürfte das sensorische Modell von Bedeutung sein: Ich glaube, daß bei den medikamentös induzierten psychotomimetischen Störungen hauptsächlich die sensorischen Systeme gestört werden, entweder primär am Aufnahmeort der visuellen oder akustischen Information oder weitergehend nachher in der Informationsverarbeitung. Primär muß also wohl nicht die kognitive Störung dasein.

Frage: Wie ist es mit dem Stellenwert von Physostigmin bei Anticholinergikaintoxikationen?

Antwort: Physostigmin ist sicherlich dann indiziert, wenn das durch anticholinerge Wirkungen ausgelöste Delir so ausgeprägt ist, daß das Absetzen der Substanz alleine nicht ausreicht. Man kann die Entscheidung auch von der Cholinesteraseaktivität abhängig machen. Bei Clozapinüberdosierungen z. B. sollte sicherlich primär zum Physostigmin gegriffen werden.

Literatur

Adams JH, Graham DI, Murray LS et al. (1982) Diffuse axonal injury due to nonmissile head injury in humans: an analysis of 45 cases. Ann Neurol 12: 557-563

Beckson M, Cummings JL (1992) Psychosis in basal ganglia disorders. Neuropsychiatry Neuropsychol Behav Neurol 5: 126-131

Benson FD, Stuss DT (1990) Frontal lobe influences on delusions: a clinical perspective. Schizophr Bull 16: 403-411

Birkmayer W, Riederer P (1975) Responsibility of extrastriatal areas for the appearance of psychotic symptoms. J Neural Transm 37: 175

Birkmayer W, Riederer P (1985) Die Parksinon-Krankheit. Biochemie, Klinik, Therapie, 2., neubearb. Aufl. Springer, Wien New York

Brito GNO (1992) Neurotransmitter systems in hippocampus and prelimbic cortex, dopamine-acetylcholine interactions in hippocampus and memory in the rat. In: Levin ED, Decker MW, Butcher LL (eds) Neurotransmitter interactions and cognitive function. Birkhauser, Boston

Brown RG, Marsden CD (1990) Cognitive function in Parkinson's disease: From description to theory. Trends Neurosci 13: 21-29

Carlsson A (1993) On the neuronal circuitries and neurotransmitters involved in the control of locomotor activity. J Neural Transm (suppl) 40: 1-12

Chana P, Weiser R, Jimenez J, Obeso JA (1994) Origin of psychiatric complications in Parkinson's disease. Mov Disord 9 (supp 1) 59

Cummings JL (1985) Clinical neuropsychiatry. Grune & Stratton, New York

Cummings JL (1992) Neuropsychiatric complications of drug treatment of Parkinson's disease. In: Huber SJ, Cummings JL (eds) Parkinson's disease: neurobehavioral aspects. Oxford University Press, New York

Cummings JL, Gorman DG, Shapira J (1993) Physostigmine ameliorates the delusions of Alzheimer's disease. Biol Psychiatry 33: 536–541

Cutting J (1990) The right cerebral hemisphere and psychiatric disorders. Oxford University Press, New York

Cutting J (1992) Neuropsychiatric aspects of attention and consciousnesses: stupor and coma. In: Hales RE, Yudofsky SC (eds) Textbook of neuropsychiatry. American Psychiatric Press, Washington, DC

Danielczyk W, Fischer P (1990) Neuroleptische Therapie bei Morbus Parkinson. In: Müller-Oerlinghausen B, Möller HJ, Rüther E (Hrsg) Thioxanthene in der neuroleptischen Behandlung. Springer, Berlin Heidelberg New York Tokyo

Danielczyk W, Fischer P, Lausegger C (1988) Antiparkinson-Therapie und Psychopharmaka. Auslösung von Psychosen durch Dosissteigerungen und medikamentöse Wechselwirkungen. In: Fischer P (Hrsg) Modifizierende Faktoren bei der Parkinson-Therapie. Editions <Roche>, Basel

De Smet Y, Ruberg M, Sederai M et al. (1982) Confusion, dementia and anticholinergics in Parkinson's disease. J Neurol Neurosurg Psychiatry 45: 1161–1164

Douyon R, Serby M, Klutchko B et al. (1989) ECT and Parkinson's disease revisited: a naturalistic study. Am J Psychiatry 146: 1452–1455

Faber R, Trimble M (1991) Electroconvulsive therapy in Parkinson's disease and other movement disorders. Mov Disord 6: 293–303

Factor SA, Brown D, Mohlo ES (1992) Psychosis in Parkinson's disease: long-term therapy with clozapine. Mov Disord 7 (supp 1) 100

Frankel JP, Lees AJ, Kempster PA et al. (1990) Subcutaneous apomorphine in the treatment of Parkinson's disease. J Neurol Neurosurg Psychiatry 53: 96–101

Friedman JH, Lannon (1989) Clozapine in the treatment of psychosis in Parkinson's disease. Neurology 39: 1219–1221

Friedman JH, Max J, Swift R (1987) Idiopathic Parkinson's disease in a chronic schizophrenic patient: long-term treatment of psychosis with clozapine and L-Dopa. Clin Neuropharmacol 10: 470–475

Frith CD, Done DJ (1988) Towards a neuropsychology of schizophrenia. Br J Psychiatry 153: 437–443

Gershanik O, Garcia S, Papa S, Scipioni O (1992) Analysis of the mechanism of action of clozapine in Parkinson's disease. Mov Disord 7 (supp 1) 101

Gibb WRG (1989) Dementia and Parkinson's disease. Br J Psychiatry 154: 569–614

Goetz CG, Tanner CM, Klawans (1982) Pharmacology of hallucinations induced by long-term drug therapy. Am J Psychiatry 139: 494–497

Golbe LI (1989) Long-term efficacy and safety of Deprenyl (selegiline) in advanced Parkinson's disease. Neurology 39: 1109–1111

Greene P, Cote L, Fahn S (1993) Treatment of drug-induced psychosis in Parkinson's disease with clozapine. Adv Neurol 60: 703–706

Hedera P, Whitehouse PJ (1994) Neurotransmitters in neurodegeneration. In: Calne DB (ed) Neurodegenerative diseases. Saunders, Philadelphia London Toronto Montreal Sydney Tokyo

Heresco-Levy U, Javitt DC, Zukin SR (1992) The phencyclidine/NMDA model of schizophrenia: theoretical and clinical implications. Psychiatric Annals 23: 135–143

Hornykiewicz O (1988) Neurochemical pathology and the etiology of Parkinson's disease: basic facts and hypothetical possibilities. Mount Sinai J Med 55: 11–20

Hornykiewicz O, Kish SJ (1986) Biochemical pathophysiology of Parkinson's disease. Adv Neurol 45: 19–34

Horowski R (1984) Dopaminagonisten bei Morbus Parkinson – neue pharmakologische und klinische Erkenntnisse, Entwicklungen und Probleme. Akt Neurol 11: 167–172

Kapfhammer HP, Rüther E (1985) Dopaminagonisten in der Therapie des Parkinsonsyndroms. Nervenarzt 56: 69–81

Keyser DL, Rodnitzky RL (1991) Neuroleptic malignant syndrome in Parkinson's disease after withdrawal or alteration of dopaminergic therapy. Arch Intern Med 151: 794–796

Klawans HL (1988) Psychiatric side effects during the treatment of Parkinson's disease. J Neural Transm 27: 117–122

Koller WC, Pahwa R, Lyons K, Smith D (1994) Low dose clozapine in the treatment of levodopa-induced psychosis. Mov Disord 9 (supp 1) 64

Koller WC, Silver DE, Lieberman A (supp eds) (1994) An algorithm for the management of Parkinson's disease. Neurology 44 (supp 10)

Lew MF, Waters C (1992) Treatment of parkinsonism with psychosis using clozapine. Mov Disord 7 (supp 1) 100

Lieberman AN, Leibowitz M, Gopinathan G et al. (1985) Review: the use of pergolide and lisuride, two experimental dopamine agonists, in patients with advanced Parkinson's disease. Am J Med Sci 290: 102–106

Linazasoro G, Suarez JA, Marti Masso JF (1992) Clozapine in Parkinson's disease: three years experience. Mov Disord 7 (supp 1) 100

Mayeux R (1990) The "serotonin hypothesis" for depression in Parkinson's disease. Adv Neurol 53: 163–166

McAllister TW (1992) Neuropsychiatric aspects of delusions. Psychiatr Annals 22: 269–277

McCarley RW, Hobson JS (1975) Neuronal excitability modulation over the sleep cycle: a structural and mathematical model. Science 189: 58–60

McGaugh JL (1983) Hormonal influence on memory storage. Am Psychol 38: 161–174

Miller E, Berrios GE, Politynska B et al. (1987) The adverse effect of benzhexol on memory in Parkinson's disease. Acta Neurol Scand 76: 278–282

Morris RGM (1989) Synaptic plasticity and learning: selective impairment of learning in rats and blockade of long-term potentiation in vivo by the NMDA antagonist AP5. J Neurosci 9: 3040–3057

Moskovitz C, Moses H, Klawans HL (1978) Levodopa-induced psychosis: a kindling phenomenon. Am J Psychiatry 135: 669–675

Palfreyman MG, Sorensen SM, Baron BM et al. (1992) Antipsychotic potential of 5-HT^3 antagonists. In: Meltzer HY (ed) Novel antipsychotic drugs. Raven, New York

Pederzoli M, Girotti F, Scigliano G et al. (1983) L-Dopa long-term treatment in Parkinson's disease: age related side effects. Neurology 33: 1518–1522

Pfeiffer RF, Kang J, Graber B et al. (1990) Clozapine for psychosis in Parkinson's disease. Mov Disord 5: 239–242

Riederer P, Lange KW (1992) Pathogenesis of Parkinson's disease. Curr Opinion Neurol Neurosurg 5: 295–300

Riederer P, Lange KW, Kornhuber J, Danielczyk W (1991) Pharmacotoxic psychosis after memantine in Parkinson's disease. Lancet 338: 1022–1023

Riederer P, Lange KW, Youdim MBH (1993) Recent advances in pharmacological therapy of Parkinson's disease. Adv Neurol 65: 626–635

Rinne JO, Röyttä M, Paljärvi L et al. (1991) Selegiline (deprenyl) treatment and death of nigral neurons in Parkinson's disease. Neurology 41: 859–861

Roberts HE, Dean RC, Stoudemire A (1989) Clozapine treatment of psychosis in Parkinson's disease. J Neuropsychiatr Clin Neurosci 1: 190–192

Ruberg M, Ploska A, Javoy-Agid F, Agid Y (1982) Muscarinic binding and choline acetyltransferase activity in parkinsonian subjects with reference to dementia. Brain Res 323: 129–139

Sacks OW, Kohl MS, Messeloff CR et al. (1972) Effects of levodopa in parkinsonian patients with dementia. Neurology 22: 516–519

Saint-Cyr JA, Taylor AE, Lang AE (1993) Neuropsychological and psychiatric side effects in the treatment of Parkinson's disease. Neurology 43 (suppl 6): S47–S52

Sandyk R (1986) L-Dopa induced "serotonin syndrome" in a parkinsonian patient on bromocriptine (letter). J Clin Psychopharmacol 6: 194–195

Schoenberg BS (1986) Descriptive epidemiology of Parkinson's diseases: Distribution and hypothesis formulation. Adv Neurol 45: 277–283

Scholz E, Dichgans J (1985) Treatment of drug-induced exogenous psychosis in parkinsonism with clozapine and fluperlapine. Eur Arch Psychiatry Neurol Sci 235: 6064

Schwab RS, Poskanzer DC, England AC Jr et al. (1972) Amantadine in Parkinson's disease: review of more than two years' experience. JAMA 222: 792–795

Squire LR (1986) Mechanisms of memory. Science 232: 1612–1619

Sternberg H (1991) The serotonin syndrome. Am J Psychiatry 148: 705–713

Suchowersky O, de Vries JD (1990) Interaction of fluoxetine and selegiline. Can J Psychiatry 35: 571–572

Teychenne PF, Bergstrund D, Elton RL et al. (1986) Bromocriptine: long-term low-dose therapy in Parkinson's disease. Clin Neuropharmacol 9: 138–145

Timberlake WH, Vance MA (1978) Four-year treatment of patients with parkinsonism using amantadine alone or with levodopa. Ann Neurol 3: 119–128

Toyokura Y, Mizuno Y, Kase M et al. (1985) Effects of bromocriptine on parkinsonism: a nation-wide collaborative double-blind study. Acta Neurol Scand 72: 157–170

Trzepacz PT, Baker RW, Greenhouse J (1988) A symptom rating scale for delirium. Psychiatry Res 23: 89–97

Trzepacz PT (1994) The neuropathogenesis of delirium. A need to focus our research. Psychosomatics 35: 374–391

Vaamonde J, Luquin MR, Obeso JA et al. (1991) Subcutaneous lisuride infusion in Parkinson's disease: response to chronic administration in 34 patients. Brain 114: 601–617

Wolters EC, Hurwitz TA, Peppard RF, Remick R, Calne DB (1989) Clozapine: an antipsychotic agent in Parkinson's disease? Clin Neuropharmacol 12: 83–90
Zoldan J, Friedberg G, Goldberg-Stern H et al. (1993) Ondansetron for hallucinosis in advanced Parkinson's disease. Lancet 341: 562–563

Depression

Depressionen bei hormonellen Störungen und chronischen Erkrankungen

R. Steinberg

Es ist grundsätzliche medizinische Erfahrung, daß chronifizierende Krankheiten mit Depressivität verbunden sein können. Chronisches Kranksein greift als solches in den geplanten Lebensentwurf ein, indem Funktionseinbußen zur Einschränkung der Arbeitsfähigkeit, evtl. sogar zur Berentung führen. Die damit gewonnene Zeit führt im allgemeinen nicht zu einer inneren Befreiung, Insuffizienzgefühle und Verlust an sinngebender Tagesstrukturierung beeinträchtigen die Genußfähigkeit, wenn nicht sogar die Natur der Erkrankung selbst eine lebensbedrohliche Realität darstellt, die ertragen werden muß. Eine Reaktionsbildung ist nachvollziehbar, sie appelliert an die Lebensphilosophie, an die bewußt oder unbewußt erlebte Lebenseinstellung des Betroffenen und seiner Umgebung. Eine veränderte Gemütsverfassung - Depressivität - ist aus den Umständen im Kausalsinn nachvollziehbar, Copingstrategien des Kranken und seiner Bezugspersonen, letzteres mindestens anfänglich in umfänglichen Hilfsangeboten, sind die allgemeine Antwort.

Neurobiologische Modelle der Affektveränderung bei somatischen Erkrankungen sind dem Allgemeinverständnis weitaus weniger zugänglich, obwohl gerade Hormonstörungen, z. B. Schilddrüsenerkrankungen und Kortisol produzierende Neubildungen, in erheblichem Ausmaß mit Affektveränderungen einhergehen. Hier trifft der Begriff der „sekundären Depression", wie er von Robins u. Guze (1972; Kapfhammer et al. 1991) angesprochen wurde, ebenso zu wie bei degenerativen Erkrankungen des Nervensystems, z. B. der multiplen Sklerose oder der Parkinson-Erkrankung, bei denen das Zentralnervensystem als entscheidender Ort von Kognition und Befinden direkt betroffen ist. Gerade Krankheiten wie der Lupus erythematodes oder zum Hyperkortisolismus führende Störungen werden überzufällig häufig zunächst nicht wegen einer somatischen Symptomatik diagnostiziert, sondern fallen durch eine mehr oder weniger langsame Veränderung der Befindlichkeit und der kognitiven Strategien auf.

Trotz der durchgehend als hoch angesehenen Assoziation von Depressionen und chronischen Krankheiten hat diese Annahme jedoch zum Verständnis der Pathophysiologie depressiver Erkrankungen im Vergleich mit den Erkenntnissen aus der Neuropharmakologie überraschend wenig beigetragen. Alle derzeitigen Depressionshypothesen, beispielsweise die Bedeutung der primären Neurotransmitter Noradrenalin, Serotonin und Azetylcholin, leiten sich aus Erkenntnissen antidepressiver Therapien ab. Die Einflußgrößen der Neuromodulation durch hormonelle Substrate gewinnen zwar seit Beginn der biochemisch-neurophysiologischen Forschung in den 40er Jahren zunehmend an Aufmerksamkeit, aber allein schon die ubiquitäre Vermaschung des Hypothalamus-Hypophysen-Nebennierenrinden-Systems mit peripheren und zentralen Mechanismen macht sie dem naturwissenschaftlichen Experiment, zumal beim Menschen, nur schwer zugänglich.

Es ist überraschend, wie wenig aussagekräftige Untersuchungen über Depressionen bei chronischen Krankheiten und hormonellen Störungen wirklich vorliegen. Nicht unerheblich dürfte dazu beigetragen haben, daß die Stellung der Psychiatrie unter den medizinischen Disziplinen z. T. selbstverschuldet lange Zeit nicht der Wichtigkeit der psychologisch-psychiatrischen Erfassung menschlichen Empfindens entsprach. In Deutschland hat letztlich erst die durch die Psychiatrieenquete angestoßene innere Revolution psychiatrischen Handelns, aber auch das wieder deutlichere Wahrnehmen der Existenz der Körperlichkeit des Leib-Seele-Wesens Mensch dazu geführt, daß der Kranke auch unter somatopsychischen Aspekten mehr Aufmerksamkeit erfährt.

Liaisondienste oder fest eingerichtete psychiatrische Konsiliarbetreuungen an größeren medizinischen Einrichtungen sind erst wenige Jahrzehnte alt. An deren Arbeit läßt sich der Stand der Wahrnehmung psychischen Krankseins in Begleitung oder in Folge somatischer Krankheit recht gut nachvollziehen. Aus sorgfältigen Felduntersuchungen, z. B. der Oberbayern-Studie (s. Fichter 1990), ist die Jahresprävalenz für psychisches Kranksein – hier verstanden als für den Betroffenen und die Umgebung Leid erzeugende Alteration – bekannt, sie beträgt in westlichen Populationen etwa 1/4 der Bevölkerung. Nimmt man die Abhängigkeitserkrankungen und die Persönlichkeitsstörungen heraus, engt sich diese Zahl auf einen großen Teil depressiven Erlebens ein. Die Jahresprävalenz für Depressionen in der Bevölkerung liegt bei 12 %, die der Major Depression (MD) bei 6 %. Bei ambulanten Patienten beträgt letztere 9 %, bei in nichtpsychiatrischer stationärer Behandlung befindlichen somatisch kranken Patienten beträgt sie 22–33 % (Kapfhammer et al. 1991). Nur die Hälfte dieser behandlungsbefürftigen Depressionen und Angsterkrankungen werden erkannt, obwohl 1/3 bis die Hälfte der Betroffenen auch noch nach einem Jahr behandlungsbedürftig ist. Nichterkannte Depressionen werden häufiger medizinisch-technisch untersucht, sind länger in stationärer Behandlung oder sonstiger komplementärer allgemeinmedizinischer Betreuung. Unbefriedigend ist andererseit das therapeutische Verhalten nicht weniger somatischer Mediziner, die ohne ausreichende theoretische Konzepte Antidepressiva einsetzen, dies vor allem in zu geringer Dosierung.

Für die Unterscheidung krankheitsbegleitender Depressionen ist es wichtig, ob die somatisch faßbare Erkrankung eine vorhandene Disposition zu phasenhaften Depressionen angestoßen hat, ob die somatische Krankheit eine depressive Reaktionsbildung ausgelöst hat oder ob sie sogar im pathophysiologischen Mechanismus depressiver Befindlichkeit eine Rolle spielt. Gerade letzteres wäre für das pathophysiologische Verständnis depressiver Erkrankungen außerordentlich wichtig, wenn bestimmte somatische Störungen überzufällig häufig mit Depressivität oder anderen psychiatrischen Krankheiten einhergingen.

Kompliziert wird die Diagnosestellung einer Depression allerdings schon dadurch, daß körperliche Hinfälligkeit, Schwäche, Schlafstörung, Konzentrationsmangel, Antriebsverlust und andere depressionstypische Symptome allein schon aus dem verzehrenden Charakter einer somatischen Grunderkrankung, aus begleitenden Schmerzen und ähnlichem erklärbar erscheinen. Hier ist die Möglichkeit der falsch-positiven wie auch falschnegativen Diagnose einer zusätzlichen depressionsbedingten Symptomatik schnell gegeben. Der zu sehr am Somatischen haftende Arzt wird sicherlich eher letzterem Fehler aufsitzen, der für psychische Belange Empathische läuft dagegen Gefahr, ersteres überzubetonen. Die Risiken der Nichtbehandlung einer Depression durch Nichterkennen brauchen nicht betont zu werden. Weder das Abtun psychischen Leids als „hysterisch" noch die ausschließliche Interpretation als „verständliche und einfühlbare Reaktions-

Tabelle 1. Inzidenz medikamentös behandlungsbedürftiger Depressionen bei Konsiliaruntersuchungen in einem Großklinikum (s. Kapfhammer 1991)

Inzidenz der konsiliarpsychiatrischen Neukontakte:				n = 675
Inzidenz der medikamentös behandlungsbedürftigen depressiven Syndrome:				n = 160 (= 24%)
Depressive Syndrome mit organischer Grundlage:				n = 111
Depressive Syndrome ohne organische Grundlage:				n = 49
Kardiologische Patienten		28		(17,5%)
Gastrointestinale Patienten:		10		(6,3%)
Internistische Patienten (sonstig):		12		(7,5%)
Neurologische Patienten:		29		(18,1%)
Chronische Schmerzpatienten:		29		(18,1%)
Karzinompatienten:		39		(24,4%)
Restgruppe (Gyn, HNO, Z. n. SV):		13		(8,1%)
Diagnosen:				
– in Anlehnung an ICD-9 Rev.:				
reaktive Depression:	60		endogene Depression	38
depressive Entwicklung:	19		hirnorganisch:	13
depressive Neurose/Persönlichkeit:	13		medikamentös:	5
Schmerzsyndrom:	7			
sonstig:	5			
– in Anlehnung an DSM-III/R:				
Major Depression		98		
dysthyme Störung:		32		
organisch bedingte affek. Störung:		18		
somatoforme Schmerzstörung:		7		
sonstig:		5		

bildung" sind hilfreich, da in beiden Fällen eine wirksame Therapie vorenthalten werden kann, die immer auch den Einsatz von geeigneten Psychopharmaka abwägen muß.

Kapfhammer et al. (1991) haben in einer sorgfältigen Analyse ihrer psychiatrischen Konsilien des Jahres 1989 in einem universitären Großkrankenhaus mit 1500 Betten anschauliche Zahlen der Häufigkeit von krankheitsbegleitenden Depressionen erstellt (Tabelle 1). Die Zahlen entsprechen natürlich nicht einer Prävalenzuntersuchung, da diese Einrichtung der Maximalversorgung vermutlich schwerer kranke Patienten betreut als Allgemeinhäuser, auch verfälschen sehr unterschiedliche Inanspruchnahmen durch die medizinischen Fachrichtungen zusätzlich. Die Zahlen spiegeln aber die Realität konsiliar-psychiatrischer Inanspruchnahme wider. Zieht man die Schwelle in Rechnung, die Patient und Arzt vor dem Ruf nach der Psychiatrie empfinden, dürfte die Zahl von 675 Erstinterviews repräsentativ sein, die Inzidenz der medikamentös behandlungsbedürftigen depressiven Syndrome mit 25% vermutlich eher die untere Grenze darstellen. Aus Tabelle 1 gehen die unterschiedlichen Patientengruppen hervor, wobei sowohl die Kardiologie, als auch innere Medizin mit Gastroentrologie, Neurologie und die Schmerzmedizin deutlich von Karzinompatienten übertroffen werden. Die nach ICD-9 getroffene Unterscheidung in reaktive und endogene Depressionen geht vollständig in der DSM-III-R Diagnostik der Major Depression (MD) auf und übertrifft zahlenmäßig die Dysthymie,

Tabelle 2. M. Parkinson (PD) und Depression

Cantello et al. (1984)	20 depr. PD 20 non-depr. PD	Kein Unterschied in motorischer Beeinträchtigung, Depressive aber hilfloser. Korrelation Depressivität/ Hilflosigkeit.
Cummings (1992)	Review (99 Artikel)	40% Depression (20% MDD, 20% Dysthymie), vor allem bei Bradykinese und Kleinschrittigkeit > Tremor. Größere Frontalhirn-Beeinträchtigung. CSF-5-HJAA möglicherweise erniedrigt. AD helfen.
Dooneief et al. (1992)	339 PD 5 Jahre follow up	47% Depression. Deutlich erhöhtes Depressionsrisiko (1,86% Jahresinzidenz) im Vergleich zur gesunden Altersgruppe (0,14 - 0,29%)
Guze et al. (1991)	Review (45 Artikel)	30 - 40% Depression. Gutes Ansprechen auf AD und EKT
Haltenhof et al. (1994)	Review (183 Artikel)	40% Depression. AD, Schlafentzug und EKT sind wirksam
Hantz et al. (1994)	73 PD 73 parall. Kontr.	Mood and anxiety diagnoses (6,8%), MD (2,7%), Dementia (26,3%). Kein Unterschied zu parallelisierter Kontrollgruppe
Henderson et al. (1992)	164 PD 150 Partner als Kontrolle	36% panic/anxiety/depression, bei Kontrollen 8%. Korrelation Krankheitsausprägung/Depression
Mayeux et al. (1986)	49 PD	40% depressiv (DSM-III-R). CSF 5-HJAA am niedrigsten in depressiven PD, Korrelation mit motorischer Verlangsamung und Selbstwertmangel.
Mayeux et al. (1988)	56 PD	CSF-5-HJAA am niedrigsten in depressiven PD Patienten. Konventionelle AD Therapie bessert Depression. L-Tryptophan bessert Depression, erhöht CSF-5-HJAA.
Menza et al. (1993)	42 PD 21 parall. Kontr.	12 (29%) anxiety disorder (11 auch Depression) 18 (43%) Depression. Nicht ausschließlich Reaktionsbildung, sondern vermutlich PD-bedingt. Von Kontrollen 1 anxiety disorder
Starkstein et al. (1990)	105 PD	21% MD, 20% Dysthymie. Bimodale Verteilung: early and late state. Korrelation Depression/kognitive Beeinträchtigung/linke Hemisphärenbeeinträchtigung

organisch bedingte Störungen und somatoforme Schmerzstörungen deutlich. Auffällig ist allerdings an dieser Anforderungsstichprobe, daß zwischen 20 und 65% der Patienten in den unterschiedlichen Krankheitsbildern bereits eine psychiatrische Anamnese hatten. Dies schränkt die Aussagefähigkeit möglicherweise etwas ein, da die psychiatrische Anamnese als solche evtl. die Motivation zur Konsiliaranforderung mitbedingte.

Im folgenden wird in einer Metaanalyse der zwischen 1985 und 1994 verfügbaren Literatur, die mit Hilfe von DIMDI aufgesucht wurde, die Häufigkeit depressiver Erkrankungen bei Hormonstörungen und einigen chronischen Erkrankungen zusammengestellt. Ausgeschlossen sind Einzelfallberichte sowie Veröffentlichungen, die weder auf die Stichprobe noch eine Vergleichsgruppe rückschließen lassen. Aussagefähige Reviews werden berücksichtigt.

M. Parkinson und Depression

Die überwiegende Zahl der in Tabelle 2 aufgeführten Autoren sieht eine deutliche erhöhte Prävalenz für depressive Erkrankungen beim M. Parkinson. Die Häufigkeit liegt bei einer Größenordnung von 40 %, wobei eine bimodale Verteilung mit ausgeprägter Depressivität im Krankheitsbeginn und im Finalstadium angegeben wird (Haltenhof u. Schroeter 1994; Starkstein et al. 1990). Eine Korrelation zwischen Depressivität und allgemeiner Hilflosigkeit wird gesehen (Cantello et al. 1984; Cummings 1992; Mayeux et al. 1986; Starkstein et al. 1990), wobei die Probleme der falsch-positiven Diagnostik ausführlich diskutiert werden. Während einige Autoren etwa zu gleichen Teilen eine MD oder eine Dysthymie annehmen (Cummings 1992; Menza et al. 1993; Starkstein et al. 1990), betonen andere ein auffälliges Vorherrschen von Angst- und Paniksymptomatik (Henderson et al. 1992; Menza et al. 1993).

Einen neuroanatomischen Zusammenhang mit der dopaminergen Frontalhirnprojektion sehen Cummings (1992) und Starkstein et al. (1990). Fibinger (1984) spricht ebenso wie Menza et al. (1993) einen Zusammenhang mit dem mesolimbisch-mesokortikalen Dopamin-Reward-System an, mit dem möglicherweise die Anhedonie in Zusammenhang steht. Cummings (1992) und Mayeux et al. (1986, 1988) vermuten wie Menza et al. (1993) einen zusätzlichen Zusammenhang mit dem serotonergen System, da die Konzentration der 5-Hydroxy-Indol-Essigsäure im Liquor bei den depressiven Parkinson-Patienten am niedrigsten ist. Guze u. Barrio (1991), die die Depression der Parkinson-Patienten als die häufigste psychiatrische Komplikation dieser neurodegenerativen Erkrankung ansehen, diskutieren ebenfalls einen Zusammenhang zwischen Dopamin- und Serotoninstoffwechsel und Depression.

Starkstein et al. (1989) sahen bei den Früherkrankungen, die jünger als 55 Jahre waren, mehr depressive Symptomatik, während die Späterkrankungen vergleichsweise größere motorische Beeinträchtigungen hatten. Starkstein et al. (1991) betonen die Ähnlichkeit des depressiven Syndroms von Parkinson- und Schlaganfallpatienten mit der Symptomatik der MD. Bezüglich der Häufigkeit depressiver Erkrankungen bei Parkinson-Patienten fällt die Arbeit von Hantz et al. (1994) auf, die in einer sorgfältig geplanten Feldstudie keine erhöhte Inzidenz und Prävalenz für Affekterkrankungen bei Parkinson-Patienten im Vergleich mit parallelisierten Kontrollpersonen fanden. Möglicherweise verfälschte bei dieser Studie eine erhebliche Testanforderung an die Patienten das Ergebnis durch hohe Ausfallraten. Der überwiegende Anteil der zitierten Arbeiten und Reviews, die auf Daten mit anerkannten Ratingskalen und strukturierten Interviews beruhen, sehen bei der Parkinson-Krankheit eine deutlich erhöhte Prävalenz behandlungsbedürftiger depressiver Erkrankungen. Eine antidepressive Therapie wird als notwendig und hilfreich angeführt.

Dialysepflichtige Nierenkrankheit und Depression

Depressivität ist das häufigste psychologisch-psychiatrische Symptom bei Dialysepatienten. Sie sind abhängig von der Dialyseeinrichtung, im Wortsinne vor allem von der medizinischen Maschinerie. Dieses für jeden einfühlbar belastende Szenarium: allgegenwärtige Todesbedrohung, eingreifende Veränderungen im psychosozialen Bereich, strenge Diätvorschriften bei Flüssigkeitsaufnahme und Ernährung, medizinische Komplikationen der Shunttechnik und Begleiterkrankungen, stellt einen permanenten Stres-

Tabelle 3. Dialysepflichtige Nierenkrankheit und Depression

Burton et al. (1986)	147 Review (57 Artikel)	Heim-Dialyse 2 Jahre follow-up	Dysthymie ca. 40%, MD ca. 20% Depressivität korreliert mit Mortalität
Craven et al. (1987)	99	Dialyse 2 Jahre follow-up	20% MD (8% zum Untersuchungszeitpunkt)
Davis et al. (1990)	24 24 24	Dialyse MD allg. Pat	Im MMPJ ähneln Dialyse Patienten mehr MD Patienten als Patienten mit anderen chronischen Krankheiten.
Hinrichson et al. (1989)	124	Dialyse	17,7% Minor Depression 6,5% MD
Israel (1986)	Review (56 Artikel)		Depressives Syndrom 20–50%
Kimmel et al. (1993)	Review (133 Artikel)		Körperliche Symptome (Appetitlosigkeit, Schlafstörung, Müdigkeit, Erschöpfung) schlechtes Differentialkriterium Urämie/ Depression. Kognitive Symptome (Depression, Wertlosigkeit, Schuldgefühle, Anhedonie) besserer Diskriminator.
Peterson et al. (1991)	43 14	Hämodialyse Periton. Dialyse 2 Jahre follow up	„Kognitive" Depression ist sensibler Indikator für schlechte Prognose. AD-Behandlung wichtig!
Shulman et al. (1989)	64	Dialyse 10 Jahre follow up	Deutlicher Einfluß von Depression (Suizid durch Diätfehler!) auf Prognose (43 gestorben, 21 Überlebende), vor allem in den ersten Jahren der Dialyse.

sor dar. Auch üblicherweise weniger beachtete Belastungen wie Dyskongruenzen mit dem eigenen Körperverständnis und Körperbild, die Unfähigkeit des Urinierens und der weitgehende Verlust der Sexualität tragen zur Reaktionsbildung nachvollziehbar bei. Ein hoher Prozentsatz an Depressivität unter Dialysepatienten wäre somit nachvollziehbar, dennoch sind in der Literatur (Burton et al. 1986; Israel 1986; Kimmel et al. 1993) sehr unterschiedliche Zahlen zwischen 10% und über 90% zu finden.

In exakteren Studien, die validierte Ratingskalen und strukturierte Interviews mit ausgebildetem Personal benützen, zeigt sich durchgehend eine erhöhte Prävalenz für Dysthymie und MD, die jeweils mindestens 20% betragen (Burton et al. 1986; Craven et al. 1987; Israel 1986; Kimmel et al. 1993). Angemerkt wird von fast allen in Tabelle 3 aufgeführten Autoren die Schwierigkeit der Unterscheidung urämieassoziierter körperlich-vegetativer Symptome mit solchen, die bei depressiven Erkrankungen ohne körperliche Krankheit auftreten. Symptomen wie der Appetitlosigkeit, der Müdigkeit und Erschöpfung, der Schlafstörung, dem Gewichtsverlust kommt bei Dialysepatienten gegenüber Depressiven eine deutlich geringere Diskriminatorfunktion zu, da sie zum urämischen Syndrom als solchem gezählt werden können. Aussagekräftiger für das Vorliegen einer Depression im Sinne der Dysthymie oder der MD sind neben dem Verlauf die „kognitiven" Symptome der Depression: Anhedonie, Selbstwertverlust und Schuldgefühle (Kimmel et al. 1993; Peterson et al. 1991). Shulman et al. (1989) weisen auf einen hohen Anteil an beabsichtigten Suiziden oder parasuizidalen Handlungen durch Diätfehler hin, die vor allem in den ersten Jahren der Dialyse auftreten.

Die Chancen und die Notwendigkeiten einer antidepressiven Medikation werden von Peterson et al. (1991) diskutiert. Israel (1986) sieht in dem Umstand, daß 50% der Dialysepatienten nicht depressiv sind, eine durchaus vorhandene Adaptationsfähigkeit an dieses sehr schwere Krankheitsbild, das allerdings von supportiven Mechanismen der direkten Umgebung und der behandelnden Teams abhängt. Bezüglich pathophysiologischer Mechanismen, die aus den somatischen Bedingtheiten der Endstadium-Nierenerkrankung resultieren, wird auf die durch die permanenten Elektrolytverschiebungen möglichen Einflüsse auf Neuromodulatoren hingewiesen. Zu diesem Denkansatz gibt es allerdings keinerlei Untersuchungen.

Herzkrankheiten und Depression

Die lebensbedrohliche Krise eines Myokardinfarktes ist mit Angst, häufig Todesangst und Depressivität verbunden. Aus der Literatur ergeben sich in den ersten Tagen nach einem derartigen akuten kardialen Ereignis zwischen 25 und 40% ausgeprägter Depressivität, das die Kriterien der MD und der Minor Depression erfüllt (Tabelle 4; Forrester et al. 1992; Ladwig et al. 1994; Schleifer et al. 1989). Bei Patienten, die wegen des Verdachtes auf eine Koronarstenose angiographiert wurden (Carney et al. 1988) bzw. sich einer Koronar-Bypass-Operation unterzogen (Horgan et al. 1984; Lindal 1990), zeigt sich vor der Operation eine Angst-Depressionssymptomatik in 50%, wobei 20% das Ausmaß einer MD erreichen. Auffallend ist, daß sich statistisch kein Zusammenhang mit der Schwere des kardialen Befundes ergibt.

Postoperativ nimmt während eines Jahres die Depressivität deutlich ab, wobei dies überwiegend auf Patienten mit einer Minor Depression zurückzuführen ist. Ausgeprägte Syndrome einer MD bleiben weitgehend unverändert, sie erhöhen das Risiko für Angina pectoris und vor allem das Mortalitätsrisiko (Carney et al. 1988; Frasure-Smith et al. 1993; Ladwig et al. 1994). Auch postoperativ ergibt sich kein Zusammenhang zwischen den pathologischen kardialen Befunden und dem psychopathologischen Bild. Die Notwendigkeit und Wirksamkeit einer antidepressiven Medikation wird von Frasure-Smith et al. (1993) diskutiert. Demgegenüber steht der Befund von Schleifer et al. (1991), die einen Zusammenhang zwischen der Anwendung von Digitalispräparaten in der Postinfarktperiode und der Depressivität sehen, wogegen β-blocker keinen Einfluß auf die Befindlichkeit zu haben scheinen. Ein zentraler Mechanismus der Digitalismedikation wird angenommen.

Insgesamt ergibt sich ein Bild, in dem Depressivität zwar unabhängig vom Ausmaß des Infarktgeschehens ist, sie allerdings eine zusätzliche unabhängige Risikoerhöhung darstellt. Den positiven Einfluß eines gezielten Rehabilitationsprogrammes, das neben körperlicher Aktivität auch psychotherapeutische und psychosoziale Trainingsmaßnahmen beinhaltet, unterstreichen Engbloom et al. (1992). Diese Patienten waren bezüglich der sozialen Variablen, aber auch bezüglich der Befindlichkeit deutlich den nur hospitalisierten Patienten überlegen. Allerdings unterschied sich das Mortalitätsrisiko nicht. Über einen deutlichen Einfluß der Umgebung und des damit in Interaktion stehenden Copingverhaltens von Myokardinfarktpatienten berichtet Fielding (1991). Aus seiner Literaturübersicht ergibt sich ein fast gleichwertiger Präinfarktindikator für Angina pectoris und Depressivität.

Tabelle 4. Herzkrankheit und Depression

Carney et al. (1988)	52	Koronarstenose 1 Jahr follow up	9 (17%) haben MD. Depressivität erhöht Risiko für Komplikationen, unabhängig vom Ausmaß der Stenose, der linksventrikulären Auswurfleistung und vom Nikotingebrauch.
Dracup et al. (1992)	134	Herztransplantation	43% MD (multiv.) Psychosoc. adjustment schlecht (Depression, hostility, quality of life)
Fielding (1991)		Review (152 Arbeiten)	Depression verschlechtert Prognose der Prä- und Postinfarktphase
Forrester et al. (1992)	129	Akuter Myokardinfarkt (10 Tage follow up)	25 (19%) haben MD. Risiko: f>m. Vorherige MD-Phasen korrelieren zur Infarktgröße
Frasure-Smith et al. (1993)	166m/56f	Myokardinfarkt 6 Monate follow up	Depression signifikant negativer Outcome-Predictor (Cox hazard regression = 5,74; 95% CJ 4,61 - 6,87; p = .0006), vergleichbar linksventrikulärer Dysfunktion.
Garcia et al. (1994)	110m	Myokardinfarkt 1 Jahr follow up	~25% MD, ~7% Dysphorie, ~7% anxiety disorders (9 gestorben, 4 drop outs)
Griego (1993)	15m/6f	Myokardinfarkt 1 Jahr follow up	Inverse Korrelation Depression/overall function status
Horgan et al. (1984)	77m	Koronarbypass 1 Jahr follow up	50% Anxiety/Depression vor OP, 33% nach OP. Keine Korrelation mit klinischen Daten.
Kay et al. (1991)	9	Herztransplantation	Guter Effekt von TZ-ADs bei 7 Patienten
Ladwig et al. (1994)	377m	Myokardinfarkt 6 Monate follow up	50 (13%) haben MD, 85 (22,5%) Minor D. Mortalitätsrisiko 3.12 (95% CI, 1,85 - 6,16). Ca. dreifaches Risiko für Postinfarkt-Angina pectoris bei depressiver Symptomatik.
Lindal (1990)	60	Koronar Bypass 1 Jahr follow up	54% depressive Symptome (MMPJ), kein Zusammenhang mit psychophysiologischen Befunden.
Naber et al. (1992)	112	64 Bypass OP 48 Klappenersatz	Postoperative Psychosen bei 17% der Bypass-P., bei 27% Klappenersatz-P. Davon ca. 1/3 MD. Korrelation präoperativ Psychopathologie/schlechte Prognose sowie postoperativer Kortisolspiegel/Ausmaß der Depression.
Schleifer et al. (1989)	171	Myokardinfarkt 4 Monate follow up	45% haben präoperativ Depressionen, insgesamt 18% MD. Kein Zusammenhang mit kardialem Befund. Postoperativ 33% Depression, aber unveränderte Zahl in MD-Gruppe.
Schleifer et al. (1991)	190	Myokardinfarkt 4 Monate follow up	Digitalispräparate in der Postinfarktperiode sind mit Depression assoziiert, β-Blocker nicht.

Tabelle 5. Darmkrankheit und Depression

North et al. (1991)	32 inflamm. bowel d. 2 Jahre follow up	2.2 Episoden im Durchschnitt. Kein Zusammenhang mit life events oder Depression. Stimmung folgt aber der Exazerbation.
Porcelli et al. (1994)	91m/59f inflamm. bowel d.	Angst korreliert signifikant mit Krankheitsausprägung. Depressivität hat keine derartige Beziehung.
Robertson et al. (1989)	80 inflamm. bowel d. 40 Diab. m. als Kontrolle	Signifikant mehr Neurotizismen (Eysenck PI) und Introversion bei Darmentzündungen. Depressivität nicht Persönlichkeitsmerkmal, nimmt aber mit Krankheitssymptomen zu.
Song et al. (1993)	18 abdom. bloating 33 M. Crohn 38 Kontrollen	Patientengruppen ähneln sich, haben erhöhte Angst und Depressionen. Völlegefühl im Bauch mit höherer Depressivität verbunden.
Walker et al. (1990)	28 irritable bowel s. 19 inflamm. bowel d.	Reizkolonpatienten haben deutlich mehr depressive Episoden, Angst, Panik und Phobien als Patienten mit Darmentzündungen.

Den Zusammenhang zwischen der Selbsteinschätzung der Lebensqualität und präoperativen Funktionsdaten vor einer Herztransplantation untersuchten Dracup et al. (1992). Wiederum korrelierten die Auswurfleistungen des Herzens nicht mit den subjektiven und objektiven psychischen Befunden, dagegen fand sich ein signifikanter Zusammenhang mit der Leistung in einem 6-Minuten-Gehtest. Auf den prädiktiven Wert der Depressionssymptomatik hinsichtlich des Gelingens einer Herztransplantation wird auch von Naber et al. (1992) hingewiesen. Die Autoren beschreiben den hohen Prozentsatz an postoperativen Durchgangssyndromen, der im allgemeinen rasch abnimmt. Während Delirien und paranoid-halluzinatorische Zustände meistens innerhalb einiger Tage abklingen, halten sich ausgeprägt depressiv-apathische Syndrome z. T. über Wochen. Eine Korrelation des postoperativen Kortisolspiegels mit dem Ausmaß der Depressivität wurde gesehen. Die Notwendigkeit einer antidepressiven Behandlung wird angeführt, ebenso von Kay et al. (1991).

Bis auf den Hinweis eines Zusammenhanges der Digitalismedikation und des Kortisols mit Depressivität ergibt sich aus den vorliegenden Untersuchungen kein klareres Bild für mögliche pathophysiologische Mechanismen der Depressivität, begnügt man sich nicht mit einer allgemeinen Beeinträchtigung des zerebralen Stoffwechsels bei kardialer Minderleistung.

Darmerkrankungen und Depression

Das "irritable bowel syndrome", zu deutsch „Reizkolon", findet ebenso wie die Colitis ulcerosa und der M. Crohn psychosomatische Aufmerksamkeit. Sind es bei M. Crohn Aggressionshemmung und Ehrgeizproblematik, erscheint dagegen vor allem das Reizkolon unter einem bunten Spektrum psychopathologischer Bilder (Walker et al. 1990). Die in Tabelle 5 zusammengestellten Publikationen beklagen allerdings, daß weder Inzidenz noch Prävalenz psychiatrischer Komorbiditäten ausreichend gesichert sind, obwohl gerade beim Reizkolon das Zusammentreffen überzufällig häufig erscheint.

Im Gegensatz zu M. Crohn-Patienten haben Patienten mit ausgeprägtem Völle- und Spannungsgefühl im Bauch ("abdominal bloating") ausgeprägtere depressive Symptome. Beide Patientengruppen unterscheiden sich jedoch sowohl mit deutlicher Angst- und Depressionssymptomatik von parallelisierten Kontrollen (Song et al. 1993). Ähnlich sind die Ergebnisse von Walker et al. (1990), deren Reizkolonpatienten deutlich mehr Episoden an Depressivität, Angst, Panik und Phobien hatten als eine Vergleichsgruppe mit Darmentzündungen. In einer Zweijahresverlaufsuntersuchung hatten Patienten mit entzündlichen Darmerkrankungen durchschnittlich 2,2 Krankheitsschübe (North et al. 1991). Diese standen allerdings in keinem erkennbaren Zusammenhang mit "life events". Der Zusammenhang mit Depressivität war ebenfalls nicht direkt, eher schien die Stimmung der Krankheitsexazerbation zu folgen. In einer Studie von Porcelli et al. (1994) zeigten Patienten mit Darmentzündungen eine gesteigerte Angstsymptomatik, die mit der Krankheitsausprägung korrelierte. Mit Depressivität bestand kein regelhafter Zusammenhang. Robertson et al. (1989) verglichen eine Kontrollgruppe von Diabetes mellitus-Patienten mit einer Gruppe von Darmentzündungspatienten. Letztere hatten deutlich mehr Neurotizismen, schienen auch introvertierter. Depressivität zeichnet die Darmkranken nicht als Persönlichkeitsmerkmal aus, sie nimmt allerdings entsprechend der Krankheitssymptome zu. Die Größenordnung der psychiatrischen Auffälligkeiten bei Reizkolon und Darmentzündungspatienten wird zwischen 20 und 80% uneinheitlich angegeben.

Lupus erythematodes und Depression

Die systemische Entzündungserkrankung Lupus erythematodes (LE) geht mit einer deutlich überdurchschnittlichen Häufigkeit von neuropsychiatrischen Symptomen einher. Nach Lehrbuchmeinung sind psychiatrische Symptome häufig sogar der Anlaß zur Erstuntersuchung. Die Literatur ist bezüglich der Natur und der Ausprägung psychiatrischer Symptomatik allerdings widersprüchlich (Tabelle 6). Ein Vergleich von LE-Patienten mit einer gleich großen Gruppe von Patienten mit rheumatoider Arthritis (Magner 1991) ergibt im Mini-Mental-State und in der Present-State-Examination jeweils etwas mehr als 1/3 an Depressionen, allerdings von nichtpsychotischem Ausmaß.

Joffe et al. (1988) sahen bei der Hälfte ihrer Patienten einen deutlichen Zusammenhang von Stimmungsschwankungen mit der Kortisontherapie, wobei depressive und hypomane Zustandsbilder unsystematisch auftraten. Die von Chin et al. (1993) beschriebene Stichprobe zeigte zur Hälfte psychiatrische Diagnosen. Nach ICD-9 waren 1/3 depressive Neurosen, 8% Angstneurosen, 6% endogene Depressionen und 4% Demenzen. In der Stichprobe von Krupp et al. (1990) zeigte sich bei 53% ein Fatigue-Syndrom, das mit den objektiven Parametern der Krankheitssymptomatik korrelierte, nicht jedoch mit dem Befinden der Patienten; 10% wiesen eine Depressivität vom Ausmaß einer MD auf. In der Stichprobe von Omdal et al. (1988) zeigten 83% der Patienten neuropsychiatrische Störungen, davon die Hälfte Migräne, die andere Hälfte zu gleichen Teilen Kopfschmerz und Schwindel. Bei 37% zeigten sich neuromuskuläre Störungen, vor allem Karpaltunnelsyndrome und Muskelschwäche; 17% wiesen eine Depression auf.

Die umfänglichste Stichprobe beschreiben Andrea Schneebaum et al. (1991). Sie finden ausschließlich bei LE-Patienten eine Erhöhung von Antikörpern gegen ribosomale P-Proteine, die gegen die C-Terminale-Region gerichtet sind. Nach Einschätzung der Autoren kommt diesen Antikörpern eine Markerfunktion zu, außerdem korrelieren

Tabelle 6. Lupus erythematodes (LE) und Depression

Chin et al. (1993)	79 LE	51 % haben psychiatrische Diagnosen: 33 % Depressive Neurose (ICD-9) 8 % Angstneurose 6 % Endogene Depression 4 % Demenz
Joffe et al. (1988)	18f LE	Intervallkortisontherapie. 55 % zeigen Stimmungsschwankungen abhängig von Medikation
Krupp et al. (1990)	59 LE	53 % haben ein Fatigue-Syndrom, korreliert mit objektiver Krankheitsschwere 10 % Depression
Magner (1991)	25 LE 25 rheu. Arthr.	40 % Depression (PSE, MMS) von nicht psychotischem Ausmaß 36 % Depression (PSE, MMS) von nicht psychotischem Ausmaß
Omdal et al. (1988)	30 LE	83 % neuropsych. Störungen (40 % Migräne, 20 % Kopfschmerz, 20 % Schwindel) 37 % neuromusk. Störungen 17 % Depression
Schneebaum et al. (1991)	269 LE 21 rheu. Arthr. 79 Kontr.	Die Konzentration von Antikörpern gegen ribosomale P-Proteine korrelieren mit Depressivität und psychotischen Symptomen. (Odds ratio: 7.63, kI 95 % 3.61 – 16.14)

psychotische und depressive Bilder mit dem Antikörpertiter. Ob es sich um eine rechnerische Assoziation handelt, oder ein pathophysiologischer Mechanismus für Depressivität und psychotische Erscheinungsbilder darin zu sehen ist, können die Daten nicht beantworten.

M. Cushing und Depressionen

Die Endokrinopathien der Nebennierenrinde und der Schilddrüse stehen am Anfang der modernen somatischen Konzepte psychischen Krankseins. Das endokrine Psychosyndrom (Bleuler 1948) formuliert die psychopathologischen Auffälligkeiten, die einen Teil dieser Erkrankungen mit wenigstens angedeuteter Regelhaftigkeit begleiten. Der Fortschritt neurobiologischer Forschung ist vom peripheren Erfolgsorgan über die Hypophyse zu den hypothalamischen Releasingzentren vorgestoßen, womit einige pathophysiologische Mechanismen der individuellen erblichen Dispositionen, aber auch der psychophysischen Beantwortung etwas durchschaubarer werden (Holsboer et al. 1992). Gerade der M. Cushing hat mit dem Begleitsyndrom der Depression, die vom Ausmaß des Hyperkortisolismus abhängig zu sein scheint, die Depressionsforschung in die Richtung der Steroide geführt. Die Störung der HPA-Achse (Hypothalamus, Hypophyse, Nebennierenrinde) scheint sowohl der MD, im alten Sprachgebrauch hier vielleicht sogar besser als endogene Depression bezeichnet, als auch der klinisch manifesten Endokrinopathie des Hyperkortisolismus gemeinsam. Dennoch ist die Pathophysiologie depressiven Erlebens noch nicht ausreichend mit dem Hyperkortisolismus der MD erklärbar, da weder erhöhtes Kortisol als solches unbedingt mit Depressivität einhergeht, Depressivität andererseits nicht unbedingt mit erhöhter Kortisolsekretion verbunden ist.

Tabelle 7. M. Cushing und Depression

Gold et al. (1986)	34 30	Cushing MD	Hyperkortisolismus bei beiden Gruppen. Auf CRH ist ACTH zusätzlich erhöht nur bei Cushing-Patienten.
Kelly et al. (1983)	21 1 Jahr follow up	Cushing	Depression häufig, nimmt mit Kortisolnormalisierung signifikant ab
Kling et al. (1991)	11 Cushing 34 MD 60 Kontrollen		immunoreaktives CRH und ACTH in Liquor: Differentialdiagnose Cushing/MD (besser als ACTH response auf ovine CRH) Cushing: CRH 22 ± 3 pg/ml ACTH 15 ± 2 MD: CRH 38 ± 2 ACTH 25 ± 2 Kontrollen: CRH 38 ± 2 ACTH 26 ± 1 Cushing: CSF/Plasma ACTH < MD und Kontr. Psychopathologie: MD: depr. Syndrom mit Hyperarousal (Angst, Insomnie, Anorexie) Cushing: depr. dysph. S. mit Hypoarousal. (Hyperphagie, Fatigue, Trägheit)
Kornstein u. Gardner (1993)	Review (152 Artikel)	Endokrinopathien	Mehr als 50 % der Cushing-Patienten sind psychiatrisch auffällig; Depressionen überwiegen gegenüber hirnorganischen Bildern und Manien.
Murphy (1991)	Review (186 Artikel)		Unterschied in MD und Cushing-Hyperkortisolismus. Andere Neuromodulatoren müssen involviert sein, obwohl Steroide selbst depressogen sind. Psychopathologie von MD und Cushing insgesamt sehr ähnlich.
Sonino et al. (1993)	60 Cushing 70 Hyperthyr.	62 % depressiv 23 % depressiv	Kein Unterschied in hypophysärem und nicht-hypophysärem Cushing. 70 % Besserung des depr. Syndroms nach Behandlung.
Voigt et al. (1985)	17	Cushing	Nach OP keine Depressivität, obwohl noch immer gestörte Steroid-Feedback-Regulation. Depressivität hat andere Ursache?

Wie aus Tabelle 7 hervorgeht, ist auch in neueren, methodisch exakteren Studien, eine deutliche Assoziation von Hyperkortisolismus und Depressivität zu sehen. Gold et al. (1986) untersuchten den CRH-Test als mögliches Differentialkriterium zwischen Cushing-Patienten und Depressiven. Beide Erkrankungen sind in den Frühstadien aufgrund der ähnlichen Psychopathologie nur schwer unterscheidbar. ACTH wird nach CRH-Gabe nur bei Cushing-Patienten erhöht gefunden, was für eine Schwächung des Kortisol-Feedback-Mechanismus bei diesen Patienten spricht. Bei MD bleibt ACTH wie bei den Kontrollen supprimiert. Depressivität korreliert bei Cushing-Patienten signifikant mit dem Plasma-Kortisol-Spiegel (Kelly et al. 1983).

Die Messung von immunoreaktivem CRH und ACTH im Liquor und im Plasma scheint ein besseres Differentialkriterium zwischen MD und Morbus Cushing zu sein. Bei Cushing-Patienten ist die Konzentration im Liquor deutlich erniedrigt, was zu einem signifikant niedrigeren Liquor-Plasma-Quotienten führt (Kling et al. 1991). Zwischen Cushing- und MD-Patienten beschreiben diese Autoren auch einen psychopathologischen Unterschied. Die MD vom melancholischen Typ ist durch ein Hyperarousal mit Angst,

Insomnie und Appetitverlust gekennzeichnet, wogegen die Cushing-Patienten in der Gesamtheit eher ein Hypoarousal mit Hyperphagie, einem Fatigue-Syndrom und allgemeiner Trägheit zeigen. Eine hohe Diskriminationskraft kommt diesen psychopathologischen Akzenten jedoch auch nach Meinung der Untersuchenden nicht zu, die Psychopathologie von MD- und Cushing-Patienten wird in der Literatur allgemein als eher einheitlich ausgeprägt depressiv gefunden (Murphey 1991).

Nach Entfernung von hypophysären Adenomen, die zu Hyperkortisolismus und ausgeprägter Depressivität führten, bildet sich das depressive Syndrom schnell zurück, obwohl die Feedbackregulation der Steroide noch pathologisch gefunden wurde, was als Hinweis auf unterschiedliche pathophysiologische Mechanismen angesehen wird (Voigt et al. 1985). Sonino et al. (1993) verglichen Cushing-Patienten mit Hyperthyreotikern. Von ersteren zeigten 62 % ein ausgeprägtes depressives Syndrom, von letzteren nur 23 %. Es ergab sich kein psychopathologischer Unterschied bei hypophysärer bzw. nichthypophysärer Verursachung des Cushing-Syndroms; 70 % zeigten nach Behandlung eine deutliche Besserung. Ähnliche Zahlen werden von Kornstein u. Gardner (1993) angegeben.

Der Kortisolmangel, meist in der adrenokortikalen Insuffizienz der Addison-Krankheit manifestiert, ist bei weitem nicht so gut untersucht wie der M. Cushing. Unabhängig von der Verursachung des M. Addison - früher hauptsächlich die Tuberkulose, heute überwiegend Autoimmunerkrankungen - zeigen mehr als die Hälfte der Patienten psychiatrische Auffälligkeiten (Fava et al. 1987; Kornstein et al. 1993). Mäßig ausgeprägte bis schwerste depressive Symptome zeigen 30-50 % der Patienten. Die Addison-Krise selbst ist eher durch einen Verwirrtheitszustand bis hin zu einer manifesten paranoid-halluzinatorischen Symptomatik gekennzeichnet. Wie bei anderen Endokrinopathien kann die psychische Alteration der offenkundigen somatischen Manifestation vorausgehen. Fehldiagnosen werden vor allem unter dem Bild einer Depression, einer Hypochondrie oder einer Hysterie gesehen (Kornstein u. Gardner 1993).

Schilddrüse und Depression

Der unentdeckte Hypothyreoidismus, in seiner schlimmsten Ausprägung der Kretinismus, prägte in früheren Zeiten das Bild psychiatrischer Einrichtungen. Während derartige Syndrome in westlichen Zivilisationen heute selten sind, sind psychische Symptome bei Mangel oder Überschuß an Schilddrüsenhormon die Regel, meist sogar deutlich im Vorfeld der klinisch-somatischen Manifestation der Grunderkrankung (Fava et al. 1987; Kornstein u. Gardner 1993).

In einer sehr sorgfältigen Literaturrecherche hat Baumgartner (1993, s. Tabelle 8) die psychiatrische Komorbidität bei Schilddrüsenerkrankungen zusammengetragen. Als wesentliches Ergebnis resultiert die Unspezifität psychischer Symptome, sowohl Unter- wie Überfunktion des Schilddrüsensystems können fast von jedem psychiatrischen Syndrom begleitet werden. In der Hauptdiagnose sind depressive Patienten laborchemisch sogar meist euthyreot, in der Literatur berichtete Auffälligkeiten sind wohl bedingt durch Streß, Gewichtsverlust und ähnliches. Behandlungen von Depressionen mit Schilddrüsenhormonen sind nicht überzeugend. Eventuell ergibt sich jedoch durch hochdosierte Thyroxinbehandlung ein phasenprophylaktischer Effekt bei Rapid-Cycling-Patienten. Der Autor betont auch, daß alle antidepressiv und phasenprophylaktischen medikamentösen Maßnahmen einschließlich des Schlafentzuges und der Elektrokrampftherapie die Schilddrüsenhormone verändern.

Tabelle 8. Schilddrüse und Depression

Baumgartner (1993)	Review (141 Artikel)	Periphere Dysfunktionen (Hyper-, Hypothyreose) können fast jedes psych. Symptom hervorrufen. Keine spez. Sympt. Depressive Patienten sind laborchemisch euthyreot. T_3, T_4 Behandlung nicht überzeugend; allerdings Phasenprophylaxe mit hochdosiertem Thyroxin bei Rapid-cycling. Alle antidepressiven oder phasenprophylaktischen Maßnahmen (AD, SE, EKT, Lithium, Carbamazepin) beeinflussen Konzentration von Schilddrüsenhormonen.
Fava et al. (1987)	Review (Endokr. P.) (223 Artikel)	Angst, Depression und Agitiertheit bei Hyperthyreose vorherrschend, aber unspezifisch. Apathie seltener als bei Hypothyreodismus. Psychotische Symptome primär selten.
Haggerty et al. (1993)	16 Hypothyreose 15 Kontrollen	Life time history of MD: 56%/20%
Harsch et al. (1992)	19 Hyperthyreose 4 Mon. follow up	Erhöhter Angstlevel (STAI x_2) auch im euthyreoten Zustand. Streßwirkungen auf Immunsystem?
Kornstein u. Gardner (1993)	Review (Endokr. P.) (152 Artikel)	An psychiatrischen Sympt. Angst und Agitiertheit am häufigsten; häufigste Fehldiagnose ist Angst/Panikkrankheit.
Paschke et al. (1990)	15 Hyperthyreose 10 Kontrollen 4 Mon follow up	2 Monate nach Euthyreose (OP, Med.) Angst, Agitiertheit und Depression deutlich geringer. Basedow-Patienten auch im euthyreoten Zustand ängstlicher als Kontrollen.
Schlote et al. (1992)	35 subkl. Hyperthyr. 60 Hyperthyreose 28 Kontrollen	Hyperthyreote depressiver als Kontrollen. Subkl. Hyperthyreotiker zwischen beiden Gruppen.

In einem zweiten Übersichtsartikel haben Baumgartner u. Canpos-Barros (1993) pathophysiologisches Wissen aus naturwissenschaftlichem Experiment und Klinik zusammengetragen. Viele Einzelergebnisse weisen auf neuromodulatorische Eigenschaften der Schilddrüsenhormone hin, die wohl topographische Spezifität aufweisen. Im einzelnen sind die biochemischen Mechanismen ebensowenig geklärt wie die funktionelle Bedeutung in der engen Vermaschung mit adrenergen, serotonergen und dopaminergen Regelkreisen. Fava et al. (1987) kommen in ihrem Review über Endokrinopathien zu gleichen Resultaten. Angst, Depressionen und Agitiertheit scheinen bei Hyperthereosen häufiger zu sein, sind aber unspezifisch. Kornstein u. Gandner (1993) betonen die Angstsymptomatik. Die häufigste Fehldiagnose seien Angst- und Panikkrankheiten, bevor die somatische Diagnose gestellt würde.

Haggerty et al. (1993) fanden bei einer Stichprobe von subklinischen Hypothyreotikern (basales TSH erniedrigt, ungenügende TSH-Stimulation durch TRH, periphere Schilddrüsenhormone im Normbereich) mindestens eine Life-time-Episode einer MD in 56% der Fälle. Bei einer gesunden Kontrollgruppe waren 20% betroffen. Eine subklinische Schilddrüsenunterfunktion scheint die Schwelle zum Auftreten einer Depression zu senken. In einer viermonatigen Verlaufsuntersuchung beobachteten Harsch et al. (1992) Depressivität und Angst bei Basedow-Patienten. Sie fanden bei der Hälfte der Patienten, die auch nach Behandlung einen pathologischen T4:T8-Quotienten aufwiesen, einen erhöhten Angst- und Depressionswert. Sie diskutieren Streß als prädisponierenden Faktor der Basedow-Krankheit, möglicherweise über den Einfluß auf das Immunsystem. Barbara Schlote et al. (1992) fanden bei einer Stichprobe von 35 subklinischen Hyperthereotikern im Vergleich mit manifesten Hyperthereotikern und Kontrollen eine mittlere Ausprägung der Angst- und Depressionssymptomatik. Dies legt wiederum eine quantitative Beziehung zwischen Hormonstatus und Symptomausprägung nahe.

Insgesamt scheinen hyperthyreote Stoffwechselbedingungen mit Angst- und Affektsymptomatik einherzugehen, eine Regelhaftigkeit im Sinne einer Leitsymptomatik scheint jedoch nicht vorzuliegen. Eine vor allem die Gemütslage betreffende langsame oder schnelle Veränderung eines Menschen sollte immer auch an die Möglichkeit eines gestörten Schilddrüsenstoffwechsels denken lassen.

Diabetes mellitus und Depression

Aus einer sehr sorgfältigen Metaanalyse von 20 Studien schlossen Gavard et al. (1993), daß die Prävalenz für eine MD bei Diabetes mellitus etwa dreimal höher sei als in der Durchschnitts-US-Bevölkerung. Allerdings zeigten sich eine Reihe intervenierender Variablen, die eine überwiegende Zuordnung zum Diabetes bzw. zum Status des chronisch Kranken nicht zuließen. In einer Untersuchung über fünf Jahre zeigten Lustmann et al. (1988), daß der Verlauf einer monopolaren Depression bei Komorbitität mit Diabetes Typ-I weitaus ungünstiger ist als bei Kranken ohne körperliche Krankheit. Diabetiker ohne psychiatrische Erkrankung hatten allerdings ein vergleichbares Risiko für depressive Episoden wie die US-Bevölkerung. Da beide Gruppen an qualitativ und quantitativ vergleichbaren somatischen Beeinträchtigungen durch den Diabetes litten, ist der Mechanismus des ungünstigen Verlaufes einer zusätzlichen Depression nicht einfach zuordenbar. Bei Typ-I-Diabetikern war das somatische Erkrankungsalter 17 Jahre, die depressive Indexepisode bei 22 Jahren. Insofern sind reine Reaktionsbildungen ebenso unwahrscheinlich wie eine sehr frühe Beeinträchtigung zentraler Mechanismen durch die Angiopathie. Die Prävalenz wird ähnlich hoch angegeben wie von Popkin et al. (1988), die bei 51 % langjähriger Typ-I-Diabetiker eine psychiatrische Diagnose fanden. Depressionen waren mit 24 % in beiden Geschlechtern deutlich höher als bei der Vergleichsgruppe von Verwandten ersten Grades, die als Spender für eine Pankreastransplantation mituntersucht wurden. Es fand sich sowohl ein mit der üblichen Erblichkeit affektiver Erkrankungen vergleichbarer genetischer Faktor, wie auch ein unabhängiger, dem Diabetes zurechenbarer Anteil.

Daß diabetische Folgekrankheiten, vor allem die Neuropathie, mit Depressivität einhergehen, zeigten Leedom et al. (1991). Depression und sexuelle Dysfunktion korrelierten in ihrer Stichprobe mit dem Ausmaß der Neuropathie. Bei nicht-insulinpflichtigen Typ-II-Diabetikern, die sich wegen Übergewichts in eine Diätbehandlung begaben, hatten 32 % eine Episode einer MD bereits durchgemacht. Es fand sich allerdings kein Zusammenhang zwischen Diabetes-Parametern und Depressivität vor und nach der Behandlung. Allerdings hatten die depressionserfahrenen Patienten ein deutlich erhöhtes Therapie-Abbruch-Risiko.

Die Prävalenz depressiver Symptome bei nicht-insulinpflichtigen Typ-II-Diabetikern untersuchten Palinkas et al. (1991) an einer großen Stichprobe älterer Personen. Es ergab sich bei längerer Erkrankung an Diabetes Typ-II ein 3,7faches Risiko für eine ausgeprägte depressive Symptomatik im Vergleich zu Diabetikern, die neu erkrankt waren. Die Multimorbitität der länger Erkrankten wird im Sinne der Reaktionsbildung als ursächlich angesehen. In einer umfangreichen Feldstudie haben Weyerer et al. (1989) die Prävalenz

Tabelle 9. Diabetes mellitus (dm) und Depression

Gavard et al. (1993)	Review 20 Studien	dm, 14–32% MD	Kontrollierte Studien (strukturiertes Interview, Ratingskalen). Prävalenz für MD dreimal höher als in US Bevölkerung
Leedom et al. (1991)	Frauen	dm, Depressionen	Depression und sexuelle Dysfunktion korreliert mit Ausmaß der Neuropathie
Lustmann et al. (1988)	29 20 Kontr. 5 Jahre follow up	dm-I + MD diabetes-I	79% der dm-I Pat. mit MD hatten durchschnittlich 4.2 depr. Episoden in 5 Jahren; in einer Kontrollgruppe psychiatrisch unbelasteter dm-I Pat. hatten nur 10% depressive Episoden (x ~ 1.5). dm hat zusätzlich negativen Einfluß auf Depressionsverlauf.
Lustmann et al. (1992)	41 68	dm + MD dm (Kontrollen)	Kognitive und affektive Symptome der MD sind bei Patienten mit und ohne dm gleich.
Marcus et al. (1992)	22m/44f	dm-II 1 Jahr follow up	21 (32%) MD-Episoden. Kein Zusammenhang zwischen Blutglukose und Depressivität am Beginn und am Ende einer Diätbehandlung. Patienten mit MD-Episode hatten aber ein deutlich erhöhtes Therapie-Abbruch-Risiko
Palinkas et al. (1991)	1586 Alter >50 J.	dm-II	dm-Pat. haben 3.7 mal größeres MD-Risiko als Nicht-dm-Pat.
Popkin et al. (1988)	76	dm-I	51% psychiatrische Diagnose MD = 24%
Weyerer et al. (1989)	1536	Feldstudie	Prävalenz dm 4% Prävalenz Psych. Krankheit 26% von dm-Pat. haben 43% psych. Krankheit, hauptsächlich Depression
Wing et al. (1990)	16m/16f	dm-II Adipositas übergewichtige, nichtdiab. Partner als Kontrollen	Kontrollgruppe: Partner (adipös) dm-Pat. depressiver als Nicht-dm-Pat.

für Diabetes mellitus in der Bevölkerung mit 4% angegeben. Überwiegend handelte es sich um Typ-II-Diabetiker. Die Prävalenz psychischer Krankheit war bei der gesunden Bevölkerung mit 26% deutlich geringer als bei Diabetikern (43%) bzw. bei anderen chronischen Erkrankungen (51%). Bei den Diabetikern zeigten sich vor allem depressive Symptome, die zur Hälfte das Ausmaß einer MD erreichten. In einer Kontrollgruppenstudie, in der die nichtdiabetischen, aber übergewichtigen Partner von nichtinsulinpflichtigen Typ-II-Diabetikern am gleichen Gewichts-Reduktionsprogramm teilnahmen, erwiesen sich die diabetisch Erkrankten als deutlich depressiver (Wing et al. 1990).

Insgesamt ergibt sich ein zusätzliches Risiko für Depressivität bei Vorliegen eines Diabetes mellitus, wobei weder bei der ideopathischen juvenilen Form, noch beim Altersdiabetes klarere Hinweise auf den pathophysiologischen Mechanismus zu finden sind. Die Depressionsrate liegt insgesamt in ähnlicher Höhe wie bei anderen chronischen Erkrankungen.

Tumorerkrankungen und Depression

Die Diagnose einer tumorösen Neubildung, vor allem einer Krebserkrankung, ist für den Betroffenen und seine soziale Umgebung ein einschneidendes Ereignis, welches die Bedrohtheit unseres Lebens durch den Tod, die Abhängigkeit unseres Sicherheitsgefühls von Wohlbefinden und Gesundheit deutlich vor Augen führt. Die Diagnose einer Krebserkrankung impliziert mindestens Verlustangst bei allen Betroffenen, ist somit wie der plötzliche Verlust einer nahestehenden Person ein Modell für soziopsychische und psychosomatische Reaktionsbildungen. Die heute allgemein gebräuchlichen Klassifikationsschemata der ICD-10 und der DSM-III-R erlauben die Quantifizierung psychischer Symptome unabhängig von den althergebrachten kausalen Konzepten der Endogenität, der Organizität beziehungsweise der Reaktionsbildungen im neurosentheoretischen Konzept. Der Vorteil ist, daß das Ausmaß von Depressivität in den Vordergrund rückt, Verstehbarkeit bzw. erwartete Reaktionsbildung nicht zur selbstgenügsamen therapeutischen Handlung ohne Behandlung wird. Dennoch können Ratingskalen und strukturierte Interviews, die auf Vollständigkeit von Symptomlisten abgestellt sind, die Schwierigkeit der Unterscheidung morphogener und psychogener Symptomatik nicht vollständig leisten. Die Apathie eines kachektischen Karzinompatienten von der Kernsymptomatik einer MD zu unterscheiden, kann sehr schwierig sein. Ähnliches gilt für paraneoplastische Syndrome, in weit größerem Umfang natürlich für zerebrale Metastasen und hirneigene Tumoren.

Die Literatur über die Assoziation von Depression und Tumorerkrankungen ist eher umfangreich (Kapfhammer 1993), kommt aber aufgrund der genannten Schwierigkeiten zu sehr unterschiedlichen Ergebnissen. Wie in Tabelle 10 dargestellt wird, ist die Häufigkeit von mäßigen bis schweren depressiven Bildern bei mehr als einem Viertel der in den unterschiedlichen Studien angegebenen Patienten zu sehen. Etwa die Hälfte dieser Patienten zeigen leichte depressive Symptome, wobei das Ausmaß der Minor Depression erreicht wird, allerdings das Zeitkriterium von mindestens sechsmonatiger Dauer aufgrund der Natur der Tumorerkrankungen häufig nicht eingehalten werden kann. Ausgeprägte Angststörungen sind ebenfalls zu sehen, sie scheinen mit einem Persönlichkeitstyp C häufiger aufzutreten, der Tumorpatienten kennzeichnet (Spiegel 1991). Hohe Kooperativität im Behandlungsverlauf, vorrangige Orientiertheit an äußerlichen Normen, geringe Selbstbehauptung und Unterdrückung von Ärgeraffekten finden sich gehäuft, sind allerdings auch als Copingmechanismen interpretierbar. Eine deutlich erhöhte Prävalenz für depressive Erkrankungen wird bei Pankreaskarzinomen berichtet (Fras et al. 1967). Etwa 50 % zeigen im Vorfeld der Diagnose der manifesten körperlichen Krankheit psychopathologische Veränderungen, meist ausgeprägte Depressionen; 20 % suchen etwa ein halbes Jahr vor Diagnosestellung einen Nervenarzt auf.

Depressive Persönlichkeitszüge erhöhen die Tumor- bzw. Krebshäufigkeit nicht. Auch sind affektive Krankheiten, monopolare oder bipolare Störungen ebensowenig wie schizoaffektive Psychosen, mit einem erhöhten Tumorrisiko verbunden. Allerdings verschlechtern Affektpsychosen die Prognose anderer somatischer Erkrankungen, wie oben bereits angeführt wurde. Verlust- und Trauerreaktionen, die häufig ausgeprägte depressive Bilder hervorrufen, erhöhen bei dem Betroffenen nicht die Karzinommortalität, wie Helsing u. Szklo (1981) an über 4000 Witwen in einer prospektiven Studie zeigten. Im Verlaufe einer Tumorerkrankung, vor allem einer Karzinomerkrankung, korreliert Depressivität allerdings mit dem medizinischen Befund. Dazu kommen die Belastungen

Tabelle 10. Prävalenz von mäßigen und schweren depressiven Störungen bei hospitalisierten Tumorpatienten (s. Kapfhammer 1991)

	n	Kriterien	Depr. %	
Hinton (1963)	102	klinisch	17	45 % leichte depr. Symptome
Koenig et al. (1967)	36	MMPI D-Skala >14	25	53 % im abnormen Bereich
Craig u. Abloff (1974)	30	SCL-90 D-Skala >2	23	53 % mit depr. Symptomen >1
Plumb u. Holland (1977)	97	BDI >13	23	
Bukberg et al. (1980)	62	DSM III-MD	42	56 % mit depr. Symptomen
Plumb u. Holland (1981)	80	CAPPS	45	78 % zumindest leicht depr.
Fava et al. (1982)	325	CES-D	34	58 % bei cut-off von 16
Cain et al. (1983)	60	HAM-D >17	37	97% mit HAM-D >6
Derogatis et al. (1983)	215	DSM III, MD Anp.st.-D	6 12	31 % Diagnose, wenn ASt D/A eingeschlossen
Bukberg et al. (1984)	67	DSM III	23	+18 % mäßig depr., +14 % leicht depr., 448% kein depr. Symptom
Morton et al. (1984)	48	DSM III Geriatric Mental State Schedule	40	depressive Störungen
Evans et al. (1986)	83	DSM III, HDS	23	
Ziegler et al. (1988)	177	klinisch D-S, STAI, B-L	32	40 % bedeutsame Angstsymptome
Dean (1987)	117	PSE	9 18	MD Minor Dep.
Devlen et al. (1987)	120	PSE	39	MD, Gen.A, st.
Massie u. Holland (1987)	546	DSM III: MD	20	27 % ASt. A/D
Grassi et al. (1989)	196	HAM-D >17 IBQ	38	Zusammenhang Depr./ Krankheitsverh.
Hardmann et al. (1989)	126	klinisch, GHQ	23	
Hopwood et al. (1991)	26	klinisch HADS, RSCL	35	Angststörungen eingeschlossen

durch Steroidbehandlung, Chemotherapie oder Bestrahlung, die bei Involvierung des zentralen Nervensystems als solchem mit Depressivität assoziiert zu sein scheinen. Ausgeprägtere depressive Zustandsbilder sind als Reaktionsbildungen bei eher benigne verlaufenden gynäkologischen Tumoren beschrieben, wenn damit Einbußen in sozialer Kompetenz, vor allem einschneidende Störungen sexueller Beziehungsmöglichkeiten in der Partnerschaft verbunden sind (Corny et al. 1992).

Insgesamt ist im Vergleich mit der Allgemeinbevölkerung wie bei anderen akuten lebensbedrohlichen oder chronifizierenden Krankheiten bei Tumorpatienten mit einer bis vierfach erhöhten Prävalenz depressiver Störungen vom Krankheitswert zu rechnen.

Diskussion

Frage: Wie ist der Einfluß der Depression auf den Verlauf organischer Krankheiten?

Antwort: Bei Dialysepatienten besteht ein ausgeprägter prognostischer Zusammenhang, beim Cushing-Syndrom ist dieser nicht so klar. Man darf hier nicht vergessen, daß Endokrinopathien immer zwischen organischen Psychosyndromen und schizophreniformen oder affektiven Psychosen stehen. Deshalb gibt es hierzu keine klaren Korrelationen hinsichtlich des Ausmaßes der Depressivität.

Frage: Mit der chronischen Krankheit ist ja meistens ein sozialer Abstieg verbunden. Wie können Sie das z. B. differenzieren bei einer Kontrollpopulation, die auch einen sozialen Abstieg hinter sich hat, ohne organisch krank zu sein und auch vielleicht depressiv erkrankt?

Antwort: In den Arbeiten wird dies nicht sehr gut herausgestellt, es wird in der Regel nicht parallelisiert, ob ein deutlicher Einfluß der Krankheit da ist.

Frage: Viele Patienten erkranken reaktiv-depressiv aufgrund der Mitteilung einer schweren/malignen organischen Erkrankung. Genügen hier stützende Gespräche oder sollte medikamentös behandelt werden?

Wie lange würden Sie mit einer Behandlung warten und wie würden sie solche Patienten behandeln?

Antwort: Die Therapie sollte auf jeden Fall mehrdimensional sein, also Vermittlung von Verständnis für pathophysiologische Zusammenhänge, sozialpsychiatrische Maßnahmen (unter Einbezug der Angehörigen) und natürlich eine medikamentöse Behandlung mit Antidepressiva. Hier präferiere ich Moclobemid, da Trizyklika infolge anticholinerger Effekte u. a. eine Delirgefahr beinhalten. Auch Serotonin-Wiederaufnahmehemmer haben sich in den letzten Jahren bewährt. Als ganz entscheidend sehe ich eine engmaschige Kontrolle an.

Frage: Hinsichtlich der Methodik möchte ich anmerken, daß die Punktprävalenz wenig Aussagekraft besitzt. Wenn ich eine Gruppe schwer organisch Kranker untersuche und feststelle, daß sie zum einen depressiv sind, zum anderen eine schlechtere Prognose haben, dann weiß ich natürlich überhaupt nicht, ob die Depression zur ungünstigen Prognose beiträgt oder ob die Patienten depressiv sind, weil ohnehin die Prognose schlechter ist. Hier stellt sich u. a. die Frage nach den organischen Begleitfaktoren, die möglicherweise in den vorliegenden Untersuchungen nicht fundiert abgeklärt wurden. Es könnte sich ja auch um eine organische Depression handeln. Die psychoreaktive Komponente ist natürlich letztlich immer mit im Spiel. Bei dominierenden organischen Ursachen würde man allerdings vielleicht doch ein anderes Behandlungsprinzip wählen als bei einer psychoreaktiven Depression. Wie sollte man künftig versuchen, hier methodisch im Design von Studien weiterzukommen.

Antwort: Mit Sicherheit sollten Psychiater so gut neurologisch und allgemeinmedizinisch ausgebildet sein, daß sie organische Ursachen und Faktoren adäquat berücksichtigen. Ich bin sehr dagegen, daß Psychiater sich vom Organischen abkoppeln. Die psychiatrische

Konsiliartätigkeit halte ich für sehr wichtig. Untersuchungen zur differenzierten Wirksamkeit sind mir nicht bekannt, meines Wissens gibt es z. B. keine Studie, die bei Patienten mit hypophysärem Cushing doppelblind 25 mg versus 150 mg Amitriptylin untersucht hätte.

Frage: Wie stellt man sich die Genese von Depressionen unter Kortikoidtherapie vor? Warum werden diese Patienten depressiv?

Antwort: Wenn ich das wüßte, wäre ich Nobelpreis-verdächtig. Es gibt verschiedene Überlegungen, zum einen der Einfluß auf Kalium und Kalzium, da offenbar eine Imbalance der Homöostase dieser Ionen besteht. Auf der anderen Seite gibt es massive Einflüsse der Kortikosteroide auf die Genexpression. Auch eine Hypokaliämie macht apathische Syndrome, die differentialdiagnostische Schwierigkeiten bereiten können.

Frage: Kann man sicher sein, daß die Therapeutika, die man z. B. bei Herzinsuffizienz oder Hypertonie einsetzt, nicht selber Depressionen verursachen, ich denke hier z. B. an Kalziumantagonisten? Auch Lipidsenker sollen ja depressiogen wirken können.

Antwort: Ausgehend vom Reserpinmodell der pharmakogenen Depressionsentstehung kann man wohl annehmen, daß auch neuere Antihypertonika, β-Blocker und auch Digitalis via noradrenerges, vielleicht auch serotonerges System Depressivität auslösen können. Mir ist aber z. B. keine Studie bekannt, in der hinsichtlich des möglichen Zusammenhanges zwischen Depressivität und Digitalis der Faktor adäquate bzw. suffiziente Dosis bzw. relative Überdosierung berücksichtigt worden wäre.

Kommentar: Ich glaube, daß es sehr wichtig ist, den Patienten nach seinem Krankheitskonzept zu befragen. Gerade bei HIV-Patienten gibt es welche, die jegliche Medikation ablehnen, lieber in Selbsthilfegruppen gehen, während ein anderer Teil gerade bei den Frühstadien Selbsthilfegruppen meidet. Bei Hirntumorpatienten wäre m. E. sicherlich die Gabe von Benzodiazepinen zu erwägen.

Frage: Sie hatten darauf hingewiesen, daß Depressionen bei organischen Erkrankungen trotz ihrer großen Bedeutung für den Krankheitsverlauf wenig erkannt werden. Kann nicht ein Hauptgrund dafür sein, daß der behandelnde Kollege des anderen Faches vermutet, daß es einen guten Grund für die Depressivität gibt und daraus keine Behandlungsindikation ableitet?

Antwort: Es ist leider auch bei Fachkollegen nicht ganz so selten festzustellen, daß therapeutische Interventionen vor lauter Analyse der Krankheitsursachen unterbleiben. Hier werden z. B. vermeintliche Kausalitäten von Beziehungsproblemen „bearbeitet", anstatt dem Patienten ein Antidepressivum zukommen zu lassen. Hier herrscht der völlig falsche Gedanke vor, eine „verständliche Depression" brauche keine Pharmakotherapie.

Frage: Sollte bei Patienten, die gleichzeitig an einer Depression und an Schmerzen leiden, zuerst ein Antidepressivum oder zuerst ein Analgetikum verabreicht werden? Ich habe z. B. auf Station die Beobachtung gemacht, daß bei Behandlung mit Opiaten auch die depressive Symptomatik innerhalb kürzester Zeit verschwindet.

Antwort: Antidepressiva sind, wenn die primären Schmerzmittel nicht funktionieren, die nächste Stufe, dann kommen Neuroleptika und schließlich Opiate. Schmerz und Depressivität korrelieren hoch, bei einigen geht in der Tat die depressive Symptomatik zurück, wenn die Schmerzen sistieren. Wenn der Schmerz aber auf eine übliche Schmerztherapie nicht reagiert, sollte man unbedingt versuchen, Antidepressiva einzusetzen.

Kommentar: Bei der Gabe von Opiaten sollte auf eine kontinuierliche Applikation über eine Pumpe geachtet werden. Ich habe im übrigen keinen einzigen Patienten unter dieser Therapie gesehen, der abhängig geworden wäre. Entscheidend ist hier, daß der Rezeptor gleichmäßig besetzt wird.

Hinsichtlich der β-Blocker möchte ich darauf hinweisen, daß kürzlich eine große Übersichtsarbeit erschienen ist (Schleifer et al. 1991).

Literatur

Andrews H, Barczak P, Allan RN (1987) Psychiatric illness in patients with inflammatory bowel disease. GUT 28: 1600-1604

Baumgartner A (1993) Schilddrüsenhormone und depressive Erkrankungen - Kritische Übersicht und Perspektiven. Teil 1: Klinik. Nervenarzt 64: 1-10

Bennett DS (1994) Depression among children with chronic medical problems: a meta-analysis. J Pediatr Psychol 19: 149-169

Blanchard EB, Scharff L, Schwarz SP et al. (1990) The role of anxiety and depression in the irritable bowel syndrome. Behav Res Ther 28: 401-405 (DA)

Bukberg JB, Holland JC (1980) A prevalence study of depression in a cancer hospital population. Proc Am Assoc Cancer Res 21: 382

Bukberg JB, Pemman D, Holland JC (1984) Depression in hospitalized cancer patients. Psychosom Med 46: 199-212

Burke P, Meyer V, Kocoshis S et al. (1989) Depression and anxiety in pediatric inflammatory bowel disease and cystic fibrosis. J Am Acad Child Adolesc Psychiatry 28: 948-951

Burton HJ, Kline SA, Lindsay RM, Heidenheim AP (1986) The relationship of depression to survival in chronic renal failure. Psychosomatische Medizin 48: 261-269

Cain EN, Kohorn CI, Quinlau DM et al. (1983) Psychosocial reactions to the diagnosis of gynaecologic cancer. Obstet Gynecol 62: 635-641

Cantello R, Riccio A, Scarzella L et al. (1984) Depression in Parkinson disease: a disabling but neglected factor. Ital J Neurol Sci 5: 417-422

Carney RM, Rich MW, Freedland KE et al. (1988) Major depressive disorder predicts cardiac events in patients with coronary artery disease. Psychosomatische Medizin 50: 627-633

Chin CN, Cheong I, Kong N (1993) Psychiatric disorder in Malaysians with systemic lupus erythematosus. Lupus 2: 329-332

Craig TJ, Abloff MD (1974) Psychiatric symplomatology among hospitalized cancer patients. Am J Psychiatr 131: 1323-1327

Craven JL, Rodin GM, Johnson L, Kennedy SH (1987) The diagnosis of major depression in renal dialysis patients. Psychosomatische Medizin 49: 482-492

Cummings JL (1992) Depression and Parkinson's disease: a review. Am J Psychiatry 149: 443-454

Davis B, Krug D, Dean RS, Hong BA (1990) MMPI differences for renal, psychiatric and general medical patients. J Clin Psychol 46: 178-184

Dean C (1987) Psychiatric morbidity following mastectomy: Preoperative predictors and types of illness. J Psychosom Res 31: 385-392

Derogatis IR, Morrow GR, Fetting J et al. (1983) The prevalence of psychiatric disorders among cancer patients. JAMA 249: 751-757

Devlen JP, Maguire P, Phillips P et al. (1987) Psychological problems associated with diagnosis and treatment of lymphomas. I. Retrospective stude, II. Prospective study. Br Med J 295: 953-955

Dooneief G, Mirabello E, Bell K et al. (1992) An estimate of the incidence of depression in idiopathic Parkinson's disease. Arch Neurol 49: 305-307

Dracup K, Walden JA, Stevenson LW, Brecht ML (1992) Quality of life in patients with advanced heart failure. J Heart Lung Transplan 11: 273-279

Engblom E, Haemaelaeinen H, Lind J et al. (1992) Quality of life during rehabilitation after coronary artery bypass surgery. Quality Life Res 1: 167-175

Engstroem I, Lindquist BL (1991) Inflammatory bowel disease in children and adolescents: a somatic and psychiatric investigation. Acta Paediatr Scand 80: 640-647
Evans NJR, Baldwin JA, Gath D (1974) The incidence of cancer among patients with affective disorders. Br J Psychiatry 124: 518-575
Fava GA, Pilowski I, Pierfederici A et al. (1982) Depressive symptoms and abnormal behavior in general hospital. Gen Hosp Psychiatry 4: 171-178
Fava GA, Sonino N, Murphy MA (1987) Major depression associated with endocrine disease. Psychiatr Dev 4: 321-348
Fibinger HC (1984) The neurobiological substrates of depression in Parkinson's disease: a hypothesis. Can J Neurol Sci 11: 105-107
Fichter MF (1990) Verlauf psychischer Erkrankungen in der Bevölkerung. Springer, Berlin Heidelberg New York Tokyo
Fielding R (1991) Depression and acute myocardial infarction: a review and reinterpretation. Soc Sci Med 32: 1017-1028
Forrester AW, Lipsey JR, Teitelbaum ML et al. (1992) Depression following myocardial infarction. Int J Psychiatry Med 22: 33-46
Fras IEM, Litin JS, Pearson JS (1967) Comparison of psychiatric symptoms in carcinoma of the pancreas with those in some other intraabdominal neoplasma. Am J Psychiatry 123: 1553-1562
Frasure-Smith N, Lesperance F, Talajic M (1993) Depression following myocardial infarction. Impact on 6-month survival. JAMA 270: 1819-1825
Garcia L, Valdes M, Jodar I et al. (1994) Psychological factors and vulnerability to psychiatric morbidity after myocardial infarction. Psychother Psychosom 61: 187-194
Gavard JA, Lustman PJ, Clouse RE (1993) Prevalence of depression in adults with diabetes. An epidemiological evaluation. Diabetes Care 16: 1167-1178
Gold PW, Loriaux DL, Roy A et al. (1986) Responses to corticotropin-releasing hormone in the hypercortisolism of depression and Cushing's disease. Pathophysiologic and diagnostic implications. N Engl J Med 314: 1329-1335
Grassi I, Rosti J, Albieri G, Marangolo M (1989) Depression and abnormal illness behavier in cancer patients. Gen Hosp Psychiatry 11: 404-411
Griego LC (1993) Physiologic and psychologic factors related to depression in patients after myocardial infarction: a pilot study. Heart Lung 22: 392-400
Guze BH, Barrio JC (1991) The etiology of depression in Parkinson's disease patients. Psychosomatics 32: 390-395
Haggerty JJ Jr, Stern RA, Mason GA et al. (1993) Subclinical hypothyroidism: a modifiable risk factor for depression? Am J Psychiatry 150: 508-510
Haltenhof H, Schroeter C (1994) Depression beim Parkinson-Syndrom. Eine Literaturübersicht. Fortschritte Neurol Psychiatr 62: 94-101
Hantz P, Caradoc-Davies G, Caradoc-Davies T et al. (1994) Depression in Parkinson's disease. Am J Psychiatry 151: 1010-1014
Hardmann A, Maguire P, Crowther D (1989) The recognition of psychiatric morbidity on a medical oncology ward. J Psychosom Res 33: 235-239
Harsch I, Paschke R, Usadel KH (1992) The possible etiological role of psychological disturbances in Graves disease. Acta Med Austriaca 19: 62-65
Helsing KJ, Szklo M (1981) Mortality after bereavement. Am J Epidemiol 114: 41-52
Henderson R, Kurlan R, Kersun JM, Como P (1992) Preliminary examination of the comorbidity of anxiety and depression in Parkinson's disease. J Neuropsychiatry Clin Neurosci 4: 257-264
Hinton JM (1963) The physical and mental distress of the dying. Quarterly J Med 31: 1
Hinrichsen GA, Lieberman JA, Pollack S, Steinberg H (1989) Depression in hemodialysis patients. Psychosomatics 30: 284-289
Holroyd S, DePaulo JR Jr (1990) Bipolar disorder and Crohn's disease. J Clin Psychiatry 51: 407-409
Holsboer F, Spengler D, Heuser I (1992) The role of corticotropin-releasing hormone in the pathogenesis of Cushing's disease, anorexia nervosa, alcoholism, affective disorders and dementia. Progr Brain Res 93: 385-417
Hopwood F, Howell A, Maguire GP (1991) Psychiatric morbidity in patients with advanced cancer of the breast: Prevalence measured by two self-rating questionnaires. Br J Cancer 64: 349-352
Horgan D, Davies B, Hunt D et al. (1984) Psychiatric aspects of coronary artery surgery. A prospective study. Med J Aust 141: 587-590
Israel M (1986) Depression in dialysis patients: a review of psychological factors. Can J Psychiatry 31: 445-451
Joffe RT, Denicoff KD, Rubinow DR et al. (1988) Mood effects of alternate-day corticosteroid therapy in patients with systemic lupus erythematosus. Gen Hosp Psychiatry 10: 56-60
Kapfhammer HP (1993) Epidemiologie der Depression im Rahmen von Tumorerkrankungen. In: Staab HJ, Ludwig M (Hgb) Depression bei Tumorpatienten. Thieme, Stuttgart New York: S 29-40

Kapfhammer HP, Bove D, Hock N (1991) Die sekundäre Depression bei somatischen Erkrankungen. In: Steinberg R (Hgb) Depressionen. Tilia, Klingenmünster, S 91–116

Kay J, Bienenfeld D, Slomowitz M et al. (1991) Use of tricyclic antidepressants in recipients of heart transplants. Psychosomatics 32: 165–170

Kelly WF, Checkley SA, Bender DA, Mashiter K (1983) Cushing's syndrome and depression – a prospective study of 26 patients. Br J Psychiatry 142: 16–19

Kimmel PL, Weihs K, Peterson RA (1993) Survival in hemodialysis patients: the role of depression. J Am Soc Nephrol 4: 12–27

Kling MA, Roy A, Doran AR et al. (1991) Cerebrospinal fluid immunoreactive corticotropin-releasing hormone and adrenocorticotropin secretion in Cushing's disease and major depression: potential clinical implications. J Clin Endocrinol Metab 72: 260–271

Koenig R, Levin SM, Brannum J (1967) The emotional status of cancer patients as measured by a psychological test. J Chronic Dis 20: 923–930

Kornstein SG, Gardner DF (1993) Endocrine disorders. In: Stoudemire A, Fogel BS (eds) Psychiatric care of the medical patient. Oxford University Press, New York Oxford

Krupp LB, LaRocca NG, Muir J, Steinberg AD (1990) A study of fatique in systemic lupus erythematosus. J Rheumatol 17: 1450–1452

Ladwig KH, Roell G, Breithardt G et al. (1994) Postinfarction depression and incomplete recovery 6 months after acute myocardial infarction. Lancet 343: 20–23

Leedom L, Feldman M, Procci W, Zeidler A (1991) Symptoms of sexual dysfunction and depression in diabetic women. J Diabetic Complications 5: 38–41

Lindal E (1990) Post-operative depression and coronary bypass surgery. Int Disability Studies 12: 70–74

Lustman PJ, Griffith LS, Clouse RE (1988) Depression in adults with diabetes. Results of 5-yr follow-up study. Diabetes Care 11: 605–612

Lustman PJ, Freedland KE, Carney RM et al. (1992) Similarity of depression in diabetic and psychiatric patients. Psychosomatische Medizin 54: 602–611

Magner MG (1991) Psychiatric morbidity in outpatients with systemic lupus erythematosus. South African Med J 80: 291–293

Marcus MD, Wing RR, Guare J et al. (1992) Lifetime prevalence of major depression and its effect on treatment outcome in obese type II diabetic patients. Diabetes Care 15: 253–255

Massie MJ, Holland JC (1987) The cancer patient with pain: Psychiatric complications and their management. Med Clin North Am 71: 243–258

Mayeux R, Stern Y, Williams JB et al. (1986) Clinical and biochemical features of depression in Parkinson's disease. Am J Psychiatry 143: 756–759

Mayeux R, Stern Y, Sano M et al. (1988) The relationship of serotonin to depression in Parkinson's disease. Movement Disorder 3: 237–244

Menza MA, Robertson-Hoffman DE, Bonapace AS (1993) Parkinson's disease and anxiety: comorbidity with depression. Biol Psychiatry 34: 465–470

Morton RF, Davies ADM, Baker J et al. (1984) Quality of Life in treated head and neck cancer patients: A preliminary report. Clin Otolaryngol 9: 181–185

Murphy BE (1991) Steroids and depression. J Steroid Biochem Molec Biol 38: 537–559

Naber D, Bullinger M, Holzbach R, Preuss U (1992) Das Durchgangssyndrom am Beispiel von Psychosen nach Operationen am offenen Herzen. Intensivmed 29: S 1, 14–18

North CS, Alpers DH, Helzer JE et al. (1991) Do life events or depression exacerbate inflammatory bowel disease? A prospective study. Ann Intern Med 114: 381–386

Omdal R, Mellgren SI, Husby G (1988) Clinical neuropsychiatric and neuromuscular manifestations in systemic lupus erythematosus. Scand J Rheumatol 17: 113–117

Palinkas LA, Barrett-Connor E, Wingard DL (1991) Type 2 diabetes and depressive symptome in older adults: a population-based study. Diabetic Medicine 8: 532–539

Paschke R, Harsch I, Schlote B et al. (1990) Sequential psychological testing during the course of autoimmune hyperthyroidism. Klin Wochenschrift 68: 942–950

Peterson RA, Kimmel PL, Sacks CR et al. (1991) Depression, perception of illness and mortality in patients with end-stage renal disease. Int J Psychiatry Med 21: 343–354

Plumb MM, Holland JC (1977) Comparative studies of psychological functions in patients with advanced cancer: I. Self-reported depressive symptoms. Psychosom Med 39: 264–276

Plumb MM, Holland JC (1981) Comparative studies of psychological functions in patients with advanced cancer: II. Interviewer rated current and past psychological symptoms. Psychoso Med 43: 243–254

Popklin MK, Callies AL, Lentz RD et al. (1988) Prevalence of major depression, simple phobia, and other psychiatric disorders in patients with long-standing type I diabetes mellitus. Arch Gen Psychiatry 45: 64–68

Porcelli P, Zaka S, Centonze S, Sisto G (1994) Psychological distress and levels of disease activity in inflammatory bowel disease. Ital J Gastroenterol 26: 111–115

Raymer D, Weininger O, Hamilton JR (1984) Psychological problems in children with abdominal pain. Lancet 1: 439-440
Robertson DA, Ray J, Diamond I, Edwards JG (1989) Personality profile and affective state of patients with inflammatory bowel disease. GUT 30: 623-626
Robins E, Guze S (1972) Classification of affective disorders. In: Recent advantages in the psychobilogy of the depressive illnesses. Governm Print Off, Washigton
Schleifer SJ, Macari-Hinson MM, Coyle DA et al. (1989) The nature and course of depression following myocardial infarction. Arch Intern Med 149: 1785-1789
Schleifer SJ, Slater WR, Macari-Hinson MM et al. (1991) Digitalis and beta-blocking agents: effects on depression following myocardial infarction. Am Heart J 121: 1397-1402
Schlote B, Nowotny B, Schaaf L et al. (1992) Subclinical hyperthyroidism: physical and mental state of patients. European Arch Psychiatry Clin Neurosci 241: 357-364
Schneebaum AB, Singleton JD, West SG et al. (1991) Association of psychiatric manifestations with antibodies to ribosomal P proteins in systemic lupus erythematosus. Am J Med 90: 54-62
Shulman R, Price JD, Spnelli J (1989) Biopsychosocial aspects of long-term survival on end-stage renal failure therapy. Psychologie Medicale 19: 945-954
Song JY, Merskey H, Sullivan S, Noh S (1993) Anxiety and depression in patients with abdominal bloating. Can J Psychiatry 38: 475-479
Sonino N, Fava GA, Belluardo P et al. (1993) Course of depression in Cushing's syndrome: response to treatment and comparison with Graves disease. Horm Res 39: 202-206
Spiegel D (1991) Psychological aspects of cancer. Curr Opin Psychiatry 4: 889-897
Starkstein SE, Robinson RG (1991) Dementia of depression in Parkinson's disease and stroke. J Nerv Ment Dis 179: 593-601
Starkstein SE, Berthier ML, Bolduc PL et al. (1989) Depression in patients with early versus late onset of Parkinson's disease. Neurology 39: 1441-1445
Starkstein SE, Preziosi TJ, Bolduc PL, Robinson RG (1990) Depression in Parkinson's disease. J Nerv Ment Dis 178: 27-31
Steinberg R (1991) (Hrsg) Depressionen. Tilia, Klingenmünster
Voight KH, Bossert S, Bretschneider S et al. (1985) Disturbed cortisol secretion in man: contrasting Cushing's disease and endogenous depression. Psychiatry Res 15: 341-350
Walker EA, Roy-Byrne PP, Katon WJ et al. (1990) Psychiatric illness and irritable bowel syndrome: a comparison with inflammatory bowel disease. Am J Psychiatry 147: 1656-1661
Weyerer S, Hewer W, Pfeifer-Kurda M, Dilling H (1989) Psychiatric disorders and diabetes - results from a community study. J Psychosom Res 33: 633-640
Wing RR, Marcus MD, Blair EH et al. (1990) Depressive symptomatology in obese adults with type II diabetes. Diabetes Care 13: 170-172
Ziegler G, Müller F (1986) Zur Prävalenz und Ätiologie psychischer Probleme bei Tumorpatienten. Onkologie 9: 18-26

Depression im Gefolge von Hirninfarkten

H. C. Hopf und S. Schlegel

Depressive Symptome, die die Kriterien der "Minor Depression" (MiD) oder "Major Depression" (MaD) nach DSM-III-R erfüllen, wurden als spezifische Symptombildung im Gefolge von Hirninfarkten herausgestellt (Folstein 1977; Finklestein et al. 1982; Fedoroff et al. 1991). Dem Hirninfarktgeschehen soll dabei andere, und zwar prädisponierende Bedeutung zukommen als sonstigen zerebralen Schädigungen, beispielsweise Hirntraumen (Jorge et al. 1993). Wir wollen die bislang dazu vorliegenden Erkenntnisse sichten und herausstellen, was heute als gesichertes Wissen angesehen werden kann.

Häufigkeit und zeitliche Aspekte

Entgegen dem allgemeinen Eindruck zeigte sich, daß depressive Symptome nach Hirninfarkten sehr häufig sind. Allerdings schwanken die Angaben der einzelnen Autoren dazu extrem, nämlich zwischen etwas unter 20% als untere Grenze und über 65% als obere Grenze (Robinson u. Szela 1981; Robinson u. Price 1982; Ross et al. 1986, Schubert et al. 1992a). Die meisten Angaben liegen zwischen rund 20% (Sharpe et al. 1990; Ebrahim et al. 1987) und rund 40% (Sinyor et al. 1986a; Finklestein et al. 1982; Eastwood et al. 1989; Fedoroff et al. 1991). Diese Zahlen sind im Vergleich zu 8,5–10% spontan auftretender Depression in Kontrollgruppen aus älteren Patienten ohne Hirninfarkt oder andere hirnorganische Krankheiten zu sehen (Dam et al. 1989; House et al. 1990). Die Frequenz scheint im Verlauf der Krankheitsentwicklung, d. h. mit dem Abstand zum Infarktereignis zu variieren. Ein depressives Syndrom wird um den Zeitpunkt von 6 Monaten nach dem Infarktereignis am häufigsten gefunden (Robinson et al. 1984b; Sinyor et al. 1986a; Sharpe et al. 1990), im weiteren Verlauf aber zunehmend seltener (Robinson u. Price 1982; Robinson et al. 1984c). Während die Dauer der depressiven Episoden nach supratentoriellen Infarkten etwa 6–12 Monate beträgt (Robinson u. Price 1982; Wade et al. 1987), ist für Hirnstamm- und Kleinhirninfarkte eine deutlich kürzere Zeitspanne herausgestellt worden (Starkstein et al 1988b), übrigens ähnlich wie für Depression nach Hirntrauma (Jorge et al. 1993).

Diese Daten über Häufigkeit und Dynamik legen eine Verknüpfung von depressiver Verstimmung mit dem Hirninfarktereignis nahe. Zahlreiche Autoren haben zu den Bezugsgrößen, deren mögliche Einflußnahme vermutet wurde, Stellung genommen. Gegenstand der Diskussion waren hauptsächlich läsionelle Bedingungen im Sinne eines spezifischen hirnlokalen Faktors. Reaktive Momente sind demgegenüber weniger detailliert untersucht worden (Binder 1984). Einzelne mögliche Entstehungsbedingungen sind in nachfolgender Übersicht aufgelistet.

Mögliche Beziehungen: Hirninfarkt und Depression

→ Depression ist Folge der organischen Läsion,
Korrelation zum zeitlichen Ablauf,
zum Umfang der Läsion,
zur betroffenen Hirnhälfte,
zur Hirnregion,
zu (überdauernder) Perfusionsstörung.

→ Depression ist Reaktion aufs Erkranktsein,
Korrelation zum Erleben von Erkranktsein,
zum Erleben von Lebensbedrohung,
zum Behindertsein,
zu Ausmaß und Art des Behindertseins,
zum Lebensalter.

Zu jedem Einzelaspekt existieren Arbeiten, die einen positiven Einfluß als belegt annehmen, wie es auch Arbeiten gibt, die einen Zusammenhang nicht bestätigen konnten oder sogar negieren. Interessanter Weise hat die Untersuchergruppe um Robinson, die mit ihren von ein und derselben kontinuierlich beobachteten Ausgangsgruppe abgeleiteten Befunden die Thematik von 1981 bis 1990 dominierte, ihre Aussagen schrittweise abgeändert (Tabelle 1). Die anfängliche Zuordnung von Depression zu frontalen, vornehmlich linksseitigen Läsionen wurde unter dem Eindruck von Publikationen anderer Autoren stark relativiert und nur noch für eine Patientengruppe mit okzipitaler Asymmetrie aufrechterhalten. Zugleich wurde das depressive Syndrom quasi aufgebrochen, indem verschiedene Qualitäten daraus, nämlich Angstsymptomatik und Trauer, als Lokalsymptome unterschiedlicher Hirnregionen interpretiert wurden (Castillo et al. 1993).

Tabelle 1. Änderung der Zusammenhangsaussage 1981 - 1993

1981 Annals	n = 29	anterior > posterior
1982 Stroke	n = 103	li. Hemisphäre > re.
1983 Stroke	n = 103	li. frontal
1984 Brain	n = 36	li. frontal + re. posterior
1985 JNMD	n = 103	li. anterior
1987 Brain	n = 45	li. anterior s> re. posterior
1988 Brain	n = 79	li. cerebri media > posterior
1989 BJP	n = 93	li. andere Ursache als re.
1991 JNCN	n = 56	nur bei okzipitaler Asymmetrie
1991 AJP	n = 205	li. (54%) > re. (35%)
1993 JNMD	n = 309	li. Depression/re. Angst anterior Trauer/posterior Angst

> mehr als; s> schwerer als.
(Robinson u. Szela 1981; Robinson u. Price 1982; Robinson et al. 1983; Robinson et al. 1984a; Robinson et al. 1985b; Starkstein et al. 1987, 1988a, 1989, 1991; Fedoroff et al. 1991; Castillo et al. 1993)

Analyse der Untersuchungskriterien

Was läßt sich nun aus den vielen Publikationen zu diesem Thema als gesicherte Erkenntnis herausschälen?

Parameter der Organläsion

Die Analyse hat zunächst die Meßmethoden kritisch zu beleuchten. Die Abklärung und Einschätzung der organischen Beeinträchtigung durch Hirninfarkte gehört zur klinischen Routine und erscheint auf den ersten Blick unproblematisch. Für die Graduierung und Behinderung stehen verschiedene Skalierungen zur Verfügung und für die Bemessung des Infarktareals und die Festlegung der betroffenen Hirnregion kann auf das CCT zurückgegriffen werden.

Von den verschiedenen Untersuchergruppen wurde die *körperlich-neurologische Beeinträchtigung* entweder nach selbst erarbeiteten Skalen zur Funktionsfähigkeit (Zerfaß et al. 1992) oder nach verschiedenen bereits publizierten und anderweitig erprobten Skalierungssystemen beurteilt (Fedoroff et al. 1991; Grasso et al. 1994; Sinyor et al. 1986 a; Morris et al. 1993; Mouse et al. 1990; Sharpe et al. 1990).

Diagnostische Testverfahren (Behinderung)

- Stroke Data Bank - Kriterien,
- Barthel Index,
- Physiotherapie Index für Motorik,
- Physiotherapie Index für Selbständigkeit,
- Johns Hopkins Functioning Inventory,
- Rankin Handicap Scale,
- Frenchay Activity Index.

Auch wenn wohl davon ausgegangen werden kann, daß dem Grunde nach Gleiches gemessen wird, sind die Gewichtungen anders verteilt und Unterschiede in der Graduierung sind nicht auszuschließen. Daraus könnten aber gerade für schwach korrelierende Bezugsgrößen Änderungen der Signifikanzen erwachsen. Die *Sprachfunktion* wurde mit dem Token-Test oder dem Frenchay-Aphasia-Screening überprüft. Patienten mit schwerer Aphasie wurden regelmäßig, solche mit leichter Aphasie jedoch oft nicht ausgeschlossen (Dam et al. 1989; Sharpe et al. 1990; Zerfaß et al. 1992). Wieweit leichte aphasische Störungen Einfluß nehmen, ist deshalb letztlich nicht bekannt.

Die *intellektuelle Beeinträchtigung* wurde durchgängig an Hand desselben Testverfahrens bemessen, und zwar mit dem Mini-Mental-State-Examination (MMS). Ausgeprägte Abweichungen wurden von einzelnen Autoren ausgeschlossen (Ebrahim et al. 1987; Eastwood et al. 1989; Zerfaß et al. 1992), leichte fließen aber überall mit ein.

Für alle 3 Parameter, nämlich die körperliche Behinderung, die Sprachstörung und die intellektuelle Beeinträchtigung, bleibt unklar, ob die Gewichtung nach derjenigen Behinderung, die vom individuellen Patienten subjektiv als am gravierendsten empfunden wurde, Bedeutung hat; aus keiner Publikation ist darüber etwas zu entnehmen.

Zur Beurteilung von *Lage und Größe des Infarktareals* wurde stets das CCT herangezogen. Größenmaß war meist die Fläche in cm^2 je Schicht, bezogen entweder auf die Schicht mit dem größten Hirnumfang (Robinson et al. 1985 a) oder auf die Schicht mit der größten Läsion (Zerfaß et al. 1992), was leicht unterschiedliche Aussagen ergibt. Der Zeitpunkt der CCT-Untersuchung variiert in verschiedenen Studien zwischen 7 und 1920 Tagen nach Infarkteintritt (Schlegel 1994). Ob aber die Ödemphase im Frühstadium des Infarktgeschehens immer ausgeschlossen wurde, in der die Relation anders ist als im späten Demarkationsstadium, läßt sich den Arbeiten nicht entnehmen. Aufgrund der heute bekannten Befunde muß weiter berücksichtigt werden, daß die darstellbaren

Läsionen durch im CCT nichtfaßbare Veränderungen erweitert oder ergänzt sein können. In diesem Zusammenhang erscheint von Bedeutung, daß

a) rund 1/4 der einseitigen ischämischen Ereignisse mehr als eine Schädigungslokalisation aufweisen (Tettenborn 1993, 1994),
b) gerade bei subkortikalen Infarkten Perfusionsstörungen bzw. metabolische Veränderungen in angrenzenden und weit über das eigentlich als Infarkt erkennbare Areal hinausgehenden Hirnregionen gefunden wurden (Pappata et al. 1990; Baron et al. 1986; Peräni et al. 1988; Lassen et al. 1981) und
c) das Phänomen der Diaschisis in diesem Kontext noch keine Berücksichtigung gefunden hat (Fazekas et al. 1993; Pantano et al. 1987).

Die Bedeutung funktioneller Störungen ohne nachweisbare Strukturveränderungen für die Depression wurde erst kürzlich am Beispiel von Infarktpatienten mit Minderperfusion des mesiotemporalen Kortex aufgezeigt (Grasso et al. 1994). Andere Autoren fanden Korrelationen zur Größe des minderperfundierten Hirnareals (Schwartz et al. 1990) sowie dem Vorliegen einer globalen zerebralen Minderperfusion (Yamaguchi et al. 1992). Diese Befunde korrespondieren teilweise mit denen über Hypoperfusion bzw. Hypometabolismus bei depressiven Patienten mit Parkinson-Syndrom (Mayberg et al. 1990) oder Chorea Huntington (Mayberg et al. 1992) sowie mit denen bei depressiven aber sonst „organisch" gesunden Patienten (Post et al. 1987, Baxter et al. 1989). Diese funktionsbezogenen Untersuchungen führen zu ganz neuen Fragen, sie sich aus den älteren Arbeiten zu dieser Thematik nicht beantworten lassen.

Das Fazit für den neurologischen Aspekt bzw. die Beurteilung der organischen Parameter ist, daß der gesamte Komplex aus Behinderungsgrad, Schädigungsausmaß und Schädigungslokalisation nach Kriterien über Schädigungsmechanismus und Nachweisbarkeit neu definiert und eine Standardisierung für Graduierung und Gewichtung der Behinderung erarbeitet werden muß.

Psychopathologie

Die psychopathologische Phänomenologie der Depression bei Patienten mit Hirninfarkt unterscheidet sich nicht grundsätzlich von denen bei Patienten mit Depression ohne organischen Hintergrund (Lipsey et al. 1986, Robinson et al. 1987). Dies ist vor dem Hintergrund des diagnostischen Instrumentariums verständlich, das erst vor kurzem kritisch gewürdigt wurde (McNamara et al. 1991, Zerfaß et al. 1992). Aber auch der Dexamethason-Suppressionstest fällt in beiden Gruppen gleichsinnig aus (Lipsey et al. 1985).

In den verschiedenen Publikationen wurden unterschiedliche Diagnoseinstrumente oder Ratingskalen alternativ oder ergänzend eingesetzt.

Diagnostische Testverfahren (Psychopathologie)

1	Diagnostisches und statistisches Manual psychischer Störungen
1	Present State Examination
1	Research Diagnostic Criteria
1	General Health Questionaire
2	Hamilton Depression Scale
2	Beck Depression Inventory
2	Hopkins Symptoms Checklist
2	Composite Depression Index
2	Hospital Anxiety and Depression Scale
2	Geriatric Depression Scale
2	Depression Adjective Checklist
2	Wakefield Selfassessment Depression Inventory
3	Zung Self-rating Depression Scale

1 Diagnoseinstrumente, 2 Fremdratings, 3 Selbstratings.

Einige der Bezugsskalen sind nocht nicht für Patienten in Deutschland adaptiert. Am häufigsten wurde die Hamilton Depression Scale (HAMD) verwendet, vor allem von der Gruppe um Robinson. In einer Pilotstudie an 12 konsekutiv untersuchten Patienten mit Hirninfarkt stellte Schlegel (1994) fest, daß die DSM-III-R Kriterien bei keinem dieser Patienten eine (MaD) zu diagnostizieren erlaubte. Gleichwohl ergab sich in der HAMD ein auffällig hoher Punktwert, der jedoch vornehmlich auf die Wertung in den „somatischen" Beschwerdekategorien zurückzuführen war. Ist also die HAMD der richtige Maßstab für die Fremdbeurteilung des Beschwerdegrades?

Sowohl die DSM-III-R als auch die HAMD enthalten Symptome, die häufig bei Infarktpatienten als Ausdruck der allgemeinen Hirnparenchymschädigung beobachtet werden (Schlafstörungen, Müdigkeit, Erschöpfbarkeit, Schweregefühl, Konzentrationsstörungen, Kopf- und Muskelschmerz, Gewichtsverlust). Andere Symptome gelten als charakterisierende Merkmale auch bei Patienten mit Schädigung der Frontalhirnkonvexität (Tabelle 2). Dies scheint durch die Befunde von Zerfaß et al. (1992) unterstrichen zu werden, die bei 30 Patienten einen signifikanten Bezug zu einer frontalen Schädigungslokalisation fanden, und zwar unabhängig von der Seitenzuordnung (Tabelle 3). Fedoroff et al. (1991) meinen allerdings, daß nach dem von ihnen herausgearbeiteten Symptomspektrum depressive und nichtdepressive Infarktpatienten bei gleicher körperlicher Beeinträchtigung unterschieden werden könnten (Tabelle 4).

Tabelle 2. Symptome des Frontalhirnsyndroms (Konvexität)

Korrespondiert mit DSM-III-R	
Antriebsstörung	
Vernachlässigung der Pflichten	2)
Arbeitsunlust	2)
Motorische Verlangsamung	5)
Mangelnde Ausdauer	6)
Denkverlangsamung	8)

2)–8) s. DSM-III-R-Kriterien.

Ein zusätzlicher differenzierender Aspekt muß vielleicht abhängig vom zeitlichen Ablauf berücksichtigt werden. Robinson et al. (1985b) interpretierten depressive Symptome, die sich im Verlauf der ersten 6 Monate nach dem Infarktereignis entwickelten,

Tabelle 3. Hirninfarkt und Depression (Zerfaß et al. 1992)

30 Patienten	
Re.- und li.-seitige Läsionen	bis 23 cm^2
Minimental State Score	>20
Keine deutliche Aphasie	
Hamilton Depression Score	6,5 ± 5,9
Zung Scale Score	45,2 ± 10,6
„Depressions"bezug	Läsionsgröße – Hemisphäre – Behinderung – Frontalpol + Kognition +

Tabelle 4. Symptomhäufigkeit (%) bei zerebralem Insult. (Nach Fedoroff et al. 1991)

	depr.	nicht-depr.
Autonome Symptome		
Morgendepression	56	8
subjektive Anergie	56	24
Angst	49	10
Einschlafstörung	44	21
Libidoverlust	41	10
Zukunftsangst	40	9
Psychologische Symptome		
Trauer	69	23
Hoffnungslosigkeit	48	13
Grübeln	42	7
Irritabilität	40	11
Beziehungsideen	38	8
soziale Isolierung	36	8

eher als Reaktion auf die Behinderung, während eine Depression in der aktuellen Krankheitssituation eher als hirnlokales Symptom aufzufassen sei.

Parameter der intellektuellen Beeinträchtigung

Die Aussagen zur intellektuellen Beeinträchtigung von Hirninfarktpatienten und ihre Korrelation zur Depression haben sich im Laufe der letzten Jahre verändert. Die intellektuelle Leistungsfähigkeit, gemessen am MMS, korreliert mit dem Läsionsvolumen, der Hirnatrophie und dem Alter (Robinson et al. 1984b; Wade et al. 1987), was im Grunde zu erwarten ist. Anders, als früher angenommen wurde, kann jedoch die Depression nicht mehr als Folge der intellektuellen Beeinträchtigung aufgefaßt werden (Robinson u. Price 1982; Starkstein et al. 1988a, 1989; Eastwood et al. 1989; House et al. 1990). Vielmehr wirkt sich ein depressives Syndrom, sofern es im Gefolge eines Hirninfarktereignisses auftritt, im Sinne einer zusätzlichen intellektuellen Leistungsminderung aus, jedenfalls in niedrigeren Punktwerten im MMS (Bolla-Wilson et al. 1989; Robinson et al. 1986; Starkstein et al. 1988b).

Depression und Outcome

Der Einfluß des sozialen Bezugs zu Infarktereignis und Depression wird ähnlich gesehen. Keinen Zusammenhang von Depressivität mit der Einschränkung der Selbständigkeit des Patienten ("activities of daily living") konstatieren einige Autoren (Stern u. Bachmann 1991; Dam et al. 1989; Starkstein et al. 1988 b; Ebrahim et al. 1987). Dieses Ergebnis trifft auch für die Bewältigungsstrategien von Behinderung zu (Sinyor et al. 1986 b). Auch hierfür ist eher davon auszugehen, daß sich eine Depression bei Infarktpatienten negativ auf die Bewältigung des Krankheitsgeschehens wie der Behinderung und auf die soziale Reintegration auswirkt (Feibel u. Springer 1982; Eastwood et al. 1989; Robinson et al. 1985 a; Robinson u. Forester 1993).

Diese beiden letztgenannten Bezüge haben unmittelbare Konsequenzen. Entsprechend den erwähnten Beobachtungen, daß nach ihrem Hirninfarkt depressiv gewordene Patienten schlechtere kognitive Leistungen erbringen und im Verlauf weniger gute soziale Einbindungen aufweisen, fand sich die Dauer der Rehabilitation deutlich verlängert (Schubert et al. 1992 b; Starkstein u. Robinson 1989) und die bleibende Behinderung war ausgeprägter oder im Verlauf sogar verschlechtert (Sinyor et al. 1986 b; Robinson u. Forester 1993). Dies spiegelt sich auch in einer deutlich ungünstigeren Prognose von Infarktpatienten mit Depression, von denen 70 % im Verlauf von 10 Jahren verstarben, im Vergleich zu 41 % des nichtdepressiven Kollektivs (Morris et al. 1993; Tabelle 5). Besonders betroffen scheint die Patientengruppe, die nurmehr geringe soziale Bindungen erhalten oder wieder aufbauen konnte. Sie schnitt mit 90 % Mortalität im 10 Jahreszeitraum am schlechtesten ab.

Tabelle 5. Depression bei Hirninfarkt: Prognose. (Nach Morris et al. 1993)

10-Jahresverlauf	Sterberate
Patienten ohne Depression	41 %
Patienten mit Depression	70 %
Depression + geringe soziale Integr.	90 %

Konsequenzen für die Therapie

Daraus ist nach unserem derzeitigen Wissen die Notwendigkeit einer Therapie abzuleiten.

Depression bei Hirninfarkt: Therapie
Tri- und tetrazyklische Antidepressiva
Andere Antidepressiva
Additiv: fraglich L-Dopa/Amantadinsulfat
Soziale Einbindung
= > Abkürzung der Rehabilitationsphase
= > Verbesserung des Reha-Ergebnisses
= > Verringerung der 10-Jahresmortalität

Von Nortriptilen (Lipsey et al. 1984) und Trazodon (Reding et al. 1986) ist ein positiver Effekt beschrieben. Auch Elektrokrampfbehandlung wurde erfolgreich angewendet (Currier et al. 1992), zwar ohne Verschlechterung vorbestehender zerebraler Ausfallssymptome, jedoch mit Rückfällen bei 1/3 und Therapiekomplikationen bei 1/4 der Patienten, darunter vor allem Verwirrtheitszustände und Amnesie.

Zusammenfassung

Das praktisch bedeutsame Ergebnis dieser Übersicht ist, daß bei Patienten mit Hirninfarkt speziell auf die Entwicklung einer depressiven Verstimmung geachtet werden muß. Falls sie festgestellt wird, ist eine adäquate antidepressive Behandlung indiziert, um die Rehabilitation möglichst effektiv zu gestalten und abzukürzen. Dazu bietet sich eine medikamentöse Therapie an, ohne daß bekannt ist, ob eine Substanz besonders wirksam ist. Es gibt Einzelbeobachtungen, daß vielleicht auch Amantadinsalze und L-Dopa einen die Rehabilitation verbessernden Effekt haben (Hacki et al. 1990), was plausibel erscheint, zumal wenn sich herausstellen sollte, daß die Störung des Antriebs entscheidender Faktor ist. Die Elektrokrampfbehandlung sollte therapieresistenten Ausnahmefällen vorbehalten bleiben. Für die Überlebensprognose scheint auch von Belang, daß Infarktpatienten ins häusliche, d. h. familiäre Milieu zurückkommen, insbesondere in tragfähige soziale Bezüge eingebunden werden. Heimbetreuung scheint demgegenüber ungünstig. Die vielen anderen Aspekte bleiben ungeklärt, so ob man eine Frühdepression von einer mit späterer Entwicklung abgrenzen muß, ob die Infarktlokalisation für das Auftreten einer Depression Bedeutung hat, ob und wieweit sich organische und reaktive Momente für die Entwicklung einer Depression differenzieren lassen bzw. ergänzen. Sowohl für das neurologisch-organische als auch das psychiatrisch-psychopathologische Instrumentarium zum Nachweis von Störungen und deren Wichtung bedarf es des Konsenses, der Standardisierung und Evaluation, wenn zukünftig verläßlichere Aussagen erreicht werden sollen.

Diskussion

Frage: Ich wollte Ihre Methodenkritik weiterführen. Sie haben eine Arbeit präsentiert, in der eine Hamilton-Skala offenbar als Indikator für das Vorliegen einer Depression verwendet wurde. Das ist ein Mißbrauch der Hamilton-Skala. Sie mißt den Schweregrad der Depression, nachdem klinisch eine Depression diagnostiziert worden ist. Es handelt sich nicht um ein diagnostisches Instrument.

Anmerkung: Das ist ein wichtiger Punkt. Das gilt nicht nur für die Hamilton-Skala, sondern gilt für alle Depressionsskalen. Diese sind geeignet für die Messung der Depressivität bei klinisch vordiagnostizierter Depression.

Antwort: In einigen amerikanischen Arbeiten, vor allem in Arbeiten der Robinson-Gruppe, wird tatsächlich diese Hamilton-Skala methodisch verwendet, um damit Depressionen zu diagnostizieren. Es geht aus diesen Arbeiten nicht hervor, daß andere Kriterien, wie z. B. die Kriterien des DSM-III angewendet wurden. Worauf Sie abheben, sind die Untersuchungen von Zerfaß und von Frau Schlegel. Hier wurde zunächst die Diagnose gestellt nach Kriterien des DSM-III-R. Für die Erfassung des Schweregrades der

Depressivität wurde die Hamilton-Skala angewendet. Hierbei wurden auf dieser Skala Punktwerte erzielt, die in etwa denjenigen entsprachen, wie man sie von Patienten mit "major depression" kennt. Was bedeutet das? Kann man mit diesen Werten etwas anfangen, wenn die Patienten nach eigentlichen diagnostischen Kriterien gar nicht sehr depressiv sind?

Frage: Sie haben aus der Literatur herausgearbeitet, daß Depression ein kurzfristiger prognostischer Indikator ist. Gibt es Hinweise darauf, ob die Behandlung mit Antidepressiva die Prognose günstig beeinflußt, z. B. die Überlebensrate verlängert? Gibt es Hinweise aus der Literatur, daß zusätzlich motivierende psychosoziale Maßnahmen, z. B. die Förderung der Teilnahme von Patienten an Rehabilitationsprogrammen, eine Verbesserung der Lebensprognose mit sich bringen?

Antwort: Es gibt Anhaltspunkte dafür, daß die antidepressive Therapie tatsächlich die Rehabilitationsdauer verkürzt und eine bessere funktionelle Prognose bewirkt. Hierbei handelt es sich aber nur um eine Kurzzeitbeobachtung. Morris und Mitarbeiter stellen fest: Wenn die Patienten in einen besseren sozialen Bezug zu bringen sind, dann ist die Mortalität niedriger, als wenn das nicht erreichbar ist.

Frage: Können denn Antidepressiva in einer solchen Situation den fehlenden sozialen oder familiären Kontext ersetzen?

Antwort: Da gibt es keine Literatur dazu, man könnte es aber spekulieren.

Frage: Eine Frage an die psychiatrischen Kollegen: Es klang vorhin an, als ob Sie das Patentrezept zur Erfassung der organisch gefärbten Depression vorlegen könnten. Haben die Psychiater ein Instrumentarium, z. B. einen Fragebogen, mit dem ich herausbekommen kann: der Kranke hat eine "major depression"? Haben Sie so ein Instrumentarium zur Hand? Wie machen Sie das in Ihrem Konsiliardienst?

Anmerkung: Im Konsiliardienst würde ich nicht mit einer Skala arbeiten, da würde ich mich auf mein klinisches Urteil verlassen. Es gibt solche Mittel zur Kontrolle von Therapie. Zur Therapieerfolgskontrolle können die klassischen Skalen angewendet werden, z. B. auch die Hamilton-Skala. Das Problem ist aber, daß bei organischen Depressionen ein Teil der Items dieser Skalen nicht unbedingt Depressionssymptome erfassen, sondern daß sie Symptome der organischen Grunderkrankungen feststellen. Das Problem kann man nur lösen, indem man diese Skala, wenn Sie so wollen, individualisiert und kritische Punkte, die für den betreffenden Patienten nicht geeignet erscheinen, vielleicht herausnimmt. Dann würde es sich um eine individualisierte Skala handeln, die aber nicht mehr normiert ist.

Frage: Inwieweit werden die Ergebnisse der Depressionsskala durch die zerebralen Durchblutungsstörungen selbst beeinflußt? Hängt dies auch von der Lokalisation der ischämischen Schädigung ab?

Antwort: Es zeigt sich durchweg, daß Patienten mit frontalen Hirnläsionen schlechter abschneiden als andere. Dies hängt damit zusammen, daß diese Patienten, die zumeist Konvexitätsveränderungen aufwiesen, häufig unter Antriebsstörungen litten, die von der

Skala als depressives Syndrom interpretiert werden. Das bedeutet aber nicht unbedingt, daß diese Patienten keine Depression haben. Wenn man nämlich andererseits die Therapieeffekt sieht, wonach Patienten unter Therapie mit Antidepressiva besser rehabilitierbar waren, dann könnte man annehmen, daß der antidepressive Effekt wirksam war. Man könnte dann rückschließen, daß es sich doch um eine Depression gehandelt haben muß. Hier bestehen aber sehr viele Unabwägbarkeiten.

Frage: Diese Überlappung von fraglichen depressiven Symptomen mit hirnorganischen Symptomen ist ja nicht nur ein Skalenproblem, sondern es handelt sich auch um ein klinisches Problem. Wie soll man dieses Antriebsdefizit eines so geschilderten Patienten zuordnen? Man könnte es als Folge der hirnorganischen Schädigung auffassen. Man könnte aber auch etwas komplexer sagen: Der Antriebsmangel hat einen hirnorganischen Anteil, er kann aber auch teilweise Ausdruck einer depressiven Verstimmung sein.

Antwort: Der Vergleich der Symptome infolge supratentorieller Läsion mit den Befunden infolge infratentorieller Schädigung liefert etwas Klarheit. Patienten mit supratentoriellen Läsionen schneiden in Depressionsskalen schlechter ab also solche mit infratentoriellen Läsionen. Subratentorielle Hirninfarkte führen vielleicht in ihrem organischen Läsionsmuster zu Symptomen, die fälschlich der Depression zugeordnet werden.

Frage: Patienten, die wir sehr intensiv überzeugen müssen über den Sinn einer antidepressiven Therapie, sind im allgemeinen mit der höchsten Nebenwirkungsrate behaftet. Was machen Sie mit Ihrem Schlaganfallpatienten? Wie sind die Erfolge der antidepressiven Therapien nach Ihrer Erfahrung? Von welchen Kriterien lassen Sie sich leiten in der Entscheidung, ob Sie den Patienten von einer antidepressiven Therapie überzeugen?

Antwort: Wir beginnen bei uns in der Klinik mit ersten Schritten in dieser Richtung, weil wir das Problem der Depression bei Schlaganfallpatienten früher weitgehend ausgeblendet haben. Nach Kenntnis der Literatur ist in meinen Augen eine medikamentöse Therapie im allgemeinen sinnvoll. Auf der anderen Seite scheint mir die Basis an Studien, die für die Indikation zur antidepressiven Therapie sprechen, noch zu dünn, um daraus eine allgemeine Empfehlung abzuleiten.

Frage: Sie haben zwei Medikamente erwähnt: Notriptilin und Trazodon. Es gibt wohl zwei Erklärungen für die Erwähnung dieser beiden Substanzen. In den US-amerikanischen Studien sind offenbar nur diese beiden Substanzen verfügbar. Notriptilin ist Mittel erster Wahl bei der Behandlung mit trizyklischen Antidepressiva in den USA für ältere Patienten und für sog. kardiovaskuläre Risikopatienten. Notriptilin hat mit weitem Abstand unter den trizyklischen Antidepressiva die geringsten kardiovaskulären Nebenwirkungen. Trazodon ist ebenfalls eine Substanz, die kardiovaskulär, vor allem hinsichtlich der Blutdruckauswirkungen weniger oder keine Probleme bereitet. Das dürfte ein entscheidender Faktor in der Überlegung sein, welche Medikamente bei Patienten mit Hirninfarkt eingesetzt werden sollen, weil diese Kranken häufig einen Hypertonus und andere kardiovaskuläre Risikofaktoren haben. Daß umfangreiche Daten über diese beiden Substanzen in dieser Indikation vorliegen, ist also bedingt auch durch ihre Verfügbarkeit in den USA. Man sollte nicht folgern, daß vor allem Trazodon aufgrund seiner antidepressiven Wirkqualitäten besonders empfehlenswert wäre. Die Datenlage zur antidepressiven Wirksamkeit von Trazodon ist begrenzt. Es wäre sehr wichtig und im Sinne der Kooperation aller Disziplinen, daß wir mit neuen Substanzen, z. B. Moclobemid, Erfahrungen sammeln, denn diese Substanzen besitzen ebenfalls keine nennenswerten kardiovaskulären Nebenwirkungen.

Antwort: Ich hoffe, daß das Plädoyer, das ich mit meinem Referat halten wollte, nicht zu leise war. Ich glaube, daß es einer kooperativen Studie bedarf, um diese Befunde auf eine vernünftige Basis zu stellen und einen effektiven therapeutischen Ansatz herauszuarbeiten.

Frage: Ich wollte nochmals an die Frage anknüpfen zu den hirnlokalisatorischen Aspekten der Depression. Ausgehend von kognitiven Modellen hatte Rasch eine neuropsychologische Therapie mit bestimmten lokalisatorischen Ordnungen einzelner Elemente der Depression, emotionaler Qualität und Ausdruckskomponenten formuliert. Eine alte Frage ist, ob Depressivität links- oder rechtshemisphärisch zu lokalisieren ist. Habe ich Sie richtig verstanden, daß auch in der Lateralisierung zu bestimmten Subsymptomen der Depression keine Korrelationen bestehen?

Antwort: Mit Ausnahme der Veröffentlichung der Gruppe um Robinson, in der festgestellt wird, daß Angst mehr frontal und Trauer mehr okzipital lokalisiert sei, lassen sich keine Korrelationen zwischen dem Typ der depressiven Symptomatik und der Lokalisation der ischämischen Hirnschädigung feststellen. Es würde sich lohnen, auch diese Frage im Rahmen einer kooperativen Studie zu untersuchen.

Literatur

Baron JC, D'Antona R, Pantano P et al. (1986) Effects of thalamic stroke on energy metabolism of the cerebral cortex. Brain 109: 1243-1259

Baxter LR, Schwartz JM, Phelps ME et al. (1989) Reduction of prefrontal cortex glucose metabolism common to three types of depression. Arch Gen Psychiatry 46: 243-250

Binder LM (1984) Emotional problems after stroke. Stroke 15: 174-177

Bolla-Wilson K, Robinson RG, Starkstein SE et al. (1989) Lateralization of dementia of depression in stroke patients. Am J Psychiatry 146: 627-634

Castillo CS, Starkstein SE, Fedoroff JP et al. (1993) Generalized anxiety disorder after stroke. J Nerv Ment Dis 181: 100-106

Currier MB, Murray GB, Welch CC (1992) Electroconvulsive therapy for post-stroke depressed geriatric patients. J Neuropsychiat 4: 140-144

Dam H, Pedersen HE, Ahlgren P (1989) Depression among patients with stroke. Acta Psychiatr Scand 80: 118-124

Eastwood MR, Rifat SL, Nobbs H, Rudermann J (1989) Mood disorder following cerebrovascular accident. Br J Psychiatry 154: 195-200

Ebrahim S, Barer D, Nouri F (1987) Affective illness after stroke. Br J Psychiatry 151: 52-56

Fazekas F, Payer F, Valetitsch H et al. (1993) Brain stem infarktion and diaschisis. Stroke 24: 1162-1166

Fedoroff JP, Starkstein SE, Parikh RM et al. (1991) Are depressive symptoms nonspecific in patients with acute stroke? Am J Psychiatry 148: 1172-1176

Feibel JH, Springer CJ (1982) Depression and failure to resume social activities after stroke. Arch Phys Med Rehabil 63: 276-281

Finklestein S, Benowitz LI, Baldessarini RJ et al. (1982) Mood, vegetative disturbance, and Dexamethasone suppression test after stroke. Ann Neurol 12: 463-468

Finklestein SP, Weintraub RJ, Karmouz N et al. (1987) Antidepressant drug treatment for poststroke depression: restrospective study. Arch Phys Med Rehabil 68: 772-776

Folstein MF, Maiberger R, McHugh PR (1977) Mood disorder as a specific complication of stroke. J Neurol Neurosurg Psychiatry 40: 1018-1020

Grasso MG, Pantano P, Ricci M et al. (1994) Mesial temporal cortex hypoperfusion is associated with depression in subcortical stroke. Stroke 25: 980-985

Hacki T, Kenklies M, Hofmann R, Haferkamp G (1990) Pharmakotherapie von Stimm- und Artikulationsstörungen bei Aphasie. Folia Phoniatr 42: 283-288

House A, Dennis M, Warlow C et al. (1990) Mood disorder after stroke and their relation to lesion location: a CT scan study. Brain 113: 1113-1119

Jorge RE, Robinson RG, Arndt SV et al. (1993) Depression following traumatic brain injury: a 1 year longitudinal study. J Affective Disord 27: 233-243

Lassen NA, Henriksen L, Poulson O (1981) Regional cerebral blood flow in stroke by ^{133}-xenon inhalation and emission tomography. Stroke 12: 284-288

Lipsey JR, Robinson RG, Pearlson GD (1984) Nortriptyline treatment for post-stroke depression: a double blind study. Lancet I: 297-300

Lipsey JR, Robinson RG, Pearlson GD et al. (1985) Dexamethasone suppression test and mood following stroke. Am J Psychiatry 142: 318-323

Lipsey JR, Spencer WC, Rabins PV, Robinson RG (1986) Phenomenological comparison of post-stroke depression and functional depression. Am J Psychiatry 143: 527-529

Mayberg HS, Starkstein SE, Sadzot B et al. (1990) Selective hypometabolism in the inferior frontal lobe in depressed patients with Parkinson's disease. Ann Neurol 28: 57-64

Mayberg HS, Starkstein SE, Peyser CE et al. (1992) Paralimbic frontal lobe hypometabolism in depression associated with Huntington's disease. Neurology 42: 1791-1797

McNamara ME (1991) Psychological factors affecting neurological conditions. Psychosomatics 32: 255-267

Morris PLP, Robinson RG, Andrzejewski P et al. (1993) Association of depression with 10-year poststroke mortality. Am J Psychiatry 150: 124-129

Pantano P, Lenzi GL, Guidetti B et al. (1987) Crossed cerebellar diaschisis in patients with cerebral ischemia assessed by SPECT and J^{123} HIPDM. Eur Neurol 27: 142-148

Pappata S, Mazoyer B, Tran Dinh S et al. (1990) Effects of capsular or thalamic stroke on metabolism in the cortex and cerebellum: a positron tomography study. Stroke 21: 519-524

Peräni D, Di Piero V, Lucignani G et al. (1988) Remote effects of subcortical cerebrovascular lesions: a SPECT cerebral perfusion study. J Cereb Blood Flow Metab 8: 560-567

Post RM, Delisi LE, Holcomb HH et al. (1987) Glucose utilisation in the temporal cortex of affectively ill patients: positron emission tomography. Biol Psychiatry 22: 545-553

Reding MJ, Orto LA, Willensky P et al. (1985) The Dexamethasone suppression test is an indicator of depression in stroke but does not predict rehabilitation outcome. Arch Neurol 42: 209-212

Reding MJ, Orto LA, Winter SW et al. (1986) Antidepressant therapy after stroke. Arch Neurol 43: 763-765

Robinson RG, Forester AW (1993) Neuropsychiatrische Aspekte der zerebrovaskulären Erkrankung. In Hales RE, Yudofsky SC (Hrsg) Handbuch der Neuropsychiatrie. Beltz, Weinheim, s 245-268

Robinson RG, Price TR (1982) Post-stroke depressive disorders: a follow-up study of 103 patients. Stroke 13: 635-641

Robinson RG, Szela B (1981) Mood change following left hemispheric brain injury. Ann Neurol 9: 447-453

Robinson RG, Starr LB, Kubos KL, Price TR (1983) A two-year longitudinal study of post-stroke mood disorders: Findings during the initial evaluation. Stroke 14: 736-741

Robinson RG, Kubos KL, Starr LB et al. (1984a) Mood disorders in stroke patients: importance of location of lesion. Brain 107: 81-93

Robinson RG, Starr LB, Lipsey JR et al. (1984b) A two-year longitudinal study of poststroke mood disorders: dynamic changes in associated variables over the first six months of follow-up. Stroke 15: 510-517

Robinson RG, Starr LB, Price TR (1984c) A two-year longitudinal study of mood disorders following stroke: Prevalence and duration at six months follow-up. Br J Psychiatry 144: 256-262

Robinson RG, Lipsey JR, Bolla-Wilson K et al. (1985a) Mood disorders in left-handed stroke patients. Am J Psychiatry 142: 1424-1429

Robinson RG, Starr LB, Lipsey JR et al. (1985b) A two-year longitudinal study of poststroke mood disorders: In-hospital prognostic factors associated with six month outcome. J Nerv Ment Dis 173: 221-226

Robinson RG, Bolla-Wilson K, Kaplan E et al. (1986) Depression influences intellektual impairment in stroke patients. Brit J Psychiatry 148: 541-547

Ross ED, Gordon WA, Hibbard M, Egelko S (1986) The dexamethasone suppression test, poststroke depression, and the validity of DSM-III-based diagnostic criteria. Am J Psychiatry 143: 1200-1201

Schlegel S (1994) Depression nach Hirninfarkt. Nervenheilkunde 13: 764-768

Schubert DSP, Taylor C, Lee S et al. (1992a) Detection of depression in the stroke patient. Psychosomatics 33: 290-294

Schubert DSP, Burns R, Paras W, Sioson E (1992b) Increase of medical hospital length of stay by depression in stroke and amputation patients: a pilot study. Psychother Psychosom 57: 61-66

Schwartz JA, Speed NM, Mountz JM et al. (1990) ^{99m}Tc-Hexamethylpropylenamine oxime single photon emission CT in poststroke depression. Am J Psychiatry 147: 242-244

Sharpe M, Hawton K, House A et al. (1990) Mood disorders in long-term survivors of stroke: associations with brain lesion location and volume. Psychol Med 20: 815-828

Sinyor D, Jaques P, Kaloupek DG et al. (1986a) Poststroke depression and lesion location: an attempted replication. Brain 109: 537-546

Sinyor D, Amato P, Kaloupek DG et al. (1986b) Poststroke depression: relationships to functional impairment, coping strategies, and rehabilitation outcome. Stroke 17: 1102-1107

Starkstein SE, Robinson RG, Price TR (1987) Comparison of cortical and subcortical lesions in the production of poststroke mood disorders. Brain 110: 1045-1059

Starkstein SE, Robinson RG, Berthier ML, Price TR (1988a) Depressive Disorders following posterior circulation as compared with middle cerebral artery infarcts. Brain 111: 375-387

Starkstein SE, Robinson RG, Price TR (1988b) Comparison of patients with and without post-stroke major depression matched for size and location of lesions. Arch Gen Psychiatry 45: 247-252

Starkstein SE, Robinson RG, Honig MA et al. (1989) Mood changes after right-hemisphere lesions. Brit J Psychiatry 155: 79-85

Starkstein SE, Bryer JB, Berthier ML et al. (1991) Depression after stroke: the importance of cerebral hemisphere asymmetries. J Neuropsychiatr Clin Neurosci 3: 276-285

Stern RA, Bachmann DL (1991) Depressive symptoms following stroke. Am J Psychiatry 148: 351-356

Tettenborn B (1993) Multifocal ischemic brain-stem lesions. In: Caplan LR, Hopf HC (eds) Brainstem localization and function, Springer, New York Berlin Heidelberg Tokyo, pp 23-31

Tettenborn B (1994) Diagnostik multitopischer ischämischer Läsionen im vertebrobasilären Stromgebiet. Nervenheilkunde 1994; 13: 26-30

Wade DT, Legh-Smith J, Hewer RA (1987) Depressed mood after stroke. Br J Psychiatry 151: 200-205

Yamaguchi S, Kobayashi S, Koide H, Tsunematsu T (1992) Longitudinal study of regional blood flow changes on depression after stroke. Stroke 23: 1716-1722

Zerfaß R, Kretzschmar K, Förstl H (1992) Depressive Störungen nach Hirninfarkt. Nervenarzt 63: 163-168

Demenz und Depression

G. STOPPE und J. STAEDT

Demenz – Pseudodemenz – Depression – Pseudodepression: Zur Problematik der Begriffe

Im höheren Lebensalter stellen Demenzen und Depressionen die beiden häufigsten psychiatrischen Krankheitsbilder dar und treten nicht nur aufgrund dieser hohen Prävalenzrate häufig gemeinsam auf. Es sind daher grundsätzlich vier Auftretensformen möglich:

- eine primäre Demenz,
- eine primäre Depression,
- ein depressives Syndrom bei zugrundeliegender Demenz,
- ein dementielles Syndrom bei zugrundeliegender Depression.

Betrachtet man die Literatur zu diesem Thema, so wird insbesondere das dementielle Syndrom bei z. B. depressiven oder anderen sog. „funktionellen" oder „reversiblen" Störungen als „*Pseudodemenz*" bezeichnet. Den analogen Begriff einer „Pseudodepression", die z. B. bei depressiven Symptomen im Rahmen einer hirnorganischen Störung oder einer Demenz verwendet werden müßte, findet man kaum. Historisch wurde der Begriff Pseudodemenz bereits im letzten Jahrhundert von Wernicke entwickelt, welcher darunter im wesentlichen chronisch-hysterische Zustände verstand, die eine mentale Schwäche vortäuschten (Berrios 1985). Eine ähnliche Definition wurde später auch für das „Ganser-Syndrom" gewählt (Goldin u. MacDonald 1955). Der Begriff „Pseudodemenz" wurde aber nicht nur bei hysterischen Syndromen oder anderen neurotischen bzw. Persönlichkeitsstörungen, sondern vor allem im Rahmen depressiver Syndrome beschrieben (Übersicht: Stoppe u. Staedt 1993). Abgesehen davon, daß dem Begriff „Pseudo" stets der Geruch des unechten und der Simulation anhaftet, was den betroffenen Kranken sicher nicht gerecht wird, gibt es gute Gründe, von den Begriffen der Pseudodepression und Pseudodemenz Abstand zu nehmen zugunsten der Begriffe depressives Syndrom bei Depression und depressives Syndrom bei Demenz.

Zum einen wird dabei der psychopathologisch-syndromatologische Begriff der Demenz bzw. Depression mit dem gleichlautenden nosologischen Begriff verquickt. Letztere implizieren bei den Demenzen Irreversibilität und Progression, was heute nur noch für einen Teil der Demenzen gilt und selbst für die Diagnose eines Demenzsyndroms nicht mehr zwingend erforderlich ist (Lauter u. Dame 1992). Zum anderen zeigen Verlaufsuntersuchungen, daß sich dementielle Symptome bei Depressionen auch nach Auflösung der Depression nicht vollständig zurückbilden (Rabins et al. 1984). Auch der Gedanke, man könne mit dem „Pseudo" sog. „funktionelle" von „echten organischen" Störungen differenzieren, ist in dem Maße obsolet, in dem für funktionelle Erkrankungen biologische Veränderungen, sowie für organische Erkrankungen funktionelle Beeinflussungen nachgewiesen werden können (Stoppe u. Staedt 1993).

Häufigkeit von Demenzen und Depressionen

Häufigkeit von Demenzen

Demenzerkrankungen treten mit zunehmendem Alter in steigender Häufigkeit auf. So liegt z. B. im Alter zwischen 65 und 75 die Prävalenz bei 5% und bei den über 80jährigen bei ca. 30% (Katzman 1976; Friedland 1993). Bei den senilen Demenzen macht die Demenz vom Alzheimer-Typ (SDAT) mehr als 50% der Fälle aus, weitere ca. 20% sind reine sog. vaskuläre Demenzen (VD), weitere 20% Mischformen aus beiden Typen, während nur etwa 10% der Demenzen andere Ursachen zugrundeliegen (Mölsä et al. 1985; Tomlinson et al. 1970). Einen höheren Prozentsatz vaskulärer Demenzen bzw. ein Überwiegen dieser Demenzform findet sich in Ländern mit einer relativ hohen Prävalenz zerebrovaskulärer Risikofaktoren, wie z. B. Japan oder Finnland (Roman et al. 1993).

Häufigkeit von Depressionen

Depressionen gehören zu den häufigsten psychischen Erkrankungen und treten im mittleren und höheren Lebensalter wesentlich häufiger auf als in jüngeren Jahren. Die Zahlenangaben schwanken, liegen aber in etwa bei 20% in der älteren Bevölkerung (Borson et al. 1986; Friedhoff et al. 1992). Auffällig ist gerade bei den Depressionen in der höheren Altersklasse eine hohe Komorbidität mit chronischen körperlichen Erkrankungen, z. B. aus dem zerebrovaskulären Formenkreis (Friedhoff et al. 1992; Brodaty et al. 1991; Kivelä 1994), weshalb immer wieder eine biologische oder psychoreaktive Förderung von Depressionen durch körperliche oder systemische Krankheiten postuliert wird (Jeste et al. 1988; Greden 1991). Andererseits beeinflußt das Vorliegen einer Depression erheblich den Verlauf von körperlichen Erkrankungen (König u. Breitner 1990). Auch die Mortalität bei Depressionen im höheren Lebensalter ist höher als in der Normalbevölkerung (Jacoby et al. 1981; Friedhoff et al. 1992). Besondere Beachtung verdient die hohe Suizidalität im Alter. Auf 4 Selbstmordversuche kommt ein erfolgreicher Selbstmord (unter 40 Jahren liegt das Verhältnis bei 20:1), wobei die Männer mit einem Verhältnis von 5:1 überwiegen (Brodaty et al. 1991; Bron 1992).

Depressive Symptome und Syndrome treten auch im Rahmen hirnorganischer Erkrankungen sehr häufig auf. Bei der SDAT zeigten Untersuchungen, daß etwa 2/3 wenigstens ein depressives Symptom aufweisen, ca. 40% von ihren Angehörigen als depressiv erlebt werden und etwa 1/4 von professionellen Untersuchern als depressiv eingeschätzt wird (Burns et al. 1990). Jeder vierte aller Patienten mit SDAT weist vor Beginn der dementiellen Symptomatik Depressionen auf (Kral 1982). Im Rahmen subkortikaler neurologischer Störungen treten depressive Syndrome noch häufiger auf, z. B. beim Morbus Parkinson in 50–90% der Fälle (Mayeux et al. 1981; Mindham 1970) und bei der Chorea Huntington in etwa jedem zweiten Fall (Folstein et al. (1983). Von klinischer Relevanz sind auch die Depressionen in der Folge eines Schlaganfalles, deren Häufigkeit bei ebenfalls ca. 50% liegt (Starkstein u. Robinson 1989).

Klinik von Demenzen und Depressionen

Klinik von Demenzen

Die Diagnosestellung stützt sich sowohl für Demenzerkrankungen als auch für Depressionen vorwiegend auf den klinischen Befund. Die wesentlichen diagnostischen Kriterien sind international in die Kriterien des DSM-III-R (APA 1987) und der ICD-10 (WHO 1991) zusammengefaßt. Für die SDAT-Diagnose werden zusätzlich in der Regel die Kriterien der NINCDS-ADRDA (McKhann et al. 1984), und für die Diagnose der vaskulären Demenzen die Kriterien der NINDS-AIREN (Roman et al. 1993) verwendet. Die Diagnose eines Demenzsyndroms impliziert zwingend – in der Regel schon eine längere Zeit bestehende – Beeinträchtigungen der Gedächtnisfunktionen, des Allgemeinwissens und der Fähigkeit, neue Informationen zu verarbeiten, die so ausgeprägt ist, daß sie deutlich die Arbeitsfähigkeit oder die üblichen sozialen Tätigkeiten bzw. Beziehungen beeinträchtigt. Ausgeschlossen sein muß das Auftreten dieser Symptome im Rahmen eines Delirs, zu dem dann jedoch eine mehr oder weniger ausgeprägte Bewußtseinsstörung gehört, sowie das Auftreten im Rahmen einer affektiven Erkrankung, hier in erster Linie einer Depression. Die Kriterien für die SDAT beinhalten im wesentlichen einen schleichenden Beginn mit kontinuierlicher Krankheitsprogression, die der vaskulären Demenz im Kontrast dazu einen in der Regel relativ plötzlichen Beginn mit fluktuierendem Verlauf. Das Vorliegen zerebrovaskulärer Risikofaktoren kann die Diagnose einer vaskulären Demenz stützen, schließt eine SDAT jedoch nicht aus. Vergleiche zwischen – nach den genannten Kriterien gestellen – klinischen Diagnosen und Obduktionsbefunden ergaben für die Diagnose der SDAT eine Übereinstimmung von 86–91% (Boller et al. 1989; Kukull et al. 1990; Tierney et al. 1988) für die VD von 70–85% (Forette u. Boller 1991). Der Trend geht dabei eher in die Richtung, daß vorher als VD klassifizierte Demenzen autoptisch dann doch SDAT waren (Tierney et al. 1988).

Klinik von Depressionen

Depressionen können in einer Vielgestalt von Symptomen auftreten. Die Kernsymptome sind unter dem Bild einer sog. „Major Depression" im DSM-III-R (APA 1987) zusammengefaßt. Im Alter ist die Diagnostik häufig dadurch erschwert, daß die für das jüngere Lebensalter typische depressive Grundstimmung oft fehlt, während Klagen über Vitalsymptome, wie z. B. eine Reduktion von Antrieb, Merkfähigkeit, Appetit und Schlaf, eher im Vordergrund der Beschwerden steht (Busse u. Simpson 1983; s. Tabelle 1). Sehr häufig wird auch über Agitation und Reizbarkeit geklagt. Diese unterschiedliche Symptomatik mag zumindest teilweise erklären, daß Altersdepressionen heute maßgeblich unterdiagnostiziert werden (Friedhoff et al. 1992). Diese Symptome werden zudem häufig entweder ausschließlich auf die dabei auch häufigen körperlichen Erkrankungen zurückgeführt oder aber sowohl von den Ärzten als auch ihren Patienten und deren Angehörigen als Symptome des „normalen Alters" betrachtet (Friedhoff et al. 1992).

Tabelle 1. Altersdepressionen: Klinik

Psychopathologie im Vergleich zu jüngeren Depressiven	Differentialdiagnose	Hinweise, die eher für eine Depression als für eine Demenz sprechen	Häufig assoziierte körperliche Erkrankungen
Mehr somatische Beschwerden Mehr Klagen über kognitive Störungen Häufiger Gefühle von Hilflosigkeit Mehr Agitation Erhöhte Reizbarkeit (insbesondere wenn sie eine Persönlichkeitsänderung darstellt)	Demenz (z. B. SDAT) Trauerreaktion Dysthymie Organische affektive Störung Substanzmißbrauch Medikamentennebenwirkung (z. B. Reserpin, β-Blocker, Digitalis, Hypnotika und Tranquilizer, Kortikosteroide)	Depressionen in der Vorgeschichte Gleichzeitiger und relativ genau angegebener Beginn von Depression und Demenz Fehlendes Bemühen um soziale Unauffälligkeit, keine Konfabulationen Keine Störung von „höheren kortikalen Funktionen" Keine Desorientiertheit	Herz-Kreislauf-Erkrankungen Endokrinologische Störung Infektionen Rheumatische Erkrankungen Chronische Schmerzen Karzinome Schlaganfälle Elektrolytstörungen

Eigene Untersuchungen zur Früherkennung depressiver und dementieller Syndrome im Alter in Praxen niedergelassener Ärzte

Beispielhaft für das genannte Problem mag ein Teilergebnis einer im Frühjahr 1993 von uns und Mitarbeitern durchgeführten repräsentativen Umfrage bei 159 Ärzten (145 Hausärzte, 14 Nervenärzte; Teilnahmequote: 83,2%) im Raum Göttingen sein. Den Kollegen wurde eine Fallvignette vorgelegt und anschließend eine standardisierte Befragung dazu durchgeführt. Die Fallvignette schilderte eine 70jährige alleinlebende Frau, die seit 5 Jahren vewitwet ist und seit mehr als einem halben Jahr über progressive Gedächtnis- und Konzentrationsstörungen klagt. Sie berichtet außerdem, daß sie durch diese Beschwerden in ihren sozialen Kontakten beeinträchtigt sei. Bei der Frage nach der vermuteten wahrscheinlichen Diagnose gaben 34,4% der Hausärzte an, daß sie entweder keine Krankheit oder eine benigne Altersvergeßlichkeit vermuten würden, jeweils 11% vermuteten eine beginnende SDAT oder eine Depression, 36,6% eine vaskuläre Enzephalopathie, obwohl die Patientin keine zerebrovaskulären Risikofaktoren aufwies. Dieser Trend bestätigte sich bei Betrachtung der differentialdiagnostischen Überlegungen, in die die Primärdiagnose einbezogen war. Mehr als die Hälfte (55,8%) hielt es für möglich, daß die Patientin keine Krankheit hat oder unter einer benignen Altersvergeßlichkeit leidet, 36,6% dachten an eine SDAT und 40,7% an eine Depression, während 61,4% eine zerebrovaskuläre Störungsursache annahmen. Die kleine Gruppe befragter Nervenärzte dachte signifikant häufiger an eine Depression (78,6%) und nie daran, daß keine Krankheit vorliegen könnte (ausführlicher nachzulesen bei Stoppe et al. 1994). Diese und weitere Befunde der Studie belegen eine maßgebliche „Unterdiagnose" von Depressionen im Alter und von frühen Demenzen.

Klinische Differenzierung zwischen Demenz und Depression

Neuropsychologische Untersuchungen und Ratingskalen

Zumindest in der Frühdiagnose und im sog. „Screening" von Demenzerkrankungen haben sich Kurztests bewährt. Der gebräuchlichste ist der Mini-Mental-Status-Test (MMSE; Folstein et al. 1975), der insgesamt 30 Items zu Orientierung, Gedächtnis, Rechenfähigkeit und weiteren höheren kortikalen Funktionen aufweist. Dieser Test ist zwar nicht sehr sensitiv, weist jedoch eine nur geringe Zahl falsch-negativer Befunde auf, damit also eine relativ hohe Spezifität (Galasko et al. 1990; Folstein et al. 1975). Aufgrund einer nicht unerheblichen syndromatischen Überlappung zwischen Demenzen und Depressionen können auch im Rahmen von Depressionen und deren kognitiven Störungen auffällige Werte im MMSE auftreten, ebenso wie bei Demenzerkrankungen Depressionsskalen, wie z. B. die Hamilton-Depressionsskala (Hamilton 1967) oder die Montgomery-Asberg-Depressionsskala (Asberg et al. 1978) relativ hohe Werte erreichen können. Grundsätzlich sinnvoll ist deshalb auf jeden Fall ein multidimensionales Herangehen mit der Kombination von Demenz- und Depressionsskalen (Gurland 1982; Stoppe u. Staedt 1993).

Bei den neuropsychologischen Testverfahren ist der Tenor der entsprechenden Literatur im ehesten so zusammenzufassen, daß das Vorliegen von kortikal verminderten Störungen (Aphasien, visuokonstruktorische Apraxien, s. Abb. 1 und 2) eher für eine Demenz, das von subkortikalen Störungsmustern (Verlangsamung zerebraler Prozesse, Aufmerksamkeitsstörungen ···) eher zu einer Depression paßt. Bei subkortikalen dementiellen Syndromen dürften hier jedoch differentialdiagnostische Schwierigkeiten auftreten. Für die häufige SDAT oder auch VD jedoch mögen Tests, die z. B. Sprachfunktionen sowie visuokonstruktorische praktische Fähigkeiten untersuchen, eine hohe Sensitivität aufweisen (Faber-Langendoen et al. 1988; Masur et al. 1994; Storandt u. Hill 1989; Henderson et al. 1992). Bei den bisher wenigen systematischen Untersuchungen von kognitiven Störungen bei Depressionen fand sich zum einen eine positive Korrelation zwischen dem Ausmaß der Depression und des kognitiven Defizites (Cohen et al. 1982). Letzteres bestand insbesondere in Beeinträchtigungen von motivations- und aufmerksamkeitsabhängigen Aufgaben (Hart u. Kwentus 1987; Lauter u. Dame 1992) und einer

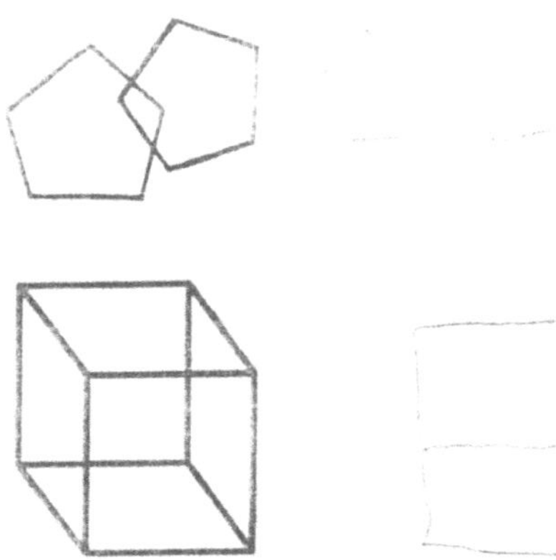

Abb. 1. Zeichen einer visuokonstruktorischen Apraxie bei seniler Demenz vom Alzheimer-Typ. Die geometrische Figur links sollte abgezeichnet werden

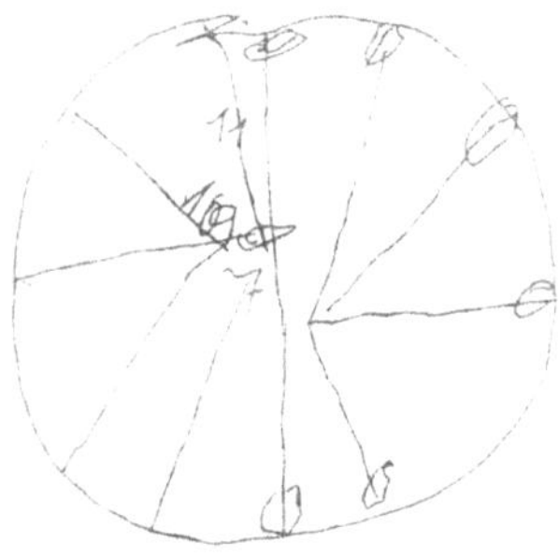

Abb. 2. Der "Clock-drawing-Test" bei einem Patienten mit milder seniler Demenz vom Alzheimer-Typ. Der Patient sollte das Zifferblatt einer Uhr zeichnen und die Zeiger auf 2.45 h stellen. Es besteht eine deutliche Apraxie

besonderen Beeinträchtigung kontrollierter Prozesse im Vergleich zu automatisierten Vorgängen (Miller 1975; Miller u. Seligman 1975; Caine 1981; Sternberg u. Jarvik 1976; Stromgren 1977).

Neurophysiologische Verfahren

Das Routine-EEG zeigt bei Depressionen in der Regel keinen pathologischen Befund, während bei dementiellen Erkrankungen über die Darstellung von Herdbefunden, Hinweisen auf metabolische Enzephalopathien und Krampfpotentiale wertvolle differentialdiagnostische Befunde dargestellt werden können. Problematisch ist jedoch die Frühdiagnose der SDAT, die sich in der Regel stets als Akzentuierung des normalen Alters-EEG darstellt, so daß ein wegweisender Befund aus dem EEG oft erst im Verlauf gewonnen werden kann (Celesia 1986; Soininen et al. 1982). Ähnliches gilt im Prinzip auch für die evozierten Potentiale (Übersicht s. Stoppe u. Staedt 1993).

Schlafpolygraphische Untersuchungen fanden deshalb im Rahmen der Differentialdiagnose von Demenz und Depression besondere Beachtung, weil sich bei Depressionen eine Verkürzung der Zeitspanne vom Einschlafen bis zur 1. REM-Phase (REM-Latenz) darstellte, während bei mäßig bis schweren Demenzen diese eher zunahm (Reynolds et al. 1985, 1986). Eine diagnostische Zuordnung allein über diesen Parameter gelang jedoch nur in knapp mehr als der Hälfte der Fälle. Andere Untersucher verwendeten Schlafentzüge, die bei depressiven Patienten tendenziell eher eine Verbesserung des Befindens und damit auch der Kognition erbrachten, während sich primär demente Patienten nicht veränderten oder eher verschlechterten (Reynolds et al. 1987; Letemendia et al. 1986). Im Vergleich zu ihrem Aufwand sind die entsprechenden Methoden jedoch wenig sensitiv für die jeweilige Diagnose.

Morphologische Untersuchungen mittels Magnetresonanztomographie (MRT) und kranialer Computertomographie (CT)

Untersuchungen mittels CT und MRT gehören heute zur Basisdiagnostik bei psychiatrischen Ersterkrankungen. Sie dienen dabei im wesentlichen zum Ausschluß behandelbarer bzw. operabler Ursachen, bei Demenzen und Depressionen z. B. subduraler Hämatome, Hydrozephali oder auch von lokalen Raumforderungen. Bei der SDAT finden sich generalisierte Atrophiezeichen im Bereich der inneren und äußeren Liquorräume, wobei der Überlappungsbereich zu Normalkollektiven bei bis zu 30% liegt (Burns et al. 1991; Damasio et al. 1983; Jacoby et al. 1980 a, b; Drayer et al. 1985; Tanna et al. 1991; Seab et al. 1988). Problematisch insbesondere bei der Abgrenzung einer Depression zu einer frühen SDAT erweist sich, daß auch depressive Patienten eine im Vergleich zu Normalkollektiven ausgeprägtere innere und äußere Hirnatrophie aufweisen können (Jacoby et al. 1980 b, 1981, 1983; Pearlson et al. 1985; Abas et al. 1990). Einige Autoren berichten über atrophische Veränderungen des Vermis Cerebelli, die jedoch auch bei anderen psychiatrischen Erkrankungen beschrieben sind (Jeste et al. 1988; Morris u. Rapoport 1990). Fleckige periventrikuläre und subkortikale Dichteminderungen der weißen Substanz lassen sich differentialdiagnostisch kaum zuordnen, zumal sie sowohl in Gruppen mit SDAT, VD als auch mit Depression beschrieben wurden (Coffey et al. 1988, 1990; Fazekas et al. 1991; Schmidt 1992; Kozachuk et al. 1990). Etwa 20% der normalen Altersbevölkerung weist diese Läsionen auch auf (Erkinjuntti et al. 1987; Schmidt 1992). Neuere Untersuchungen, die atrophische Veränderungen des Hippocampus untersuchten, erzielten eine hohe (bis 95%) Sensitivität für die SDAT-Diagnose (Killiany et al. 1993; Scheltens et al. 1992; Willmer et al. 1993; DeLeon et al. 1993). Obwohl Vergleichsuntersuchungen bei Depressiven mit kognitiven Störungen noch nicht vorliegen, sind atrophischen Veränderungen entsprechender Größenordnung (30–50% Volumenverlust schon bei milden Fällen von SDAT) nicht zu erwarten, so daß ein entsprechender Befund eher für eine Demenz spricht.

Untersuchungen von Hirnstoffwechsel und Hirndurchblutung mit der Positronenemmissionstomographie (PET) und der Einzelphotonenemmissionstomographie (SPECT)

Da Hirndurchblutung, Glukosemetabolismus und Sauerstoffverbrauch bei degenerativen Demenzen und Depressionen sich parallel verändern, ergeben Untersuchungen des Hirnstoffwechsels mit 18-Fluordesoxyglukose (FDG) und der Positronenemmissionstomographie (PET) sowie der Hirndurchblutung mit 15-O und PET oder mit z. B. 99mTc-Hexamethylpropylenaminoxim (HMPAO) und der Einzelphotonenemissionstomographie (SPECT) für die hier zur Diskussion stehenden Erkrankungen vergleichbare Befunde (Frackowiak et al. 1981). Letzteres Verfahren ist in nahezu jeder nuklearmedizinischen Abteilung durchführbar und billiger als die teure und derzeit ausschließlich Forschungszwecken vorbehaltene PET. Bei der SDAT zeigt sich typischerweise eine bilaterale, oft leicht asymmetrische, temporo-parieto-okzipitale Hypoperfusion (z. B. Perani et al. 1988; Tohgi et al. 1991; Launes et al. 1991) oder ein entsprechender Hypometabolismus (z. B. Kuhl et al. 1985; Heiss et al. 1991; Powers et al. 1992). In vielen Studien wird auch ein prädominant frontales Störungsmuster beschrieben, das allerdings zur Abgrenzung von anderen neurodegenerativen Erkrankungen (z. B. M. Pick) oder Depressionen dann weniger geeignet ist (Kuhl et al. 1985; Holman u. Devous 1992; Heiss et al. 1991; Rapoport 1991). Bei vaskulären Demenzen ist das Verteilungsmuster sehr unterschiedlich, von unauffällig bis unregelmäßig fleckförmig (z. B. Launes et al. 1991; Kuhl et al. 1985; Komatani et al. 1988). In Einzelfällen ist das Muster auch ähnlich zur SDAT (Duara et al. 1989; Miller et al. 1990), weil der parietookzipitale Kortex zur Wasserscheidenregion der zerebralen Blutversorgung gehört (Wodarz 1980). Für die Abgrenzung von Depressionen ist bedeutsam, daß diese zwar oft eine globale Reduktion des Hirnmetabolismus oder der -durchblutung aufweisen, aber keine typischen fokalen Störungen temporo-parieto-okzipital (z. B. Kuhl et al. 1985; Philpot et al. 1993; Upadhyaya et al. 1990; Curran et al.

1993; Sackeim et al. 1993). Viele Autoren beschreiben eine relative Hypofrontalität (Baxter et al. 1989; Yazici et al. 1992; Curran et al. 1993; Bench et al. 1992). Wir selbst und Mitarbeiter führten kürzlich Durchblutungsuntersuchungen (mit 99mTc-HMPAO und SPECT) an Patienten mit SDAT, depressiven Patienten mit kognitiven Störungen und gesunden Kontrollen durch, wobei klinische Routinebedingungen bestanden, d. h. die Patienten waren z. B. nicht medikamentenfrei. Wir konnten zeigen, daß die Gesamtdurchblutung der Depressiven zwischen der Kontroll- und der SDAT-Gruppe lag, also auch reduziert war, wenngleich nicht so ausgeprägt. Die Differenzierung zwischen Depressiven und Dementen gelang am besten über die Perfusionswerte im parietookzipitalen Kortex (Stoppe et al. 1995b). Insgesamt ist der Schluß erlaubt, daß eine temporo-parieto-okzipitale bilaterale Hypoperfusion immer hochverdächtig für das Vorliegen einer SDAT ist. In Kombination mit anderen Befunden, insbesondere z. B. der morphologischen Verfahren CT und MRT ist eine hohe diagnostische Sicherheit zu erwarten.

Einen wichtigen differentialdiagnostischen Beitrag könnten auch Aktivationsuntersuchungen liefern. Unterschiedliche Aktivationsverfahren führten bei depressiven Patienten stets zu einer Normalisierung des Hirnstoffwechsels (Warren et al. 1984; Schlegel et al. 1989), während sich bei SDAT-Patienten eine reduzierte Aktivierbarkeit (z. T. negativ korrelierend zum kognitiven Defizit) in psychologischen Aktivationsuntersuchungen (Miller et al. 1987; Kessler et al. 1991; Duara et al. 1992) und kürzlich auch auf den vasodilatatorischen Stimulus Acetazolamid fand (Stoppe et al. 1995a). Bei VD kommt es zu einer Akzentuierung der Perfusionsinhomogenitäten unter Acetazolamidstimulation (Bonte et al. 1989; Knop et al. (1992). Vorbehaltlich weiterer noch notwendiger Studien könnten Aktivationsuntersuchungen die Differenzierung zwischen primär depressiven und primär dementiellen Syndromen erleichtern.

Therapeutische Grundsätze

Grundkrankheiten behandeln!

In Anbetracht der hohen somatischen Komorbidität bei depressiven Erkrankungen, der Abhängigkeit des Verlaufs vaskulärer Demenzen von der Einstellung zerebrovaskulärer Risikofaktoren und auch der delirogenen Potenz von systemischen Erkrankungen bei der SDAT (z. B. fieberhafte Infekte, schlecht eingestellter Diabetes mellitus) ist es zunächst einmal nötig, die Grundkrankheiten ausreichend zu behandeln. Hierzu gehört vor allen Dingen die Einstellung des Blutdrucks, des Blutzuckers und oft auch die Behandlung chronischer Infekte. Dabei ist zu beachten, daß der Altershochdruck nicht zu schnell gesenkt werden sollte, insbesondere was systolische Werte angeht, da sich die zerebrale Autoregulation nach langjährigem Hypertonus auf die entsprechend hohen Werte eingestellt hat und mit einer relativen zerebralen Hypoperfusion bei rascher Blutdrucksenkung zu rechnen ist.

Arzneimittelinteraktionen beachten!

Eine Vielzahl von Medikamenten kann die Hirnleistungsfähigkeit beeinträchtigen (z. B. Schlafmittel). Eine ebenfalls nicht unerhebliche Anzahl von Medikamenten kann depressionsauslösend wirken (z. B. β-Blocker).

Altersdepressionen: Pharmakotherapie - Grundsätze

- Indikation sichern,
- EKG vor Behandlungsbeginn,
- Auswahl eines Antidepressivums
  nach Nebenwirkungsspektrum,
  nach Wirkungsschwerpunkt,
- langsame Dosissteigerung,
  Höchstdosis individuell variabel,
- Dosisverteilung über den Tag überprüfen,
- ausreichende Behandlungsdauer (mindestens 6 Wochen),
- Kontrolluntersuchungen: Fragen nach Nebenwirkungen, Labor, EKG, RR, bei Risikopatienten: Augeninnendruck, Blasenfunktion.

Krankheitsspezifische Therapien

Krankheitsspezifische Therapien der (Alters-)Depression

In der Regel empfiehlt es sich, syndromorientiert psychopharmakologisch und psychotherapeutisch zu behandeln. Die psychotherapeutischen Möglichkeiten umfassen dabei z. B. die Bewältigung von Verlust und Trauerreaktionen, die Behandlung chronifizierter Partnerkonflikte, aber auch den Umgang mit veränderten sozialen Gegebenheiten und chronischen Krankheiten (Friedhoff et al. 1992; Fuchs et al. 1991; Bron 1992). Entspannungsverfahren wie das autogene Training oder die progressive Relaxation nach Jacobsen können auch im Alter psychovegetative Störungen und Schlafstörungen erfolgreich beheben.

Bezüglich der Psychopharmakotherapie zeigen Untersuchungen, daß Antidepressiva zu selten und zu niedrig dosiert eingesetzt werden, während die angstlösenden, aber nicht antidepressiv wirksamen Benzopdiazepine viel verordnet werden (König u. Breitner 1990). Wenn bestimmte Grundsätze eingehalten werden (s. obige Übersicht), können auch körperlich erkrankte Patienten antidepressiv behandelt werden (König u. Breitner 1990; Jenike 1987), zumal sich diese Behandlung auch positiv auf den Verlauf z. B. von Magengeschwüren und Schmerzsyndromen auswirken kann. Aus der Vielzahl von Antidepressiva sollte auf die Medikamente zurückgegriffen werden, die vom Nebenwirkungsspektrum her am besten geeignet sind. So sind die gut wirksamen klassischen trizyklischen Antidepressiva aufgrund ihrer zentralen (kognitive Störungen) und peripheren (Mundtrockenheit, Übelkeit, Verstopfung, Miktions- und Sehstörungen) anticholinergen sowie chinidinähnlicher kardialer Wirkungen oft problematisch. Am stärksten anticholinerg wirkt Amitriptylin (Saroten). Die tetrazyklischen Substanzen Maprotilin (Ludiomil) und Mianserin (Tolvin) und auch Trazodon (Thombran) sind kardial gut verträglich, ebenso wie auch Nortriptylin (Nortrilen), das insbesondere keine orthostatischen Probleme verursacht. Ist Sedierung erwünscht, sind Trimipramin (Stangyl), Trazodon oder Mianserin bevorzugt zu nennen. In Anbetracht ihrer Nebenwirkungsarmut (z. B. keine anticholinergen Effekte) und gleichguter Wirksamkeit sind Serotonin-Wiederaufnahmehemmer [Fluoxetin (beachte die mehrtägige Halbwertzeit) (Fluctin), Fluvoxamin (Fevarin), Paroxetin (Tagonis)] und auch Monoaminoxidasehemmer [Moclobemid (Aurorix), Tranylcypromin (Parnate)] heute eine sehr gute Alternative. Allgemein sollte die Dosierung vorsichtig bestimmt werden, weil die pharmakokinetischen Parameter im Alter variabler sind und bei häufiger Polypharmazie Medikamenteninteraktionen sehr ausgeprägt sein können und streng beachtet werden müssen (Norman 1993). Zusätzlich sorgen pharmakodynamische Effekte für eine generell höhere Empfindlichkeit alter Patienten für Nebenwirkungen. Die Behandlungsdauer sollte ausreichend lang gewählt werden (Norman 1993; Jenike 1987; Volz u. Möller 1994). Tritt das depressive Syndrom bei einer zugrundeliegenden Demenz oder einem zerebrovaskulären Prozeß auf, sollte die initiale Dosis geringer gewählt werden.

Krankheitsspezifische Therapien der senilen Demenz vom Alzheimer-Typ

Trotz vielfältiger intensiver Versuche ist bis jetzt kein Durchbruch in der Therapie der Alzheimer-Demenz zu verzeichnen. Kausale Therapieansätze fehlen, symptomatische, d. h. Stoffwechseldefizite korrigierende Behandlungsansätze, zeigten bisher in Studien zwar oft signifikante Verbesserungen, jedoch ließ sich die Diskussion über Kosten, Nutzen und Risiken dieser Behandlungen nicht einvernehmlich klären (Gottfries 1989). Dazu kommt, daß die in Deutschland zugelassenen Nootropika bisher kaum selektiv für die SDAT untersucht wurden, sondern entweder für „organische Psychosyndrome" oder „zerebrale Insuffizienz" oder für vaskuläre und Alzheimer-Demenzen zusammen. Soweit eine Differenzierung vorgenommen wurde, z. T. auch retrograd, ließ sich kein sicherer differentieller Therapieeffekt abgrenzen.

Krankheitsspezifische Therapien nichtkognitiver Störungen bei dementiellen Syndromen

Das in weiten Kreisen der Bevölkerung positiv attribuierte Gedächtnistraining ist zwar bei gesunden Alten wirksam, bei Dementen ist jedoch Skepsis angebracht. Analysen der bisherigen Studien zeigen, daß Erfolge dann zu erreichen sind, wenn das Training nicht nur die Speicherungs- sonder auch Abrufprozesse fördert, also mindestens dual ansetzt. Der Unterstützungsaufwand ist groß und steigt mit der Schwere der Demenz. Methoden, die sich auf gut erhaltene Funktionen (z. B. Motorik, Sensibilität bei der SDAT) stützen, sind anderen überlegen. Die Einbeziehung der Bezugspersonen hat sich für diese und die Patienten als erfolgreich erwiesen. Dennoch fehlen aussagekräftige Langzeituntersuchungen. Die Ansprechbarkeit scheint individuell sehr variabel zu sein (Bäckman 1992).

Krankheitsspezifische Therapien der vaskulären Demenz

Bezüglich der nootropen Wirksamkeit gilt das eben schon gesagte. Entscheidend für den Verlauf der vaskulären Demenz ist die Behandlung der Risikofaktoren, insbesondere des Hypertonus (Forette u. Boller 1991). Zusätzlich empfiehlt sich eine Thrombozytenaggregationshemmung mit Azetylsalizylsäure (Meyer et al. 1989) in einer gegenwärtig empfohlenen Dosierung von mindestens 100 mg/Tag. Eine klare Dosisempfehlung für Demenzen steht noch aus. Die höhere Gastrotoxizität von ASS im Alter muß berücksichtigt werden (Ranke et al. 1994).

Demenzen sind nicht nur eine Störung der Kognition, sondern – oft wesentlich belastender –, von Verhalten und Persönlichkeit. Typische Symptome sind Agitation, Schreien, Umherirren, Apathie und Depression, die jeweils bei mindestens einem Viertel der Patienten vorliegen (Teri et al. 1992; Friedland 1993). Bisher fehlen aussagekräftige

Behandlungsstudien weitgehend (Teri et al. 1992). In den wenigen Untersuchungen zeigte etwa 1/3 der Patienten Besserung auf Neuroleptika, wobei Halluzinationen, Wahnsymptome und Agitation eher gut ansprachen, Schreien und Umherirren nicht (Devanand et al. 1988; Teri et al. 1992). Wichtig sind hier milieutherapeutische Maßnahmen, die den Patienten Struktur und Sicherheit vermitteln.

Demenzen: wichtige Therapiemaßnahmen

- konstantes, strukturiertes soziales Milieu,
- Beseitigung sozialer Isolierung,
- gute Pflege und Ernährung,
- aktivierende Maßnahmen für Geist und Körper,
- Behandlung von somatischen Begleiterkrankungen,
- Behandlung von Seh- und Hörstörungen,
- Überprüfung der Begleitmedikation,
- Behandlung von Depressionen und anderen Begleitsymptomen.

Eine große Rolle spielen sensorische Beeinträchtigungen der Patienten, denen soweit wie möglich Abhilfe verschafft werden sollte.

Die Auswahl des Neuroleptikums orientiert sich an dem Nebenwirkungsprofil. Das Auftreten von Wahnsymptomen läßt sich in der Regel mit niedrig dosierten hochpotenten Neuroleptika (z. B. Haloperidol) behandeln. Da ältere und hirnorganisch geschädigte Patienten eine erhöhte Neigung zur Entwicklung von Neuroleptika-induzierten Nebenwirkungen haben (Teri et al. 1992) empfiehlt es sich, die Behandlung stets intervallweise, möglichst niedrig dosiert und mit Absetzversuchen durchzuführen.

Schlafstörungen und Störungen des Tag-Nacht-Rhythmus sind ein diffiziles Problem. Hier gilt es zunächst eine klare Schlafanamnese zu erheben. Therapeutisch sind in erster Linie Verhaltensmaßnahmen zu treffen, insbesondere tagesstrukturierende und schlafhygienische Maßnahmen, d. h. ein regelmäßiger Tagesablauf (Aufsteh-, Essenzeit etc.) mit körperlicher Bewegung und Kontakt- und Beschäftigungsmöglichkeiten (Stoppe et al. 1992; s. obige Übersicht).

Diskussion

Frage: Sie haben sehr schön die Möglichkeiten der klinischen Differentialdiagnose und auch der apparativen Differentialdiagnose zwischen Depression und Demenz gezeigt. Wie sieht es mit den neuropsychologischen Möglichkeiten aus?

Antwort: Neuropsychologische Methoden sind dann sensibel, wenn es gelingt, Störungen höherer kortikaler Funktionen nachzuweisen, also typischerweise der Sprachfunktion und der sog. visuokonstruktiven Fähigkeit. Hier gibt es ja die üblichen Nachzeichen-Tests oder den Clock-Drawing-Test. Problematisch wird es dann, wenn man sog. subkortikale Demenzen hat, weil hier die Faktoren Verlangsamung und Antriebsstörung so unspezifisch sind, daß eine Zuordnung zu einem dementiellen oder depressiven Syndrom nur schwer möglich ist.

Frage: Sind anticholinerge Antidepressiva bei Demenzen tatsächlich kontraindiziert?

Antwort: Hierzu gibt es nur wenige Arbeiten. Grundsätzlich muß man die delirogene Potenz von anticholinergen Pharmaka im Auge behalten. Es gibt außerdem eine Reihe von Befunden, daß anticholinerge Antidepressiva die kognitive Funktion beeinträchtigen. Allerdings wurden diese Befunde wohl überwiegend nicht an alten Patienten durchgeführt. Nach meiner klinischen Erfahrung gehe ich schon davon aus, daß primär depressive Alterspatienten mit kognitiver Beeinträchtigung sich unter der Gabe von anticholinergen Antidepressiva erheblich kognitiv verschlechtern.

Kommentar: Es gibt auch hinsichtlich der Psychomotorik – abgesehen von den Untersuchungen zur Gedächtnisleistung – Befunde, die klar zeigen, daß z. B. SSRIs und Moclobemid Vorteile gegenüber stark potenten anticholinergen Antidepressiva aufweisen. Ich meine, warum soll man letztere Substanzen einsetzen, wenn es andere gibt – selbst wenn der in Frage stehende Zusammenhang bislang nicht gesichert ist.

Kommentar: Hinsichtlich der Differentialdiagnose der Altersdepression komme ich zu dem in mehreren Studien nachgewiesenen Befund, daß das Apo4-Allel bei der Alzheimer-Erkrankung in ca. 60% der Fälle auftritt, in Vergleichsgruppen bei ungefähr 15–20%. Markieren wir mit diesem genetischen Faktor vielleicht eine allgemeine neuronale Vulnerabilität und nichts Alzheimer-Spezifisches?

Frage: Sollte man nicht den Faktor Motivation/Motiviertsein stärker berücksichtigen? Bei Untersuchungen zu den Gedächtnisleistungen hat sich ja bei Vergleichsuntersuchungen zwischen Studenten und 60–65jährigen gezeigt, daß sich die Distanz der Ergebnisse erheblich verringert hat, wenn den Altersprobanden eine Ehrenurkunde in Aussicht gestellt wurde!

Antwort: Dies ist in der Tat sicherlich ein wichtiger Faktor. Allerdings muß man sagen, daß die etablierten Tests wie z. B. das Nürnberger Altersinventar durchaus für diese Altersgruppe standardisiert wurde.

Literatur

Abas MA, Sahakian BJ, Levy R (1990) Neuropsychological deficits and CT scan changes in elderly depressives. Psychol Med 20: 507–520

APA – American Psychiatric Association (1987) Diagnostic and Statistical Manual of Mental Disorders, 3rd ed. revised (DSM-III-R). American Psychiatric Association, Washington D.C. USA

Asberg M, Montgomery S, Perris C et al. (1978) Psychiatric rating scale for depression. Acta Psychiatr Scand Suppl 271: 5–27

Bäckman L (1992) Memory training and memory improvement in Alzheimer's disease: Rules and exceptions. Acta Neurol Scand 139: 84–89

Baxter LR, Schwartz JM, Phelps ME et al. (1989) Reduction of prefrontal cortex glucose metabolism common to three types of depression. Arch Gen Psychiatry 46: 243–250

Bench CJ, Friston KJ, Brown RG et al. (1992) The anatomy of melancholia – focal abnormalities of cerebral blood flow in major depression. Psychol Med 22: 607–615

Berrios CE (1985) Pseudodementia or melancholic dementia: A nineteenth-century view. J Neurol Neurosurg Psychiatry 48: 393–400

Boller F, Lopez O, Moossy J (1989) Diagnosis of dementia: Clinicopathologic correlations. Neurology 39 (1): 76–79

Bonte FJ, Devous MD, Reisch JS et al. (1989) The effect of acetazolamide on regional cerebral blood flow in patients with Alzheimer's disease or stroke as measured by single-photon emission computed tomography. Invest Radiol 24: 99-103
Borson S, Barnes RA, Kukull WA (1986) Symptomatic depression in elderly medical outpatients: I. Prevalence, demography and health service utilization. J Am Geriatr Soc 34: 341-347
Brodaty H, Peters K, Boyce P et al. (1991) Age and depression. J Affect Disord 23: 137-149
Bron B (1992) Depression und Suizidalität im Alter. Z Gerontol 25: 43-52
Burns A, Jacoby R, Levy R (1990) Psychiatric phenomena in Alzheimer's disease. III. Disorders of mood. Brit J Psychiatry 157: 81-86
Burns A, Jacoby R, Philpot M, Levy R (1991) Computerized tomography in Alzheimer's disease. Methods of scan analysis, comparison with normal controls, and clinical/radiological associations. Br J Psychiatry 159: 609-614
Busse E, Simpson D (1983) Depression and antidepressants in the elderly. J Clin Psychiatry 44: 35-49
Caine ED (1981) Pseudodementia. Arch Gen Psychiatry 38: 1359-1364
Celesia GG (1986) EEG and event-related potentials in aging and dementia. J Clin Neurophysiol 3: 99-111
Coffey CE, Figiel GS, Djang WT et al. (1988) Leukoencephalopathy in elderly depressed patients referred for ECT. Biol Psychiatry 24: 143-161
Coffey CE, Figiel GS, Djang WT et al. (1990) Subcortical hyperintensity on magnetic resonance imaging: a comparison of normal and depressed elderly subjects. Am J Psychiatry 147: 187-190
Cohen RM, Weingartner H, Smallberg SA et al. (1982) Effort and cognition in depression. Arch Gen Psychiatry 39: 593-597
Curran SM, Murray CM, van Beck M et al. (1993) A single photon emission computerised tomography study of regional brain function in elderly patients with major depression and with Alzheimer type dementia. Br J Psychiatry 163: 155-165
Damasio H, Eslinger P, Damasio A et al. (1983) Quantitative computed tomographic analysis in the diagnosis of dementia. Arch Neurol 40: 715-719
DeLeon MJ, Golomb J, George AE et al. (1993) The radiologic prediction of Alzheimer's disease: the atrophic hippocampal formation. Am J Neuroradiol 14: 897-906
Devanand DP, Sackeim HA, Mayeux R (1988) Psychosis, behavioral disturbance and the use of neuroleptics in dementia. Compr Psychiatry 29: 387-401
Drayer BP, Heyman A, Wilkinson W et al. (1985) Early-onset Alzheimer's disease: an analysis of CT findings. Ann Neurol 17: 407-410
Duara R, Barker W, Loewenstein D et al. (1989) Sensitivity and specificity of positron emission tomography and magnetic resonance imaging studies in Alzheimer's disease and multi-infarct dementia. Eur Neurol 29 (Suppl 3): 9-15
Duara R, Barker WW, Chang J et al. (1992) Viability of neocortical function shown in behavioural activation state PET studies in Alzheimer Disease. J Cereb Blood Flow Metab 12: 927-934
Erkinjuntti T, Ketonen L, Sulkava R et al. (1987) Do white matter changes on MRI and CT differentiate vascular dementia from Alzheimer's disease. J Neurol Neurosurg Psychiatry 50: 37-42
Faber-Langendoen K, Morris JC, Knesevich JW et al. (1988) Aphasia in senile dementia of the Alzheimer type. Ann Neurol 23: 365-370
Fazekas F, Schmidt R, Offenbacher H, Chawluk JB (1991) Magnetic resonance imaging hyperintensities in Alzheimer's disease. Arch Neurol 48: 468-469
Folstein MF, Folstein SE, McHugh PR (1975) "Mini-mental state". A practical method for grading the cognitive state of patients for the clinician. J Psychiatry Res 12: 189-198
Folstein SE, Abbott MH, Chase GA et al. (1983) The association of affective disorder with Huntington's disease in a case series and in families. Psychol Med 13: 537-542
Forette F, Boller F (1991) Hypertension and the risk of dementia in the elderly. Am J Med 90 (Suppl 3A): 14-19
Frackowiak RSJ, Lenzi GL, Jones T, Heather JD (1980) Quantitative measurement of regional cerebral blood flow and brain metabolism in man using ^{15}O and positron emission tomography: theory, procedure, and normal values. J Comput Assist Tomogr 4: 727-736
Friedhoff A and the NIH Consensus Development Panel on Depression in Late Life (1992) Diagnosis and treatment of depression in late life. JAMA 168: 1018-1024
Friedland RP (1993) Epidemiology, education, and the ecology of Alzheimer's disease. Neurology 43: 246-249
Fuchs TA, Kurz A, Lauter H (1991) Die Zeitperspektive in der Behandlung depressiver älterer Patienten. Nervenarzt 62: 313-317
Galasko D, Klauber MR, Hofstetter CR et al. (1990) The mini-mental state examination in the early diagnosis of Alzheimer's disease. Arch Neurol 47: 49-52
Goldin S, MacDonald JE (1955) The Ganser State. J Ment Sci 101: 267

Gottfries CG (1989) Pharmacological treatment strategies in dementia disorders. Pharmacopsychiatry 22: 129–134
Greden JF (1991) Aging-glucocorticoid interactions and vulnerability to depression. Biol Psychiatry Suppl. 29: 60
Gurland B, Golden R, Challop J (1955) Unidimensional and multidimensional approaches to the differentiation of depression and dementia in the elderly. In: Corkin S (eds) Alzheimer's disease: A report of progress, vol 19. Raven, New York, pp 119–125
Hamilton M (1967) Development of a rating scale for primary depressive illness. Br J Social Psychol 6: 278–296
Hart RP, Kwentus JA (1987) Psychomotor slowing and subcortical-type dysfunction in depression. J Neurol Neurosurg Psychiatry 50: 1263–1266
Heiss WD, Kessler J, Szelies B et al. (1991) Positron emission tomography in the differential diagnosis of organic dementias. J Neural Transm 33 (Suppl): 13–19
Henderson VW, Buckwalter JG, Sobel E et al. (1992) The agraphia of Alzheimer's disease. Neurology 42: 776–784
Holman BL, Devous MD (1992) Functional brain SPECT: The emergence of a powerful clinical method. J Nucl Med 33: 1888–1904
Jacoby R, Levy R, Dawson J (1980 a) Computed tomography in the elderly 1. The normal population. Br J Psychiatry 136: 249–255
Jacoby R, Levy R, Dawson J (1980 b) Computed tomography in the elderly 2. Senile dementia: diagnosis and functional impairment. Br J Psychiatry 136: 256–269
Jacoby R, Levy R, Dawson J (1980 c) Computed tomography in the elderly 3. Affective disorder. Br J Psychiatry 136: 270–275
Jacoby R, Levy R, Dawson J, Bird J (1981) Computed tomography in the outcome of affective disorder: a follow-up of elderly patients. Br J Psychiatry 139: 288–192
Jacoby R, Dolan RJ, Levy R, Baldy R (1983) Quantitative computed tomography in elderly depressed patients. Br J Psychiatry 143: 124–127
Jenike MA (1989) Treatment of affective illness in the elderly with drugs and electroconvulsive therapy. J Geriatr Psychiatry 22: 77–112
Jeste DV, Lohr JB, Goodwin FK (1988) Neuroanatomical studies of major affective disorders. A review and suggestion for further research. Br J Psychiatry 153: 444–459
Katzman R (1976) The prevalence and malignancy of Alzheimer disease. Arch Neurol 33: 217–218
Kessler J, Herholz K, Grond M, Heiss WD (1991) Impaired metabolic activation in Alzheimer's disease: A PET study during continuous visual recognition. Neuropsychologia 29: 229–243
Killiany RJ, Moss MB, Albert MS et al. (1993) Temporal lobe regions on magnetic resonance imaging identify patients with early Alzheimer's disease. Arch Neurol 50: 949–954
Kivelä SL (1994) Depression and physical and social functioning in old age. Acta Psychiatr Scand Suppl 377: 73–76
Knop J, Thie A, Fuchs C et al. (1992) 99m Tc-HMPAO-SPECT with acetazolamide challenge to detect hemodynamic compromise in occlusive cerebrovascular disease. Stroke 23: 1733–1742
König HG, Breitner JCS (1990) Use of antidepressants in medically ill older patients. Psychosomatics 31: 22–32
Komatani A, Yamaguchi K, Sugai Y et al. (1988) Assessment of demented patients by dynamic SPECT of inhaled xenon-133. J Nucl Med 129: 1621–1626
Kozachuk WE, DeCarli C, Schapiro MB et al. (1990) White matter hyperintensities in dementia of Alzheimer's type and in healthy subjects without cerebrovascular risk factors. A magnetic resonance imaging study. Arch Neurol 47 (12): 1306–1310
Kral VA (1982) Depressive Pseudodemenz und Senile Demenz vom Alzheimer-Typ. Nervenarzt 53: 284–286
Kuhl DE, Metter EJ, Riege WH (1985) Patterns of cerebral glucose utilization in depression, multiple infarct dementia, and Alzheimer's disease. In: Sokoloff L (ed) Brain imaging and brain function. Raven Press, New York, pp 211–226
Kukull WA, Larson EB, Reifler BV et al. (1990) The validity of 3 clinical diagnostic criteria for Alzheimer's disease. Neurology 40: 1364–1369
Launes J, Sulkava R, Erkinjuntti T et al. (1991) $^{99}Tc^{m}$-HMPAO-SPECT in suspected dementia. Nucl Med Commun 12: 757–765
Lauter H, Dame S (1992) Depressive disorders and dementia: the clinical view. Acta Psychiatr Scand 366: 40–46
Letemendia FJJ, Prowse AW, Southmayd SE (1986) Diagnostic applications of sleep deprivation. Can J Psychiatry 31: 731–736
Masur DM, Sliwinski M, Lipton RB et al. (1994) Neuropsychological prediction of dementia and the absence of dementia in healthy elderly persons. Neurology 44: 1427–1432
Mayeux R, Stern Y, Rosen J, Leventhal J (1981) Depression, intellectual impairment and Parkinson's disease. Neurology 31: 645–650

Meyer JS, Rogers RL, McClintic K et al. (1989) A randomized clinical trial of daily aspirin therapy in multi-infarct dementia. A pilot study. J Am Geriatr Soc 37: 549-555
McKhann G, Drachmann D, Folstein M et al. (1984) Clinical diagnosis of Alzheimer's disease: Report of the NINCDS-ADRDA work group under the auspices of Department of Health and Human Services Task Force on Alzheimer's disease. Neurology 34: 939-944
Miller BL, Mena I, Daly J et al. (1990) Temporal - parietal hypoperfusion with single - photon emission computerized tomography in conditions other than Alzheimer's disease. Dementia 1: 41-45
Miller JD, DeLeon MJ, Ferris SH et al. (1987) Abnormal temporal lobe response in Alzheimer's disease during cognitive processing as measured by 11C-2-deoxy-D-glucose and PET. J Cereb Blood Flow Metabol 7: 248-251
Miller WR (1975) Psychological deficit in depression. Psychol Bull 82: 238-260
Miller WR, Seligman MEP (1975) Depression and learned helplessness in man. J Abnorm Psychol 84: 228-238
Mindham RHS (1970) Psychiatric symptoms in Parkinsonism. J Neurol Neurosurg Psychiatry 33: 188-191
Mölsä PK, Paljärvi L, Rinne UK, Säkö E (1985) Validity of clinical diagnosis in dementia: a prospective clinicopathological study. J Neurol Neurosurg Psychiatry 48: 1085-1090
Morris P, Rapoport SI (1990) Neuroimaging and affective disorder in late life: A review. Can J Psychiatry 35: 347-354
Norman TR (1993) Pharmakokinetics aspects of antidepressant treatment in the elderly. Prog Neuro Psychopharmacol Biol Psychiatry 17: 329-344
Pearlson GD, Garbacz DJ, Moberg PJ et al. (1985) Symptomatic, familial, perinatal and social correlates of computerized axial tomography (CAT) changes in schizophrenics and unipolars. J Nerv Ment Dis 173: 42-50
Perani D, Di Piero V, Vallar G et al. (1988) Technetium-99m HMPAO-SPECT Study of regional cerebral perfusion in early Alzheimer's disease. J Nucl Med 29: 1507-1514
Philpot MP, Banerjee S, Needham-Bennett H et al. (1993) ^{99m}Tc-HMPAO single photon emission tomography in late life depression: A pilot study of regional cerebral blood flow at rest and during a verbal fluency task. J Affect Disord 28: 233-240
Powers WJ, Perlmutter JS, Videen TO et al. (1992) Blinded clinical evaluation of positron emission tomography for diagnosis of probable Alzheimer's disease. Neurology 42: 765-770
Rabins P, Merchant A, Nestadt G (1984) Criteria for diagnosing reversible dementia caused by depression. Br J Psychiatry 144: 488-492
Ranke C, Creutzig A, Alexander K (1994) Acetylsalicylsäure bei arteriellen Durchblutungsstörungen. Welche Dosierung bei welcher Indikation?. Dtsch Med Wochenschr 119: 815-821
Rapoport SI (1991) Positron emission tomography in Alzheimer's disease in relation to disease pathogenesis: a critical review. Cerebrovasc Brain Metabol Rev 3: 297-335
Reynolds CFIII, Kupfer DJ, Taska LS (1985) EEG sleep in elderly depressed, demented and healthy subjects. Biol Psychiatry 20: 431-442
Reynolds CFIII, Kupfer DJ, Hoch CC et al. (1986) Two-Year follow-up of elderly patients with mixed depression and dementia. Clinical and electroencephalographic sleep findings. J Am Geriatr Soc 34: 793-799
Reynolds CFIII, Kupfer DJ, Hoch CC et al. (1987) Sleep deprivation as a probe in the elderly. Arch Gen Psychiatry 44: 982-992
Roman GC, Tatemichi TK, Erkinjuntti T et al. (1993) Vascular dementia: Diagnostic criteria for research studies. Report of the NINDS-AIREN International Workshop. Neurology 43: 250-260
Sackeim HA, Prohovnik I, Moeller JR et al. (1993) Regional cerebral blood flow in mood disorders. II. Comparison of major depression and Alzheimer's disease. J Nucl Med 34: 1090-1101
Scheltens P, Leys D, Barkhof F et al. (1992) Atrophy of medial temporal lobes on MRI in "probable" Alzheimer's disease and normal ageing: diagnostic value and neuropsychological correlates. J Neurol Neurosurg Psychiatry 55: 967-972
Schlegel S, Aldenhoff JB, Eissner D et al. (1989) Regional cerebral blood flow in depression: Associations with psychopathology. J Affect Disord 17: 211-218
Schmidt R (1992) Comparison of magnetic resonance imaging in Alzheimer's disease, vascular dementia and normal aging. Eur Neurology 32: 164-169
Seab JP, Jagust WJ, Wong STS et al. (1988) Quantitative NMR measurements of hippocampal atrophy in Alzheimer's disease. Magn Reson Medicine 8: 200-208
Soininen A, Partanen VJ, Helkala EL, Riekkinen PJ (1982) EEG findings in senile dementia and normal aging. Acta Neurol Scand 65: 59-70
Starkstein SE, Robinson RG (1989) Affective disorders and cerebral vascular disease. Br J Psychiatry 154: 170-182
Sternberg DE, Jarvik ME (1976) Memory functions in depression. Arch Gen Psychiatry 33: 219-224

Stoppe G, Staedt J (1993) Die frühe diagnostische Differenzierung primär dementer von primär depressiven Syndromen im Alter - ein Beitrag zur Pseudodemenzdiskussion. Fortschr Neurol Psychiatr 61: 172-182

Stoppe G, Staedt J, Knehans A, Rüther E (1992) Schlaf im Alter. Dtsch Med Wochenschr 117: 1326-1332

Stoppe G, Sandholzer H, Staedt J et al. (1994) Diagnosis of dementia in primary care: results of a representative survey in Lower Saxony, Germany. Eur Arch Psychiatry Clin Neurosci 244: 278-283

Stoppe G, Schütze R, Kögler A et al. (1995a) Cerebrovascular reactivity to acetazolamide in senile dementia of Alzheimer's type: relationship to disease severity. Dementia 6: 73-82

Stoppe G, Staedt J, Kögler A et al. (1995b) 99m Tc-HMPAO-SPECT in the diagnosis of senile dementia of Alzheimer's type - a study under clinical routine conditions. J Neural Transm (Gen Sect) 99: 195-211

Storandt M, Hill RD (1989) Very mild dementia of the Alzheimer type: psychometric test performance. Arch Neurol 46: 383-386

Stromgren LS (1977) The influence of depression on memory. Acta Psychiatr Scand 56: 109-128

Tanna NK, Kohn MI, Horwich DN et al. (1991) Analysis of brain and cerebrospinal fluid volumes with MRI imaging: Impact on PET data correction for atrophy. Part II. Aging and Alzheimer's dementia. Radiology 178: 123-130

Teri L, Rabins P, Whitehouse P et al. (1992) Management of behavior disturbance in Alzheimer disease: Current knowledge and future directions. Alzheimer Dis Assoc Disord 6: 77-88

Tierney MC, Fisher RH, Lewis AJ et al. (1988) The NINCDS-ADRDA work group criteria for the clinical diagnosis of probable Alzheimer's disease: A clinicopathologic study of 57 cases. Neurology 38: 359-364

Tohgi H, Chiba K, Sasaki K et al. (1991) Cerebral perfusion patterns in vascular dementia of Binswanger type compared with senile dementia of Alzheimer type: A SPECT study. J Neurol 238: 365-370

Tomlinson BE, Blessed G, Roth M (1970) Observations on the brains of demented old people. J Neurol Sci 11: 205-242

Upadhyaya AK, Abou-Saleh MT, Wilson K et al. (1990) A study of depression in old age using single photon emission computerised tomography. Br J Psychiatry 157 (Suppl 9): 76-81

Volz HP, Möller HJ (1994) Antidepressant drug therapy in the elderly - A critical review of the controlled clinical trials conducted since 1980. Pharmacopsychiatry 27: 93-100

Warren LR, Butler RW, Katholi CR et al. (1984) Focal changes in cerebral blood flow produced by monetary incentive during a mental mathematical task in normal and depressed subjects. Brain Cognition 3: 71-85

Willmer J, Carruther A, Guzman DA et al. (1993) The usefulness of CT scanning in diagnosing dementia of the Alzheimer type. Can J Neurol Sci 20: 210-216

Wodarz R (1980) Watershed infarctions and computed tomography. A topographical study in cases with stenosis or occlusion of the carotid artery. Neuroradiology 19: 245-248

WHO - World Health Organization (1991) Tenth Revision of the International Classification of diseases, Chapter V (F): Mental and Behavioural Disorders (including disorders of psychological development). Clinical Descriptions and Diagnostic guidelines. WHO

Yazici KM, Kapucu Ö, Erbas B et al. (1992) Assessment of changes in regional cerebral blood flow in patients with major depression using the ^{99m}Tc-HMPAO - single photon emission tomography method. Eur J Nucl Med 19: 1038-1043

Arzneimittelsicherheit von Medikamenten

Klinische Bedeutung von Plasmaspiegelbestimmungen bei Pharmaka in der Neurologie

W. Kuhn

Das Spektrum an Möglichkeiten zur medikamentösen Behandlung neurologischer Erkrankungen hat sich in den letzten 10–15 Jahren erheblich erweitert. In zunehmendem Maße hat auch die Frage nach der optimalen Dosierung von Medikamenten an Bedeutung gewonnen. Dies gilt insbesondere bei fehlender oder geringer Korrelation zwischen applizierter Dosis und klinischer Wirkung oder bei Medikamenten mit geringer therapeutischer Breite. In diesen Fällen kann die Bestimmung der Konzentration dieser Substanzen im Plasma („Plasmaspiegel") sinnvoll sein. Voraussetzung ist jedoch eine enge Korrelation zwischen dem Plasmaspiegel und der klinischen Wirkung eines Pharmakons. Das therapeutische Monitoring kann die Effektivität der Pharmakotherapie verbessern, Nebenwirkungen verringern und somit insgesamt die Arzneimittelsicherheit erhöhen.

Indikationen für Plasmaspiegelbestimmungen in der Neurologie ergeben sich insbesondere in der Therapie von Epilepsien, bei M. Parkinson und in seltenen Fällen bei Myasthenia gravis.

Therapeutisches Monitoring bei neurologischen Erkrankungen

M. Parkinson
- z. B. Levodopa, 3-O-Methyldopa

Epilepsien
- z. B. Phenytoin, Carbamazepin, Valproinsäure

Myasthenia gravis
- z. B. Cyclosporin, Cholinesterasehemmer

Während sich die routinemäßige Bestimmung von Antiepileptikaspiegeln insbesondere auch im ambulanten Bereich durchgesetzt hat, ist im Gegensatz dazu das Monitoring von Levodopa im Plasma bei M. Parkinson z. Zt. nur in wenigen Spezialabteilungen durchführbar. Insbesondere in späteren Phasen der Parkinson-Krankheit kann mit Hilfe dieser Plasmaspiegelbestimmungen häufig eine zeitsparende Optimierung der Therapie erreicht werden. In seltenen Fällen kann ein therapeutisches Monitoring auch bei Myasthenia gravis hilfreich sein. Dies gilt insbesondere für die Einnahme von Cyclosporin bei Vorliegen einer Azathioprinunverträglichkeit. Die Langzeittherapie sollte sich am Blutspiegel orientieren, der zwischen 100–200 µg/ml liegen sollte. Auch die Effektivität von Cholinesterasehemmern kann insbesondere bei fehlender oder mangelhafter Response von myasthenen Syndromen bzw. schlechter klinischer Unterscheidbarkeit zwischen myasthener und cholinerger Krise durch eine Plasmaspiegelbestimmung überprüft werden. Die klinische Bedeutung des therapeutischen Monitorings bei Epilepsien und bei M. Parkinson soll im folgenden ausführlicher dargestellt werden.

Plasmaspiegelbestimmung von Antiepileptika

In den meisten klinischen Studien konnte nur eine relativ niedrige Korrelation zwischen der applizierten Dosis eines Antiepileptikums und dem entsprechenden Plasmaspiegel nachgewiesen werden (Hooper et al. 1974; Travers et al. 1972). Dagegen fand sich vielfach ein enger Zusammenhang von Plasmaspiegeln und klinischer Wirkung. So konnte gezeigt werden, daß mit steigendem Plasmaspiegel eine verbesserte Anfallskontrolle erreicht werden kann. Bei Patienten mit sehr hohen Antiepileptikakonzentrationen im Plasma fanden sich zudem gehäuft Zeichen einer beginnenden Intoxikation (Hvidberg 1985; Morselli u. Franco-Morselli 1980; Krämer 1989). Auf der Basis dieser Erkenntnisse über die Zusammenhänge zwischen Dosis, Plasmaspiegel, klinischer Wirkung und Nebenwirkungen wurde das Konzept des therapeutischen Bereiches entwickelt. Man versteht darunter diejenige Plasmakonzentration, bei der für die meisten Patienten eine gute Wirkung ohne nennenswerte Nebenwirkungen zu erwarten ist (Penry 1986). Je nach klinischer Studie werden in der Literatur unterschiedliche therapeutische Bereiche angegeben. Für Carbamazepin beispielsweise schwanken die Werte zwischen 1–4 (Aird u. Woodbury 1974) und 8–12 mg/l (Troupin 1977). Diese erheblichen Unterschiede resultieren letztlich aus einer Vielzahl von Einflußfaktoren, wie z. B. aktuelle klinische Anfallsbereitschaft, Anfallstyp, Zuverlässigkeit der Bestimmungsmethode, Medikamenteninteraktionen, Begleitkrankheiten, der Entwicklung von Toleranz und dem Auftreten antikonvulsiv wirksamer Metaboliten (Fröscher 1987). Aufgrund der erheblichen individuellen Variabilität sollten deshalb die im klinischen Alltag verwendeten Unter- bzw. Obergrenzen der therapeutischen Bereiche einzelner Pharmaka nur als Richtwerte angesehen werden. Beispielsweise sollten „zu niedrige" Plasmaspiegel nur dann zu einer Dosiserhöhung führen, wenn keine sichere Anfallsfreiheit besteht oder eine mangelnde Compliance auszuschließen ist. In letzterem Falle können bei regelmäßiger Einnahme Intoxikationen induziert werden. Andererseits gibt es aufgrund klinischer Erfahrung keine Plasmakonzentration, die generell eine Dosissteigerung nicht zulassen würde (Krämer 1989). Die Notwendigkeit von Plasmaspiegelbestimmungen wird im wesentlichen durch klinische Probleme und Fragestellung bestimmt. Die folgende Übersicht faßt die wichtigsten Indikationen für ein therapeutisches Drug Monitoring bei Antiepileptika zusammen.

Indikationen zur Plasmaspiegelbestimmung von Antiepileptika. (Nach Choonara u. Rane 1990)

- Therapieresistenz,
- unregelmäßige Einnahme bei mangelnder Compliance,
- Verdacht auf Intoxikation,
- Status epilepticus,
- Kontrolle 2–4 Wochen nach Therapiebeginn,
- Kombinationstherapie von 2 oder mehr Antiepileptika,
- Schwangerschaft,
- Internistische Erkrankungen (z. B. Fieber, Störungen der Leber- und Nierenfunktion)
- Wechsel auf Generika,
- Dosisreduktion bei Anfallsfreiheit.

Insbesondere beim Auftreten von Nebenwirkungen und bei fehlender therapeutischer Wirksamkeit kann auf die Bestimmung von Plasmaspiegeln nicht verzichtet werden. Dabei ist nach einer Dosisänderung die Zeit bis zum Erreichen des "steady state" unbedingt abzuwarten. Im allgemeinen sind dazu 5 Halbwertzeiten des jeweiligen

Medikaments notwendig, wie z. B. 2–3 Tage für Valproinsäure oder 2–3 Wochen für Phenobarbital (Krämer 1989). Bei Antiepileptika mit kurzer Halbwertszeit sollten die Blutabnahmen unmittelbar vor Einnahme der morgendlichen Dosis erfolgen. Wegen der teilweise erheblichen Tagesschwankungen, insbesondere bei Medikamenten mit kurzer Halbwertszeit, kann auch die Messung von mehreren Plasmakonzentrationen pro Tag sinnvoll sein. Zusammenfassend bleibt festzuhalten, daß Plasmaspiegel nie ohne Berücksichtigung klinischer Gesichtspunkte interpretiert und daraus resultierend die entsprechenden therapeutischen Bereiche nicht überbewertet werden sollen.

Plasmaspiegelbestimmung von Levodopa

Die medikamentöse Applikation von Levodopapräparaten in Kombination mit einem peripheren Dopa-Decarboxylasehemmer gilt seit mehr als 20 Jahren als Goldstandard der Parkinson-Therapie. Die Resorption von Levodopa findet vor allem im Duodenum durch ein aktives Transportsystem statt und ist von Dosis, Mahlzeiten, Galenik, Magenmotilität und der medikamentösen Begleittherapie abhängig. Levodopa wird mit einer Plasmahalbwertzeit von ca. 60–90 min. nach peroraler Applikation in einem „biphasischen" Verlauf aus dem Plasma eliminiert. Die erste Eliminationsphase hat eine Halbwertzeit von 5–10 min. und ist bedingt durch die Levodopaverteilung im Gewebe. Die zweite Phase der Levodopaelimination wird durch den metabolischen Abbau bestimmt und durch Dopa-Decarboxylasehemmer nur geringfügig verzögert (Nutt 1987a). Levodopa passiert im Gegensatz zu Dopamin ausreichend die Blut-Hirn-Schranke.

Im Frühstadium des M. Parkinson kann bei ca. 80% aller Patienten durch Gabe von Levodopa/Benserazid o. Carbidopa eine deutliche Besserung der klinischen Symptomatik erreicht werden. Die Progredienz des Krankheitsprozesses kann dadurch jedoch nicht verhindert werden, so daß bei 60% der Patienten bereits innerhalb von 4–6 Jahren ein Nachlassen der Levodopawirkung zu beobachten ist. Neben einer allmählichen Verschlechterung der klinischen Symptomatik kommt es in zunehmendem Maße zu Wirkungsschwankungen im Tagesverlauf (motorische Fluktuationen; s. Übersicht).

Motorische Fluktuationen bei M. Parkinson. (Nach Hardie et al. 1984)

Hypokinetisch	"Freezing"-Phänomen "Early-morning"-Akinese "Wearing-off"-Akinese paroxysmales "on-off" "Akinetische Krise"
Hyperkinetische	"Peak-dose"-Dyskinesen "Biphasische"-Dyskinesen
Hypoton	"Early-morning"-Dystonie "End-of-dose"-Dystonie "Peak-dose"-Dystonie

Die Fluktuationsphänomene können, abhängig von ihrem Auftreten in Bezug zur Medikamenteneinnahme, in zwei Gruppen eingeteilt werden: Bei vorhersehbaren Wirkungsschwankungen besteht ein enger Zusammenhang zwischen der Levodopadosierung und dem Auftreten dieser motorischen Schwankungen ("Wearing-off"- und "end-of-dose"-Akinese, "Peak-dose"-Dyskinese u. a.). Die Mehrzahl dieser Phänomene kann durch Reduktion der Dosierungsintervalle, die Beseitigung von Resorptionsstörungen nach Mahlzeiten oder Erhöhung der Levodopadosen beseitigt werden. Die Ätiologie und Pathogenese dieser vorhersehbaren Phänomene ist noch unklar. Möglicherweise sind Veränderungen der zentralen Pharmakodynamik bzw. -kinetik von Bedeutung. In den Frühphasen des Parkinson-Syndroms kann das oral eingenommene Levodopa intrazerebral in den noch verbliebenen dopaminergen nigrostriatalen Neuronen in wirksames Dopamin umgewandelt, in präsynaptischen Vesikeln gespeichert und bedarfsgerecht durch Stimulation der dopaminergen Neurone freigesetzt werden. Mit fortschreitender Degeneration der dopaminergen Neurone in der Substantia nigra verändert sich progredient die Speicherung für Dopamin von intra- nach extraneuronal. Die Folge ist, daß nach der oralen Einnahme von Levodopa die Schwankungen des Blutspiegels sich direkt in Schwankungen der Konzentration von Dopamin im synaptischen Spalt umsetzen. Nach der Medikamenteneinnahme können somit kurzfristig Hyperkinesen entstehen. Mit dem Abfluten des Blutspiegels erfolgt dann der Übergang in die Akinese.

Plötzliche Wirkungsschwankungen ohne erkennbare Beziehung zur Levodopadosierung (z. B.: paroxysmales “on-off”, “Freezing”) werden als unvorhersehbare Fluktuationen bezeichnet (Melamed et al. 1986; Kurlan et al. 1988). Häufig ist selbst durch eine intensive Untersuchung von Medikationsformen, Mahlzeiten und Magen-Darm-Störungen keine Erklärung für diese motorischen Schwankungen zu finden. Neben den häufig diskutierten postsynaptischen Rezeptorveränderungen ist in Einzelfällen auch eine mögliche Verdrängung von Levodopa durch große neutrale Aminosäuren, wie z. B. Phenylalanin, Tyrosin oder 3-O-Methyldopa (3-OMD), am gemeinsamen Transportsystem der Blut-Hirn-Schranke nicht auszuschließen (Nutt et al. 1987b; Wade u. Katzman 1975). Im Gegensatz dazu vermuten andere Autoren (Baas et al. 1993; Deleu et al. 1991) bei unvorhersehbaren Wirkungsschwankungen eine Kombination von “End-of-dose”-Akinesen und Levodoparesorptionsstörungen aufgrund von veränderten Magenentleerungsgeschwindigkeiten.

Tabelle 1. Entwicklungsstadien motorischer Fluktuationen

Klinische Wirkung	Levodopadosis	Levodopaspiegel
1. Gute Mobilität	+[a]	+
2. Beginnende Fluktuationen	+	+
3a. “End-of-dose”-Akinese	+/–	+
b. Paroxysmales “on-off”	–	+/–
4. Akinetische Krise	–	–
5. Akinetischer Endzustand	–	–

[a] Positive (+) und fehlende (–) Korrelation.

Tabelle 1 gibt einen Überblick über die Entwicklungsstadien der Parkinson-Krankheit. In frühen Stadien findet sich im allgemeinen eine gute Korrelation zwischen der Einnahme von Levodopa und dem Auftreten einer zufriedenstellenden klinischen Wirkung. Beobachtet man in Einzelfällen keinen oder nur einen schwachen klinischen Effekt, sollten Resorptionsstörungen als mögliche Ursache durch Levodopamonitoring ausgeschlossen werden. Dies ist insbesondere dann sinnvoll, wenn nach subkutaner Applikation des Dopaminagonisten Apomorphin eine Besserung der motorischen Störungen aufgetreten war. Kommt es in späteren Phasen der Erkrankung zu einer nachlassenden Wirkung oder treten motorische Fluktuationen ohne zeitlichen Zusammenhang zur Medikamenteneinnahme auf, ist zur weiteren Klärung der möglichen Ursache die Durchführung eines Levodopatagesprofils unabdingbar. Bei gleichzeitiger Mitbestimmung von 3-OMD können auch mögliche Konkurrenzphänomene an der Blut-Hirn-Schranke untersucht werden.

Die wichtigsten Indikationen zur Durchführung eines therapeutischen Monitorings bei M. Parkinson sind in nachfolgender Übersicht zusammengefaßt,

Indikationen zur Plasmaspiegelbestimmung von Levodopa

- Therapieresistenz nach Levodopagabe,
- zum Ausschluß von Resorptionsstörungen bei vorhersehbaren Fluktuationen,
- unvorhersehbare Fluktuationen (paroxysmales "on-off"),
- verminderter motorischer Response beim Wechsel auf andere Levodopapräparate (z. B. Generika, Retardformulierungen),
- akinetische Krisen.

Levodopaplasmaprofile erfordern einen hohen Zeitaufwand für die gleichzeitige Durchführung von motorischen Tests bzw. Blutabnahmen und die anschließende Probenanalyse mittels HPLC. In vielen Fällen sind Tagesprofile über 6–10 h zur Differenzierung verschiedener Ursachen von motorischen Störungen unvermeidbar, zumal bei einigen Patienten durchaus sowohl vorhersehbare als auch unvorhersehbare Fluktuationen im Tagesverlauf auftreten können. Es erscheint verständlich, daß dieser intensive Aufwand von einigen Patienten als belastend empfunden wird. Trotzdem bleibt festzuhalten, daß unter stationären Bedingungen auf die Bestimmung von Levodopaplasmaspiegeln als wertvolles Hilfsmittel zur Unterscheidung peripherer und zentraler Fluktuationsursachen nicht verzichtet werden sollte.

Diskussion

Frage: Im klinischen Alltag ist sicherlich die Korrelation zwischen dem L-Dopa-Plasmaspiegel und den motorischen Befunden gut gegeben. Wie verhält es sich aber im Akutfall? Angenommen, ein Patient wird mit einer akinetischen Krise stationär aufgenommen, oder er befindet sich im Off-Zustand: Welchen Plasmaspiegel kann man in dieser Situation heranziehen, um eine Aussage über den zentral zu vermutenden Gehalt von L-Dopa zu bekommen?

Antwort: Wenn man L-Dopa oral gibt, kann man sehen, ob die Substanz schnell anflutet oder ob eine Verzögerung der Resorption besteht. Man wird dies in einer Akutsituation wohl kaum so durchführen, weil die akute Therapiebedürftigkeit im Vordergrund steht. Da stehen andere Möglichkeiten der Therapie zur Verfügung, beispielsweise die Apomorphinpumpe, die sehr schnell zu einer Verbesserung der Motorik führt. Ich sehe die Indikation zur L-Dopa-Spiegelbestimmung eher nicht im Akutbereich, sondern bei Patienten, die schon verschiedene Medikamente erhalten haben, auch schon in angepaßter Dosierung, und die auf diese Medikamente nicht gut ansprechen.

Anmerkung: Ich erinnere mich an einige Epilepsiepatienten mit Carbamazepin, die unter steigend höheren Blutspiegeln wieder mehr Anfälle bekommen haben. Andererseits hatte ich einige Patienten mit Diphenylhydantoin behandelt in einer sehr niedrigen Dosis, die auch sehr niedrige Serumspiegel hatten. Diese Patienten waren unter dieser niedrigen Dosierung über Jahre anfallsfrei. Man hat dann die Medikamente abgesetzt, und prompt haben die Patienten wieder Anfälle bekommen.

Frage: Sie haben bei den Antiepileptika die klinische Bedeutung der Plasmaspiegelbestimmung hervorgehoben. Ich stimme Ihnen zu. Wie würden Sie aber inverse Reaktionen bewerten unter einer Kombinationstherapie? Wir beobachten diese gerade beim Einsatz von Lamotrigin.

Antwort: Solche Interaktionen sind bekannt. Man kann nicht mit Sicherheit vorhersagen, welches Präparat zum Anstieg oder Sinken des Serumspiegels eines anderen Medikamentes führt. Es gibt natürlich gewisse Erfahrungswerte, aber gerade beim Lamotrigin existiert zur Zeit noch kein vernünftiger therapeutischer Bereich der Plasmaspiegel.

Frage: Sie haben auf einem Bild sehr anschaulich gezeigt, wie schnell L-Dopa bei den Parkinson-Patienten resorbiert wird, wie schnell es dann aber auch abfällt und welche motorischen Phänomene dann nach kurzer Zeit wieder auftreten. Ist es nicht sinnvoll, bei diesen schwierigen Patienten über einige Tage ein Spiegelprofil aufzustellen? Ich frage aus der Sicht des Versorgungskrankenhauses, weil diese Mittel ja auch sehr teuer sind. Sehen Sie eine Indikation für Spiegelbestimmungen über mehrere Tage?

Antwort: Es wäre sicherlich bei manchen Patienten sinnvoll, ein solches Profil zu bestimmen. Nicht an jedem Tag herrschen die gleichen äußeren Bedingungen vor, und Patienten können an verschiedenen Tagen unterschiedlich ansprechen. Möglicherweise spielen auch Nahrungseinflüsse eine Rolle oder emotionale Faktoren. Andererseits ist ein Ganztagesprofil eine erhebliche Belastung für den Patienten. Man muß sehr viel Blut abnehmen, im Fall des L-Dopa viertelstündlich über zwei Stunden nach L-Dopa-Einnahme.

Frage: Sie haben unterschieden zwischen vorhersehbaren und nicht vorhersehbaren motorischen Fluktuationen beim Morbus Parkinson. Es ist ja doch recht überraschend, daß es auch eine Kombination gibt zwischen nicht vorhersehbaren Fluktuationen mit dem L-Dopa-Spiegel. Es widerspricht eigentlich der Definition. Eine zweite Frage: Was gibt es für praktische Tips? Haben Sie einmal versucht, eine ungünstige Resorption bei Ihren Patienten therapeutisch zu beeinflussen? Gibt es eine Diät, die die Resorption begünstigt?

Antwort: Ich kann im Einzelfall nicht mehr sagen, wie wir therapeutisch reagiert haben. Natürlich wird man versuchen, die Ursache einer Resorptionsstörung festzustellen. Ich kann mich bei diesen untersuchten Patienten nicht daran erinnern, ob wir eine Ursache gefunden haben. Einen Einfluß der Nahrungsmittel konnte man aber ausschließen. Es müssen andere Faktoren von Bedeutung gewesen sein, z. B. andere Medikamente.

Zu Ihrer ersten Frage: Man sieht, daß unter den unvorhersehbaren Fluktuationen sich sehr viele vorhersehbare Fluktuationen verstecken, die tatsächlich Folge von Resorptionsstörungen sind. Das haben auch Baas und Fischer vor einiger Zeit nachweisen können. Trotzdem gibt es noch einen Typ von unvorhersehbaren Fluktuationen, der nicht auf der Basis von Resorptionsproblemen zu erklären ist, sondern für den man zentrale Mechanismen ursächlich annehmen muß.

Frage: Gibt es Erkenntnisse über die Beziehungen zwischen Blut- und Liquorspiegel von L-Dopa? Man könnte vielleicht annehmen, daß mit der Einbeziehung des Liquorkompartimentes und der Blut-Hirn-Schranke eine zusätzliche Variable vorhanden ist, die solche Fluktuationen erklären kann?

Antwort: Es gibt vermutlich frühe pharmakokinetische Studien aus der Zeit, als L-Dopa eingeführt wurde. Zu dieser Zeit waren Fluktuationen aber noch kein Problem. Später ist diese Frage nicht mehr untersucht worden, weil eine Lumbalpunktion bei Parkinson-Patienten heutzutage nur nach strenger Indikationsstellung durchgeführt wird.

Frage: Sie haben einen bestimmten Prozentsatz der unvorhersehbaren Fluktuationen auf emotionale Faktoren zurückgeführt, die Sie wenig definiert haben. Mich würde interessieren, welche emotionale Faktoren besonders wirksam sind, und welches Modell da eigentlich entsteht. Hebt die Emotionalität sozusagen die engen Beziehungen zwischen Dosis und Wirkung auf?

Antwort: Es ist aus der Literatur bekannt, daß Patienten in gewissen Angstsituationen plötzlich Freezingphänomene bekommen und plötzlich nicht mehr weitergehen können. Es wird spekuliert, daß das noradrenerge System hierbei eine Rolle spielt. Psychische Einflüsse spielen sicherlich eine Rolle, gerade auch beim Freezingphänomen. Gerade wenn ein Patient durch einen engen Gang geht oder den Türrahmen passiert, kann er plötzlich nicht mehr weitergehen. Welche Verschaltungsmechanismen diesen Phänomenen zugrunde liegen, kann zur Zeit noch nicht gesagt werden.

Frage: Sie kennen sicher auch jene Patienten, die vor dem Golfkurs eine Extradosis L-Dopa nehmen. Es gibt Kranke, die klagen, daß sie sich nach sportlichen Aktivitäten schlechter fühlen. Wissen Sie, ob diese Erscheinungen auch mit einem Absinken des Blutspiegels einhergehen? Oder spielen sich diese Phänomene auf anderer Ebene ab?

Antwort: Diese Frage ist meines Wissens bisher nicht systematisch untersucht. Es ist zu vermuten, daß Patienten, die möglicherweise einen zu niedrigen L-Dopa-Spiegel haben, sich mit einer Extradosis noch einmal einen Anstoß geben. Hierbei handelt es sich um Patienten mit latenten Fluktuationen ihrer Motilität. Dieses Phänomen können Sie nur untersuchen, wenn Sie Kapazitätsprüfungen machen, d. h., die Patienten dauerhaft belasten. Wer unter einer Dauerbelastung rasch ermüdet, ohne daß er L-Dopa nimmt, der wird von der zusätzlichen L-Dopa-Gabe in einer bestimmten Phase der Erkrankung profitieren. In einem gewissen Stadium der Erkrankung, nach Erschöpfung der zentralen Speicherfähigkeit, also etwa nach 5 Jahren, korrelieren diese Phänomene mit dem verfügbaren L-Dopa-Spiegel. Mit kontinuierlichen L-Dopa- oder parenteralen Apomorphingaben können Sie die motorische Kapazität über den Tag halten.

Frage: Sie haben die Korrelation zwischen klinischem Bild und Plasmaspiegel gut dargestellt. Gibt es einen Zusammenhang zwischen klinischem Bild, Plasmaspiegel, Lebensalter und Krankheitsdauer?

Antwort: Mit zunehmender Erkrankungsdauer, also auch mit zunehmendem Alter, werden vermehrt gastrointestinale Störungen auftreten. Es gibt gewisse individuelle Grenzwerte des Plasmaspiegels. Wenn ein bestimmter Plasmaspiegel von L-Dopa überschritten wird, dann setzt die Wirkung manchmal plötzlich ein. Diese Grenzwerte verschieben sich mit zunehmender Krankheitsdauer in höhere Bereiche, das heißt, man benötigt höhere Dosen, um überhaupt eine effektive Wirkung zu erzielen.

Anmerkung: Sie haben mich noch einmal zum Nachdenken angeregt, als Sie feststellten, die Hemmung des Patienten beim Gehen durch enge Stellen sei ein psychisches Problem. Dieses Phänomen weisen ja nahezu alle Parkinson-Patienten auf. Es handelt sich somit um etwas Krankheitsspezifisches und hat mit der individuellen Emotion des Patienten zunächst einmal nichts zu tun. Das Phänomen hat vielleicht etwas mit der Steuerung unserer Neurotransmitter über die Wahrnehmung zu tun, über die optische Wahrnehmung.

Man muß zumindest mitbeachten, daß es im visuellen System der Parkinson-Patienten eine Störung gibt. Die Raumwahrnehmung ist beim Parkinson-Patient im Vergleich zu Kontrollpersonen gestört. Wenn ein Patient durch eine Tür gehen wird, nimmt er vielleicht die Pfosten zu intensiv wahr. Das hindert ihn, durch die Tür zu gehen. Das ist eine Theorie, von der ich glaube, daß sie experimentell belegt worden ist. Ein Teil des visuellen Systems kann positiv durch dopaminerge Therapie beeinflußt werden. Herr Büttner hat gezeigt, daß das gestörte Farbensehen durch dopaminerge Therapie positiv beeinflußt werden kann. Das visuelle System ist nicht in gleicher Weise beeinflußbar wie das motorische, z. B. durch Dopaminergika kann das visuelle System verbessert werden, nicht aber durch Amantadinsalze. Es gibt also verschiedene Variablen in der Therapie. Man sollte deshalb möglichst hoch im dopaminergen Bereich therapieren und die nicht so wirksamen Adjuvanstherapeutika, wie Amantadinsalze und vielleicht Anticholinergika, zugunsten der Dopaminergika austauschen.

Literatur

Aird RB, Woodbury DM (1974) The Management of Epilepsy. Thomas, Springfield

Baas H, Demisch L, Harder S et al. (1993) L-Dopa-Resorption in verschiedenen Stadien der Parkinson-Krankheit. In: Fischer PA (Hrsg.) Parkinson Krankheit. Verlaufsbezogene Diagnostik und Therapie. Editiones „Roche" Basel, S 281-298

Choonara IA, Rane A (1990) Therapeutic drug monitoring of anticonvulsants: state of the art. Clin Pharmacokinet 18 (4): 318-328

Deleu D, Ebinger G, Michotte Y (1991) Clinical and pharmacokinetic comparison of oral and duodenal delivery of levodopa/carbidopa in patients with Parkinson's disease with a fluctuating response to levodopa. Eur J Clin Pharma 41 (5): 453-458

Fröscher W (1987) Plasmaspiegelbestimmung bei der Behandlung mit Antiepileptika. Med Klin 82: 748-753

Hardie RJ, Lees AJ, Stern GM (1984) On-off-fluctuationes in Parkinson's disease: A clinical and neuropharmacological study. Brain 107: 487-506

Hooper WD, Dubetz KD, Eadie MJ, Tyrer JH (1974) Preliminary observations on the clinical pharmacology of carbamazepine. Proc Austral Assoc Neurol 11: 189-198

Hvidberg EF (1985) Monitoring antiepileptic drug levels. In: Frey HH, Janz D (eds) In: Antiepileptic drugs; Springer Berlin Heidelberg New York Tokyo (Handbook of experimenteal Pharmacology, vol. 74, pp 725-764)

Krämer G (1989) Stellenwert der Plasmaspiegelbestimmung von Antiepileptika. Fortschr Neurol Pyschiatry 57: 411-424

Kurlan R, Rothfield K, Woodward W et al. (1988) Erratic gastric emptying of levodopa may cause "random" fluctuations of parkinsonian mobility. Neurol 38: 419-421

Melamed E, Bitton V, Zelig O (1986) Episodic unresponsiveness to single doses of l-Dopa in Parkinsonian fluctuators. Neurol 36: 100-103

Morselli PL, Franco-Morselli R (1980) Clinical pharmacokinetics of antiepileptic drugs in adults. Pharmacol Ther 10: 65-101

Nutt JG (1987a) On-off phenomenon: Relation to levodopa pharmacodynamics. Ann Neurol 22: 535-540

Nutt JG, Woodward WR, Gancher ST, Merrick D (1987b) 3-O-methyldopa and the response to levodopa in Parkinson's disease: Ann Neurol 21 (6): 584-588

Penry JK (1986) Epilepsy. Diagnosis, management of epilepsy. Raven Press, New York

Troupin AS (1984) The measurement of anticonvulsant agent levels. Ann Intern Med 100: 854-858

Wade LA, Katzman R (1975) 3-O-Methyldopa uptake and inhibition of L-Dopa at the blood-brain barrier. Life Sci 17: 131-136

Klinische Bedeutung von Plasmaspiegelbestimmungen und Bioäquivalenzuntersuchungen bei Pharmaka in der Psychiatrie

G. LAUX, M. BAGLI, M. L. RAO und P. RIEDERER

Nach über 30jähriger klinischer Verfügbarkeit von Psychopharmaka bleibt die adäquate bzw. optimale Dosierung von Antidepressiva und Neuroleptika ein ungelöstes Problem. Auch hinsichtlich der Objektivierung von unerwünschten Wirkungen wurde bislang kein methodologisch befriedigender Standard erreicht (Übersichten: Beckmann u. Laux 1990; Baldessarini 1989; Baldessarini et al. 1988). Schließlich hat sich gerade in den letzten Jahren gezeigt, daß die Compliance (Einnahmetreue) bei nicht wenigen Patienten - gefördert durch eine zumeist unsachlich-negative Berichterstattung über Psychopharmaka in den Medien - ein auch aus gesundheitsökonomischen Gründen nicht unbeträchtliches Problem darstellt (Übersichten: Linden u. Bohlken 1992; Angermeyer et al. 1993).

Mit Hilfe der Plasmakonzentrationsbestimmung von Psychopharmaka bietet sich zumindest theoretisch die Möglichkeit, die angeschnittenen Probleme im Sinne eines Therapeutischen Drug-Monitorings (TDM) zu minimieren bzw. zumindest zu objektivieren. Es sollte angestrebt werden, mit Hilfe der Funktion „Serumspiegel" die individuelle Pharmakotherapie zu optimieren. Bedingt durch die Komplexität der klinischen und pharmakokinetischen Einflußgrößen sind hierbei allerdings eine Vielzahl von Variablen und Parametern zu beachten, deren wichtigste in nachfolgender Übersicht zusammengefaßt sind:

Dosierung und klinische Pharmakokinetik

Einflussfaktoren	
Pharmakon:	Applikationsart, Darreichungsform Bioverfügbarkeit, Metabolisierung.
Patientenvariablen:	
	Alter, Geschlecht, Konstitution, Gewicht/Ernährung, Morbus.
Interaktionen (Medikamente, Nahrungsmittel, Alkohol, Drogen, Rauchen),	
Pharmakogenetik,	
Chronopharmakologie.	

Serumspiegel und therapeutische Wirkung

Bei Durchsicht der Literatur zeigt sich, daß die Befunde hinsichtlich des Zusammenhanges zwischen Serumspiegel und therapeutischer Wirksamkeit sehr heterogen und ausgesprochen widersprüchlich sind (Übersichten: Guthrie et al. 1987; Laux 1990). Die obere und untere Grenze des therapeutischen Fensters sind Wahrscheinlichkeitsgrenzen. Sie geben die Wahrscheinlichkeit an bei der mit inakzeptablem Therapieerfolg bzw. mit einem erhöhten Risiko von unerwünschten Wirkungen zu rechnen ist. Die Wahrscheinlichkeitsgrenzen sind interindividuell unterschiedlich ausgeprägt und erschweren die generelle Anwendung. Während für Nortriptylin ein sog. therapeutisches Fenster auch durch mehrere Replikationsstudien relativ gut dokumentiert ist (Åsberg et al. 1971, Kragh-Sørensen et al. 1976), sind die diesbezüglichen Befunde für Amitriptylin, Doxepin, Maprotilin, Clomipramin, Imipramin und Desipramin inkonsistent bzw. negativ. Ähnlich ist die Datenlage hinsichtlich Mianserin, wenngleich jüngst bei Respondern höhere Mianserinkonzentrationen als bei Non-Respondern beschrieben wurden (Monteleone u. Fabrazzo 1994). Analog ist die Situation bei den Untersuchungsbefunden von Altersdepressionen (Burch et al. 1988; von Moltke et al. 1993).

Dies gilt auch für Neuroleptika, wenngleich für Haloperidol und Fluphenazin einige Studien dafür sprechen, daß optimale therapeutische Plasmakonzentrationsbereiche existieren (Santos et al. 1989; Baldessarini 1989).

Vor allem unter dem Blickwinkel der Toxizität und unerwünschter Wirkungen wurde von Preskorn (1989) für trizyklische Antidepressiva folgende Konzentrationswirkungsbeziehung im Sinne einer generellen Orientierung angegeben (Tabelle 1, Abb. 1):

Tabelle 1. Wirkungen von trizyklischen Antidepressiva in Abhängigkeit ihrer Plasmaspiegel. Dieses von Preskorn et al. (1989) für Amitriptylin + Nortriptylin vorgestellte Modell ist annäherungsweise auch auf Clomipramin + Desmethylclomipramin, Imipramin + Desipramin, Nortriptylin, Desipramin und Maprotilin übertragbar

Plasmaspiegelbereich	Klinisches Profil
< 50 ng/ml	Therapeutische Wirkung unwahrscheinlich
50 - 150 ng/ml	Geringe therapeutische Wirkung
150 - 250 ng/ml	Optimaler Bereich für eine therapeutische Wirkung mit geringem Risiko für Nebenwirkungen
ab etwa 350 ng/ml	Zunehmendes Risiko für Nebenwirkungen vom Typ EKG- oder EEG-Veränderungen, kognitive Veränderungen
> 1000 ng/ml	Erhöhtes Risiko für epileptische Anfälle, Atmungsstörungen, Koma mit Todesfolgen

Die Ursache für die Diskrepanz in den Befunden bezüglich der Konzentrationswirkungsbeziehung sehen viele Autoren in der mangelnden Standardisierung des TDM und der großen interindividuellen Varianz. Sie bemängeln die kleinen Untersuchungskollektive und fordern weitere, methodisch anspruchsvollere Studien. Als Hauptgründe für diesen unbefriedigenden wissenschaftlichen Kenntnisstand zum TDM lassen sich neben finanziellen insbesondere methodologische Probleme anführen, die zusammengefaßt in nachfolgender Übersicht wiedergegeben sind:

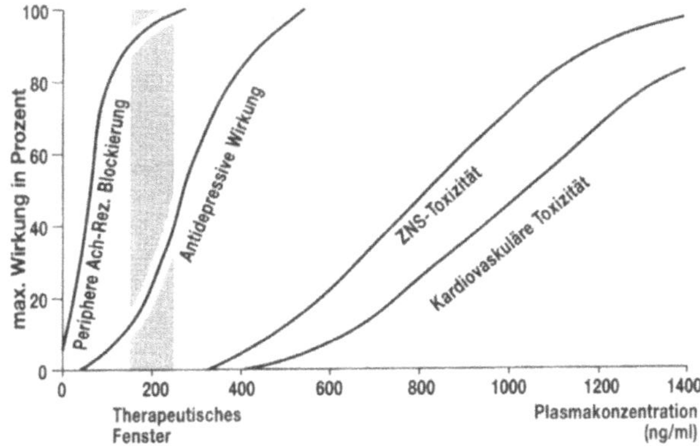

Fig. 1. Konzentrationswirkungskurve von trizyklischen Antidepressiva. (Nach Preskorn 1989)

Probleme des Therapeutischen Drug-Monitorings (TDM)

- Probengewinnung (Probengut, Art u. Zeitpunkt der Blutabnahme, Röhrchen, Trennhilfen, Transport),
- Analysemethodik (Vergleichbarkeit der Methoden),
- Probleme bei der Etablierung von Konzentrationswirkungsbeziehungen bei Psychopharmaka,
- Relevanz von Metaboliten unklar,
- inhomogene Patientengruppen,
- Plazebo-/Spontanremissionen,
- kleine Fallzahlen - Kostenfaktor,
- variable Dosierungen,
- Compliancekontrolle („outpatients"),
- fehlender pharmakogenetischer Status.

Konsensuskonferenz

Im Jahre 1991 wurde der erste Workshop deutschsprachig-skandinavischer Experten mit dem Ziel durchgeführt, über eine methodologische Standardisierung zu einer besseren Datenlage zu kommen. Die Ergebnisse dieser Konferenz fanden in einem Konsensuspapier ihren Niederschlag (Laux u. Riederer 1992; Riederer et al. 1992). Für die klinische Anwendung wurden folgende Indikationen für die Serumspiegelbestimmungen als akzeptiert angesehen:

1. „Non-Responder"
2. Verdacht auf Non-Compliance
3. Gravierende und/oder unerwartete Nebenwirkungen
4. Komplikationen/Verdacht auf Intoxikation.

Bestimmungsmethoden

Der Einsatz von unterschiedlichen Bestimmungsmethoden zum TDM stört bzw. verhindert den Vergleich von Ergebnissen aus verschiedenen TDM-Studien. Prinzipiell lassen sich immunologische und chemische Bestimmungsmethoden unterscheiden, deren Vor- und Nachteile in Tabelle 2 zusammengefaßt sind:

Tabelle 2. Analytische Verfahren zur therapeutischen Überwachung der Serumkonzentration von Psychopharmaka

Methoden	Immunologische Methoden	Chemische Methoden
Beispiele	EMIT, RIA, FPIA	Chromatographische Verfahren (HPLC oder GC)
Vorteile	Automatisierte Verfahren mit einfacher Handhabung	Hohe Sensitivität
	Kurze Analysenzeiten	Hohe Spezifität: Co-Medikation und Metabolite können durch die chromatographische Trennung selektiv erfaßt werden
	Hoher Probendurchsatz	
	Geringe Anforderung an das Personal	Hohe Flexibilität
	Kostengünstig	
	Sog. biologische Aktivitätsmessung	
Nachteile	Geringe Sensitivität	Hohe Komplexität → Söranfällig
	Problematik der Kreuzreaktivitäten durch Co-Medikation und Metabolite	Lange Analysenzeiten
		Niedriger Probendurchsatz
	Unflexibel	Hohe Anforderung an das Personal
		Kostenintensiv
Bevorzugter Einsatz	Routine	Wissenschaftliche Studien
	Schnelle Notfallintervention bei Verdacht auf Intoxikation und Substanzabusus	Spezielle Fragestellungen bei Interaktionen, Non-Respondern und Risikopatienten
	Compliance-Kontrolle	

Aus klinischer Sicht haben sich immunologische Methoden zur Routinebestimmung insbesondere bei Verdacht auf Intoxikation, zur Compliancekontrolle und bei Drogen-Patienten bewährt, da hier eine rasche, vergleichsweise kostengünstige Befunderstellung möglich ist. Demgegenüber sind chemische Nachweismethoden wesentlich zeitaufwendiger und erfordern eine hochqualifizierte personelle und apparative Ausstattung. Insbesondere für Forschungsfragestellungen sind sie aber unverzichtbar, da nur mit ihnen ein spezifischer Nachweis möglich ist (vgl. Abb. 2).

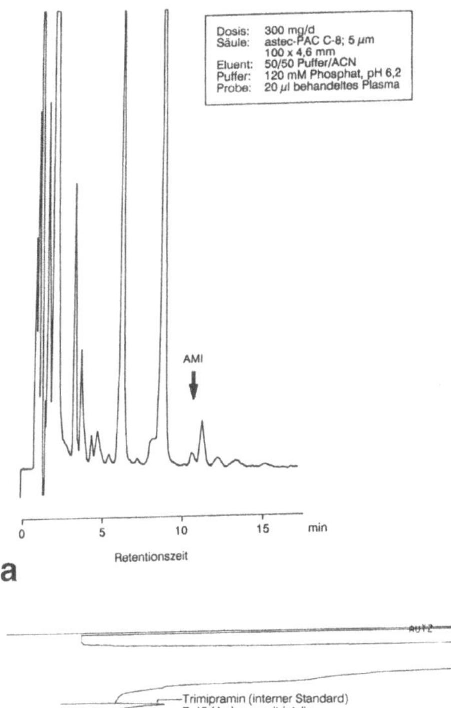

Trimipramin (interner Standard)
E-10-Hydroxyamitriptylin
Z-10-Hydroxyamitriptylin
Amitriptylin
E-10-Hydroxynortriptylin
Z-10-Hydroxynortriptylin
Nortriptylin
b

Fig. 2a, b. Typische Chromatogramme nach HPLC-Analysen zum Nachweis von Amitriptylin, Nortriptylin und deren Metaboliten aus dem Plasma von Patienten, die mit Amitriptylin behandelt wurden. (Nach Riederer et al. 1992 und Hiemke et al. 1992)

Die Auswahl des Analysenverfahren sollte sich daher nach der Fragestellung, den Kosten, dem Zeitaufwand und der personellen Ausstattung richten. Die Methode muß in jedem Fall reproduzierbar sein (Trennleistung, Nachweisgrenze; Interne/externe Standards).

In den letzten Jahren stand die Entwicklung ökonomischer Analyseverfahren im Vordergrund (automatisierte chemische Methoden, Hiemke 1992). Rao et al. (1994) konnten inzwischen eine Validierung ihrer immunologischen Nachweismethode vorlegen: Sie zeigten, daß ausreichend hohe Korrelationen zwischen dem Fluoreszenz-Polarisationsimmunoassay (FPIA) und HPLC- bzw. gaschromatographisch erstellten Serumkonzentrationen zumindest für Amitriptylin, Imipramin und Clomipramin bestehen ($r = 0{,}90 - 0{,}95$).

Tabelle 3. Identifizierung von "poor metabolizern" (Dezember 1993/Januar 1994; Psychiatrische Universitätsklinik Bonn)

Fr. A. R.	45 J	63 kg	150 mg/d Clomipramin	→	420 ng/ml
			50 mg/d Thioridazin	→	1000 NU
Fr. S. H.	59 J	84 kg	125 mg/d Thioridazin	→	1000 NU
Fr. T. M. H.	63 J	106 kg	50 mg/d Clozapin	→	83 NU
			2,5 mg/d Haloperidol		
			400 mg/d Clozapin	→	85 NU
			18 mg/d Benperidol	→	1000 lNu
			3 mg/d Benperidol	→	520 NU
			2 Tage nach Absetzen	→	39 NU
			11 Tage nach Absetzen	→	29 NU
			16 Tage nach Absetzen	→	19 NU
			2 mg/d Lormetazepam	→	201 ng/ml
			20 mg/d Diazepam	→	790 ng/ml
			20 mg/d Diazepam	→	897 ng/ml
			20 mg/d Diazepam	→	955 ng/ml
			2 mg/d Lormetazepam		

Eigene Untersuchungen und Befunde

An der Psychiatrischen Universitätsklinik Bonn ist das TDM für Antidepressiva und Neuroleptika seit 1992 Bestandteil der Patientenversorgung. Im folgenden wird sowohl anhand von Fallbeispielen als auch anhand gruppenstatistischer Analysen die klinische Relevanz von Serumspiegelbestimmungen aufzuzeigen versucht.

In Tabelle 3 sind drei Kasuistiken dargestellt, bei denen unter „normalen" klinischen Dosierungen von Antidepressiva, Neuroleptika und Benzodiazepinen sehr hohe Serumspiegel auffielen. Alle Patienten erwiesen sich als „therapieresistent" und zeigten auch nach Dosisreduktion bzw. Absetzen der Medikation anhaltende Nebenwirkungen wie übermäßige Sedierung, Dysarthrie, Tremor. Dies kann als Beispiel für die Identifizierung von „poor-metabolizern" dienen (Baumann 1992). Aufgrund der bislang spärlichen epidemiologischen Daten (Dick et al. 1982; Brøsen 1990) führen wir derzeit ein Phäno-/Genotypisierungsscreening sämtlicher in unserem Hause stationär aufgenommener Patienten durch.

In Abb. 3 ist der Behandlungsverlauf einer Patientin dokumentiert, die unter suffizienten Dosen von Maprotilin (bis 200 mg/die) keine ausreichenden Serumwirkspiegel aufbaute und sich während der 8.–13. Behandlungswoche im klinischen Globalurteil verschlechterte. Nach Umstellung auf Doxepin (bis 250 mg/die) bzw. Imipramin konnten Serumkonzentrationen innerhalb des anzunehmenden therapeutischen Bereiches erzielt und eine klinische Besserung des Zustandes der Patientin erreicht werden. Wir halten dies für einen exemplarischen Fall eines sinnvollen TDMs zur Qualitätssicherung im Rahmen der stationären und ambulanten Behandlung.

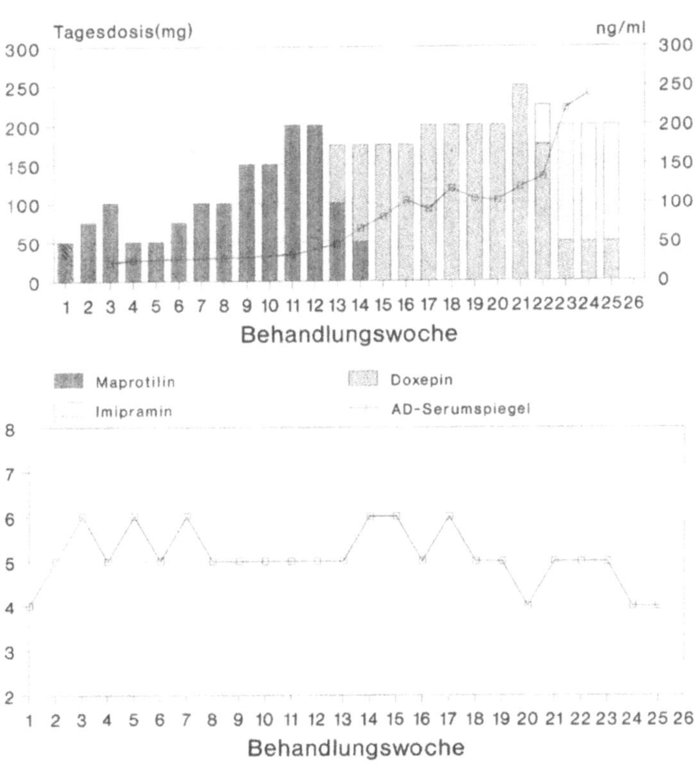

Fig. 3. Fallbeispiel zum Zusammenhang zwischen Antidepressivadosis, Plasmakonzentration und klinischer Wirkung (CGI)

Aufgrund des Vorliegens eines jetzt ausreichend großen Datenmaterials können nun erste gruppenstatistische Analysen hinsichtlich der klinisch-therapeutischen Relevanz von Serumspiegelbestimmungen durchgeführt werden. Wie aus Abb. 4 ersichtlich, können erhöhte bzw. erniedrigte Plasmakonzentrationen infolge Interaktion mit einem serotoninselektiven Antidepressivum als Komedikation (vgl. Aranow et al. 1989), infolge Niereninsuffizienz, hohem Lebensalter oder durch Komedikation mit Valproat ohne Carbamazepin auftreten.

Der Nutzen des TDMs zur Erfassung pharmakokinetischer Interaktionen z. B. mit Neuroleptika und Carbamazepin wurde jüngst in einer Übersicht von Jerling et al. (1994) durch Daten von fast 3000 Patienten unterstrichen.

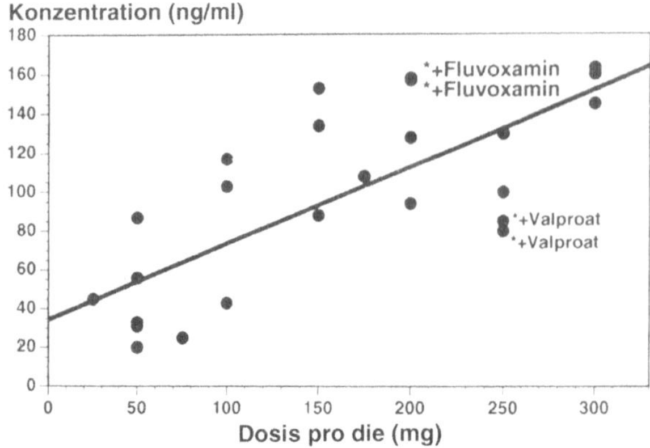

Fig. 4. Beziehung zwischen Plasmakonzentration und Dosis von Doxepin (n = 26) und deren Beeinflussung durch Komedikation. (Nach Rao et al. 1994)

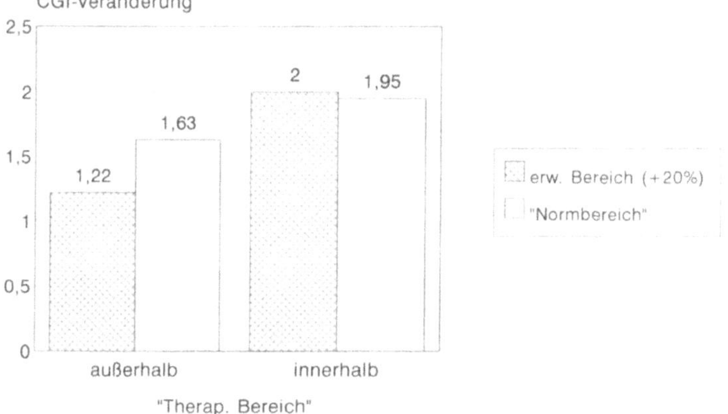

Fig. 5. Beziehung zwischen klinischer Response und Neuroleptika-Plasma-Konzentration

Wie in Abb. 5 dargestellt, ließ sich zeigen, daß die anhand der klinischen Globalbeurteilung (CGI) belegte klinische Besserung neuroleptisch behandelter schizophrener Patienten ausgeprägter war, wenn die Serumkonzentrationen der Neuroleptika im vermuteten therapeutischen Bereich lagen. Analoge Befunde ergaben sich auch für trizyklische Antidepressiva (insbesondere Amitriptylin, Doxepin), hier erreichten Patienten mit innerhalb des therapeutischen Wirkbereichs liegenden Serumkonzentrationen durchschnittlich 1,95 Veränderungspunkte („viel besser"), Patienten mit außerhalb liegenden Konzentrationen nur einen durchschnittlichen Verbesserungsscore von 1,63 (Abb. 6). Während bei den Neuroleptika die Erweiterung des angenommenen therapeutischen Serum-Konzentrationsbereichs um ±20% den Unterschied zwischen den beiden Gruppen innerhalb vs. außerhalb noch vergrößerte, war dies bei den trizyklischen Antidepressiva nicht der Fall.

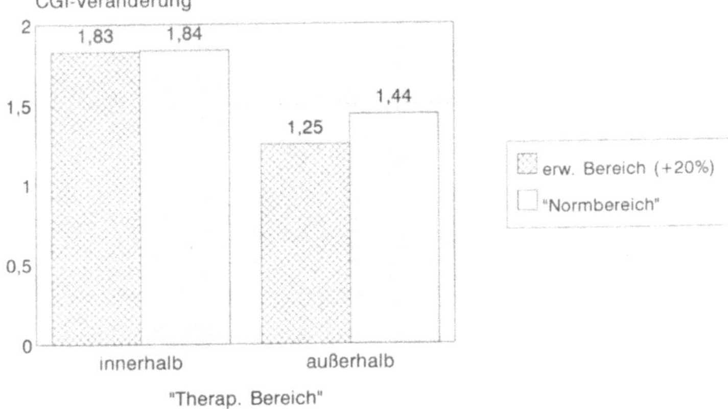

Fig. 6. Beziehung zwischen klinischer Wirkung und Antidepressiva-Plasma-Konzentration

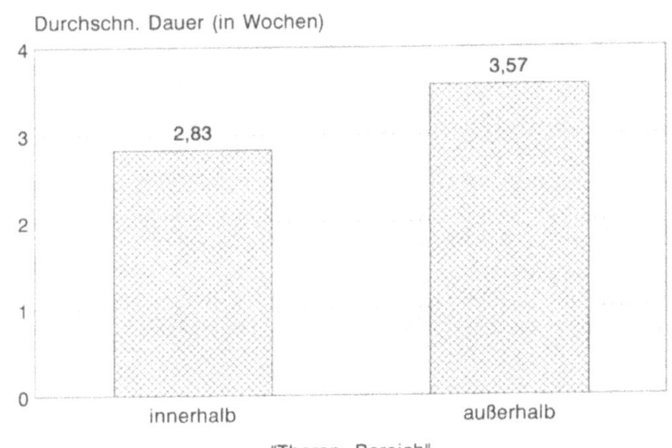

Fig. 7. Zusammenhang zwischen der durchschnittlichen Zeitdauer bis zur klinischen Besserung und der Plasmakonzentration von Neuroleptika

Hinsichtlich der durchschnittlichen Zeitdauer bis zur klinischen Besserung (Responsekriterium: CGI-Reduktion um mindestens 2 Punkte) zeigte sich, daß Patienten mit außerhalb des therapeutischen Bereiches liegenden Neuroleptikaserumspiegeln tendentiell einen längeren Zeitraum zur Genesung benötigen (2,8 vs. 3,6 Wochen) (Abb. 7).

Diese vorläufigen Befunde lassen aus unserer Sicht eine positive bis optimistische vorläufige Zwischenbilanz des TDM von Psychopharmaka zu. Unabdingbare Voraussetzung ist allerdings, daß von seiten der Ärzte ein entsprechendes aufgeschlossenes Problembewußtsein und Interesse mit der Bereitschaft zu einer engen Kooperation mit dem Neurochemischen Labor unter strikter Einhaltung organisatorisch-formaler Erfordernisse (präzises Ausfüllen der Anforderungsscheine!) besteht. Obligat ist außerdem, daß keine unkommentierten Werte vom Labor zum behandelnden Arzt gelangen, da dieser in der Regel in Bezug auf methodische Details nicht spezialisiert ist und der Hilfe eines psychopharmakologisch kompetenten Kollegen bedarf. Dies wird aus der in Tabelle

Tabelle 4. Therapeutisches Drug Monitoring unter Routineanwendungsbedingungen (Antidepressiva) (Psychiatrische Universitätsklinik Bonn)

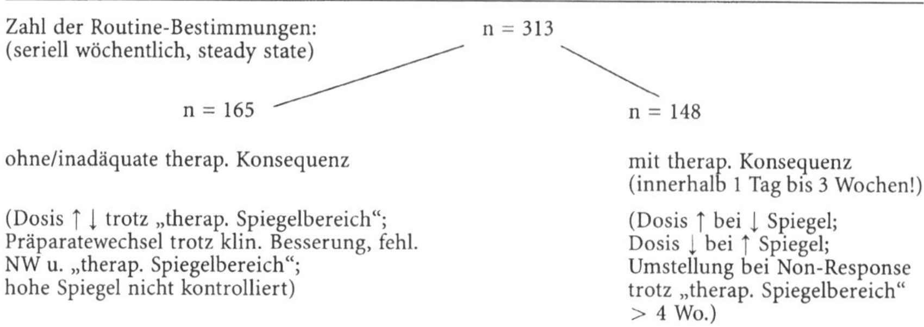

4 zusammengefaßten Stichprobenerhebung deutlich: etwa die Hälfte der mitgeteilten Antidepressiva-Serum-Konzentrationen führte zu keiner oder zu einer inadäquaten therapeutischen Konsequenz unter Routineanwendungsbedingungen.

Außer diesen Erfahrungen und Befunden wird deutlich, daß das TDM von Psychopharmaka nach wie vor in seinen Anfängen steckt. Verwiesen sei hier auch darauf, daß hinsichtlich der neueren Antidepressiva (selektive Serotoninwiederaufnahmehemmer, reversible MAO-A-Hemmer) bislang fast keine Ergebnisse vorliegen. Bis zum Vorliegen eines umfassenden, den methodischen Ansprüchen genügenden Datenmaterials sind unseres Erachtens deshalb noch keine Routinebestimmungen, sondern die Durchführung von Serumspiegelbestimmungen bei speziellen Indikationen angezeigt. Hierfür schlagen wir den in Abb. 8 wiedergegebenen Entscheidungsbaum zum differenzierten Einsatz von Serumspiegelbestimmungen vor.

Im Hinblick auf die Bestrebungen zur Qualitätssicherung auch in der Psychiatrie bei gleichzeitiger vermehrter Beachtung ökonomischer Gesichtspunkte scheint allerdings die Vermutung und Hoffnung gerechtfertigt, daß die Serumspiegelbestimmungen von Psychopharmaka auch aus klinisch-praktischer Sicht in Zukunft an Bedeutung gewinnen.

Ausblicke

Der in Abb. 8 dargestellte Algorithmus zum TDM zeigt nur einen Aspekt zur Optimierung der Psychopharmakatherapie, d. h. die Analyse der Ursachen warum sich ein bestimmtes klinisches Ergebnis manifestiert oder nicht. Eine Weiterentwicklung dieses Vorgehens ist die computergestützte Auswertung von Daten mit der mathematischen Beschreibung von pharmakokinetischen/pharmakodynamischen Modellen (z. B. NONMEM, ADAPT oder ABBOTBASE). Es ist bekannt, daß eine Vielzahl von exogenen Faktoren (Nahrungs- und Flüssigkeitsaufnahme, Begleitmedikamente mit pharmakokinetischer Interaktion, Substanzabusus und körperliche Aktivität) ebenso wie endogene Faktoren (z. B. demographische Faktoren, Herz-, Leber- und Nierenerkrankung und Phänotyp) Einfluß auf die Pharmakokinetik und somit auf die Funktion „Serumkonzentration" nehmen können. Dieser mathematische Ansatz geht von einer modellorientierten Beschreibung der populationskinetischen Daten aus, bei der die interindividuelle Varianz durch die oben erwähnten Faktoren als Kovariablen Eingang in die Auswertung

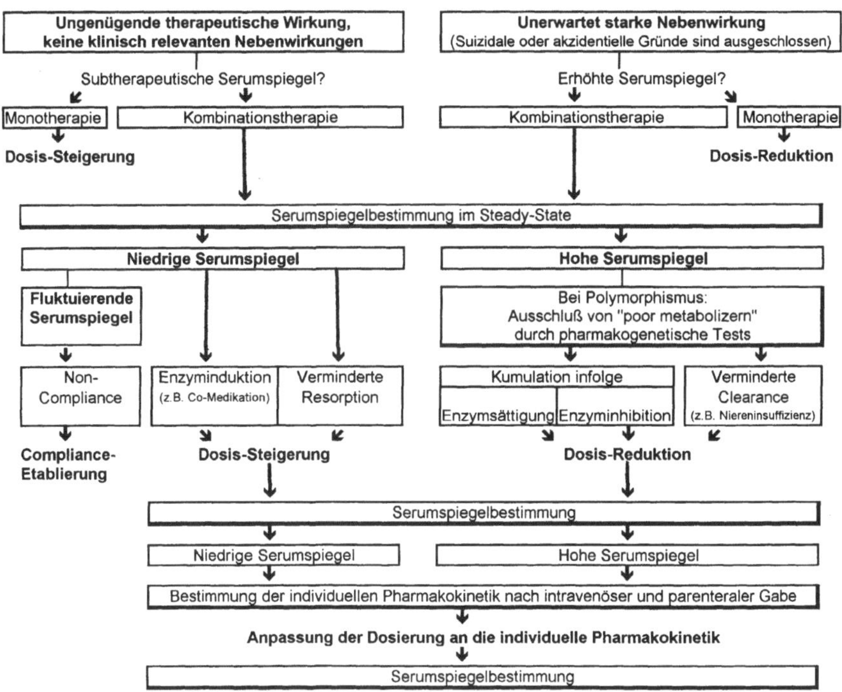

Fig. 8. Vorschlag zu einem Entscheidungsbaum für die Anwendung von Plasmaspiegelbestimmungen

findet. Existiert eine Beziehung zwischen Konzentration und der pharmakodynamischen Wirkung – meistens durch lineare oder E_{max}-Funktionen beschrieben – kann mit Hilfe der ermittelten Kovariablen und der mathematischen Berechnungen ein individuell optimales Dosierungsschema vorgeschlagen werden. Dieses geschieht mit der Maßgabe, einen für den Patienten optimalen Steady-state-Serumspiegel zu erzielen. Durch vereinzelte Messungen der Serumkonzentration kann die „Treffsicherheit" der Vorhersage validiert und verbessert werden und findet bei der nächsten Auswertung Verwendung (iterativer Ansatz). Oft ist die Surrogatfunktion „Serumspiegel" der wichtigste Determinant für den Effekt. Andere Faktoren, wie z. B. Gesamtdosis, Behandlungsdauer, Begleitmedikamente mit pharmakodynamischer Interaktion und Stadium der Erkrankung, können ebenfalls Einfluß auf den Effekt des Pharmakons nehmen, die ebenfalls in diesem mathematischen Modell erklärt werden müssen.

Die Schwierigkeiten dieses Verfahrens sind zweifacher Art: Erstens existieren für viele Arzneistoffe keine populationskinetischen Untersuchungen, bei denen die verschiedenen Einflußgrößen ausführlich untersucht worden sind. Solche Untersuchungen sind meistens an einem kleinen und speziell ausgewählten Kollektiv erhoben worden. Zweitens, wie Eingangs bereits geschildert, fehlt bei den meisten Psychopharmaka die Beziehung zwischen Serumkonzentration und Wirkung.

Die Planung für den Einsatz des mathematischen Ansatzes der TDM sieht an der Psychiatrischen Klinik der Universität Bonn wie folgt aus: TDM ist in unserer Klinik fester Bestandteil der Pharmakotherapie und findet entsprechend dem Algorithmus wie in Abb. 8 dargestellt Anwendung. Anhand dieser Daten ist in einem retrospektiven Ansatz die Erforschung der verschiedenen Einflußgrößen auf die Pharmakokinetik bzw. Pharmakodynamik geplant. Zwar kann in diesem Fall auch nicht auf die pharmakokinetischen Angaben aus Studien nach einmaliger Dosierung verzichtet werden, jedoch ist die Validierung des zugrundegelegten mathematischen Modelles aufgrund der großen Fallzahl gewährleistet. Ist die Validierung einmal gelungen, kann das für das entsprechende Arzneimittel validierte Verfahren zur individuellen Optimierung des Dosierungsschemas herangezogen werden.

Epilog: Bioäquivalenz

Im AMG ist die Zulassung, Herstellung und der Umgang mit Arzneimitteln vorgeschrieben. Neben den Qualitätsanforderungen bezüglich Wirkstoffgehalt, Haltbarkeit und Chargenhomogenität muß der Hersteller in sehr aufwendigen klinischen Studien den Beweis bezüglich Wirksamkeit und Unbedenklichkeit erbringen. Für wirkstoffgleiche Arzneistoffe kann der Nachweis bezüglich Wirksamkeit und Unbedenklichkeit vereinfacht vorgenommen werden, wenn das betreffende Präparat (Generikum) dem bereits zugelassenen Präparat (Innovator) therapeutisch äquivalent ist. Da der direkte Nachweis der therapeutischen Äquivalenz nur unter großem Aufwand möglich ist, werden in der Regel anstelle von klinischen Studien zur Bioäquivalenz sog. Surrogatstudien durchgeführt, bei denen die pharmazeutische Äquivalenz nachgewiesen wird. Bioäquivalenz ist per Definitionen dann gegeben, wenn die Bioverfügbarkeit nach Applikation der gleichen molaren Dosis ähnlich ist und analoge Serumkonzentrations-Zeit-Profile resultieren, so daß ihre Effekte im Hinblick auf Wirksamkeit und Unbedenklichkeit als gleich bezeichnet werden können. Die Bioverfügbarkeit ist definiert als Geschwindigkeit und Ausmaß, in dem die aktive Substanz aus der pharmazeutischen Form absorbiert wird und am Ort der Wirkung verfügbar ist (Gleiter u. Gundert-Remy 1994). In den letzten Jahren ist wiederholt der Versuch unternommen worden, auf internationalen Veranstaltungen einen Konsens zur Standardisierung von Bioäquivalenzstudien zu finden. Bezüglich des Studiendesigns, der Auswahl der pharmakokinetischen Parameter zur Beurteilung der Bioverfügbarkeit und dem statistischen Verfahren zur Bioäquivalenzentscheidung wurde weitestgehend eine Übereinstimmung gefunden. Die Bioäquivalenzstudien erfolgen im Cross-over-Design unter standardisierten Bedingungen an einer vorher definierten Anzahl gesunder, meistens männlicher Probanden. Aus der Surrogatmessung (meistens Serumkonzentration) werden pharmakokinetische Parameter berechnet. Das Ausmaß der resorbierten Menge des Arzneimittels wird repräsentiert durch die Fläche unter der Serumspiegel-Zeit-Kurve (AUC), die Geschwindigkeit der Resorption durch die erreichte Maximalkonzentration (C_{max}) und die Zeit, die bis zum Erreichen von C_{max} ab dem Zeitpunkt der Applikation verstreicht (T_{max}). Für die AUC- und C_{max}-Quotienten beider Präparate wird das 90%ige Konfidenzintervall berechnet und die Präparate werden dann als bioäquivalent eingeschätzt, wenn die berechneten Konfidenzintervalle innerhalb des vorgesehenen Akzeptanzbereiches fallen. Bezüglich dieser Akzeptanzbereiche besteht zwischen den amerikanischen (FDA) und den europäischen Gesundheitsbehörden (CPMP) ein Unterschied. Während die amerikanische Behörde für den AUC- und

C_{max}-Quotienten eine Abweichung von ±20%, d. h. feste Akzeptanzlimits von 80 und 125% vorschreibt, legt die europäische Gesundheitsbehörde diese feste Akzeptanzgrenzen nur für den AUC-Quotienten zugrunde.

Bioäquivalenz

Definition:	Fläche unter der Konzentrationskurve (AUC) und max. Serumkonzentration (C_{max}) bei 80% der Patienten um höchstens ±20% abweichend in Cross-over-Studie (Nach FDA) AUC des Vergleichspräparates = 80 - 125% d. „Originals", „keine bedeutsamen Abweichungen" bzgl. C_{max} u. t_{max} (Deutschland)
Parameter:	„Bioverfügbarkeit" - Fläche unter d. Blutspiegelkurve (AUC) - Freisetzungsgeschwindigkeit (C_{max}, t_{max})
Methodik:	Cross-over-Design Nahrungstandardisierung

Für den C_{max}-Quotienten sind aufgrund der größeren interindividuellen Streuung breitere Akzeptanzbereiche ohne eine Festsetzung auf bestimmte Akzeptanzlimits zugelassen. Die dritte Zielgröße T_{max} wird nur deskriptiv behandelt. Für diese Zielgröße besteht nach Ansicht der Experten keine Notwendigkeit für eine statistische Entscheidungsregel, wie sie für AUC und C_{max} beschrieben ist. Es wird hier deutlich, daß die Beurteilung der Geschwindigkeit der Resorption im Gegensatz zum Ausmaß der Resorption noch problematisch ist. Man hofft, diese Schwierigkeiten mit der Berechnung von geeigneteren Parametern zur exakten Beschreibung der Resorptionsgeschwindigkeit zu umgehen (Bagli et al. 1995).

Zu erwähnen ist, daß diese Methodologie zur Bestimmung der Bioäquivalenz über pharmakokinetische Parameter nicht in allen Fällen angewandt werden kann; dies gilt z. B. für Darreichungsformen, die eine modifizierte Wirkstoffreisetzungscharakteristik besitzen (z. B. Retardformulierungen) oder andere Resorptionswege aufweisen (z. B. intramuskuläre Depotapplikation).

Anzumerken ist außerdem, daß vom statistischen Standpunkt gegen das standardmäßige Vorgehen bei der Auswertung von Bioäquivalenzstudien erhebliche Bedenken geltend gemacht werden (Frage nach der sachgerechten Formulierung der bei der abschließenden Signifikanzprüfung zu testenden Hypothese) (Wellek 1995).

Vor allem bedingt durch das Gesundheitsstrukturgesetz (GSG) mit seinen gravierenden Auswirkungen auf das Verordnungsverhalten niedergelassener Ärzte (vermehrte Rezeptur von Generika) wurde der Frage der Bioäquivalenz verschiedener Präparate in den letzten Jahren vermehrte Beachtung geschenkt. Laut Definiton sollte bei bioäquivalenten Fertigarzneimitteln die Substitution auch während der laufenden medikamentösen Therapie möglich sein, ohne daß eine Dosisanpassung vorgenommen werden muß. Es stellt sich jedoch die Frage, ob die Abweichung um ±20% klinisch akzeptabel ist. Für die auch in der Psychiatrie eingesetzte Substanz Carbamazepin wurden in letzter Zeit Untersuchungsergebnisse mit z. T. erheblichen, klinisch relevanten Serumkonzentrationsunterschieden bei äquivalenter Dosierung mit verschiedenen Präparaten mitgeteilt (s. Abb. 9).

Aus klinischer Sicht erscheinen insbesondere alte und mehrfach medizierte Patienten hinsichtlich Bioinäquivalenz gefährdet (Gleiter u. Gundert-Remy 1994). Insofern bleibt es künftigen Untersuchungen vorbehalten, der Frage nachzugehen, inwieweit insbesondere

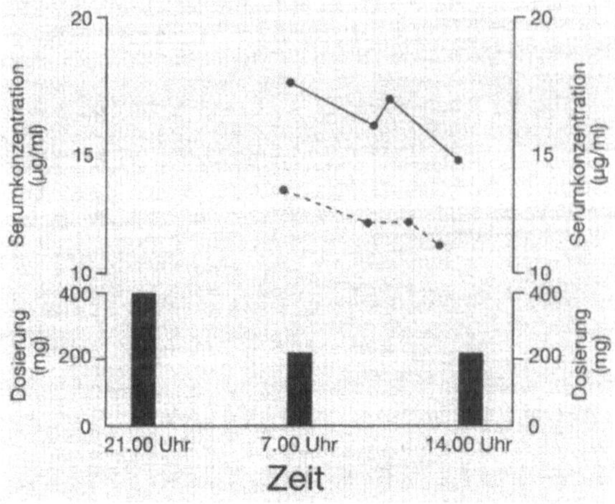

Fig. 9. Unterschiedliche Serumkonzentrationen unter zwei verschiedenen Carbamazepinpräparaten. (Nach Gilman et al. 1993)

bei sog. therapieresistenten Patienten („Non-Respondern"), aber auch bei Auftreten unerwarteter Nebenwirkungen, Bioäquivalenzfaktoren auch für Psychopharmaka von klinischer Relevanz sind. Angesichts der „Verordnungsrealität" (z. B. Umstellung der Patienten nach stationärer Entlassung auf „preisgünstigere Generika") sollte diesem Aspekt vermehrtes wissenschaftliches Interesse und entsprechende Forschungsaktivitäten zuteil werden.

Diskussion

Frage: Ich denke, die Indikation von Plasmaspiegelbestimmungen sollte sich auf wenige Aspekte beschränken, nämlich Verdacht auf Non-Compliance, Non-Response und Nebenwirkungen. Sie haben jetzt Hinweise gegeben, daß unter Routinebedingungen Plasmaspiegelbedingungen ebenfalls sinnvoll seien, da außerhalb des empfohlenen Spiegelbereiches liegende Werte gehäuft bei den Patientn zu finden seien, die einen längeren stationären Aufenthalt aufwiesen. War das so und lagen die Spiegel oberhalb des üblichen Bereiches? Es ist ja möglich, daß die schlechter respondierenden, die einen längeren stationären Aufenthalt benötigen, in der Regel diejenigen sind, die die höheren Spiegel aufweisen, weil hier die Dosis „automatisch" erhöht wird und die Response sich dennoch nicht einstellt. Sollte man die Plasmaspiegel tatsächlich außerhalb der genannten Spezialfälle auch bei der Wirksamkeitskontrolle künftig mehr berücksichtigen?

Antwort: Hinsichtlich des therapeutischen Drug-Monitoring ist sicherlich bislang keine Euphorie am Platze, ich denke aber schon, daß die Verbreitung dieser Methodik ihre Berechtigung hat. Bislang sind allerdings in der Tat die Zusammenhänge zwischen Plasmaspiegel und klinischer Wirksamkeit nicht sehr überzeugend, hierfür gibt es aber – wie ich auch zu zeigen versucht habe – eine Reihe methodologischer Gründe. Wir benötigen dringend Daten von ausreichend großen Fallzahlen. In der Tat konnten wir zeigen, daß statistisch signifikant Patienten, die außerhalb des empfohlenen therapeutischen Spiegelbereiches lagen, eine längere stationäre Behandlungsdauer aufwiesen. Ein

Teil dieser Patienten wies zu niedrige Plasmakonzentrationen, ein Teil viel zu hohe Spiegel auf.

Frage: Die von Ihnen eingesetzte Bestimmungsmethode mittels des Radioimmunoassays mißt ja primär die sog. biologische Aktivität, hat hier aber nicht die alleinige Messung der Affinität zum Dopamin-D2-Rezeptor ihre Grenzen?

Antwort: Dies ist sicherlich richtig. Zwar gehen wir nach wie vor davon aus, daß die Affinität zum Dopamin-D2-Rezeptor entscheidend mit der antipsychotischen Wirkung korreliert ist. Allerdings zeigen die sog. atypischen Neuroleptika/Antipsychotika, insbesondere natürlich Clozapin, aber wohl auch Risperidon, daß andere Rezeptoreffekte von klinischer Relevanz sind bzw. sein können.

Frage: Ist es nicht so, daß Plasmaspiegelbestimmungen auch deswegen teuer sind, weil Blutanalysen durchgeführt werden. Ist es nicht sinnvoller, ein Urinkörper-Abbauprodukt zu bestimmen?

Antwort: Hinsichtlich des Nachweises von Benzodiazepinen ist Urin gut geeignet. Hier besteht eine hohe Korrelation zwischen Plasmaspiegel und Urinkonzentration, wobei allerdings darauf hinzuweisen ist, daß die Nachweismethoden in der Regel über Desmethyldiazepam gehen, d. h. daß Benzodiazepine, die anderen Stoffwechsel- bzw. Abbauwegen unterliegen (wie z. B. Alprazolam) hiermit zumindest nicht adäquat erfaßt werden. Bezüglich der Antidepressiva und Neuroleptika liegen bislang keine etablierten Urin-Nachweismethoden vor.

Frage: Was hat für Sie Vorrang: der klinische Befund oder der Plasmaspiegel? Soll man Medikamente reduzieren, obwohl es dem Patienten gut geht, er keine Intoxikationszeichen aufweist, aber der Spiegel zu hoch liegt?

Antwort: Sicherlich soll man nicht „nach Plasmaspiegeln therapieren". Eine Überbewertung ist nicht angezeigt, andererseits halten wir Plasmaspiegel für einen wichtigen Indikator. Neben den skizzierten Beispielen zur Diagnosesicherung oder zur Entzugskontrolle bei Drogenpatienten sollte meines Erachtens die Dosis von Neuroleptika reduziert werden, wenn sehr hohe Plasmaspiegel gemessen werden. Das Problem der Spätdyskinesie zwingt uns hier, mit den minimalen effektiven Dosen zu arbeiten. In Versorgungskrankenhäusern zeichnet sich in den letzten Jahren interessanterweise eine Tendenz dahingehend ab, daß mit – gemessen an den Qualitätsstandardempfehlungen – zu hohen Neuroleptikadosierungen behandelt wird. Andererseits werden auch Patienten als „Teilresponder" in nicht optimalem Zustand aus stationärer Behandlung entlassen mit Plasmaspiegeln im unteren Bereich, d. h. ohne adäquate Ausschöpfung der pharmakotherapeutischen Möglichkeiten.

Frage: Wie häufig sind „Slow-Metabolizer"?

Antwort: Skandinavische und Schweizer Untersuchungen zeigten, daß Poor-Metabolizer bei ca. 7–10% der Bevölkerung vorliegen. Aus Deutschland liegen hierzu bislang keine Daten vor, wir führen momentan eine epidemiologische Studie zu diesem Thema durch. Angemerkt sei hier, daß die Phänotypisierung u. a. infolge Artefaktstörung durch

Komedikation mit methodischen Problemen belastet ist. Es sind deshalb derzeit Untersuchungen zur Genotypisierung im Gange, diese ist allerdings mit sehr hohen Kosten verbunden.

Literatur

Angermeyer MC, Däumer R, Matschinger H (1993) Benefits and risks of psychotropic medication in the eyes of the general public: Results of a survey in the Federal Republic of Germany. Pharmacopsychiatry 26: 114-120

Aranow RB, Hudson JI, Pope HG et al. (1989) Elevated antidepressant plasma levels after addition of fluoxetine. Am J Psychiatry 146: 911-913

Åsberg M, Cronholm B, Sjöqvist F, Tuck D (1971) Relationship between plasma level and therapeutic effect of nortriptyline. Br Med J 3: 331-334

Bagli M, Süverkrüp R, Rao ML et al. (1995) Mean input times of three oral chlorprothixene formulations assessed by an enhanced least-squares deconvolution method. J Pharm Sci, im Druck

Baldessarini R (1989) Current status of antidepressants: clinical pharmacology and therapy. J Clin Psychiatry 50: 117-126

Baldessarini RJ, Cohen B, Teicher MH (1988) Significance of neuroleptic dose and plasma level in the pharmacological treatment of psychoses. Arch Gen Psychiatry 45: 79-91

Baumann P (1992) Drug-Monitoring and pharmakogenetische Tests in Lausanne - Gegenwärtige Situation und offene Fragen. In: Laux G, Riederer P (Hrsg) Plasmaspiegelbestimmung von Psychopharmaka: Therapeutisches Drug-Monitoring. Wissenschaftliche Verlagsgesellschaft, Stuttgart, pp 13-16

Beckmann H, Laux G (1990) Guidelines for the dosage of antipsychotic drugs. Acta Psychiatr Scand 82 (Suppl 358): 63-66

Brøsen K (1990) Recent developments in hepatic drug oxidation. Implications for clinical pharmacokinetics. Clin Pharmacokinet 18: 220-239

Burch JE, Ahmed O, Hullin RP, Mindham RHS (1988) Antidepressive effect of amitriptyline treatment with plasma drug levels controlled within three different ranges. Psychopharmacology 94: 197-205

Dick B, Küpfer A, Molnar J et al. (1982) Hydroxylierungsdefekt für Medikamente (Typus Debrisoquin) in einer Stichprobe der Schweizer Bevölkerung. Schweiz Med Wochenschr 112: 1061-1067

Gilman JT, Alvarez LA, Duchowny M (1993) Carbamazepine toxicity resulting from generic substitution. Neurology 43: 2696-2697

Gleiter CH, Gundert-Remy U (1994) Bioinequivalence and drug toxicity. How great is the problem and what can be done? Drug Safety 11: 1-6

Guthrie S, Lane EA, Linnoila M (1987) Monitoring of plasma drug concentrations in clinical psychopharmacology. In: Meltzer HY (ed) Psychopharmacology: The third generation of progress. Raven, New York, pp 1323-1338

Hiemke C (1992) Bestimmung von Psychopharmaka an der Psychiatrischen Klinik der Universität Mainz. - Erfahrungen, Probleme, Entwicklungen. In: Laux G, Riederer P (Hrsg) Plasmaspiegelbestimmung von Psychopharmaka: Therapeutisches Drug-Monitoring. Wissenschaftliche Verlagsgesellschaft, Stuttgart, S 41-44

Jerling M, Bertilsson L, Sjoqvist F (1994) The use of therapeutic drug monitoring data to document kinetic drug interactions: an example with amitriptyline and nortriptyline. Ther Drug Monit 16: 1-12

Kragh-Sørensen P, Hansen CE, Baastrup PC et al. (1976) Self-inhibiting action of nortriptyline's antidepressive effect at high plasma levels. A randomized, double-blind study controlled by plasma concentrations in patients with endogeneous depression. Psychopharmacology 45: 305-312

Laux G (1990) Dosiserhöhung, Titration eines optimalen Wirkspiegels und Infusionstherapie als effiziente Möglichkeiten der Behandlung therapieresistenter Depressionen mit Antidepressiva. In: Möller HJ (Hrsg) Therapieresistenz unter Antidepressiva-Behandlung. Springer Berlin Heidelberg New York Tokyo, S 99-112

Laux G, Riederer P (Hrsg) (1992) Plasmaspiegelbestimmung von Psychopharmaka: Therapeutisches Drug-Monitoring. Wissenschaftliche Verlagsgesellschaft, Stuttgart

Linden M, Bohlken J (1992) Compliance und Psychopharmakotherapie. In: Riederer P, Laux G, Pöldinger W (Hrsg) Neuro-Psychopharmaka, Bd. 1, Springer, Wien, S 201-209

Moltke LL von, Greenblatt DJ, Shader RI (1993) Clinical pharmacokinetics of antidepressants in the elderly. Therapeutic implications. Clin Pharmacokinet 24: 141–160
Monteleone P, Fabrazzo M (1994) Blood levels of mianserin and amitriptyline and clinical response in aged depressed patients. Pharmacopsychiatry 27: 238–241
Preskorn SH (1989) Tricyclic antidepressants: the whys and hows of therapeutic drug monitoring. J Clin Psychiatry 50 (Suppl): 34–42
Rao ML, Staberock U, Baumann P et al. (1994) Monitoring tricyclic antidepressant concentrations in serum by fluorescence polarization immunoassay compared with gas chromatography and HPLC. Clin Chem 40: 929–933
Riederer P, Laux G, Pöldinger W (Hrsg) (1992) Neuro-Psychopharmaka, Bd. 1. Allgemeine Grundlagen der Pharmakopsychiatrie. Springer, Wien New York
Riederer P, Laux G (1992) Therapeutic drug monitoring: Report of a consensus conference. Pharmacopsychiatry 25: 271–272
Santos JL, Cabranes JA, Vazquez C et al. (1989) Clinical response and plasma haloperidol levels in chronic and subchronic schizophrenia. Biol Psychiatry 26: 381–388
Wellek S (1995) Dt Ärztebl 92: 724–726

Unerwünschte Arzneimittelwirkungen

H. J. Gaertner und I. Stevens

Erfassung der Symptome und kausale Verknüpfung mit der angeschuldigten Medikation einerseits, Abschätzung der Inzidenz für verschiedene Anwendungsbereiche sowie Gewichtung, d. h. eine Bewertung der Schwere der Nebenwirkung, sind nach wie vor ungelöste Probleme bei der Forschung und Beschreibung unerwünschter Arzneimittelwirkungen (UAW).

Bei den Psychopharmaka stützt sich die Bewertung leider noch immer viel zu selten auf wissenschaftlich abgesicherte, medizinische Tatsachen, hingegen viel zu oft und viel zu stark auf rasch wechselnde, öffentliche Meinungen, kritiklos in der Bejahung und ebenso kritiklos in der Verurteilung.

Gerade hier erscheint es deshalb besonders wichtig, die unerwünschten Arzneimittelwirkungen vorurteilsfrei und möglichst präzise zu erfassen und die Risiken exakt zu beschreiben. In **klinischen Studien** können die UAW ganz gut erfaßt und dokumentiert werden, wenn man davon ausgeht, daß die Studien sorgfältig durchgeführt werden, was zumindest in den letzten Jahren nach Einführung der Regeln der "good clinical practice" bzw. "good laboratory practice" unterstellt werden kann.

Wesentlich ist hier, daß die Symptome und Beschwerden die vor Gabe der Medikation bereits bestanden, sorgfältig erfaßt und aufgelistet werden, damit bei der ursächlichen Verknüpfung ggf. eine Einschränkung gemacht werden kann. Dies gilt für die Antidepressiva, deren Nebenwirkungen bekanntermaßen mit einer Reihe von Depressionssymptomen identisch sind. Es gilt aber genauso für die Neuroleptika, bei denen eine Reihe der motorischen Nebenwirkungen zum klinischen Bild schizophrener Psychosen gehören, was vielleicht weniger bekannt ist.

Bei den klinischen Studien, bleibt das Problem der Differenzierung spontan auftretender Ereignisse versus unerwünschter Arzneimittelwirkungen dann immer noch bestehen und es läßt sich nur relativ gut lösen, wenn gleichzeitig eine Plazebobehandlung durchgeführt wird. Plazebogruppen genügender Größe sind aber im Regelfall nicht zu erwarten und bei den häufiger durchgeführten Vergleichsstudien (Standard neue Substanz), ist der Unterschied im Nebenwirkunsprofil häufig nicht ausreichend groß bzw. die Stichprobe zu klein, um Unterschiede auch dann statistisch zu sichern, wenn ein Plazeboarm fehlt. Die Situation ist dann günstig, wenn das Nebenwirkungsprofil der beiden Substanzen sich sehr deutlich voneinander unterscheidet, was z. B. zutrifft, wenn klassische Antidepressiva im Vergleich mit den neuen, selektiven Serotoninrückaufnahmehemmern (SSRI) geprüft werden. In den neueren Studien wird meist die Bewertung des Arztes hinsichtlich der kausalen Verknüpfung zwischen Nebenwirkungssymptom und Medikation sehr in den Hintergrund gestellt zugunsten eines peinlich genau durchgeführten „event-recording“, bei dem alles und jedes registriert wird, auch wenn evident ist, daß die Studienmedikation für die Symptomatik gar keine Rolle spielen kann.

Eine nachträgliche Bewertung und Zuordnung ist wesentlich schwieriger durchzuführen, als wenn diese durch den unmittelbar behandelnden Arzt vorgenommen wird, der in Kenntnis der genauen Anamnese des Patienten entscheidet. Hilfreich sind z. T. Dosisfindungsstudien. Es zeigt sich hier oft ganz eindeutig, daß Symptome, die allgemein sehr häufig beklagt werden, bei den verschiedenen Dosierungen gleich häufig vertreten sind, während die substanzeigenen unerwünschten Wirkungen mit der Höhe der Dosis zunehmen. Dies hilft natürlich nur bei der Zuordnung von UAW, die dosisabhängig sind. Ein gutes Beispiel hierfür sind die Daten aus den Dosisfindungsstudien beim Fluoxetin, in denen sich zeigt, daß die Items Übelkeit, Unruhe, Schlafstörungen und Appetitstörung mit steigender Dosis zunehmen, während z. B. Kopfschmerzen immer die gleiche Prozentzahl haben.

Die weitaus größte Schwierigkeit bei der Interpretation von UAW-Daten aus klinischen Studien ergibt sich aus der Tatsache, daß nur eine hochselektionierte Patientenpopulation in Studien eingeschlossen werden kann. Zum einen sind bestimmte Symptomkonfigurationen unerläßlich, die in einer bestimmten Reinheit und Klarheit vorliegen müssen. Andererseits werden immer größere Kataloge von Ausschlußkriterien formuliert, so daß vor allem die für die Auswirkung von UAW relevanten Begleiterkrankungen gar nicht vorkommen. Ferner sind sehr junge und sehr alte Patienten ausgeschlossen und auch bestimmte Risikogruppen, wie z. B. Patienten mit Mißbrauch von Alkohol oder Substanzen, oder Patienten mit Suizidgedanken oder -handlungen. Letzteres ist vor allem bei der Prüfung von Antidepressiva ein großes Problem.

Die zweite große Möglichkeit, unerwünschte Arzneimittelwirkungen zu erfassen, ergibt sich aus den, in den verschiedenen Ländern unterschiedlich organisierten **Spontanerfassungssystemen**. Vor- und Nachteile dieser Erfassungsform sind gut untersucht. Ein unbestreitbarer Vorteil ist, daß potentiell eine sehr große Zahl von exponierten Patienten erfaßt werden kann, die keinerlei Selektion unterliegen. Problematisch ist hier das Meldeverhalten der beteiligten Ärzte, das die Selektionierung bedingt. Daher sind Angaben zur Inzidenz aufgrund eines solchen Spontanerfassungssystems unzulässig, denn es werden hier häufig neue, bis dato nicht bekannte unerwünschte Arzneimittelwirkungen gemeldet und bevorzugt solche von neuen Substanzen. Bei den eingeführten Substanzen, bei denen bestimmte Nebenwirkungen bereits gut bekannt sind, werden viele Kollegen sich die Mühe der Meldung nicht machen. Allenfalls werden bei den alten Substanzen neben ungewöhnlichen Ereignissen vielleicht noch besonders schwere Zwischenfälle gemeldet. Im übrigen richtet sich die Frequenz von Meldungen nach ganz unterschiedlichen Bedingungen, also etwa Erwähnung von Zwischenfällen in den Medien, kürzliche Hinweise bei Fortbildungen etc.

Als drittes sind für die Erfassung von UAWs die in den einzelnen Ländern üblichen Erfassungssysteme zu nennen, wie z. B. das in England etablierte System der Erfassung von Todesfällen durch Intoxikationen. Die Erfassung ist ja sehr exakt. Es ergeben sich allerdings Probleme bei der Rückrechnung auf die Grundgesamtheit der Behandelten.

Die üblicherweise bei der Ermittlung der Inzidenz von UAW verwendeten Kategorien sind:

häufig:	10–100%
gelegentlich:	1–10%
selten:	unter 1%
In Einzelfällen:	es liegen nur wenige Berichte hierüber in der Weltliteratur vor.

Gerade die seltenen Ereignisse sind am schwierigsten zu erfassen, da für eine vergleichende Bewertung der Inzidenz die Stichproben fast immer zu klein sind. Dies gilt leider auch für die ansonsten vorbildliche AMÜP-Studie (Grohmann et al. 1994). Ereignisse, wie z. B. seltene Blutbildstörungen oder plötzliche, unerwartete Todesfälle, immunallergische Vaskulititen etc., können auch hier nicht mit der nötigen Sicherheit bzgl. der Höhe des Risikos erfaßt werden.

Die Unsicherheiten, die sich aus der nicht bekannten Zahl der nicht behandelten Patienten ergeben, lassen sich am besten am Beispiel der Mianserin induzierten Agranulozytose bzw. bei der Clozapin induzierten Agranulozytose darstellen.

Beim Mianserin wurden Inzidenzen um 1:2000 für Neuseeland angegeben, einem Gebiet, in dem die Blutbildveränderungen sorgfältig erfaßt und ebenso wie die Zahl der Verschreibungen bekannt waren. Dennoch ergaben sich Probleme bei der Abschätzung, die daraus folgten, daß einer bestimmten Zahl von Verschreibungen unterschiedliche Zahlen von exponierten Patienten gegenüberstehen können. Noch größere Divergenzen ergaben sich bzgl. der Inzidenzabschätzung außerhalb von Neuseeland. Die Skala reicht hier über Großbritannien mit mittleren Werten bis hin zu 1:500000 für die Bundesrepublik Deutschland (Blackwell 1981, 1982). Bereits bei der Erfassung der Clozapin-induzierten Agranulozytose hatte man versucht, zu ermitteln, warum in verschiedenen Populationen so unterschiedliche Inzidenzen zu beobachten sind. Man konnte jedoch den Pathomechanismus nicht klären und so blieb die Frage, warum die Zahl der Agranulozytosen seinerzeit in Finnland und vielleicht auch im Bereich der Ostschweiz besonders hoch war bzw. es eine größere Zahl letaler Verläufe gab, ungeklärt. Der angenommene Prozentsatz letaler Zwischenfälle führte damals zu der Hypothese, daß die Clozapin-Agranulozytose vielleicht einen besonders raschen und vor allen Dingen irreversiblen Verlauf nimmt. Im weiteren und bei aufkeimendem Interesse der Amerikaner zeigt sich dann, daß die Inzidenzschätzungen für die USA und Europa sehr unterschiedlich ausfallen. Dies könnte zum einen an einer unterschiedlichen Disposition und Bereitschaft zur Entwicklung dieser Blutbildstörung liegen oder daran, daß die Definitionen für den Befund Agranulozytose in den verschiedenen Publikationen doch nicht einheitlich verwendet werden oder **an einer unterschiedlich hohen Dunkelziffer**. Die AMÜP-Studie verwendet die Kategorie Agranulozytose und bedrohliche Leukopenie, wobei Agranulozytosen mit kleiner 500 Granulozyten/mm^3 definiert sind und die bedrohliche oder schwere Granulozytopenie mit unter 1000/mm^3. Immerhin wäre bei dieser Form der Blutbildstörung eine allgemeingültige Definition wenigstens im Prinzip möglich und sie würde nur den Konsens voraussetzen.

Wesentlich schwieriger ist die Abgrenzung und Definition von ZNS-Nebenwirkungen der Benzodiazepine. Als Beispiel sei das Triazolam herausgegriffen. 1980 beschreibt Dukes im Editorial im Side effects of drugs annual die Situation wie folgt: „Aufgrund einer überzogenen Darstellung in den Medien, sei es zu einer Fülle von Meldungen gekommen, die nicht durch die dafür zuständigen Behörden bewertet und recherchiert worden seien, sondern z. T. direkt wiederum in die Medien gelangt seien. Dadurch sei es zu einer Überschätzung der Risiken gekommen, was dann die Behörden in Zugzwang gebracht habe." Schon damals zeigte sich, daß die unerwünschten ZNS-Symptome nach Triazolamkonsum bevorzugt bei Risikopatienten auftraten oder bei Patienten, die solche oder ähnliche Symptome bereits im Verlauf ihrer Erkrankung beklagt hatten. Es waren also z. B. Patienten mit neurotischen Störungen, Borderline- und Persönlichkeitsstörungen, die über Derealisation und Depersonalisation und verschiedene Wahrnehmungsstörungen, Körpergefühlsstörungen und Ängste klagten. Aufgrund der Symptomatik und des beteiligten Patientenkollektivs wurden psychotische Störungen, die durch das Medikament bedingt sein sollten, angenommen. In der späteren Aufarbeitung wurde die diagnostische Klassifizierung revidiert, sicher zurecht (Jerram 1993). Andererseits muß bedacht werden, daß man die Reaktionen besonders disponierter Patienten für die Erfassung bestimmter UAWs und für die Abschätzung der Inzidenz derselben nicht einfach ausklammern kann. Der genannte Patientenkreis ist eine für Benzodiazepinverordnungen entscheidende Zielgruppe, deren besondere Reaktionsweise berücksichtigt werden muß. Es muß hier ähnlich verfahren werden wie im Zivilrecht bei der Frage der Haftung. Der Wirtshausschläger kann sich nicht darauf berufen, daß die Kalotte seines Opfers zu dünn gewesen sei und daß bei gleicher Schlagführung und durchschnittlicher Knochendicke die Fraktur nicht eingetreten wäre. Man wird ja auch bei der Erfassung unerwünschter Arzneimittelwirkungen von nootropen Substanzen die besondere Reaktionsweise von Alterspatienten nicht dahingehend strapazieren, daß allfällige Verwirrtheitszustände der Substanz nicht zugerechnet werden.

Zu berücksichtigen ist weiterhin, daß die Mediziner bei der ursächlichen Verknüpfung dazu neigen, Wirkungen eher dann anzunehmen, wenn es für diese neben der Meldung auch eine pharmakologische oder pharmakokinetische Erklärung gibt. Dies ist allerdings bei den sehr kurz wirksamen Benzodiazepinen der Fall; die Erfahrung zeigt, daß diese Substanzen und nicht nur das Triazolam mit mehr ZNS-Nebenwirkungen belastet sind, die z. T. als Reboundphänomene bei rasch abfallenden Plasmakonzentrationen gedeutet wurden.

Ein ähnlicher Effekt wie bei Triazolam könnte beim Fluoxetin eingetreten sein, nachdem Teicher et al. (1990) ihre Fallberichte über neuaufgetretene Suizidalität nach Fluoxetinmedikation publiziert hatten. Es kommt zu einem sofortigen Anstieg der Spontanmeldungsrate betreffend dieses Items, da die Berichte aufgrund der Publizität der Substanz mit besonders großem Interesse in einer breiten Öffentlichkeit und Fachöffentlichkeit aufgenommen wurden. Die sorgfältige Analyse der vorliegenden Studiendaten, wo Fluoxetin im Vergleich mit Trizyklika bzw. Plazebo eingesetzt wurde, ergab bei insgesamt sehr hohen Patientenzahlen für das Fluoxetin praktisch gleiche Verhältnisse wie für die Trizyklika und Plazebo (Beasley et al. 1991). Ausgewertet wurde das Item 3 der Hamilton-Skala und zwar sowohl bezüglich neu aufgetretener Suizidgedanken oder Handlungen und bezüglich einer Zunahme bereits vorhandener Symptomatik. Bei der Bewertung der solchermaßen begründeten Entgegnungen der Firma Lilly auf den Teicher-Vorwurf bzw. Unterstellung, muß allerdings das oben gesagte wiederum berücksichtigt werden: nämlich die besondere Situation der klinischen Studie mit den entsprechend selektionierten Patientenpopulationen.

Der Vorwurf, Suizidalität zu verschlechtern oder gar neu auftreten zu lassen, steht historisch in einer Reihe ähnlicher Spekulationen, die sich auf die Antidepressiva allgemein richteten oder zumindest auf die Antidepressiva, die eine antriebssteigernde Komponente haben.

Das Fazit der bisherigen Untersuchungen ist wahrscheinlich darin zu sehen, daß Suizidalität nur dann zum Problem wird, wenn das Antidepressivum auch in anderen Symptombereichen der Depression keine Besserung bringt, d. h. wenn das Medikament die Krankheit nicht bessert. Eine spezifische oder selektive Verschlechterung von Suizidalität konnte bislang kaum nachgewiesen werden. Unseres Wissens gibt es nur eine Studie, bei der ein Antidepressivum (Maprotilin) im Vergleich mit Plazebo bzgl. der Suizidalität signifikant schlechter abschnitt, ohne daß dies mit einer insgesamt schlechteren Wirkung korrelierte (Rouillon et al. 1989).

Die Auswertung von Kliniksuiziden zeigt meist, daß die Patienten, die sich während der Behandlung suizidiert haben, überwiegend mit sedierenden Antidepressiva bzw. Neuroleptika behandelt wurden. Dies ist kein Hinweis auf die schlechtere Wirksamkeit dieser Substanzen, sondern ein Effekt der Selektion: Suizidale Patienten werden schulmäßig mit sedierenden Antidepressiva, Neuroleptika und/oder Benzodiazepinen behandelt.

Die Daten aus der AMÜP-Studie betreffend das Clomipramin und das Haloperidol, zeigen recht deutlich worauf es ankommt. Die mit Suizidalität verbundenen Gefahren zeigen sich beim Clomipramin dann, wenn die Substanz bei depressiven Syndromen im Rahmen schizophrener Erkrankungen eingesetzt wird und wenn es hier zu einer Exazerbation der Psychose kommt. Das Risiko ist also von der Indikation abhängig. Beim Haloperidol wird bei den bedrohlichen UAW Depression mit Suizid an 2. Stelle nach dem neuroleptischen Syndrom genannt, also ein deutlicher Hinweis darauf, daß neuroleptische Behandlung sicher nicht immer der richtige Weg bei suizidgefährdeten Patienten ist (Grohmann et al. 1994).

Der Diskussionsstand bezüglich des Suizidrisikos von Pharmaka, macht im Grunde nur eines deutlich: daß entsprechende Studien und damit ein einigermaßen gesichertes Wissen bislang aus ethischen Gründen nicht erarbeitet werden konnte.

Aufgrund der referierten Probleme bezüglich der Erfassung von UAW wurde in Deutschland das Projekt der Arzneimittelüberwachung in der Psychiatrie (AMÜP) entwickelt und durchgeführt. Das Projekt, das in Zusammenarbeit der Psychiatrischen Kliniken Berlin und München vor 12 – 15 Jahren eingeführt wurde, versucht die Vor- und Nachteile der unterschiedlichen Erfassungssysteme auszugleichen indem „eine organisierte Spontanerfassung“ einem intensiven Drug-Monitoring gegenübergestellt wird. Bei der Abfrage von UAW, die sich auf alle behandelten Patienten stützte, mußte aus Gründen der Praktikabilität eine thematische Einschränkung vorgenommen werden, die von den Untersuchern so realisiert wurde, daß nur UAW erfragt wurden, die zum Absetzen der Substanz geführt hatten bzw. als gefährlich eingestuft wurden. Auf diese Weise konnte die Fülle des Datenmaterials, die sich bei der wöchentlichen Befragung auf allen Stationen ergab, einigermaßen reduziert werden. Bei der Intensiverfassung wurde umgekehrt die Zahl der untersuchten Patienten reduziert, bei diesen wurden aber alle Symptome erhoben. Um den oben genannten Problemen der Selektionierung zu entgehen, wurden die zu untersuchenden Patienten für das Intensivmonitoring per Zufall ausgesucht. Eine zusammenfassende Auswertung der Daten liegt nunmehr vor (Grohmann et al. 1994).

Das AMÜP-Projekt besticht durch ein prospektives Design, durch sorgfältige Operationalisierung der erfaßten UAW und durch die Möglichkeit, schwierige und komplexe Zusammenhangsfragen durch Expertenurteil abzusichern. Da bei der Intensiverfassung auch alle nicht als UAW beurteilten psychopathologischen Befunde festgehalten wurden, ist neben der Anschuldigung des Medikaments für bestimmte UAW auch ein "event recording" möglich.

Zur Erfassung der jeweiligen Stichprobengrößen mußte die gesamte Anwendung von Psychopharmaka in den Kliniken erfaßt werden, dies bezieht sich in München auf alle Medikamente mit Dauer und Dosierung, in Berlin erfolgt es anhand einer ausgewählten repräsentativen Stichprobe.

Wir möchten nun einige Befunde kurz darstellen, um typische Ergebnisse zu diskutieren.

Haloperidol ist das meistgebrauchte Neuroleptikum insgesamt, das bei 34% aller Patienten verabreicht wurde und – wie zu erwarten – schwerpunktmäßig bei der Diagnose Schizophrenie.

Alle Neuroleptika wurden mit Hilfe eines begründeten Systems von Äquivalenzfaktoren in sog. Haloperidoleinheiten umgerechnet. Die mit diesem Vorgehen verbundenen Probleme sind bekannt und häufig diskutiert worden. Mit Sicherheit ist die Umrechnung für die vorliegende Studie sinnvoll und nötig, da anders eine allgemeine Beurteilung der Höhe der Dosis nicht möglich ist.

Wir vergleichen zuerst die Rangreihe der Absetzung-UAW bei den wichtigsten Neuroleptika.

Beim Haloperidol wurden 4834 Patienten bezüglich der Absetzung-UAW untersucht. An der Spitze stehen die extrapyramidal-motorischen UAW (EPMS) mit 7,99%, hierbei das Parkinsonoid mit 5,5% als wichtigste Untergruppe. Es folgt die psychische Störung mit 2,54% und hier das wichtigste Symptom Müdigkeit. Als nächstes folgend andere neurologische Störungen mit 7,9%, als wichtigste die Artikulationsstörung. Danach kommen erst die Herz-Kreislauf-Störungen mit 0,33% und wie zu erwarten als erstes die Hypotonie; es folgt die Leberwerterhöhung mit 0,27% und hier die GPT als erstes, dann die urologische Störung mit 0,17%, hierbei die Miktionserschwernis an erster Stelle und dann Hautveränderungen mit 0,1%.

Wir vergleichen damit das Perazin, das bezüglich der für die Absetzung-UAW überwachten Patienten (4778) gut mithält. Die Dosierung liegt bei der Hauptgruppe, den Schizophrenien um mehr als 1/3 niedriger (10,0 Haloperidoläquivalente vs. 17,5 beim Haloperidol; bei allen Diagnosen: 9,1 vs. 15,4). Wir sehen beim Perazin bzgl. der Absetzung-UAW die folgende Rangreihe. Es führen ebenfalls die EPMS mit 1,17%, auch hier an erster Stelle das Parkinsonoid. Die Leberwerterhöhung ist nach vorne gerückt mit 1,08%, wiederum als erstes die GPT-Erhöhung. Als drittes folgt die psychische Störung mit in erster Linie Müdigkeit mit 0,83%, dann das Delir mit 0,81%, dann die anderen neurologischen Störungen mit 0,52%, hier führend die Artikulationsstörungen, dann die Herz-Kreislauf-Störungen mit 0,47%, ebenfalls auch führend die Hypotonie, darauf die Hautveränderungen mit 0,47%, führend das Exanthem, danach überraschend die Blutbildveränderung mit 0,27%, führend die Leukopenie.

Als nächstes möchte ich noch auf die Clozapindaten hinweisen. Beim Clozapin stützt sich die Absetzung-UAW auf eine kleinere Stichprobe von immerhin 913 Patienten. Führend ist hier das Delir mit 2,74%, danach die psychische Störung mit 1,63%, in erster Linie Müdigkeit, dann Nebenwirkungen des Verdauungstraktes mit 1,63%, führend Hypersalivation, danach die Leberwerterhöhungen mit 1,42%, führend die GPT, danach erst die Kreislaufstörungen mit 1,31%, hier führend wie zu erwarten die Hypotonie, danach andere neurologische Störungen mit 0,88%. Danach kommen die Hautveränderungen mit 0,11%, führend Exanthem und dann die urologischen Störungen mit 0,11%, führend Inkontinenz.

Man muß bei diesen sehr kleinen Prozentzahlen sich immer vor Augen halten, daß es um die UAW geht, die zum Absetzen des Medikaments geführt haben. Man findet dennoch ein für die Substanzen repräsentatives Spektrum. Der klinisch tätige Psychiater zeigt sich befriedigt, da seine täglichen Erfahrungen sich hier abbilden, und der klinische Pharmakologe sieht ebenfalls mit Befriedigung in den Rangreihen ein etwas verzerrtes aber noch deutlich erkennbares Abbild der pharmakologischen Eigenschaften, Rezeptoraffinitäten etc. der entsprechenden Substanzen.

Ähnlich ist das Bild, das sich aus der Intensiverfassung ergibt, die sich beim Haloperidol immerhin noch auf 395 Patienten stützen kann. Beim Haloperidol führen die EPMS mit 58% der Behandelten, dann die Müdigkeit mit 17,2%, später EEG-Veränderungen und dann Leberwerterhöhungen. Beim Perazin sind die nichtdeliranten psychischen UAW mit 21,2% am häufigsten. Es folgen die EPMS mit 14,4%, dann die Leberwerterhöhung mit 14,1% und die für den Kreislauf UAW mit 12,9%. Beim Clozapin sind es ebenfalls die nichtdeliranten psychischen UAW, die in 40,7% beklagt werden, danach neurologische Störungen mit 38,9%, Herz-Kreislauf-Störung mit 22,2% und Leberwerterhöhung mit 20,4%.

Bei den als bedrohlich gewerteten UAW ist es beim Haloperidol das neuroleptische Syndrom, gefolgt von Depression mit Suizidalität, Grand-mal Anfall, Lungenembolie, Thrombose, malignes neuroleptisches Syndrom, Herz-Atem-Stillstand und respiratorischer Insuffizienz. Beim Perazin ist bei den bedrohlichen UAW das Delir führend, allerdings überwiegend in Kombinationsbehandlung, dann folgt bereits die Agranulozytose/schwere Leukopenie, danach Grand-mal Anfall, allergische Enteritis und, bereits sehr selten, Depression mit Suizidalität, neuroleptisches Syndrom, Arrhythmie, respiratorische Insuffizienzen, Subileus, allergische Hepatitis mit Exanthem und plötzlicher Herztod. Beim Clozapin steht bei den bedrohlichen UAW das Delir an der Spitze, es folgt Krampfanfall, Kollaps mit Atemstillstand, Subileus, Leukopenie, Hypotonie, plötzlicher Todesfall.

Die Überraschung aus dieser Auflistung ist der Stellenwert der Agranulozytose/schwere Leukopenie beim Perazin. Nimmt man die Wahrscheinlichkeit als Maß für den Zusammenhang so sind es 6 Fälle; bei 3 Fällen wird Perazin alleine angeschuldigt. Beim Clozapin findet sich nur ein einziger Fall einer Leukopenie.

Das ist ein unerwartetes Ergebnis. Clozapin hat ja gerade wegen des Agranulozytoserisikos die bekannten Anwendungsbeschränkungen, und nach den amerikanischen Zahlen sollten bei knapp 1000 behandelten Patienten eigentlich um die 10 Fälle von Agranulozytose erwartet werden. Eine Erklärung für den überraschenden Befund könnte sein, daß beim Clozapin Blutbildkontrollen viel häufiger und regelmäßiger gemacht wurden und daß so die zu erwartenden Agranulozytosen bereits im Vorfeld entdeckt wurden. Dies müßte jedoch bei der untersuchten Fallzahl dann zu einer deutlichen Erhöhung der Absetzung-UAW „Leukopenie“ führen. Diese liegt jedoch für die 913 Patienten ebenfalls bei der Zahl 1. Man müßte also annehmen, daß aufgrund dieser Daten das Agranulozytoserisiko für Perazin bisher stark unterschätzt wurde und das für Clozapin, zumindest für die Bundesrepublik, sehr stark überschätzt wurde. Immerhin stützt sich die Angabe beim Perazin auf über 4000 Behandlungen und kann somit eine gewisse Gültigkeit beanspruchen. Unterstellt man für das Perazin ein höheres Risiko, so müßten die bisher aufgetretenen Agranulozytosen und auch die damit einhergehenden Todesfälle unerkannt geblieben sein. Dies ist möglich aber doch sehr unwahrscheinlich, da bei stationären Patienten zumindest bei hoch fieberhaften und schweren Erkrankungen ein Blutbild mit Leukozytenzählung durchgeführt wird. Dabei müßte eine schwere Leukopenie oder Agranulozytose auffallen.

Die Tübinger Psychiatrische Klinik verfügt über eine über 10 Jahre durchgeführte Medikamente- und Laborwertedokumentation bis zum Jahr 1992 (Gaertner et al., in Vorbereitung). Sucht man in dieser Dokumentation die Leukopenien (unter 3000 Leukozyten pro mm^3), so finden sich mindestens eine pro 100 Clozapinbehandlungen, meist mit Absetzfolge (gilt nur für die letzten Jahre). Auch beim Perazin läßt sich dies zeigen. Hier sind die Erhebungen in den weiter zurückliegenden Jahrgängen allerdings spärlicher. Der größeren Zahl von Leukopenien stehen nur einzelne schwere Granulozytopenien (unter 1000 Granulozyten pro mm³) bzw. Agranulozytosen (unter 500 Granulozyten pro mm³) bei beiden Medikamenten gegenüber (Batra et al. in Vorbereitung). Einer anderen Auswertung betreffend die Jahre 1983–1987 (Gaertner et al. 1989) entstammt die Zahl von 2% Leukopenien (unter 3500 mm³) bei 225 Clozapinbehandlungen (auch Kombinationen).

International zeigt sich, daß die Zahl der Leukopenien/Agranulozytose ab 1990 beim Clozapin stark ansteigen, mehr als die Verkaufszahlen erwarten lassen. Mit der Markteinführung in den USA, woher mehr als 50% der Meldungen kommen, wurde entweder eine besonders sensible Population erreicht oder aber, mit einem vorbildlichen Erfassungssystem, die Dunkelziffer deutlich gesenkt. Vor den Hintergrund der starken Zunahme der Leukopenie/Agranulozytose kommt es zu einem geringeren Prozentsatz letaler Verläufe, da diese nicht parallel ansteigen.

Es bleibt somit der AMÜP-Befund schwer zu erklären, da andere Erfassungssysteme zumindest bei der Leukopenie für Clozapin eindeutig höhere Zahlen angeben.

Das Auswertungsbeispiel zeigt, daß sich die bekannten UAW der Neuroleptika bei dem hochpotenten Haloperidol, dem mittelpotenten Perazin und beim atypischen Clozapin sowohl im Intensivmonitoring als auch bzgl. der Absetzung UAW gut darstellen lassen und daß sich die Dopaminrezeptor blockierende Wirkung im Striatum, die antihystaminische, die α-adrenolytische und die anticholinergen Wirkungen zentraler und peripherer Natur hier abbilden. Bei den wirklich seltenen UAWs wie Agranulozytose bleibt auch bei relativ großen Fallzahlen das Risiko einer verzerrten Darstellung erhalten.

Literatur

Beasley CM, Dornseif BE, Bosomworth JC et al. (1991) Fluoxetine and suicide: a meta-analysis of controlled trials of treatment for depression. BMJ 303, 685–691

Blackwell B (1981) Antidepressant drugs. In: Dukes MNG, Elis J (eds) Side effects of drugs annual 5. Exerpta Medica, Amsterdam Oxford Princeton, p 13

Blackwell B (1982) Antidepressant drugs. In: Dukes MNG, Elis J (eds) Side effects of drugs annual 6. Exerpta Medica, Amsterdam Oxford Princeton, p 22

Dukes MNG (1980) The van der Kroef Syndrome. Side effects of drugs essay 1979. In: Dukes MNG (ed) Side effects of drugs annual 4. Exerpta Medica, Amsterdam Oxford Princeton, p V–IX

Gaertner H-J, Fischer E, Hoss J (1989) Side effects of clozapine. Psychopharmacol 99: 97–100

Grohmann R, Rüther E, Schmidt LG (Hrsg) (1994) Unerwünschte Nebenwirkungen von Psychopharmaka. Ergebnisse der AMÜP-Studie. Springer-Verlag Berlin Heidelberg New York, Tokyo

Jerram TC (1993) Hypnotics and sedatives. In: Dukes MNG, Aronson JK (eds) Side effects of drugs annual 16. Elsevier, Amsterdam London New York, p 33–34

Rouillon F, Phillips R, Serrurier D et al. (1989) Rechutes de depression unipolaire et efficaticite de la maprotiline. L'Encephale 15; 527–534

Teicher MH, Glod C, Cole JO (1990) Emergence of intense suicidal preoccupation during fluoxetine treatment. Am J Psychiatry 147: 207–210

Demenz

Diagnose und Differentialdiagnose der Demenz

Th. Büttner

Klagen über subjektiv empfundene Einbußen kognitiver Funktionen gehören zu den häufigen in der neuropsychiatrischen Praxis vorgetragenen Beschwerden. In einer Feldstudie waren nur etwa 60% dieser Symptome tatsächlich auf eine Demenz zurückzuführen (Kurz et al. 1991). Erster Schritt der ärztlichen Diagnose ist daher die diagnostische Abgrenzung der Demenz gegenüber anderen psychischen Störungen. Nach Diagnose des Syndroms „Demenz" ist das Ziel der differentialdiagnostischen Abklärung die Identifikation der Krankheitsursache, um gegebenenfalls eine kausale Behandlung einzuleiten. Die klinische Demenzdiagnostik muß sich eines umfassenden klinischen, psychometrischen und apparativen Instrumentariums bedienen.

Demenzdefinition

Die heute gebräuchliche Demenzdefinition basiert auf den Kriterien des DSM-III-R (American Psychiatric Association 1987). Danach ist Hauptmerkmal der Demenz eine erworbene Störung des Kurz- und Langzeitgedächtnisses. Zusätzlich muß eine Störung in mindestens einer der folgenden Funktionen bestehen: abstraktes Denken, Urteilsvermögen, höhere Hirnleistung (z. B. Apraxie, Aphasie, Agnosie), Persönlichkeit. Die weiteren Merkmale der Demenz nach der Definiton des DSM-III-R sind in nachfolgender Übersicht aufgeführt.

Diagnostische Kriterien der Demenz nach DSM-III-R

A) Verlust der intellektuellen Fähigkeiten mit Beeinträchtigung beruflicher und sozialer Leistungen
B) Gedächtnisschwäche
C) Mindestens eine der folgenden Störungen:
   1. abstraktes Denken
   2. Urteilsvermögen
   3. höhere kortikale Funktionen
   4. Persönlichkeit
D) Keine Bewußtseinsstörung
E) Nachweis organischer Usache
   oder
   Ausschluß nichtorganischer Störung

Eine Demenz ist nur dann zu diagnostizieren, wenn die Symptome so ausgeprägt sind, daß soziale Funktionen beeinträchtigt werden. Aufgrund von Anamnese, klinischen oder apparativen Zusatzbefunden muß eine organische Ursache wahrscheinlich sein. Die Definition der Demenz nach den Kriterien der ICD-10 fordert ebenfalls eine Störung von Mnestik und anderen intellektuellen Funktionen. Die diagnostischen Kriterien nach ICD-10 beinhalten aber ferner, daß die Symptome über mindestens 6 Monate persistieren.

Abgrenzung des Demenzsyndroms von anderen Störungen

Physiologisches Altern („Benigne Altersvergeßlichkeit")

Insbesondere die Frühdiagnose der Demenz sieht sich mit dem Problem konfrontiert, daß gesunde ältere Menschen häufig unter eine subjektiv empfundenen wie auch psychometrisch objektivierbaren Gedächtnisminderung leiden. Erschwert ist dabei insbesondere der Erwerb neuer, für den einzelnen wenig relevanter Informationen, wohingegen Wiedererkennensleistungen und kognitive Fähigkeiten, die sich auf langjährig erworbenes Wissen stützen sowie ohne Zeitdruck erbracht werden können, nicht oder allenfalls wenig gestört sind. Die „benigne Altersvergeßlichkeit" ("benign senescent forgetfulness", Bamford u. Caine 1988; Kral 1972) beinhaltet Schwierigkeiten, sich an persönlich wenig relevante Aspekte eines Ereignisses zu erinnern, welches als solches behalten wird. Die „benigne Altersvergeßlichkeit" ist als Ausdruck einer physiologischen Hirnalterung und nicht als Frühstadium in der Demenzentwicklung aufzufassen. Eine isolierte Gedächtnisstörung leichten Grades ohne Nachweis intellektueller Dysfunktionen wird auch als „altersassoziierte Gedächtnisstörung" ("age associated memory impairment", Crook et al. 1986) bezeichnet. Schweregrad und Profil dieser Gedächtnisstörung sind individuell durchaus variabel. Der physiologisch bestehende Unterschied der Gedächtnisleistungen für konkrete verglichen mit abstrakten Aufgaben kann sich im Alter angleichen.

Wenn die Differenzierung zwischen physiologischer Altersvergeßlichkeit und beginnender Demenz nicht sicher gelingt, kann die Verlaufskontrolle weiterhelfen. Während die Gedächtnisfunktionen gesunder Probanden des höheren Lebensalters in einem Zeitraum von 1 - 1,5 Jahren konstant bleiben, nehmen diejenigen der Demenzkranken in diesem Zeitraum merklich ab (Tuokko et al. 1990).

Endogene Depression

Im höheren Lebensalter stellt die Depression eine der wichtigsten Differentialdiagnosen der Demenz dar, wobei Symptomüberschneidungen beider Krankheitsbilder häufig sind (Miller 1975). Bei ungefähr einem Drittel der Patienten mit Demenz liegen gleichzeitig depressive Symptome vor. Andererseits treten gerade im höheren Lebensalter häufig uncharakteristische Beschwerden wie Unruhe, Ängstlichkeit, verminderte Belastbarkeit an die Stelle der depressiven Kardinalsymptome. Zudem entwickeln sich Depressionen im Alter oft schleichend und verlaufen progredient, was die Differenzierung der beiden Störungen zusätzlich erschwert. Gegen die Verwendung des Begriffs der „Pseudodemenz" für eine als Demenz imponierende depressive Störung ist einzuwenden, daß auch bei affektiven Störungen mit depressiver Symptomatik (reversible) Einschränkungen von Gedächtnis und Lernen nachgewiesen werden konnten (Miller 1975, 1980; Sternberg u. Jarvik 1976). Verhalten und subjektive Klagen von Patienten mit Demenz unterscheiden sich aber prinzipiell von denen Depressiver (Tabelle 1). Demenzpatienten versuchen, die gestellten Aufgaben zu lösen, Fragen zu beantworten und bemühen sich, wohingegen Depressive typischerweise keine Anstrengung zeigen. Während depressive Patienten häufig über kognitive Einbußen klagen, versuchen Demenzkranke ihre Einschränkungen eher zu verbergen. Die schwierige Differentialdiagnose zwischen Demenz und Depression hat anamnestische, klinische und psychometrische Kriterien zu berücksichtigen

Tabelle 1. Wichtige klinische Unterscheidungsmerkmale zwischen Demenz und Depression

Demenz	Depression
Lange Anamnese	Kurz zurückliegender, datierbarer Beginn
Psychiatrische Vorgeschichte selten	Psychiatrische Vorgeschichte häufig
Primär kognitive Defizite	Primär depressive Symptome
Wenig klagend	Klagsam, grübelnd
Vage Beschwerden	Detaillierte Schilderung
Dissimulation	Betonung der Einschränkungen
Deutliche Anstrengung	Keine Bemühungen
Erinnerungshilfen	
Affekt flach, Patient wenig beteiligt	Heftige Reaktion auf das eigene Versagen
Falsche Antwort	„Ich weiß nicht“
Störung von Aufmerksamkeit und Reaktion	Keine kognitiven Störungen
Konstante Leistung	Leistungsschwankungen
Isolierung, Vernachlässigung	Sozial kompetent, inkongruentes Verhalten

(Tabelle 1). Im Einzelfall wird die sichere Diagnose erst aus dem Krankheitsverlauf zu stellen sein (Ladurner et al. 1981).

Bradyphrenie

Die Veränderungen kognitiver Funktionen bei M. Parkinson werden als Bradyphrenie der motorischen Verlangsamung (Akinese, Bradykinese) gegenübergestellt (Rogers 1986). Kennzeichnend sind verlängerte Reaktionslatenzen und verringerte Informationsverarbeitungskapazität (Rafal et al. 1984). Dieser Begriff umfaßt ebenso den Rückgang der Spontaneität sowie fehlende Flexibilität kognitiver Prozesse, ohne daß diese qualitativ und inhaltlich betroffen sind. Welches Ausmaß diese Einbußen einnehmen, ist im Einzelfall sehr unterschiedlich. Bedingt durch die Verlangsamung der Bewegungen, eingeschränkte Mimik und verlangsamte Sprache kann bei Parkinson-Patienten auch der fälschliche Eindruck einer kognitiven Störung bis hin zur Demenz entstehen. Andererseits wird in 15–35% bei M. Parkinson eine manifeste Demenz berichtet, die als Systemüberschreitung der degenerativen, zerebralen Erkrankung aufzufassen ist (Koller 1992). Umgekehrt können Patienten mit M. Alzheimer eine Parkinson-Symptomatik entwickeln. Schließlich gibt es Patienten, bei denen beide Diagnosen gleichzeitig anzunehmen sind.

Organische psychische Störungen nach DSM-III-R

Nach DSM-III-R ist die Demenz der Oberkategorie der organischen psychischen Störungen zuzuordnen. Dieser Begriff entspricht dem des „organischen Psychosyndroms“ nach Bleuler (1966). Als andere organische psychische Störungen werden demnach von der Demenz abgegrenzt:

Delir,
Amnestisches Syndrom,
Intoxikation und Entzug,
Organische Halluzinose,
Organisches Wahnsyndrom,
Organisches affektives Syndrom,
Organische Persönlichkeitsstörung.

Das *Delir* ist im Unterschied zur Demenz gekennzeichnet durch eine Beeinträchtigung der Bewußtseinslage, die angehoben (Hypervigilität) oder gesenkt (Somnolenz, Sopor) sein kann. Klinische Symptome sind formale Denkstörungen, Wahrnehmungsstörungen (Illusionen, Halluzinationen), Störung des Schlaf-Wach-Rhythmus, gesteigerte oder verminderte psychomotorische Aktivität, Desorientiertheit und Gedächtnisstörungen. Charakteristisch sind akuter oder subakuter Beginn, fluktuierender Verlauf sowie relativ kurze Dauer. Häufig ist das Delir von vegetativen körperlichen Symptomen (Schwitzen, Zittern, Kreislaufdysfunktionen) begleitet. Diese sind in DSM-III-R nicht als diagnostisches Kriterium aufgeführt.

Die anderen organisch begründeten psychischen Störungen nach DSM-III-R enthalten jeweils Symptome, die als Teilaspekte des dementiellen Syndroms aufgefaßt werden können, ohne daß die Definition der Demenz komplett erfüllt ist. Die wichtigste dieser Differentialdiagnosen umfaßt das amnestische Syndrom. Dieses ist charakterisiert durch die isolierte Beeinträchtigung des Kurz- und/oder Langzeitgedächtnisses. Häufig ist das Altgedächtnis erhalten. Treten andere kognitive Störungen hinzu, kann sich eine Demenz entwickeln. Liegt zusätzlich eine Bewußtseinsstörung vor, so handelt es sich definitionsgemäß um ein Delir. Dahingegen ist das Ultrakurzgedächtnis, prüfbar z. B. durch Zahlennachsprechen, meist intakt. Das amnestische Syndrom wird häufig von Desorientiertheit und Neigung zu Konfabulationen begleitet. Beispiele stellen das Korsakow-Syndrom des Alkoholikers und die transitorisch globale Amnesie dar.

Ganser-Syndrom

Unter dieser Diagnose wird eine funktionelle, oft demonstrative vorgebliche Intelligenzminderung verstanden. Charakteristisch sind vorgetäuschte globale Defizite auf fast allen Gebieten der Kognition, die mit der guten und problemlosen spontanen Lebensbewältigung kontrastieren. Die Leistungen sind inkonsistent, und es besteht keine eindeutige Abhängigkeit der Leistungseinbußen vom Schweregrad der Aufgaben. Die Störung bessert sich durch Publikumsentzug, Ignorieren oder Regelung evtl. beanspruchter Versorgungsleistungen (Carney et al. 1987; Heron et al. 1991).

Verfahren zur Demenzdiagnose

Klinische Untersuchung

Leitsymptom der Demenz ist der Verlust intellektueller und kognitiver Leistungen. Klinische Frühsymptome sind neben mnestischen Störungen Reduktion an Aufmerksamkeit mit vorzeitiger Ermüdbarkeit und Schwierigkeiten bei der Lösung neuer und komplexer Aufgaben. Grundlage der klinischen Demenzdiagnose sind neben sorgfältiger

Erhebung von Eigen- und Fremdanamnese psychopathologische, neuropsychologische und klinisch-neurologische Befunde. Hauptkriterium auch der klinischen Befunderhebung ist der Nachweis einer Gedächtnisstörung. Schwierigkeiten der klinischen Beurteilung können sich daraus ergeben, daß insbesondere depressive Patienten über Gedächtnisdefizite klagen. Das Kurzzeitgedächtnis kann geprüft werden, indem Zahlen oder inhaltlich nicht zusammenhängende Wörter vom Patienten wiederholt werden müssen. Zur Kennzeichnung des Langzeitgedächtnisses werden Wörter oder Zahlen zum Lernen angeboten und nach einer Pause von einigen Minuten, während der der Untersuchte mit anderen Dingen beschäftigt wird (Distraktionsreiz), wieder abgefragt. Auch die Prüfung der Orientierung, vor allem zur Zeit, erfaßt Gedächtnisfunktionen, da die korrekte Angabe der aktuellen Zeit voraussetzt, daß der Untersuchte täglich neue Informationen aufnehmen und behalten kann. Das sog. Altgedächtnis enthält Informationen, die vor Jahren oder Jahrzehnten erworben wurden. Dieses kann erfaßt werden, indem allgemein bekannte Daten aus Politik oder bedeutsame Alltagsereignisse erfragt werden.

Als weitere neuropsychologische Funktionen müssen Apraxie, Sprech- oder Sprachfunktionen, visuospatiale Fähigkeiten, Körperschema, Rechtslinks-Funktionen, Rechnen, Kritikfähigkeit und Abstraktionsvermögen geprüft werden. An psychopathologischen Befunden ist insbesondere auf Urteilsvermögen, inhaltliche Denkstörungen, Affekt, Persönlichkeit, Verhalten und Antrieb zu achten. Die neurologische Untersuchung dient einmal der Erfassung fokaler und allgemeiner neurologischer Störungen, die diagnostisch wegweisend sein können für neurologische Grunderkrankungen. Zum anderen muß die Bewußtseinslage eingeschätzt werden. Verschiedene neurologische Begleitsymptome, die zumeist als Enthemmung primitiver Reflexe zu interpretieren sind, sind häufig mit einer Demenz assoziiert und können als zusätzliches Kriterium für die organische Genese gewertet werden. Hierzu gehören beispielsweise Palmomentalreflex, Saugreflex, orale Schablonen, Gegenhalten, Haltungsverharren und Hakeln (Paulson 1977).

Psychometrische Verfahren

Die psychometrische Untersuchung hat zum Ziel, die Diagnose der Demenz objektiv abzusichern, bereits frühere Stadien als die klinische Untersuchung zu erfassen, den Schweregrad der Störungen zu quantifizieren und Verlaufskontrollen zu ermöglichen (Gräßel 1994). Ein idealer Demenztest erfaßt die folgenden Bereiche (Eslinger et al. 1985):

Gedächtnis, Wahrnehmungs- und Informationsverarbeitungsgeschwindigkeit, Aufmerksamkeit, Reaktionsvermögen, Flexibilität, Begriffsbildung, Planungsvermögen, Sprache, visuospatiale Fähigkeiten.

Die nachfolgende Aufstellung gibt einen Überblick über einige im klinischen Alltag verwandte Verfahren, die in der Demenzdiagnostik eingesetzt werden:

Mini-Mental-Status-Test (MMST; Dick et al. 1984; Folstein et al. 1975). Der MMST ist weltweit am verbreitesten. Er erfaßt sowohl verbale als auch nonverbale Aufgaben. In 9 Fragen werden die folgenden Items geprüft: Zeitliche und örtliche Orientierung, Aufnahmefähigkeit, Aufmerksamkeit und Rechnen, Gedächtnis, Sprache, Ausführen eines Befehls, Lesen, Schreiben, konstruktive Apraxie. Der MMST ist ein Screeningverfahren, welches zur Frühdiagnose der Demenz und zu Verlaufsuntersuchungen wegen seiner eher geringen Sensitivität und nur geringen Abstufungen nicht einsetzbar ist.

Alzheimer Disease Assessment Scale (ADAS; Rosen et al. 1984). ADAS ist eine amerikanische Skala, die als kognitive Leistungen die Items Sprache, Gedächtnis, konstruktive und praktische Fähigkeiten, Orientierung und Konzentration prüft. Daneben werden auch nichtkognitive Befunde wie Depression, Halluzinationen, Motorik, vegetative Funktionen und Sozialverhalten erfaßt.
Snydrom-Kurztest (SKT; Erzigkeit 1989). Der SKT umfaßt verbale und nonverbale Aufgaben. Es werden die Merkmale Merkfähigkeit und Aufmerksamkeit mit Hilfe von neun Untertests erfaßt.
Benton-Test (Benton 1986). Der Benton-Test ist ein nonverbaler Leistungstest, der die visuelle Merkfähigkeit prüft.
Kurztest für zerebrale Insuffizienz (c. I.-Test; Lehrl u. Fischer 1992). Der c. I.-Test besteht aus einem verbalen (Interferenztest) und einem nonverbalen (Symbole zählen) Teil. Das Verfahren erfaßt die Informationsverarbeitungsgeschwindigkeit.

Die Demenzdiagnostik sollte die kognitiven Leistungen des untersuchten Patienten in Beziehung setzen zum prämorbiden Intelligenzniveau. Dieses kann mit Hilfe des *Mehrfachwahl-Wortschatz-Intelligenztest* (MWT, Lehrl 1989) abgeschätzt werden.

Basierend auf den Kriterien des DSM-III-R und des ICD-10 wurde ein strukturiertes Interview entwickelt (*Strukturiertes Interview zur Diagnose der Alzheimer- und Multiinfarktdemenz, SIDAM*, Zaudig et al. 1991). Dieser Fragebogen enthält unter anderem Teile des MMST und den Hachinski-Ischämie-Score (s. S. 199). Bei relativ kurzer Testdauer liefert dieses Verfahren ein Ergebnis hoher Reliabilität und gute Übereinstimmung mit der klinischen Diagnose.

An amerikanischen Patienten wurde eine umfassende und reliable Testbatterie zur Demenzdiagnose angewendet (*Consortium to Establish a Registry for Alzheimer's Disease = CERAD;* Morris et al. 1989; Welsh et al. 1991). Diese umfaßt zwei kurze Demenzskalen (MMST, Bostoner Benennungstest), Aufgaben zur Wortflüssigkeit, zur konstruktiven Praxie sowie zur Fähigkeit, Wortlisten zu speichern, abzurufen und wiederzuerkennen. Der Untertest „Verzögerte Reproduktion einer Wortliste" hat sich als sehr sensitiv erwiesen, Patienen mit sehr geringen Symptomen zu identifizieren (Welsh et al. 1991). Möglicherweise wird diesem Subtest in Zukunft eine besondere Bedeutung in der Frühdiagnose der Demenz zukommen. Die Aufgabe „Verzögerte Wortreproduktion" hat sich in einer anderen Untersuchung im Vergleich mit anderen Gedächtnistests als sehr sensitiv erwiesen, Patienen mit M. Alzheimer von gesunden Personen höheren Alters zu differenzieren (Knopman u. Ryberg 1989). Anwendungen dieser Verfahren bei anderen Demenzformen als M. Alzheimer sind bisher nicht publiziert.

Apparative Verfahren

Die verschiedenen apparativen Verfahren der klinischen Neurologie wurden zumeist zur Diagnose der senilen Demenz vom Alzheimer-Typ und der Abgrenzung gegenüber anderen Demenzformen eingesetzt. Ihre Hauptfunktion ist in der ätiologischen Abklärung der Demenzen zu sehen. Die Verfahren werden deshalb unter diesem Gesichtspunkt weiter unten erläutert.

Differentialdiagnose und Nosologie des Demenzsyndroms

Klassifikation der Demenz

Das Demenzsyndrom kann differentialdiagnostisch unter verschiedenen Gesichtspunkten kategorisiert werden. Gebräuchlich ist beispielsweise die Einteilung nach Therapierbarkeit (therapierbar vs. nicht therapierbar) und nach Schwerpunkt der neuropathologischen Veränderungen (kortikal vs. subkortikal; anterior vs. posterior). Die Unterscheidung nach topographischen Kriterien erscheint dann sinnvoll, wenn sich charakteristische Profile der kognitiven Leistungseinbußen definieren lassen. Für die klinische Differentialdiagnose halten wir die von einer schwedischen Konsensuskonferenz getroffene ätiologisch orientierte Klassifikation der Demenzen als Grundlage einer systematischen Differentialdiagnose geeignet (Gustafson 1992). Danach werden unterschieden:

Klasssifikation der Demenz. (Nach Gustafson 1992)

- Primär degenerative Demenzen,
- vaskuläre Demenzen
- andere sekundäre Demenzen
  · entzündlich,
  · metabolisch,
  · toxisch,
  · sonstige.

Primäre degenerative Demenzen

Hierunter werden Erkrankungen zusammengefaßt, die primär das zentrale Nervensystem betreffen. Sie führen aus noch nicht geklärter Ursache zu einem progredienten Funktionsverlust zerebraler Zellen und zur neuronalen Degeneration. Infektionen oder arteriosklerotische Gefäßerkrankung spielen für die Entwicklung dieser Erkrankungen keine wesentliche Rolle. Die folgende Übersicht enthält die in diese Gruppe einzuordnenden dementiellen Erkrankungen:

Primär degenerative Demenzen

- Demenz vom Alzheimer-Typ
- M. Pick
- M. Huntington
- Systemerkrankungen
- M. Parkinson
- Lewy body disease

Sekundäre Demenzen

Sekundäre Demenzen sind auf eine definierte Krankheitsursache zurückzuführen, die primär das Gehirn oder andere Organsysteme betreffen kann. Die behandelbaren Demenzformen sind in dieser Untergruppe zu subsummieren. Wegen der Häufigkeit und der Heterogenität der durch Gefäßerkrankungen bedingten Demenzformen werden die vaskulären Demenzen als Sondergruppe der sekundären Demenz herausgestellt (s. folgende Übersicht):

Sekundäre Demenzformen

- vaskulär (Übersicht S. 199)
- entzündlich
  - Meningoenzephalitis (bakteriell, viral)
  - Aids-Enzephalopathie
  - PML
  - Neuro-Lues/Borreliose
  - Multiple Sklerose
  - Creutzfeldt-Jakob-Erkrankung
  - M. Whipple
  - Sarkoidose
  - M. Behcet
- endokrin/metabolisch
  - Schilddrüsenstoffwechselstörungen
  - Hyper-/Hypoparathyreoidismus
  - Elektrolytstörungen
  - Lebererkrankungen
  - Dialyse-Enzephalopathie
  - Malnutrition
  - M. Wilson
  - Metachromatische Leukodystrophie
- toxisch
  - Industriegifte
  - organische Lösungsmittel
  - Metallvergiftungen (Blei, Quecksilber,
  - Arsen, Thallium, Aluminium)
  - Alkohol
  - Medikamente
- sonstige
  - Hydrocephalus internus
  - Hirntumor
  - Trauma
  - Epilepsie

Die wichtigsten dementiellen Erkrankungen und deren diagnostischen Charakteristika werden im folgenden dargestellt.

Primäre degenerative Demenzerkrankungen

M. Alzheimer

Die Diagnose der Demenz vom Alzheimer-Typ (DAT) basiert auf histopathologischen Kriterien. Histologische Charakteristika sind Fibrillenveränderungen („neurofibrillary tangles"), senile Plaques und granulovakuoläre Degeneration. Ähnliche Veränderungen wurden in geringer Ausprägung auch bei Untersuchung der Gehirne nichtdementer Senioren beschrieben, so daß die Spezifität der Veränderungen in Frage gestellt wurde. Unklar ist, ob diese Personen sich nicht möglicherweise in einem Vor- oder Frühstadium der Demenz befanden und ob die prämortale psychometrische Befunderhebung zur Diagnose einer milden Demenz ausgereicht hätte (Mirra et al. 1991; Morris et al. 1991).

Die Zuverlässigkeit der klinischen DAT-Diagnose ist begrenzt. Während klinische Verlaufsuntersuchungen nach einem Jahr die Diagnose in über 90% der Fälle bestätigten (Forette et al. 1989), zeigte die neuropathologische Überprüfung der Diagnose „M.

Alzheimer" an 650 Kranken in nur 56% die alleinige Pathologie der DAT. In etwa einem Viertel war die Alzheimer-Pathologie durch zusätzliche zerebrale Erkrankungen überlagert, in etwa einem Fünftel der Obduktionen wurde eine andere Diagnose gestellt (Mendez et al. 1992).

Klinische Diagnose des M. Alzheimer

Für die klinische Diagnose der DAT gibt es keine beweisenden, in vivo zu erhebenden Befunde, so daß es sich letztlich um eine Ausschlußdiagnose handelt. Diese Tatsache wird berücksichtigt in den diagnostischen Kriterien der Arbeitsgruppe NINCDS-ADRDA (National Institute of Neurological and Communicative Disorders and Stroke-Alzheimer's Disease and Related Disorders Association; McKhann et al. 1984; s. Übersicht).

NINCDS-ADRDA-Kriterien der Demenz vom Alzheimer-Typ

notwendige Merkmale:
- Diagnose der Demenz (entspr. DSM-III-R),
- Progredienz der mnestischen Störung,
- Erkrankungsalter >40 Jahre,
- Ausschluß anderer Erkrankungen,

unterstützend:
- Einschränkungen bei Alltagsaktivität, Verhaltensänderung,
- Labor, CSF, CCT/MRT

Diagnostisch wegweisend für die wahrscheinliche Diagnose einer DAT ist die progrediente Demenz mit schleichendem Beginn im mittleren bis hohen Erwachsenenalter. Andere Erkrankungen müssen durch klinische und apparative Untersuchungen ausgeschlossen sein. Die klinische Verlaufskontrolle der mit Hilfe der NINCDS-ADRDA-Kriterien gestellten Diagnose des M. Alzheimer zeigte eine Spezifität der Skala zwischen 86% und 89% (Morris et al. 1988). Die diagnostische Treffsicherheit dieser Kriterien ist ähnlich hoch, wenn zur Diagnoseüberprüfung eine neuropathologische Untersuchung erfolgte (Tierney et al. 1988). Eine andere aktuelle Studie, die als Diagnosekriterien Ergebnisse klinischer Untersuchungen, DSM-III-R und NINCDS-ADRDA-Kriterien heranzog, ergab lediglich eine Spezifität von 50–60% (Gilleard et al. 1992). Erschwert wird die klinische Diagnose dadurch, daß sich das Demenzsyndrom häufig nicht nur einer Ätiologie zuordnen läßt, sondern daß Mischformen bestehen. Nicht selten bestehen Überschneidungen mit dem Parkinson-Syndrom und der arterioskerotischen Demenz.

Apparative Zusatzuntersuchungen

Das am längsten angewandte diagnostische apparative Verfahren ist das Elektroenzephalogramm (EEG), welches in fortgeschrittenen Stadien der Erkrankung eine Verlangsamung der Grundtätigkeit zeigt, in frühen Stadien hingegen häufig normal ist (Sheridan et al. 1988). Die computerunterstützte EEG-Auswertung ("brain mapping") zeigt entsprechend Abnahme der α und β-Power und Zunahme der δ und ϑ-Power. Die Spitzenfrequenz verschiebt sich nach frontal (Dierks et al. 1991; Visser 1985). Das EEG dient in der Diagnostik des M. Alzheimer in erster Linie dem Ausschluß anderer neurologischer

Erkrankungen, die mit typischen EEG-Veränderungen einhergehen, z. B. der Myoklonusepilepsie, metabolischen Erkrankungen und der Jakob-Creutzfeldt-Erkrankung.

Die frühen Komponenten der evozierten Potentiale waren zumeist normal. Demgegenüber waren Alterationen der Amplituden, Latenzen und der Topographie der späten P300-Komponenten oft in frühen Krankheitsstadien nachweisbar (Kuskowski et al. 1991; Polich et al. 1990; Dierks u. Maurer 1990). Es ist bisher nicht überprüft worden, inwieweit die neurophysiologischen Untersuchungsverfahren Unterschiede zwischen der DAT und anderer Demenzformen gestatten.

Der Nachweis einer globalen Hirnatrophie im kraniellen Computertomogramm (CCT) oder der Magnetresonanztomographie (MRI) hilft in der Diagnostik der Frühstadien dementieller Erkrankungen nicht viel weiter. Patienten mit einem M. Alzheimer können ein völlig normales Bild ihres Gehirns in den neuroradiologischen Untersuchungen aufweisen. Die volumetrische Bestimmung der lokalen Atrophie des Hippokampus und entorhinalen Kortex in koronaren MRI-Schnitten gestattet allerdings am ehesten die Unterscheidung von Alzheimer-Kranken und gesunden Kontrollpersonen (Jack et al. 1992; Scheltens et al. 1992). Die Bedeutung bildgebender Verfahren liegt weniger im Nachweis einer Atrophie, die vor allem in fortgeschrittenen Krankheitsstadien darstellbar ist, als vielmehr dem Ausschluß anderer Demenzursachen wie vaskulärer Läsionen, einer Raumforderung oder eines Hydrozephalus. Die Unterscheidung zwischen vaskulärer und degenerativer Erkrankung mittels CCT und MRI kann schwierig sein, da fokale oder flächige Gewebeveränderungen der weißen Substanz (Marklagerödem) in beiden Fällen vorkommen können. Zerebrale Mikroinfarkte können sich zudem infolge einer Amyloidangiopathie bei DAT entwickeln. Feinfleckige Hyperintensitäten in der MRI werden, mit höherem Lebensalter zunehmend, auch bei gesunden Probanden nachgewiesen und können keinesfalls immer als Folge einer vaskulären Mikroangiopathie gedeutet werden. CCT und MRI liefern lediglich Informationen, die zusammen mit klinischen Befunden gedeutet werden können und begründen ohne passende klinische Befunde keine Diagnose. Subkortikale fleckförmige Hyperintensitäten im T2-gewichteten Bild der MRI erlauben nicht die eindeutige Unterscheidung zwischen pyhsiologischer und pathologischer Hirnalterung (Kozachuk et al. 1990).

Funktionelle bildgebende Verfahren (Positronenemissionstomographie = PET; Single-Photonenemissionscomputertomographie = SPECT) korrelieren gut mit Topographie der histopathologischen Veränderungen und klinischem Schweregrad (Weinstein et al. 1993; Waldemar et al. 1994). Beide Techniken stellen typischerweise temporal und parietal lokalisierte Defekte dar. Demgegenüber sind primäre kortikale Areale, Stammganglien, Kleinhirn, Hirnstamm und Thalamus charakteristischerweise nicht betroffen (Heiss et al. 1990). Derartige Veränderungen sind allerdings für die Diagnose der DAT weder beweisend, noch werden sie bei allen Alzheimer-Kranken gefunden. Die Spezifität dieser Untersuchungen ist dadurch zu erhöhen, daß nur Patienten mit konkretem klinischen Verdacht auf M. Alzheimer bei gleichzeitig nachgewiesener hippokampaler Atrophie in der MRI untersucht werden. Die mittels PET darstellbaren Stoffwechselveränderungen (Stoffwechselrate für Glukose oder Sauerstoff) gehen der morphologisch nachweisbaren Atrophie voraus, so daß eine Frühdiagnose mittels der PET denkbar ist (Heiss et al. 1990; Kuhl et al. 1987). Die diagnostische Aussagekraft der Darstellung cholinerger Rezeptoren mittels spezieller Tracer, z. B. im Rahmen einer SPECT-Untersuchung mit ^{123}J-3-quinuclidinyl-4-iodobenzilat (QNB), ist derzeit noch nicht geklärt (Weinberger et al. 1989).

Bislang existieren keine Laborbefunde, die die Diagnose eines M. Alzheimer im individuellen Fall stützen oder sogar beweisen könnten. Die Routineuntersuchungen von Blut, Zerebrospinalflüssigkeit und Urin fallen meistens normal aus und dienen der diagnostischen Abgrenzung gegenüber sekundären Demenzen. Naheliegend war die Annahme, daß die Erfassung des Funktionszustandes im cholinergen System diagnostisch weiterhelfen würde. Angaben zum Cholinesterasespiegel in der Zerebrospinalflüssigkeit blieben aber widersprüchlich (Appleyard et al. 1987). Auch die Messung der Azetylcholinkonzentration und der Aktivität der Cholin-Azetyl-Transferase besitzen keine diagnostische Trennschärfe (Cutler 1988; Thienhaus et al. 1985). Verschiedene andere Substanzen im Liquor cerebrospinalis (Aminosäuren, Enzyme, Hormone) waren ebenfalls nicht so verändert, daß deren Messung diagnostisch eingesetzt werden könnte (Beal et al. 1986; Sunderland et al. 1987). Der Nachweis von pathologischen Proteinen mit Hilfe spezifischer Antikörper (Tau-Protein, Protein A 68), welche als Antigene im Hirngewebe von Alzheimer-Kranken identifiziert wurden, in der Zerebrospinalflüssigkeit könnte in Zukunft diagnostisch von Bedeutung werden (Wolozin u. Davies 1987). Ähnlich verhält es sich mit dem Nachweis von Antikörpern gegen neuronale Strukturen, die in Zerebrospinalflüssigkeit und Serum von Alzheimer-Patienten nachgewiesen wurden (McRae et al. 1990). Aktuelle Forschungsarbeiten versuchen, mögliche Marker im nichtneuronalen, zu diagnostischen Zwecken einfach zugänglichen Gewebe zu identifizieren. Vielversprechend sind erste Ergebnisse an Fibroblastenkulturen von Alzheimer-Patienten, die einen Abfall der Isoproterenol-stimulierten cAMP-Bildung und einen Anstieg der Bradykinin-induzierten Inositolphosphat-(IP3)-Bildung sowie verminderte Aktivität des Ketoglutarat-Dehydrogenase-Komplexes (KGDHC) zeigten (Blass u. Gibson 1992). Die beiden erstgenannten Defekte betreffen die zelluläre Signaltransduktion, der letztere den Energiemetabolismus. Ein weiterer Befund an Fibroblasten von DAT-Patienten ist das Fehlen eines speziellen Kalziumkanals (Etcheberrigaray et al. 1993).

In bis zu 20% der gesicherten DAT ist eine Heredität mit autosomal-dominantem Erbgang anzunehmen. Familiäre Erkrankungen der DAT werden häufiger in früheren Lebensaltern manifest als sporadische Formen. Die Chromosomenuntersuchung bei familiären Alzheimer-Erkrankungen zeigte eine Punktmutation im Bereich des Amyloidvorläuferproteins auf dem langen Arm des Chromosoms 21 (Goate et al. 1989; St. George-Hyslop et al. 1987). Assoziationen mit der Trisomie 21, die nach dem 40. Lebensjahr zu einer Alzheimer-Pathologie des Gehirns führt, unterstrichen die Bedeutung des Chromosoms 21 für die Genetik des M. Alzheimer. Inzwischen gibt es auch Hinweise für eine Beteiligung der Chromosomen 14 und 19. Strittmater et al. (1993) beschrieben eine Allelvariation im Bereich des Gens für Apolipoprotein E (Apo-E), das in 3 Varianten (E2, E3, E4) auftritt. Bei familiärer und sporadischer DAT ist Apo-E-4 wesentlich häufiger zu finden als in der Normalpopulation. Möglicherweise werden polymorphe genetische Marker zu einer Frühdiagnose des M. Alzheimer beitragen können.

M. Pick

Der M. Pick führt zur schwerpunktmäßigen Degeneration der Frontal- und Temporallappen. Die Erkrankung ist zwar wesentlich seltener als die DAT, neben der diffusen Lewy-body-Erkrankung aber die zweithäufigste Form degenerativer Demenzen. Das klinische Bild ist im Anfangsstadium in erster Linie gekennzeichnet durch den Verfall der Persönlichkeit, des Verhaltens und der Sprache, ferner Gedächtnisstörungen, wohingegen andere kognitive Funktionen weniger betroffen sind. Kennzeichnend sind flaches, euphorisches Verhalten und Witzelsucht, Störungen des emotionalen Verhaltens und der Impulskontrolle.

Pathohistologisch fallen neben der frontal und frontotemporal betonten neuronalen Degeneration Nervenzellschwellungen (Pick-Zellen), später auch argentophile Pick-Körperchen auf. Die konventionellen apparativen Zusatzuntersuchungen (EEG, CCT, MRI) lassen keine sichere Differenzierung von der Alzheimer-Demenz zu. PET- und SPECT-Untersuchungen zeigen entsprechend der Topographie der pathologischen Veränderungen vor allem frontale bis frontotemporale Minderbelegung.

Demenz vom Frontallappentyp und andere lobäre Atrophien

Unter diesem Begriff werden Erkrankungen des Gehirns zusammengefaßt, bei denen es zur Degeneration bifrontaler, bitemporaler oder subkortikaler Strukturen des Gehirns ohne den typischen histologischen Befund des M. Pick kommt. Klinisch entwickeln sich Persönlichkeitsveränderungen, soziale Störungen und Aphasie. Der frontale Schwerpunkt der Veränderungen findet sein Korrelat in PET und EEG (Brun 1993; Neary et al. 1993). Klinisch dürfte diese Erkrankung zumeist als M. Pick diagnostiziert werden.

"Lewy-Body-Disease"

Die sog. Lewy-Körperchen, argentaffine intrazytoplasmatische Einschlußkörperchen in Gliazellen, kommen typischerweise beim idiopathischen Parkinson-Syndrom im nigrostriären System vor. Sind sie über Kortex und Hirnstamm diffus verteilt, spricht man von "Lewy-Body-Disease" (Kosaka 1990). Gehäuft sind diese Einschlußkörperchen im limbischen System anzutreffen. Demgegenüber sind sie in den primären Rindenarealen nicht vorhanden. Nach neueren Untersuchungen wird angenommen, daß die Lewy-body-Erkrankung zwischen einem Fünftel und einem Drittel der Demenzerkrankungen ausmacht (Hansen et al. 1990; Joachim et al. 1988; Lennox 1992). Klinisch ist diese Erkrankung gekennzeichnet durch progrediente Demenz, ein eher leichtes, Dopa-sensitives Parkinson-Syndrom und verschiedene psychiatrische Symptome (Verwirrtheitszustände, Verkennungen, Halluzinationen). Möglicherweise stellen M. Parkinson und diffuse Lewy-body-Erkrankung nur die Enden eines Kontinuums dar, welches gekennzeichnet ist durch eine neuronale Degeneration mit Lewy-Körperchen, die schwerpunktmäßig den Kortex oder die Substantia nigra betreffen kann (Zweig et al. 1993). Auf der anderen Seite finden sich in einigen Fällen senile Plaques und Neurofibrillen, so daß manchmal eine Koinzidenz mit einem M. Alzheimer angenommen werden muß. Die klinische Differentialdiagnose zum M. Parkinson mit Demenz und zum M. Alzheimer mit extrapyramidal-motorischen Störungen ist nur schwer oder gar nicht möglich. Die genaue nosologische Stellung der Erkrankung ist derzeit nicht geklärt.

Vaskuläre Demenzerkrankungen

Die vaskulären Demenzerkrankungen umfassen eine Reihe hinsichtlich Pathophysiologie und Klinik sehr heterogener Krankheitsbilder. Es ist daher problematisch, einheitliche diagnostische Kriterien für diese verschiedenen Erkrankungen zu definieren. Häufig wird synonym der Begriff der „Multiinfarkt-Demenz" verwendet, so auch im DSM-III-R. Die Verwendung dieser Bezeichnung als Sammelbegriff ist nicht korrekt. Als diagnostische Kriterien der „Multiinfarkt-Demenz" nennt DSM-III-R schrittweise Verschlechterung der Symptome, neurologische Herdzeichen und klinische sowie apparative Hinweise auf eine zerebrovaskuläre Erkrankung. Hachinski et al. (1975, 1991) haben eine Skala zur raschen Differenzierung einer vaskulären von einer degenerativen Demenz entwickelt. Dieser Score findet breite Anwendung, obwohl Fischer et al. (1991) zeigen konnten, daß etwa ein Fünftel der als „vaskuläre Demenz" klassifizierten Kranken in Wirklichkeit eine Alzheimer-Demenz aufwiesen. Vor dem Hintergrund der Möglichkeit, auch kleinere Hirninfarkte mittels CT/MRI darstellen zu können, muß der Hachinski-Score, der keine neuroradiologischen Befunde einbezieht, aus heutiger Sicht als veraltet gelten. Kürzlich wurden die NINDS-AIREN Kriterien (Roman et al. 1993) veröffentlicht, welche für die wahrscheinliche Annahme einer vaskulären Demenz den Nachweis einer zerebrovaskulären Erkrankung anhand klinischer und CT/MRI-Kriterien fordern. Außerdem muß die klinische Dynamik der dementiellen Symptome mit derjenigen der zerebrovaskulären Erkrankung verknüpft sein. Eine vaskuläre Demenz wird als möglich angesehen, wenn neben den dementiellen Symptomen fokale neurologische Ausfälle vorhanden sind, ohne daß die zerebrovaskuläre Pathologie mittels CT/MRI nachgewiesen wird und ohne daß eine zeitliche Verbindung zwischen vaskulärer Erkrankung und Demenzbeginn vorhanden sein muß. Die Diagnose der vaskulären Demenz kann als gesichert gelten, wenn neben den Kriterien der wahrscheinlichen Diagnose histopathologisch der Nachweis einer zerebrovaskulären Erkrankung geführt wird, ohne daß Zeichen einer DAT oder einer anderen Demenzursache bestehen.

Der internationale Workshop NINDS-AIREN (Roman et al. 1993) hat zudem eine Klassifikation der vaskulären Demenz vorgenommen, welche in nachfolgender Übersicht wiedergegeben ist.

Klassifikation der vaskulären Demenz nach NINDS-AIREN

- Mikroangiopathie:
  - multiple Lakunen,
  - subkortikale arteriosklerotische Leukenzephalopathie,
  - Amyloidangiopathie,
- „strategischer Einzelinfarkt",
- „Multiinfarkt"-Demenz,
- Zerebrale Hypoperfusion,
- Zerebrale Blutung:
  - SAB, chronisches SDH, ICH (Amyloidangiopathie),
- andere vaskuläre Faktoren.

Die Diagnostik der vaskulären Demenz hat die Untersuchungsverfahren einzusetzen, die bei zerebrovaskulären Erkrankungen angewandt werden, d. h. neben CT/MRI die zerebrale Doppler- und Duplexsonographie und kardiologische Untersuchung zur Frage einer kardiogenen Emboliequelle. Auf drei Unterformen der vaskulären Demenzen soll im einzelnen eingegangen werden.

Subkortikale arteriosklerotische Enzephalopathie (saE)

Otto Binswanger (1894) beschrieb als Differentialdiagnose zur progressiven Paralyse eine langsam progrediente, mit sprachlichen und fokal-neurologischen Störungen einhergehende Demenz, die auf ausgedehnte arteriosklerotische Marklagerveränderungen zurückzuführen war. Grundlage ist eine Arteriosklerose mit Hyalinose, Fibrose und Wandverdickung der keinen Arterien und Arteriolen. Im Marklager kommt es zu einer Demyelinisierung. Multiple lakunäre Infarkte sind regelmäßig nachweisbar. Eine zerebrale Makroangiopathie kann zusätzlich bestehen.

Betroffen sind Personen des höheren Lebensalters. Wichtigster Risikofaktor ist die arterielle Hypertonie. Bei 2/3 der Erkrankten ist der Beginn schleichend. Ein Drittel erleidet zu Beginn der Erkrankung einen Hirninfarkt (Babikian u. Ropper 1987). Der weitere Verlauf ist progredient und wird bei etwa der Hälfte der Patienten durch rezidivierende Hirninfarkte gekennzeichnet. Klinische Leitsymptome sind Demenz, Störungen von Persönlichkeit und Affekt, Gangstörung und Blasenentleerungsstörung. Dazu kommen neurologische Herdsymptome infolge lakunärer Hirninfarkte. Epileptische Anfälle können den weiteren Verlauf komplizieren. CT und MRI stellen multiple lakunäre Infarkte sowie konfluierende fleckige Marklagerveränderungen (Hypodensität im CT, Signalintensität im T2-gewichteten MRI = Leukoaraiose) dar. Die Sensitivität der MRI im Nachweis dieser Veränderungen ist wesentlich höher als jene der CT, allerdings um den Preis einer geringeren Spezifität. Der Nachweis einer Leukoaraiose in der MRI ist für sich alleine genommen für die Diagnose einer vaskulären Demenz nicht beweisend.

Für die Diagnose der subkortikalen arteriosklerotischen Enzephalopathie wurden von Diener et al. (1992) operationale Kriterien erarbeitet. Als Kriterien sollen demnach erfaßt werden Anamnese (Hypertonie, Demenz, Gangstörung, Inkontinenz, „Schlaganfall"), klinische Befunde (Merkfähigkeitsstörung, Orientierungsstörung, Mini-Mental-State-Test mit weniger als 26 Punkten, Antriebsstörung, Halbseitensymptome, epileptische Anfälle, Aphasie und Apraxie) und CT/MRI-Befund. Von der klinisch gesicherten Diagnose einer saE kann ausgegangen werden, wenn 4 der 5 anamnestischen und 5 der 8 klinischen Kriterien vorliegen und gleichzeitig ausgeprägte Marklagerveränderungen und multiple Lakunen in CT bzw. MRI bestehen.

Thalamusinfarkte

Infarzierungen des Thalamus sind ein Beispiel für „strategische Einzelinfarkte", welche durch Läsion einer kritischen Hirnregion ein dementielles Bild hervorrufen können. Der Thalamus ist eingebunden in eine Vielzahl afferenter und efferenter neuronaler Verbindungen. Der Nucleus medialis thalami und der Tractus mamillothalamicus sind Bestandteile des limbischen Systems. Ventrale und mediale Anteile des Thalamus aktivieren frontale und temporale Rindenanteile. Dementsprechend führen Läsionen des Thalamus infolge Ischämie zu einem komplexen psychopathologischen Bild, welches je nach betroffener Thalamusstruktur unterschiedlich sein kann (Büttner et al. 1991; Cramon et al. 1991; Graff-Radford et al. 1985). Da die medialen Thalamusanteile beider Seiten regelhaft durch eine unpaare thalamosubthalamische Arterie versorgt werden, kann es akut zum doppelseitigen Thalamusinfarkt kommen. Dieses Krankheitsbild ist in der Akutphase gekennzeichnet durch Bewußtseinsstörung, amnestisches Syndrom sowie, infolge Mitbeteiligung mesenzephaler Strukturen, Okulomotoriusparese und vertikale

Blicklähmnung. Nach dem Akutstadium verbleibt als Residualsymptom meistens eine Demenz mit mnestischen Störungen, Sprachstörungen, Antriebsmangel, nivelliertem Affekt und kognitiven Störungen. Vereinzelt ist aber auch eine komplette Normalisierung der neurologischen und psychopathologischen Befunde berichtet worden (Büttner et al. 1991; Swanson u. Schmidley 1985). Auch nach unilateralen medialen Thalamusläsionen resultieren mnestische und kognitive Störungen. Die Langzeitprognose der kognitiven Funktionen ist wesentlich mit davon abhängig, inwieweit neben dem Thalmusinfarkt zusätzliche vaskuläre Läsionen oder eine arteriosklerotische Enzephalopathie bestehen (Büttner et al. 1991). Vorübergehende Durchblutungsstörungen des Thalamus, dargestellt mittels Tc-HMPAO-SPECT, können zu einer amnestischen Episode führen (Büttner et al. 1992).

Zerebrale Amyloidangiopathie

Die zerebrale Amyloidangiopathie (=kongophile Angiopathie) stellt eine auf das Gehirn beschränkte Form der primären Amyloidose dar, bei der sich kongophile Proteine in den zerebralen Gefäßwänden ablagern (Glenner 1980). Betroffen sind vor allem kleine Arterien und Arteriolen, wo es zu fibrinoiden Nekrosen und fibrinösen Intimaverdickungen kommt. Familiäre Formen sind dokumentiert. Typisches klinisches Erscheinungsbild sind Demenz, lakunäre Hirninfarkte und rezidivierende spontane intrazerebrale Lobärhämatome im höheren Lebensalter (Regli 1989). Die zerebrale Amyloidangiopathie ist nach der arteriellen Hypertonie die zweithäufigste Ursache spontaner intrazerebraler Hämatome, im höheren Lebensalter sogar die häufigste. Kommt es nicht zu intrazerebralen Blutungen, ist die Differentialdiagnose zur DAT und zur saE klinisch nicht möglich, zumal sich in CT/MRI bilaterale Marklagerveränderungen zeigen. Im Rahmen einer klinisch-pathologischen Untersuchung haben Yoshimura et al. (1992) drei Manifestationstypen definiert:

1. hämorrhagischer Typ (rezidivierende Lobärhämatome);
2. dementiell-hämorrhagischer Typ (multiple zerebrale Blutungen in Kombination mit atypischer Alzheimer-Pathologie; multiple zerebrale Blutungen in Kombination mit ischämischer Marklagerläsion);
3. dementieller Typ (progressive Demenz mit oder ohne zerebrale Hämatome; neuropathologisch DAT- und saE-typische Veränderungen).

Andere sekundäre Demenzen

Hierunter ist die überwiegende Anzahl der bereits heute therapierbaren Demenzerkrankungen zu fassen. Die sekundären Demenzursachen können untergliedert werden in

- entzündlich,
- endokrin und metabolisch,
- toxisch,
- sonstige.

Entzündliche Erkrankungen

Meningoenzephalitiden können zu akuten oder subakuten psychopathologischen Phänomenen führen. Typischerweise sind begleitend Bewußtseinstörung, Delirien, Kopfschmerzen, epileptische Anfälle und fokal-neurologische Ausfälle vorhanden. Während bakterielle Meningoenzephalitiden infolge der akuten, foudroyanten Symptomatik meistens rasch diagnostiziert werden, kann die Diagnose der lymphozytären Meningoenzephalitis u. U. zum differentialdiagnostischen Problem werden. Unter 53 Kranken mit lymphozytärer Meningoenzephalitis hatten 26% initial einen Verwirrtheitszustand, 23% eine Gedächtnisstörung und 17% eine organische Psychose (Büttner u. Dorndorf 1988). Fehldiagnosen sind im Anfangsstadium nicht selten. Zur Diagnose einer subakuten und akuten Demenz muß daher eine Untersuchung der Zerebrospinaflüssigkeit durchgeführt werden. Eine Sonderstellung unter den lymphozytären Meningoenzephalitiden nimmt die Herpes-simplex-Enzephalitis ein, die wegen des infausten Spontanverlaufs bereits bei Verdacht virustatisch mit Aciclovir behandelt werden muß. Als Defektsyndrom nach Virusenzephalitis ist nach eigenen Untersuchungen in 15–20% mit einer Demenz zu rechnen (Büttner et al. 1989). Besonders zu erwähnen sind *Neurosyphilis* und *Neuroborreliose*, die aufgrund der serologischen Befunde zu diagnostizieren sind.

Der *M. Jakob-Creutzfeld* beginnt häufig mit einer pseudoneurasthenischen Symptomatik und ist im weiteren Verlauf gekennzeichnet durch Gedächtnisabnahme, persönliche Vernachlässigung, affektive Störung und in etwa der Hälfte der Fälle durch akut auftretende neurologische Ausfälle (Dysphagie, Gangstörung, Ataxie, extrapyramidae Symptome, Doppelbilder). Häufig kommt es zu Myoklonien. Die meisten Erkrankungsfälle sind sporadisch, jedoch treten etwa 10% familiär auf. Berichtete Übertragungswege sind die Injektion von Wachstumshormon aus Leichenhypophysen, Hornhaut-, Dura- und Trommelfellimplantate, Implantation intrakranieller Elektroden und Gewebeinokulation im Rahmen von Sektionen. Neuropathologisch bestehen generalisiert Spongiose und Neuronenverlust. Die Demenz wird insbesondere auf den Befall hippokampaler Strukturen und des Nucleus basalis Meynert zurückgeführt. Charakteristische Diagnosebeweisende Laborbefunde gibt es nicht. Die typischen EEG-Veränderungen mit periodischen triphasischen Steilwellen können im Einzelfall fehlen und finden sich meistens erst im Verlauf der Erkrankung. CT und MRI zeigen im Initialstadium häufig Normalbefunde, im Verlauf eine rasch fortschreitende Atrophie, eventuell in Verbindung mit Marklagerveränderungen und kleinen fokalen Läsionen. Die Diagnose kann nur neuropathologisch gesichert werden.

Weltweit häufigste entzündliche Ursache einer Demenz ist die *HIV-Infektion*. Zwischen 60% und 90% der obduzierten HIV-Patienten lassen eine Beteiligung des Gehirns erkennen (Navia et al. 1986). Fast 1/3 der Aids-Kranken leiden im Terminalstadium unter einer Demenz. Eine Beteiligung des Gehirns bei Aids kann durch verschiedene Superinfektionen (z. B. Toxoplasmose, Zytomegalievirus, Papovavirus), auf Tumore (Lymphome) oder auf das HIV selbst zurückgeführt werden. Allgemein wird deshalb im Hinblick auf dementielle Symptome bei Aids von einer HIV-assoziierten Demenz gesprochen. Neuere Untersuchungen sprechen dafür, daß der Demenz meistens eine direkte HIV-Infektion zugrundeliegt (Wiley u. Achim 1994). Bei den meisten Erkrankten finden sich entzündliche Liquorveränderungen, spezifische Antikörper und oligoklonale IgG-Antikörper. Magnetresonanztomographisch können multiple, teilweise konfluierende Herde vor allem der weißen Substanz nachweisbar sein. Differentialdiagnostisch ist bei Aids-Kranken auch eine progressive *multifokale Leukenzephalopathie* in Erwägung zu ziehen, eine Papovavirusinfektion, die tumor- oder immungeschwächte Patienten befallen kann. Im Rahmen dieser Erkrankung kommt es rasch fortschreitend zu multiplen subkortikalen Entmarkungsherden.

Im Rahmen der *multiplen Sklerose* ist in etwa 7% mit der Entwicklung einer manifesten Demenz zu rechnen (Felgenhauer 1990; Halligan et al. 1988). Determinierend für eine Demenzentstehung bei MS sind Zahl, Ausdehnung und Lokalisation der Demyelinisierungsherde

Weitere entzündliche Erkrankungen des Gehirns, die zur Demenz führen können, auf die hier aber im einzelnen nicht eingegangen wird, sind *Neurobrucellose, M. Whipple, Tuberkulose, Sarkoidose, Gerstmann-Sträussler-Erkrankung und M. Behcet.*

Endokrine und metabolische Erkrankungen

Zumeist wird die zugrundeliegende Erkrankung bereits lange Zeit bekannt sein, bevor sich dementielle Symptome entwickeln. Kognitive Störungen können aber auch ein Erstsymptom der folgenden Erkrankungen darstellen, die deshalb in differentialdiagnostische Überlegungen einbezogen werden müssen. Da die Symptomatik wenig charakteristisch für die jeweilige Diagnose ist, werden diese Erkrankungen nicht ausführlich dargestellt:

- Hypo- und Hyperthyreose,
- Hypo- und Hyperparathyreoidismus,
- M. Addison/M. Cushing,
- Hypophyseninsuffizienz,
- Niereninsuffizienz/Dialyse,
- Lebererkrankungen,
- Elektrolytstörungen (vor allem Natrium und Kalzium),
- Malnutrition und Hypovitaminosen,
- paraneoplastische Syndrome.

Der *M. Wilson* (hepatolentikuläre Degeneration) ist eine autosomal rezessiv vererbte Störung des Kupferstoffwechsels. Die psychische Symptomatik ist durch eine dementielle Entwicklung mit Aufmerksamkeitsstörung gekennzeichnet. Neurologisch finden sich Rigidität, Tremor, dystone Bewegungsstörung, Dysarthrie und Dysphagie. Begleitende und diagnostisch weiterführende Symptome sind Kayser-Fleischer-Kornealring, Osteoporose, Nieren- und Leberschädigung.

Selten treten im Erwachsenenalter *metachromatische Leukodystrophie* und *Adrenoleukodystrophie* auf. Beide Erkrankungen sind neben Demenz durch Tetraparese gekennzeichnet. Die Adrenoleukodystrophie führt darüber hinaus zu epileptischen Anfällen und Nebenniereninsuffizienz.

Toxische Ursachen

Chronischer *Alkoholismus* kann einerseits zum amnestischen Syndrom (Korsakow-Syndrom), andererseits aber auch zum Vollbild der Demenz (Lishman 1981) führen. Leichtere intellektuelle Störungen bestehen bei nahezu der Hälfte aller Alkoholiker. Der Demenzgrad ist gewöhnlich leicht, nur langsam progredient und bei Abstinenz teilweise reversibel. Im CT läßt sich eine diffuse Hirnatrophie nachweisen. Im PET ist die metabolische Störung mediofrontal akzentuiert (Gilman et al. 1990). Die *Marchiafava-Bignami-Erkrankung* beruht auf einer Entmarkung des Balkens und mittelliniennaher Anteile des Marklagers. Sie beginnt akut oder subakut mit Bewußtseinsstörung und mündet in Persönlichkeitsveränderung, Gedächtnis- und Sprachstörungen.

Chronische *Metallvergiftungen* sind heutzutage unter strengeren arbeitsmedizinischen Überwachungen selten. Die chronische Bleivergiftung führt zu Sehstörungen, Polyneuropathie, apathischem Verhalten, Merkfähigkeits- und anderen kognitiven Störungen. Weitere Metalle, die zur Demenz führen können, sind Quecksilber, Arsen, Mangan, Thallium und Aluminium.

Organische Lösungsmittel und andere Industriegifte können eine toxische Enzephalopathie verursachen. Zu erwähnen ist in diesem Zusammenhang auch die Enzephalopathie der Schnüffler.

Die Analyse der demenzfördernden Nebenwirkungen von Medikamenten muß insbesondere Medikamenteninteraktionen sowie individuelle Patienteneigenschaften berücksichtigen. Gerade ältere Patienten besitzen zentral wirksamen Medikamenten gegenüber infolge geänderter Pharmakokinetik (niedrigeres Verteilungsvolumen, verminderte Flüssigkeitsaufnahme, geringere Exkretion und Metabolisierung) und evtl. bestehender zerebraler Vorschädigung eine verminderte Toleranz. Die häufigsten demenzfördernden Medikamente sind:

- Neuroleptika,
- trizyklische Antidepressiva,
- anticholinerge Substanzen,
- Antihypertensiva,
- Antikonvulsiva.

Sonstige Ursachen

Schwere *Schädel-Hirn-Traumen* können zu erheblichen kognitiven Beeinträchtigungen führen, was aufgrund der eindeutigen Anamnese in der Regel kein differentialdiagnostisches Problem ist. Eine Ausnahme stellt das chronische Subduralhämatom dar, welches sich Wochen bis Monate nach einem möglicherweise nicht mehr erinnerten Trauma entwickelt. Das Risiko zur posttraumatischen Demenz steigt mit der Länge der Komadauer, dem Alter des Patienten und der Existenz zusätzlicher zerebraler Erkrankungen (z. B. durch Alkohol oder Arteriosklerose). Eine Sonderform der posttraumatischen Demenz stellt die Dementia pugilistica (Boxer-Demenz) dar, welche nach langjähriger Praxis von Berufsboxern auftritt und durch Parkinson-Syndrom, intellektuellen Abbau, Persönlichkeitstörungen sowie eventuell fokale neurologische Ausfälle gekennzeichnet ist.

Eine *Epilepsie* an sich führt in der Regel nicht zur Demenz, wohl aber möglicherweise die der Epilepsie zugrundeliegende zerebrale Erkrankung. Nur sehr häufige GM-Anfälle oder GM-Staten werden zu hypoxischen Sekundärschäden des Gehirns führen. Als eigenständiges Krankheitsbild hervorzuheben ist die *progressive Myoklonusepilepsie*. Bei dieser erblichen Erkrankung kommt es zu epileptischen Anfällen, Myoklonien, Demenz mit Wesensänderung, zerebellären, extrapyramidalen und Pyramidenbahnsymptomen. Differentialdiagnostisch sind von der Demenz Verwirrtheitszustände von

Epileptikern abzugrenzen, die Folge eines Petit-mal-Status, Status psychomotorischer Anfälle oder eines postiktalen Dämmerzustandes sein können. Schließlich müssen kognitive Nebenwirkungen der Antiepileptika, insbesondere der Barbiturate, bedacht werden.

Hirntumore können durch lokale Raumforderung zu Störungen der höheren Hirnleistungen (Aphasie, Apraxie, Rechenstörung) und durch erhöhten intrazerebralen Druck zu gestörter Aufmerksamkeit und psychomotorischer Hemmung führen. Insbesondere frontale Raumforderungen (Olfaktoriusmeningeom, Schmetterlingsgliom), aber auch Tumoren des Thalamus und der Basalganglien, haben einerseits Veränderungen der Persönlichkeit zur Folge, rufen andererseits erst sehr spät fokale neurologische Störungen hervor, so daß die Diagnose verkannt werden kann. Der routinemäßige Einsatz bildgebender Verfahren in der Differentialdiagnose der Demenz sollte heutzutage ausschließen, daß ein zugrundeliegender Hirntumor nicht diagnostiziert wird.

Demenz, Gangstörung und Harninkontinenz kennzeichnen die klassische Symptomtrias des *Normaldruckhydrozephalus* (NPH). Durch eine Behinderung des Liquorabflusses vor allem im Bereich der Pacchionischen Granulationen kommt es zur Erhöhung des Liquordrucks, konsekutiv zur Vergrößerung der resorptiven Oberfläche durch Ventrikelerweiterung und schließlich sekundär wieder zur Liquordrucknormalisierung (Foltz u. Ward 1956; Adams et al. 1965). Ursache ist eine abgelaufene Subarachnoidalblutung oder Meningitis, Trauma oder Tumor. Läßt sich eine derartige Ursache nicht nachweisen, was in etwa der Hälfte der Erkrankten der Fall ist, spricht man vom idiopathischen NPH. Davon abzugrenzen ist der obstruktive Hydrozephalus, bei dem es zur mechanischen Liquorabflußstörung kommt. Die Erkrankung beginnt gewöhnlich mit einer Gangstörung, die der frontalen Gangstörung (breitbeiniges Gangbild) ähnelt. Die psychischen Veränderungen bestehen aus Verlangsamung, Vigilanz- und Gedächtnisstörungen. Die Patienten sind aspontan und zurückgezogen, mutistisch, wirken depressiv und erschöpft. Diagnostisch hilfreich ist oft die Lumbalpunktion, nach der es vorübergehend zur Besserung der Symptomatik kommen kann. CT/MRI zeigen eine Erweiterung des gesamten Ventrikelsystems und periventrikuläre Flüssigkeitseinlagerung als Folge der transependymalen Liquordiapedese. Im Flußmodus des MRI kann die Pulsatilität des Liquors beurteilt werden. Das MRI dient ferner dem Ausschluß eines lokalen Liquorabflußhindernisses. Die Diagnose kann gesichert werden durch kontinuierliche lumbale oder epidurale Liquordruckmessung, die wiederholte Druckspitzen zeigt, und durch einen spinalen Infusionstest. Die Behandlung besteht in der liquorableitenden Operation, die bei richtiger Indikationsstellung eine Erfolgsaussicht von ca. 50% hat (Benson et al. 1970; Katman 1977).

Schlußfolgerungen

Diagnose und Differentialdiagnose des Demenzsyndroms haben ein umfassendes Spektrum neurologischer, internistischer und psychiatrischer Erkrankungen zu berücksichtigen. Die frühe Diagnose der Demenz hat ein differenziertes psychometrisches Instrumentarium einzusetzen. Demgegenüber gibt es bisher keine Laborverfahren, die die frühe und sichere Diagnose der Alzheimer-Demenz gestatten. Die Sicherheit der klinischen Diagnose des M. Alzheimer bleibt begrenzt, da eine Reihe von phänomenologisch ähnlichen Erkrankungen nur durch neuropathologische Untersuchungen abzugrenzen sind. Angesichts der erheblichen individuellen und sozialen Konsequenzen der Demenzdiagnose muß die Abklärung einer dementiellen Erkrankung alle verfügbaren klinischen und apparativen Diagnoseverfahren einsetzen.

Diskussion

Anmerkung: Ich befürworte, daß Sie nicht den oft mißbrauchten Begriff des Aids-Demenz-Komplexes gewählt haben, sondern von HIV-assoziierter Enzephalopathie sprechen. Nur etwa 20 oder 30 % der Patienten mit Aids haben im Endstadium tatsächlich eine Demenz. Die übrigen Kranken haben höchstens diskrete oder etwas mehr ausgebildete kognitive Beeinträchtigungen. Und generell sollten wir uns immer bemühen, diesen Begriff Demenz sehr viel vorsichtiger in den Mund zu nehmen als es meist der Fall ist. Wir sollten von neuropsychologischen Defiziten oder von dementiellen Syndromen sprechen.

Frage: Es gibt in der Psychiatrie ein Konzept, daß Sie nicht genannt haben, das sog. "age associated memory impairment", AAMI. Dieses stellt sozusagen die Brücke zwischen der benignen Altersvergeßlichkeit und der Demenz dar. Es sind viele psychometrische Studien mit diesem Konzept AAMI durchgeführt worden. Die Hoffnung, daß man Risikopersonen identifizieren kann, die im weiteren Verlauf mit hoher Wahrscheinlichkeit eine Demenz entwickeln, hat man doch danach fallen lassen müssen. Kann man denn mit psychometrischen Mitteln mögliche Risikopersonen für Demenzentwicklung identifizieren?

Antwort: Die ersten Ergebnisse des "Consortium to establish a registry for Alzheimer disease" (CERAD) sprechen dafür, daß evtl. die Messung einzelner Unterfunktionen der Gedächtnisleistung sensitiver ist als ein globaler Gedächtnistest. Ein Problem bei allen Untersuchungen, die die Bedeutung psychometrischer Tests für die Diagnose Demenz erfassen, ist, daß immer zwischen Patienten mit manifestem M. Alzheimer und Normalpersonen verglichen wird. Es werden aber nie diagnostisch schwierige Fälle, beginnende Demenzstadien, zu Vergleichszwecken herangezogen. Eine wichtige Frage ist, inwieweit ein Test unterscheiden kann zwischen dem Frühstadium der Demenz und der Depression, dem Frühstadium der Demenz und der Bradyphrenie. Die meisten Vergleichswerte beziehen sich immer auf Gesunde. Insofern teile ich Ihre Skepsis, was die psychometrischen Verfahren angeht. Aber es besteht auch hier erheblicher Untersuchungsbedarf.

Anmerkung: Es gibt eine Publikation von Masur und Mitarbeitern, die den prädiktiven Wert neuropsychologischer Untersuchungen für eine Demenzentwicklung erfaßt haben. In dieser Arbeit werden Ergebnisse ausgewertet aus einer Longitudinalstudie von über 200 Patienten, die eine Testbatterie aus vier Methoden verwendet hat, welche höhere kortikale Funktionen erfaßte. Mit diesem Verfahren war eine Treffsicherheit der negativen diagnostischen Prädiktion über eine Beobachtungszeit von 4–5 Jahren von fast 90 % möglich. Die positive diagnostische Prädiktion war nicht ganz so hoch. Insgesamt ist zu sagen, daß Untersuchungen dieser Frage noch nicht in ausreichendem Umfang vorliegen.

Frage: In der Klinik sind Orientierungsstörungen ein häufig verwendetes Kriterium. Handelt es sich um ein Spätzeichen, denn Orientierungsstörungen sind eindeutig Gedächtnisassoziiert?

Antwort: Sie sind vermutlich deshalb kein Frühzeichen, weil ihr Auftreten für eine erhebliche Gedächtnisfunktionsstörung spricht. Es gibt sicherlich sensitivere Merkmale des Gedächtnisses als die Orientiertheit.

Literatur

Adams RD, Fisher CM, Hakim S et al. (1965) Symptomatik occult hydrocephalus with normal CSF pressure. N Engl J Med 273: 117-126

American Psychiatric Association (1987) Diagnostic and statistical manual of mental disorders, 3rd edn, revised. APA, Washington

Appleyard ME, Smith AD, Bergman P et al. (1987) Cholinesterase activities in cerebrospinal fluid of patients with senile dementia of Alzheimer type. Brain 110: 1309-1322

Babikian V, Ropper AH (1987) Binswanger's disease: a review. Stroke 18: 2-12

Bamford KA, Caine ED (1988) Does "benign senescent forgetfulness" exist. Clin Geriatr Med 4: 897-916

Beal MF, Growdon JH, Mazurek MF, Martin JB (1986) CSF somatostatin-like immunoreactivity in dementia. Neurology 36: 294-297

Benson DF, Lamay M, Patten D et al. (1970) Diagnosis of normal pressure hydrocephalus. N Engl J Med 283: 609-615

Benton AL (1986) Der Benton-Test. Huber, Bern Stuttgart Toronto

Binswanger O (1894) Die Abgrenzung der allgemeinen progressiven Paralyse. Berl Klin Wochenschr 31: 1103-1105

Blass JP, Gibson GE (1993) Nonneural markers in Alzheimer disease. Alzheimer Dis Assoc Dis 6: 205-224

Bleuler E (1966) Lehrbuch der Psychiatrie. Springer, Berlin, Heidelberg, New York

Brun A (1993) The 2nd international conference on frontal lobe degeneration of non-Alzheimer type. Dementia 4: 123-236

Büttner Th, Dorndorf W (1988) Virale Enzephalitiden. Erfahrungen mit 53 Patienten aus Mittelhessen. Fortschr Neurol Psychiatr 56: 315-325

Büttner Th, Berlit P, Kaiser N, Dorndorf W (1989) Prognose viraler Enzephalitiden. In: Fischer PA, Baas H, Enzensberger W (Hrsg) Verhandlungen der Deutschen Gesellschaft für Neurologie, Bd. 5. Springer, Heidelberg Berlin New York, S. 714-717

Büttner Th, Schilling G, Hornig CR, Dorndorf W (1991) Thalamusinfarkte - Klinik, neuropsychologische Befunde, Prognose. Fortschr Neurol Psychiatr 59: 479-487

Büttner Th, Traupe M, Langkafel M, Schaffstein J, Przuntek H (1992) Transitorische Thalamusischämie als Ursache rezidivierender Verwirrtheitszustände. In: Huffmann G, Braune J, Griewing B (Hrsg) Durchblutungsstörungen im Bereich des Nervensystems. Einhorn, Reinbeck, S. 326-331

Carney MWP, Chary TKN, Robotis P, Childs A (1987) Ganser syndrome and its management. Br J Psychiatry 151: 697-700

Cramon DV, Kühnlein J, Wolfram A (1981) Die thalamische Demenz. Fortschr Neurol Psychiatr 49: 129-135

Crook TH, Bartus RT, Ferris SH et al. (1986) Age-associated memory impairment. Proposed diagnostic criteria and measures of clinical change: report of a National Institute of Mental Health work group. Dev Neuropsychol 2: 261-276

Cutler NR (1988) Utility of biologic markers in the evaluation and diagnosis of Alzheimer's disease. Brain Dysfunction 1: 12-31

Dick JPR, Guiloff RJ, Stewart A et al. (1984) Mini-mental state examination in neurological patients. J Neurol Neurosurg Psychiatry 47: 496-499

Diener HC, Hacke W, Hennerici M, Lehrl S (1992) Zerebrale Mikroangiopathie (subcortikale arteriosklerotische Enzephalopathie) - eine operationale Definiton. In: Häfner H, Hennerici M (Hrsg) Psychische Krankheiten und Hirnfunktion im Alter. Fischer, Stuttgart, S. 41-43

Dierks T, Maurer K (1990) Refernce-fre evaluation of auditory evoked potentials-P300 in aging and dementia. In: Dostert P, Riederer P, Strolin Benedetti M, Roncucci R (eds) Early markers in Parkinson's and Alzheimer's disease. Springer, Wien New York, pp 197-208

Dierks T, Perisic I, Frölich L et al. (1991) Topography of the quantitative electroencephalogram in dementia of the Alzheimer type: relation to severity of dementia. Psychiatry Res Neuroimaging 40: 181-194
Erzigkeit H (1989) The SKT – a short cognitive performance test as an instrument for the assessment of clinical efficiacy of cognition enhancers. In: Bergener M, Reisner B (eds) Diagnosis and treatment of senile dementia. Springer, Berlin Heidelberg New York Tokyo, pp 164-174
Eslinger PJ, Damasio AR, Benton AL, van-Allen M (1985) Neuropsychological detection of abnormal mental decline in older persons. JAMA 253: 670-674
Etcheberrigaray R, Ito E, Oka K et al. (1993) Potassium channel dysfunction in fibroblasts identifies patients with Alzheimer's disease. Proc Natl Acad Sci USA 90: 8209-8213
Felgenhauer K (1990) Psychiatric disorders in the encephalitic form of multiple sclerosis. J Neurol 237: 11-18
Fischer P, Jellinger K, Gatterer G, Danielczyk W (1991) Prospektive neuropathological validation of Hachinski's Ischaemic Score in dementias. J Neurol Neurosurg Psychiatr 54: 580-583
Folstein MF, Folstein SE, McHugh PR (1975) "Mini-mental state". A practical method for grading the cognitive state of patients for the clinician. J Psychiatr Res 12: 189-198
Foltz EL, Ward AA (1956) Communicating hydrocephalus from subarachnoidal bleeding. J Neurosurg 13: 546-566
Forette F, Henry JF, Orgogozo JM et al. (1989) Reliability of clinical criteria for the diagnosis of dementia. A longitudinal study. Arch Neurol 46: 646-648
Friedland RP, Koss E, Haxby JV et al. (1988) Alzheimer's disease: clinical and biological heterogeneity. Ann Intern Med 109: 298-311
Gilleard CJ, Kellett JM, Coles JA et al. (1992) The St. George's dementia bed investigation study – a comparison of clinical and pathological diagnosis. Acta Psychiatr Scand 55: 264-269
Gilman S, Adams K, Koeppe RA et al. (1990) Cerebellar and frontal hypometabolism in alcoholic cerebellar degeneration studied with positron emission tomography. Ann Neurol 28: 750-757
Glenner GG (1980) Amyloid deposits and amyloidosis. N Engl J Med 302: 1283-1292
Goate AM, Haynes AR, Owen MJ et al. (1989) Predisposing locus for Alzheimer's disease on chromosome 21. Lancet 1: 352-355
Graff-Radford NR, Damasio H, Yamada T et al. (1985) Nonhaemorrhagic thalamic infarction. Clinical, neuropsychological and electrophysiological findings in four anatomical groups defined by computerized tomography. Brain 108: 485-516
Gräßel E (1994) Psychometrische Testverfahren beim Parkinson-Syndrom und anderen degenerativen Hirnerkrankungen. In: Huffmann G, Braune HJ, Henn KH (Hrsg) Extrapyramidalmotorische Erkrankungen. Einhorn, Reinbeck, S. 247-256
Gustafson L (1992) Clinical classification of dementia conditions. Acta Neurol Scand (Suppl) 139: 16-20
Hachinski VC, Iliff LD, Zihlka E et al. (1975) Cerebral blood flow in dementia. Arch Neurol 32: 632-637
Hachinski VC (1991) Multi-infarct dementia: a reappraisal. Alzheimer Dis Assoc Dis 5: 64-68
Halligan FR, Reznikoff M, Friedman HP, LaRocca NG (1988) Cognitive dysfunction and change in multiple sclerosis. J Clin Psychol 44: 540-548
Hansen LA, Salmon D, Galasko D et al. (1990) The Lewy body variant of Alzheimer's disease: a clinical and pathological entity. Neurology 40: 1-8
Heiss WD, Szelies B, Adams R et al. (1990) PET scanning for the detection of Alzheimer's disease. In: Dostert P, Riederer P, Strolin Benedetti M, Roncucci R (eds) Early markers in Parkinson's and Alzheimer's disease. Springer, Wien New York, pp 181-196
Heron EA, Kritchevsky M, Delis DC (1991) Neuropsychological presentation of Ganser symptoms. J Clin Exp Neuropsychol 13: 652-666
Jack CRJ, Petersen RC, O'Brien PC, Tangalos EG (1992) MR-based hippocampal volumetry in the diagnosis of Alzheimer's disease. Neurology 42: 183-188
Joachim CL, Morris JH, Selkoe DJ (1988) Clinically diagnosed Alzheimer's disease: autopsy results in 150 cases. Ann Neurol 24: 50-56
Knopman DS, Ryberg S (1989) A verbal memory test with high predictive accuracy for dementia of the Alzheimer type. Arch Neurol 46: 141-145
Koller WC (1992) Handbook of Parkinson's disease. Dekker, New York
Kosaka K (1990) Diffuse Lewy body disease in Japan. J Neurol 237: 197-204
Kozachuk WE, DeCarli C, Shapiro MB et al. (1990) White matter hyperintensities in dementia of Alzheimer's type and in healthy subjects with cerebrovascular risk. Arch Neurol 47: 1306-1310
Kral VA (1972) Senile dementia and normal aging. Can Psychiatr Assoc J: 25-30
Kuhl DE, Small GW, Riege WH et al. (1987) Abnormal PET-FDG scans in early Alzheimer's disease. J Nucl Med 28: 645

Kuskowski MA, Morley GK, Malone SM, Okaya AJ (1991) Longitudinal measurement of brainstem auditory evoked potentials in patients with dementia of the Alzheimer type. Int J Neurosci 60: 79-84
Kurz A, Haupt M, Müllers-Stein M et al. (1991) Alzheimer-Sprechstunde - Erfahrungen in der Diagnostik und Therapie von organisch bedingten psychischen Störungen. Psychiatr Prax 18: 109-114
Ladurner G, Pieringer W, Sager WD (1981) Depressive syndromes in middle age and organic brain disease. Psychiatria Clin 14: 97-105
Lehrl S (1989) Mehrfach-Wortschatz-Intelligenztest MWT-B. Perimed, Erlangen
Lehrl S, Fischer B (1992) c. l. Test zur raschen Objektivierung cerebraler Insuffizienzen. Vless Verlag, Ebersberg
Lennox G (1992) Lewy body dementia. In: Rossor MN (ed) Baillier's clinical neurology, vol 1. Bailliere Tindall, London
Lishman WA (1981) Cerebral disorder in alcoholism. Syndromes of impairment. Brain 104: 1-20
McKhann D, Drachman D, Folstein M et al. (1984) Clinical diagnosis of Alzheimer's disease. Neurology 34: 939-944
McRae A, Blennow K, Wallin A et al. (1991) The presence of antibrain antibodies in the CSF of some Alzheimer disease patients: correlation with CSF parameters. In: Dostert P, Riederer P, Strolin Benedetti M, Roncucci R (eds) Early markers in Paekinson's and Alzheimer's disease. Springer, Wien New York, pp 257-265
Mendez MF, Mastri AR, Sung HJ, Frey WH (1992) Clinically diagnosed Alzheimer disease: Neuropathologic findings in 650 cases. Alzheimer Dis Assoc Dis 6: 35-43
Miller WR (1975) Psychological deficit in depression. Psychol Bull 82: 238-260
Miller NE (1980) Mood measurements in senile brain disease. In: Cole JO, Barret JEE (eds) Psychopathology of the aged. Raven, New York
Mirra SS, Heyman A, McKeel D et al. (1991) The consortium to establish a registry for Alzheimer's disease (CERAD). Part II. Standardization of the neuropathologic assessment of Alzheimer's disease. Neurology 41: 479-486
Morris JC, Mohs RC, Rogers H et al. (1988) Consortium to establish a registry for Alzheimer's disease (CERAD). Clinical and neuropsychological assessment of Alzheimer's disease. Psychopharmacol Bull 24: 641-652
Morris JC, Heyman A, Mohs RC et al. (1989) The consortium to establish a registry for Alzheimer's disease (CERAD). Part I. Clinical and neuropsychological assessment of Alzheimer's disease. Neurology 39: 1159-1165
Morris JC, McKeel DW, Storandt EH et al. (1991) Very mild Alzheimer's disease: Informant-based clinical, psychometric, and pathologic distinction from normal aging. Neurology 1991; 41: 469-478
Navia BA, Cho ES, Petito CK, Price RW (1986) The AIDS-dementia complex. II. Neuropathology. Ann Neurol 19: 525-535
Neary D, Snowden JS, Mann DMA (1993) The clinical pathological correlates of lobar atrophy. Dementia 4: 154-159
Paulson GW (1976) The neurological examination in dementia. Contemp Neurol Ser 15: 169-188
Polich J, Ladish C, Bloom FE (1990) P 300 assessment of early Alzheimer's disease. Electroencephalogr Clin Neurophysiol 77: 179-189
Rafal RD, Posner MI, Walker SA, Friedrich FJ (1984) Cognition and the basal ganglia. Separating mental and motor components of performance in Parkinson's disease. Brain 107: 1083-1094
Regli F (1989) Cerebral amyloid angiopathy. In: Toole JF (ed) Handbook of clinical neurology: Vascular diseases, part II, vol. 54. Elsevier, Amsterdam New York, pp 333-344
Rogers D (1986) Bradyphrenia in parkinsonism: a historical review. Psychol Med 16: 257-265
Roman GC, Tatemichi TK, Erkinjuntti T et al. (1993) Vascular dementia: Diagnostik criteria for research studies. Report of the NINDS-AIREN International Workshop. Neurology 43: 250-260
Rosen WG, Mohs RC, Davis KL (1984) A new rating scale for Alzheimer's disease. Am J Psychiatry 141: 1356-1364
Scheltens P, Barkhof F, Valk J et al. (1992) White matter lesions on magnetic resonance imaging in clinically diagnosed Alzheimer's disease. Evidence for heterogeneity. Brain 115: 735-748
Sheridan PH, Sato S, Foster N et al. (1988) Relation of EEG alpha background to parietal lobe function in Alzheimer's disease as measured by positron emission tomography and psychometry. Neurology 38: 747-750
Sternberg DE, Jarvik ME (1976) Memory functions in depression. Arch Gen Psychiatry 33: 219-224
St. George-Hyslop PH, Tanzi RE, Polinsky RJ (1987) The genetic defect causing familial Alzheimer's disease maps on chromosome 21. Science 135: 885-890
Strittmatter WJ, Saunders AM, Schmechel D et al. (1993) Apolipoprotein E: high avidity binding to β-Amyloid and increased frequency of type 4 allele in late onset familial Alzheimer disease. Proc Natl Acad Sci USA 90: 1977-1981

Sunderland T, Rubinow DR, Tariot PN et al. (1987) CSF somatostatin in patients with Alzheimer's disease, older depressed patients, and age-matched control subjects. Am J Psychiatr 144: 1313–1316

Swanson RA, Schmidley JW (1985) Amnestic syndrome and vertical gaze palsy: Early detection of bilateral thalamic infarction by CT and NMR. Stroke 16: 823–827

Thienhaus OJ, Hartford JT, Skelly MF, Bosmann HB (1985) Biologic markers in Alzheimer's disease. J Am Geriatr Soc 33: 715–726

Tierney MC, Fisher RH, Lewis AJ et al. (1988) The NINCDS-ADRDA work group criteria for the clinical diagnosis of probable Alzheimer's disease: a clinicopathological study of 57 cases. Neurology 38: 359–364

Tuokko H, Gallie KA, Crokket DJ (1990) Patterns of memory deterioration in normal and memory impaired elderly. Dev Neuropsychol 6: 291–300

Visser SL (1985) EEG and evoked potentials in the diagnosis of dementias. In: Traber J, Gispen WH (eds) Senile dementia of the Alzheimer type. Early diagnosis, neuropathology and animal models. Springer, Berlin Heidelberg New York, pp 102–116

Waldemar G, Walovitch RC, Andersen AR et al. (1994) 99m-Tc-bicisate (Neurolite) SPECT brain imaging and cognitive impairment in dementia of the Alzheimer's type: A blinded read of image sets from a multicenter SPECT trial. J Cereb Blood Flow Metab 14 (Suppl 1): S99–S105

Weinberger DR, Gibson RE, Coppola R et al. (1989) ^{123}IodoQNB SPECT in Alzheimer's and Pick's disease. American Psychiatric Association, San Francisco (Kongreßband)

Weinstein HC, Scheltens P, Hijdra A, van Royen EA (1993) Neuroimaging in the diagnosis of Alzheimer's disease. II. Positron and single photon emission tomography. Clin Neurol Neurosurg 95: 81–91

Welsh KA, Butters N, Hughes J et al. (1991) Detection of abnormal memory decline in mild cases of Alzheimer's disease using CERAD neuropsychological measures. Arch Neurol 48: 278–281

Wiley CA, Achim C (1994) Human immunodeficiency virus encephalitis is the pathological correlate of dementia in acquired immunodeficiency syndrome. Ann Neurol 36: 673–676

Wolozin B, Davies P (1987) Alzheimer-related neuronal protein A 68: specifity and distribution. Ann Neurol 22: 521–526

Yoshimura M, Yamanouchi H, Kuzuhara S et al. (1992) Dementia in cerebral amyloid angiopathy: a clinicopathological study. J Neurol 239: 441–450

Zaudig M, Mittelhammer J, Hiller W et al. (1991) SIDAM – a structured interview for the diagnosis of dementia of the Alzheimer type, multi-infarct dementia and dementias of other aetiology according to ICD-10 and DSM-III-R. Psychol Med 21: 225–236

Zweig RM, Cardillo JE, Cohen M et al. (1993) The locus ceruleus and dementia in Parkinson's disease. Neurology 43: 986–991

Aktueller Stand der medikamentösen Demenztherapie

H.-J. Möller

Einleitung

Die Frage der klinischen Wirksamkeit von Nootropika wird sehr kontrovers diskutiert. Die z. T. oft ablehnende Haltung in der Ärzteschaft hängt u. a. mit zu hohen Erwartungen gegenüber dem, was Nootropika leisten müßten, sowie z. T. auch mit einer ungenügenden Kenntnis der neueren Entwicklungen auf diesem Sektor der Pharmakotherapie zusammen. Insbesondere schlagen nahezu stereotyp beibehaltene Vorurteile, die sich auf die zu Recht kritisierte unzureichende bzw. inadäquate Prüfung von Altsubstanzen beziehen, die dieses Indikationsfeld beanspruchen, prägend für die Einstellung gegenüber den neueren Nootropika zu Buche (Möller 1991). Gerade in der jetzigen, durch Gesundheitsstrukturgesetz geprägten Zeit der Kostenreduktion im Gesundheitswesen verbindet sich in unheilvoller Weise mit diesen Argumenten auch noch die Forderung nach möglichst weitgehenden Einsparungen, wovon natürlich am ehesten Medikamente betroffen sind, deren Einsatz von vielen Ärzten nur als begrenzt sinnvoll bzw. notwendig angesehen wird. Das Kostenargument führte dazu, daß in letzter Zeit immer wieder von den entsprechenden Gremien darüber diskutiert wurde, ob ggf. die Nootropika aus der Versicherungsleistung der Krankenkassen herausgenommen werden sollten.

Der Begriff „Nootropika" wird hier in einer sehr weiten Definition verstanden, wie er nicht überall gebräuchlich ist. Gemeint sind mit diesem Begriff Substanzen, die hirnorganische Leistungsstörungen im Rahmen dementieller Erkrankungen therapeutisch beeinflussen können ("dementia drugs", "cognition enhancers"). Neben den kognitiven Störungen, die zur Kernsymptomatik hirnorganischer bzw. dementieller Erkrankungen gehören, werden von den Nootropika häufig auch Effekte auf hirnorganisch bedingte Veränderungen im affektiv-emotionalen Bereich, wie sie im Rahmen dieser Erkrankung oft zu finden sind, erzielt. Dieser Aspekt geht aber nicht in die Definition eines Nootropikums ein, obwohl er oft von großer klinischer Bedeutung ist.

Zur Problematik des Wirksamkeitsnachweises von Nootropika

Wie bei vielen chronischen Erkrankungen, die mit den bei uns gegenwärtig zur Verfügung stehenden Medikamenten schwer beeinflußbar sind, ist der klinische Wirksamkeitsnachweis bei den medikamentösen Ansätzen zur Behandlung dementieller Erkrankungen besonders schwierig. Aus den Erkenntnissen über die derzeit verfügbaren Nootropika wird die Plazebo-Verum-Differenz von den Präparaten, deren Wirksamkeit sich überhaupt nachweisen ließe, in der Größenordnung von 15 – 20 % angegeben, selten gibt es Hinweise auf höhere Differenzen. Es ist verständlich, daß eine so geringe Plazebo-Verum-Differenz leicht durch verschiedene störende Einflußgrößen verwischt werden kann. Hinzu kommt, daß die Vielschichtigkeit der zu untersuchenden klinischen Phänomene einen sehr komplexen Untersuchungsansatz nach sich zieht, der ebenfalls zu verschiedenen methodologischen Problemen führt.

Insbesondere in der frühen Phase der Nootropikaentwicklung war die klinische Methodologie in diesem Bereich sehr gering ausgebildet und im Grunde für die Fragestellung nicht adäquat. In der Folgezeit wurde versucht, die klinische Methodik zunehmend zu verbessern. Im Rahmen verschiedener nationaler Arbeitsgruppen wurde in den letzten Jahren versucht, die Methodik der Prüfung von Nootropika durch Festlegung entsprechender Regelungen zu verbessern. Aus dem deutschsprachigen Raum seien hier nur die diesbezügliche Arbeitsgruppe der Hirnliga, die Expertengruppe des Bundesgesundheitsamtes und die Münchner Consensuskonferenz zur Methodologie klinischer Nootropikaprüfungen erwähnt (Amaducci et al. 1990; Kanowski et al. 1990b; Bundesgesundheitsamt 1992). Die wichtigsten Punkte seien hier zusammenfassend dargestellt (Möller 1992). Aus verschiedenen Gründen werden als primäre Zielpopulation der Nootropikaprüfungen primär degenerative Demenzen, insbesondere die senile Demenz vom Alzheimer-Typ definiert.

Richtlinien für die klinische Prüfung von Nootropika

1. Demenzpatienten als Zielpopulation für eine Nootropikaprüfung (standardisierte Demenzdiagnostik),
2. plazebokontrolliertes Kontrollgruppendesign (Cross-over-Design problematisch),
3. Therapiedauer wenigstens 3 Monate (längere Studiendauer, z. B. bis zu 12 Monaten, wünschenswert),
4. Kalkulation der notwendigen Stichprobengröße vor Studienbeginn,
5. feste Dosierung des Prüfpräparates,
6. möglichst geringe Komedikation,
7. standardisierte Therapieerfolgsmessung (Ratertraining!),
8. neben Globalbeurteilung multimethodale/mehrdimensionale Diagnostik (psychopathologische Symptomebene, testpsychologische Ebene, Ebene der sozialen Adaptation).

Wie auch in anderen Diagnosegruppen der psychiatrischen Klassifikation hat sich herausgestellt, daß die alleinige klinische Diagnostik nicht ausreicht, um eine für wissenschaftliche Zwecke befriedigende Diagnostik zu treiben. Deshalb wird eine operationalisierte Diagnostik der Demenz, z. B. nach DSM-III-R oder ICD-10, für erforderlich gehalten. Üblicherweise sollte die Evaluation der Wirksamkeit im doppelblinden, plazebokontrollierten Parallelgruppenvergleich erfolgen. Cross-over-Designs sind für den generellen Wirksamkeitsnachweis wegen spontaner Fluktuation des Krankheitsprozesses und möglicher "Carry-over"-Effekte problematisch. Sie können aber evtl. wünschenswerte Aussagen über die individuelle Reagibilität bestimmter Patientengruppen auf bestimmte Substanzen machen. Da es sich beim hirnorganischen Syndrom in der Regel um chronische Erkrankungen handelt, wird eine Therapiedauer von wenigstens 3 Monaten sowie eine ausreichend lange „Baseline“-Beobachtung als notwendig erachtet. Obendrein ist wünschenswert, daß darüber hinausgehend in einigen Studien eine längere Therapiedauer angestrebt wird, z. B. bis zu 12 Monaten, um positive Effekte im Sinne einer Verhinderung der Progression der Erkrankung zu zeigen. Wichtig ist, daß bereits vor Durchführung der Studie, die notwendige Stichprobengröße kalkuliert wird, um zu garantieren, daß die Studie genügend statistische Power besitzt, um eine Entscheidung über die Wirksamkeit herbeiführen zu können. Wegen der zu erwartenden geringen Plazebo-Verum-Differenzen sind hohe Fallzahlen erforderlich. Die Therapieerfolgsmessung muß mit standardisierten Methoden durchgeführt werden, die soweit wie möglich den üblichen testtheoretischen Kriterien entsprechen. Um eine ausreichende Inter-Beobachter-Übereinstimmung zu garantieren, sollte bei standardisierten Beurteilungsinstrumenten ein Ratertraining durchgeführt werden. Um den komplexen Phänomenbereich ausreichend detailliert zu untersuchen, wird eine multimethodale/multidimensionale Diagnostik durchgeführt. Die Zielvariablen der Wirksamkeitsprüfung sollten mindestens die 3 folgenden Bereiche umfassen:

1. Psychopathologische Ebene: Fremdbeurteilung der Symptomatik durch den Psychiater mittels entsprechender Fremdbeurteilungsskalen.
2. Kognitive Fähigkeiten: Anwendung objektiver psychologischer Testverfahren durch den Psychologen.
3. Alltagsverhalten: Fremdbeurteilung durch Angehörige oder Pflegepersonal.

Um zu verhindern, daß sich durch die multimethodale/multidimensionale Messung schwer zu lösende statistische Probleme der multiplen Testung ergeben, müssen die Haupteffizienzkriterien a priori festgelegt werden und bei mehreren Haupteffizienzkriterien eine α-Adjustierung vorgenommen werden.

Die in den letzten Jahren neu eingeführten Substanzen wurden bereits nach diesen strengen methodischen Anforderungen geprüft. Sofern sie eine klinische Wirksamkeit im Sinne statistisch signifikanter Unterschiede bezüglich der Haupteffizienzkriterien zeigen konnten, muß damit ihre klinische Wirksamkeit als bewiesen angesehen werden. Dies gilt z. B. für den Azetylcholinesterasehemmer Tacrin wie für den Kalziumantagonisten Nimodipin. Eine Reihe von anderen, ebenfalls geprüften neuen Substanzen erwies sich nach dieser Prüfmethodik als unwirksam. Es wäre gut, wenn auch möglichst viele der auf dem Markt eingeführten Altsubstanzen nach dieser strengen Prüfmethodik untersucht werden würden, um die wirksamen von den unwirksamen zu differenzieren, wie es z. B. für die Altsubstanz Xantinolnicotinat oder einer chemisch modifizierten Altsubstanz, dem Propentofyllin, mit positivem Ergebnis geschehen ist (Kanowski et al. 1990 a; Möller et al. 1994). Solange das für die anderen Substanzen nicht passiert ist, muß man sich auf andere Entscheidungsmöglichkeiten beziehen. Hilfreich für diesen Entscheidungsprozeß ist die Arbeit einer entsprechenden Kommission beim Bundesgesundheitsamt, die 1986 5 der verfügbaren Nootropika im Rahmen einer Expertengruppe (Aufbereitungskommission B 2) kritisch geprüft hat (Committee für "Geriatric Diseases and Asthenias" 1986). Von diesen fünf Substanzen wurden drei aufgrund eines - anhand der umfangreichen vorgelegten Materialien aus den verschiedenen Wirksamkeitsprüfungen nachvollziehbaren - Wirksamkeitsnachweises für die Nachzulassung mit dem Indikationsgebiet „hirnorganisches Psychosyndrom“ empfohlen. Es handelt sich hierbei um Codergocrinmesilat, Pyritinol und Piracetam.

Neuere Entwicklungen im Bereich der Nootropika

Führt man sich die bunte Fülle der Substanzen und die damit implizierte Vielfalt von Wirkungsmechanismen vor Augen, so sollte dies nicht Anlaß sein, vorschnell das Gesamtkonzept der Nootropika als unseriös zu verwerfen (Möller, im Druck).

Potentielle Wirkmechanismen der Nootropika. (Mod. nach Zimmer u. Lauter 1986)

- Vigilanzbesserung,
- Gefäßdilatation,
- Verminderung der Blutviskosität,
- Beeinflussung der Erythrozytenverformbarkeit,
- Verbesserung der Energiebilanz,
- antianoxische Wirkungen,
- membranstabilisierende Effekte,
- Hemmung der Phosphodiesterase,
- Erhöhung der Glukoseaufnahme,
- Erhöhung der Pyridinnucleotidbildung,
- Aktivierung der Bernsteinsäuredehydrogenase,
- Erhöhung der Glukose- und ATP-Konzentration,
- Erhöhter Einbau von Phosphat in ATP und Nukleinsäuren,
- agonistische/antagonistische Wirkung auf Transmitter/Rezeptoren,
- Kalziumantagonismus

Man bedenke, daß auch das ätiopathologische Geschehen dementieller Erkrankungen sehr unterschiedlich ist. Es handelt sich um ein multikonditionales biologisches Geschehen, von dem bisher nur eine Reihe von Details bekannt sind, die sich u. a. auf die folgenden Ebenen beziehen: Störungen des Energiestoffwechsels, Störungen des Eiweißstoffwechsels, Störungen des Transmitterstoffwechsels, Störungen der Vigilanz.

Angesichts dieser Fülle von ätiopathogenetischen Theorien, die jeweils eine Fülle von Detailmechanismen implizieren, ist es verständlich, daß prinzipiell auch eine Vielzahl von therapeutischen Eingriffsmöglichkeiten auf unterschiedlichen Ebenen bestehen, die dann mehr oder minder große Wirksamkeit haben.

Während die alten Substanzen ursprünglich unter dem Konzept der Hirnmangeldurchblutung, also dem Konzept einer vaskulären Demenz, entwickelt worden waren, wurde im weiteren Verlauf gezeigt, daß ein Teil dieser Altsubstanzen neben Wirkungen auf die Durchblutung auch Wirkungen auf den Energiestoffwechsel haben. Basierend auf dem Konzept „Ökonomisierung des Energiestoffwechsels" wurde die nächste Generation der Nootropika – z. B. Pyritinol, Piracetam – entwickelt. Von der therapeutischen Konzeption am plausibelsten erscheint der gerade in den letzten Jahren intensiver beforschte Ansatz, durch cholinerge Substanzen eine pharmakologische Kompensation des nachgewiesenen cholinergen Defizits bei seniler Demenz vom Alzheimer-Typ, das auch bei Spätformen der Multiinfarktdemenz auftritt, zu erreichen. Bemerkenswert ist in der neueren Entwicklung der Nootropika auch der Ansatz, über Kalziumantagonisten pathophysiologische Prozesse, die dem Zelluntergang im Rahmen degenerativer oder sonstiger cerebraler Prozesse vorausgehen, therapeutisch zu beeinflussen. Diese beiden Ansätze haben bereits zu Entwicklungen von Substanzen geführt, die klinisch eingeführt sind. Eine Reihe anderer, theoretisch an sich interessanter Ansätze sind bisher noch nicht endgültig in ihrer klinischen Bedeutung abschätzbar, z. B. die Beeinflussung anderer Transmittersysteme, der Einsatz von Neuropeptiden, der Einsatz von Membranbestandteilen, wie z. B. Phosphatidylserin. Viele der auf dem Markt eingeführten Nootropika zeigen nicht nur einen der in obiger Übersicht aufgeführten Wirkmechanismen, sondern eine Kombination aus mehreren (Tabelle 1; Möller, im Druck). Deshalb sind Gruppeneinteilungen unter dem Aspekt des Wirkmechanismus sehr schwierig (Möller, im Druck).

Die Azetylcholinmangelhypothese der senilen Demenz vom Alzheimer-Typ steht derzeit im Zentrum der biochemischen Hypothese zur Demenz. Ausgehend von dieser Hypothese wurde versucht, durch verschiedene Strategien die cholinerge Transmission

Tabelle 1. Synopsis der pharmakologischen Wirkungen von Codergocrin im ZNS. (Aus Herrschaft 1992b)

Funktion	Wirkung
Neurotransmitter	Cholinerges System: Anstieg der Azetylcholinsynthese und der Zahl der Azetylcholinrezeptoren
	Noradrenerges System: Affinität zu α-adrenergen Rezeptoren mit antagonistischen Wirkungen auf eine andrenerge Hyperaktivität
	Dopaminerges System: Affinität zu DA-Rezeptoren mit agonistischen Effekten
	Serotonerges System: Affinität zu 5-HT-Rezeptoren mit agonistischer Wirkung
Hirnmetabolismus	Anstieg der O_2- und Glukoseaufnahme des Gehirns. Normalisierung des gestörten Glukosestoffwechsels und der Glykose. Anstieg des ATP-Gehaltes in den Neuronen
Synaptische Plastizität	Anstieg von Zahl und Gesamtkontaktflächen synaptischer Verbindungen in bestimmten Hirnregionen
Hirndurchblutung	Tierexperimentell: Verbesserung der Mikrozirkulation

bei seniler Demenz im Sinne einer Substitutionstherapie zu verbessern, z. B. durch Gabe von Präkursoren (z. B. Cholin, Lecithin), durch Gabe von Agonisten des Muskarinrezeptors (z. B. Arecolin) und durch Hemmung des Abbaus von Azetylcholin (z. B. Physostigmin). Die früheren klinischen Studien an Patienten mit seniler Demenz sind aber in ihren Ergebnissen uneinheitlich und ließen insgesamt allenfalls eine begrenzte Wirksamkeit erkennen (Kurz et al. 1986). Allerdings konnte in jüngster Zeit eine Substanz, der Cholinesterasehemmer Tacrin, zur Marktreife geführt werden. Wenn auch die klinische Wirksamkeit nicht in der Größenordnung ist, wie man aufgrund der theoretischen Stellung der Azetylcholinmangelhypothese erwartet hätte, so sind die Effekte doch immerhin so eindeutig, daß selbst die strenge amerikanische Zulassungsbehörde FDA die Zulassung zur Behandlung der senilen Demenz vom Alzheimer-Typ nicht verweigerte. Aufmerksamkeit zog die Substanz insbesondere auf sich durch bestimmte Einzelfälle, in denen offensichtlich dramatische Veränderungen beschrieben wurden, was, wenn man diese Befunde nicht als Plazeboeffekt interpretieren will, als Folge einer entsprechenden biologischen Subtypologie erklärt werden könnte. Im Rahmen der klinischen Prüfung wurde versucht, durch ein sog. "enrichment"-Design die Stichprobe um solche Patienten anzureichern, die offensichtlich aufgrund einer bestimmten biologischen Disposition besonders gut auf das Medikament reagieren. Zusätzlich wurden, um den strengen Anforderungen der FDA Rechnung zu tragen, später auch die üblichen Kontrollgruppenstudien, also ohne "enrichment"-Strategie, durchgeführt. Als Beispiel für die Wirksamkeit der Substanz seien an dieser Stelle Daten aus einer der großen Tacrin-Studien dargestellt (Abb. 1; Möller, im Druck). Die Zulassung der Substanz in der Bundesrepublik Deutschland ist soeben erfolgt.

In den letzten Jahren wurde in der Ätiopathogenese dementieller Erkrankungen zunehmend eine Störung der zellulären Kalziumhomöostase erwogen (Krieglstein 1990). Speziell für Neurone ist Kalzium ein sehr bedeutendes Kation, denn es stabilisiert die Zellmembran, erhält das Ruhepotential aufrecht, ist beteiligt an De- und Repolarisa-

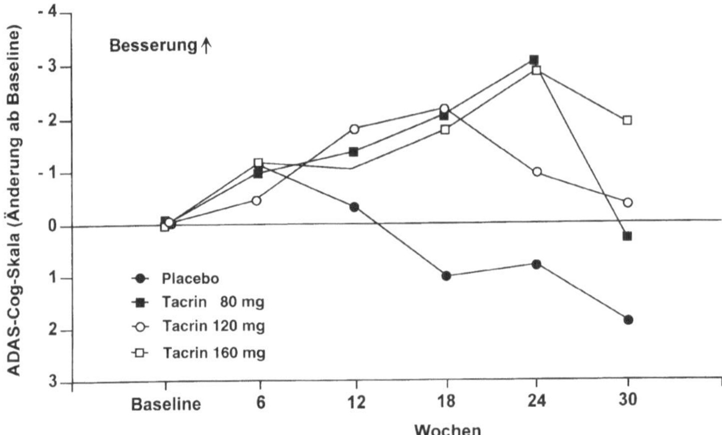

Abb. 1. Änderungen in der ADAS-Cog-Skala (Kognitive Subskala der "Alzheimer Disease Assessment"-Skala) ab Baseline in der Subgruppe von Patienten mit abgeschlossener 30wöchiger Behandlung (n = 30). In allen 3 Behandlungsgruppen wurde die Anfangsdosis von 40 mg Tacrin alle 6 Wochen um 40 mg gesteigert bis die Zieldosis erreicht war

tion der Membran, reguliert verschiedene Stoffwechselwege, ist erforderlich für die Transmitterfreisetzung und erfüllt die Funktion eines intrazellulären Botenstoffes ("second messenger"). Um alle diese Funktionen erfüllen zu können, muß die freie Konzentration von Kalzium in der Zelle auf einem sehr niedrigen Niveau gehalten werden, während die extrazelluläre Konzentration 10000mal höher ist. Das Neuron muß den Eintritt von Kalzium genau und wirksam kontrollieren, eine energieabhängige Tätigkeit, die über verschiedene Kalziumkanäle abläuft. Fehlt dem Neuron die Energie, wie z. B. während einer Ischämie oder möglicherweise auch im Verlauf einer degenerativen Alzheimer-Erkrankung, dann strömen Kalziumionen in die Zelle ein und eine Kaskade pathologischer Prozesse kommt in Gang, bei der schließlich Lipasen und Proteasen stimuliert werden und die Zellmembran abgebaut wird, also der Zelltod eingeleitet wird. Kalziumantagonisten können den Eintritt von Kalzium durch ein Subtyp der Kalziumkanäle, den spannungsabhängigen Kalziumkanälen, hemmen und dadurch eine protektive Wirkung auf das Neuron erreichen. Insbesondere der Kalziumantagonist Nimodipin konnte unter diesem Aspekt seine Wirksamkeit als Nootropikum beweisen. Als methodisch und inhaltlich besonders eindrucksvoll sei hier die Drei-Arm-Studie erwähnt, in der Nimodipin gegen Codergocrinmesilat als eine Art Standardpräparat und gegen Plazebo geprüft wurde (Kanowski et al. 1989). Diese Studie zeigt an einer hohen Fallzahl von Patienten mit leichten und mittelschweren Demenzen – eingeschlossen wurden sowohl Patienten mit seniler Demenz vom Alzheimer-Typ wie auch Patienten mit Multiinfarktdemenz – eine hochsignifikante Überlegenheit zu Plazebo, gleichzeitig aber auch eine statistisch signifikante Überlegenheit zu Hydergin (Abb. 2; Möller, im Druck). Nimodipin ist in Deutschland seit wenigen Jahren als Nootropikum zugelassen.

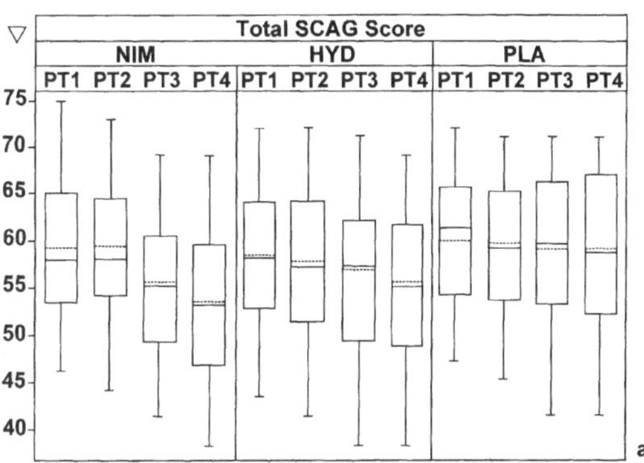

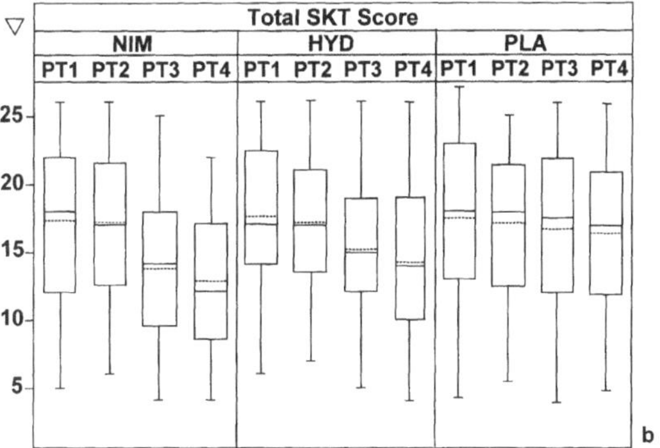

Abb. 2. Vergleich der SCAG- und SKT-Summenscores in einer Wirksamkeitsstudie von Nimodipin vs. Hydergin vs. Plazebo. (Aus Kanowski et al. 1989). Box-Whisker-Plots für die Variablen SCAG (**a**) und SKT (**b**). Die *durchbrochene Linie* in der Box zeigt den Mittel-, die durchgezogene Linie den Medianwert. Die Box ist durch die 1. und 3. Quartile (= 50 % der Anteile) begrenzt. Die Kolumnen ober- und unterhalb der Boxen zeigen die unterquartilen Distanzen. Die Abbildung enthält die Werte am Beginn (PT1) und am Ende (PT2) der Plazebo-Auswasch-(Anfangs-)Phase (vor Behandlung); nach 6 Wochen Behandlung (PT3) und nach 12 Wochen Behandlung (nach Behandlung: PT4). *NIM* Nimodipin, *HYD* Hydergin, *PLA* Plazebo

Zur Kosten-Nutzen-Problematik von Nootropika

Bei der Abwägung von Kosten- und Nutzenaspekten rechtfertigen die ungünstige Prognose der dementiellen Erkrankungen und die mit ihnen verbundenen schweren Belastungen für den Patienten und seine Familie eindeutig den Einsatz von Nootropika, sofern eine ausreichende Evidenz für eine Wirksamkeit der jeweils verwendeten Substanz vorliegt.

An dieser Stelle sei ein kurzer Exkurs eingeschoben über die Versorgungsproblematik von Patienten mit Alzheimer-Erkrankung. Zirka 60 % der Patienten mit mittelschwerer oder schwerer Demenz sind ständig auf Betreuung angewiesen. Dieser Anteil erhöht sich auf 90 %, wenn noch körperliche Beeinträchtigungen hinzukommen (Cooper 1989). Entsprechend der steigenden Anzahl von Demenzkranken wird in Zukunft offensichtlich auch die Anzahl der Patienten, die auf Hilfe anderer angewiesen sein werden, zunehmen. Diese Entwicklung muß auch unter dem Gesichtspunkt gesehen werden, daß andererseits in den Industriestaaten die Bevölkerung allgemein und speziell der Anteil Jüngerer abnimmt, so daß die Belastung auf eine immer kleinere Anzahl von Personen zu verteilen ist.

Unter psychosozialen und ökonomischen Aspekten gesehen, ist die Situation in der Bundesrepublik insofern noch günstig, als ca. 80 % der geriatrischen Patienten, die Betreuung bedürfen, zur Zeit noch in der eigenen Familie versorgt werden (Häfner 1993).

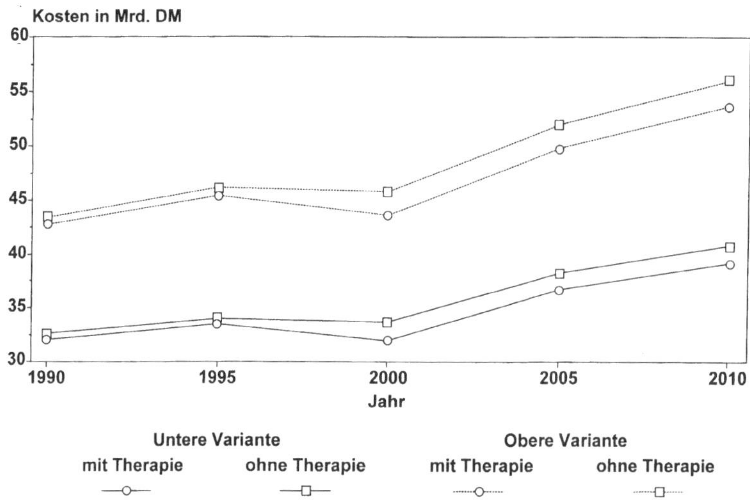

Abb. 3. Gesamtkostenentwicklung für Versorgung von Alterspatienten mit Hirnleistungsstörungen mit/ohne Therapie bis zum Jahr 2010 in Deutschland. (Aus Beske u. Kunczik 1993)

Dies wird sich jedoch in der Zukunft ändern, denn die Zahl der Familienmitglieder, die fähig und willens sind, für geriatrisch erkrankte Angehörige zu sorgen, ist im Abnehmen begriffen. Ein Hauptgrund liegt offensichtlich aber darin, daß mehr und mehr Ehefrauen nicht nur als Hausfrauen tätig sein wollen, sondern eine eigene, bezahlte Tätigkeit außerhalb der Familie anstreben. Zusätzlich muß in Betracht gezogen werden, daß in der öffentlichen Meinung, auch bei den Ärzten, die Ansicht zunimmt, daß die Pflege eines dementen Familienangehörigen ein Opfer bedeutet, das von der Sohn-/Tochter-Generation nicht mehr erwartet werden kann. So nimmt die Tendenz zu, diese belastende Aufgabe immer mehr auf Pflegeheime zu übertragen. Diese Entwicklung hat natürlich enorme finanzielle Konsequenzen (Ruhl 1992). In einer Kostenanalyse ist zusätzlich noch zu berücksichtigen, daß viele geriatrische Patienten für längere Zeit in einem Krankenhaus aufgenommen werden bis ein Pflegeheimplatz gefunden wird. In der Bundesrepublik kostet ein Tag in einem Krankenhaus durchschnittlich DM 300,– bis 400,–, ein Tag in einem Pflegeheim ca. DM 100,–. Der gewaltige ökonomische Bedarf kann durch Zahlen, die die Situation in den USA aufzeigen (für 1985: Huang et al. 1988), verdeutlicht werden: Die gesamten direkten staatlichen Kosten für Patienten mit seniler Demenz beliefen sich auf 13,26 Mrd. Dollar, wobei 6,36 Mrd. Dollar auf medizinische Versorgung, 2,56 Mrd. Dollar auf Pflegeheimkosten und 4,34 Mrd. Dollar auf Kosten von Sozialhilfestationen entfielen. Die indirekten Kosten, z. B. für die häusliche Versorgung in der Gemeinde oder durch finanzielle Einbußen durch vorzeitigen Tod bzw. Verlust der Arbeitsproduktivität, liegen noch erheblich höher. Auch andere Untersuchungen kommen zu ähnlichen Aussagen (Hu et al. 1986; Hay u. Ernst 1987). In diesem Zusammenhang sind auch die Vorausberechnungen für die Bundesrepublik für das Jahr 2010 des „Instituts für Gesundheits-System-Forschung Kiel“ (Beske u. Kunczik 1993) von Interesse. Aufgrund ihres Kalkulationsmodells prognostizieren die Autoren für das Jahr 2010 Versorgungskosten für 1,7 Mio. Demenzpatienten von ca. 55 Mrd. DM.

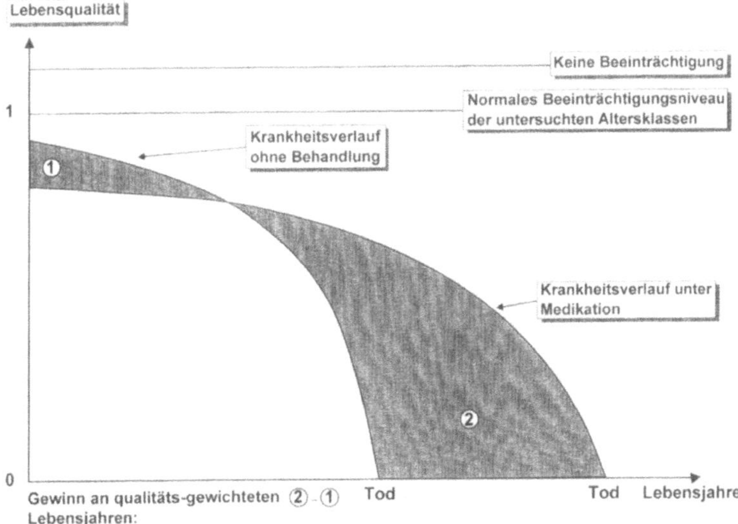

Abb. 4. Darstellung des Gewinns an Lebensqualität. (Aus Ruhl 1992)

Selbst wenn es durch eine Nootropikabehandlung nur gelingen sollte, die Notwendigkeit der Pflege in Heimen um einen begrenzten Zeitraum zu reduzieren oder aber die notwendige Intensität der häuslichen oder Heimpflege zu verringern, so wäre leicht darzustellen, daß sich die Anwendung von Nootropika auch unter Kostenaspekten rentiert.

Inzwischen gibt es auch gesundheitsökonomische Berechnungen, die unter Zugrundelegung der Effizienz bisheriger traditioneller Nootropika durchaus zu einer positiven gesundheitsökonomischen Gesamtbewertung kommen. Es ist möglich, die ökonomischen Kosten für die Versorgung dementer Patienten zu senken, wie es in der Modellrechnung von Beske u. Kunczik (1993) gezeigt wurde (Abb. 3). Diese Kalkulation geht von der Annahme aus, daß bei den Betroffenen eine Kombinationstherapie mit Nootropika, die zur Zeit in der Bundesrepublik auf dem Markt sind, kognitivem Training und anderen Maßnahmen (diätetische Beschränkungen, Bewegungstherapie) angewandt wird. Sicherlich sind noch weitere detailliertere Studien notwendig, um zu zeigen, daß die Nootropika nicht nur als Kostenfaktor zu Buche schlagen, sondern durchaus auch Kosten einsparen helfen.

Natürlich darf sich die ärztliche Argumentation nicht auf diesen Aspekt beschränken, sondern sie muß vor allem das Wohl und Wehe der Patienten und ihrer Angehörigen im Auge haben, also stärker auf den jeweiligen Einzelfall orientiert sein. Im Zentrum sollte dabei insbesondere der Gewinn an individueller Lebensqualität für den jeweiligen Patienten stehen (Abb. 4; Möller, im Druck).

Obwohl die Wirkungsstärke von Nootropika, gemäß den Plazebo-Verum-Differenzen, z. T. relativ niedrig liegen, darf dies nicht zum therapeutischen Pessimismus des Arztes führen und erst recht nicht zum Ausschluß dieser Substanzen vom medizinischen Versorgungsangebot durch politische Maßnahmen. Die durchschnittlichen Besserungswerte sind kritisch zu bewerten, da in ihr die Werte von Respondern und Nonrespondern vermischt sind. Berücksichtigt man nur die Responderwerte, ergeben sich günstigere Therapieerfolge. Auch sollte die gruppenstatistische Betrachtung nicht den Blick verstellen für die Einzelfallbetrachtung, die z. T. sehr gute Effekte aufzeigen läßt.

Zu berücksichtigen ist, daß bei bestimmten Patienten bestimmte ätiopathogenetische Mechanismen von stärkerer Bedeutung sind als andere und vice versa, so daß auch wegen der biologischen Heterogenität – die zur Zeit nicht ausreichend durch entsprechende Prädiktoren vorhersehbar ist – zu erwarten ist, daß Substanzen bei bestimmten Patienten wirken und bei anderen nicht. Die Tatsache, daß wir momentan bei einer Nootropikabehandlung diese biologischen Subgruppen mangels entsprechender Indikatoren nicht berücksichtigen können, läßt von vornherein erwarten, daß in der Gesamtbilanz bei einer untersuchten Patientengruppe die Wirksamkeit nicht so deutlich hervortreten kann wie bei bestimmten Subgruppen oder Einzelfällen.

Die Behandlungsdauer mit Nootropika hängt vom Therapieeffekt ab. Um festzustellen, ob ein Therapieeffekt eintritt oder nicht, sollte in der Regel 2 oder 3 Monate lang behandelt werden, wobei eine genaue Beobachtung des Patienten sowie Einbeziehung subjektiver Angaben des Patienten und von Informationen seiner Bezugspersonen erforderlich sind. Zeigt sich ein Behandlungserfolg, so ist angesichts des chronischen und meist progredienten Verlaufs der Grunderkrankung eine Dauerbehandlung indiziert. Ist nach einer Periode von mindestens 3 Monaten keine positive Wirkung des Nootropikums festzustellen, sollte das Präparat abgesetzt werden. Anderenfalls sollte die Behandlung so lange fortgesetzt werden, bis der Eindruck entsteht, daß eine fortbestehende Wirksamkeit nicht mehr vorliegt.

Mangelhafte oder fehlende therapeutische Reaktion auf ein bestimmtes Nootropikum schließt die Wirksamkeit anderer Nootropika keinesfalls aus. Das ergibt sich bereits aus den Ausführungen über die unterschiedlichen Wirkkomponenten der einzelnen Nootropika und über die biologische Heterogenität der behandelten Patienten. Das bedeutet, daß bei jedem Patienten versucht werden sollte, durch andere Nootropika eine klinische Besserung zu erreichen.

Diskussion

Frage: Offensichtlich kommt es nach mehrwöchiger Behandlung zu einem potentiellen Abfall der Wirkung. Führen Cholinesterasehemmer zu einer Down-Regulation der cholinergen Funktionen, wie sieht es nach dem Absetzen der Medikation aus? Zweite Frage: Nach dem Konzept sind ja Cholinesterasehemmer relativ spezifisch für die Demenz vom Alzheimer-Typ. Ist es nicht unter Umständen bedenklich, ein so spezifisches und nebenwirkungsbelastetes Medikament allgemein bei Demenz einzusetzen?

Antwort: Es ist richtig, daß es zur Down-Regulation kommen kann und daß dies möglicherweise den Wirkverlust erklärt. Wie es im weiteren Verlauf aussieht, dazu gibt es nicht genügend Daten. Nach Absetzen von Tacrin nähern sich die Tacrin- den Plazebokurven an, eine Reexposition ist nicht empirisch untersucht worden. Zu Ihrer anderen Frage: es wurde vorgeschlagen, ähnlich wie bei Clozapin starke Verordnungsrestriktionen vorzusehen, auch wurde ventiliert, die Verordnung nur durch Fachärzte zu ermöglichen. Andererseits geht es ja auch oder sogar primär um die Versorgung von Patienten im Bereich der primärärztlichen Versorgung. Wahrscheinlich wird diese Substanz wie ein übliches Nootropikum zugelassen allerdings mit der Auflage, daß mit dem

Medikament gewissermaßen ein „diagnostisches Package" verkauft wird, also Standard-Diagnoseinstrumente.

Frage: Aus dem von Ihnen angesprochenen Risiko-Nutzen-Profil ergibt sich ja auch ein Kosten-Nutzen-Profil. Wie ist Ihre Meinung hierzu? In diesem Zusammenhang möchte ich das Problem der Budgetierung erwähnen – die niedergelassenen Kollegen können nichts Zusätzliches abrechnen, wie ich höre wird z. B. der Mini-Mental-State nicht durchgeführt, weil er infolge der Budgetierung nicht abgerechnet werden kann ...

Antwort: Das Kostenargument ist bei Nootropika ein Dauerbrenner. Diese Frage stellt sich bei Tacrin natürlich besonders, da diese Substanz viel teurer ist als die bisherigen Nootropika. Auch die erforderlichen Laborkontrollen – wöchentliche Transaminasenkontrollen – machen diese Therapie teuer.

Kommentar: Ich möchte betonen, daß wir gerade in diesem Bereich fordern sollten, daß keine „Billigmedizin" gemacht wird. In einem so reichen Land wie die Bundesrepublik Deutschland sollte jeder Strohhalm, auch wenn es ein „goldener Strohhalm" ist, therapeutisch versucht werden, damit den Patienten und ihren Angehörigen in ihrem unsäglichen Leid geholfen wird.

Frage: Ich hätte gerne noch etwas mehr gewußt über die pharmakologischen und physiologischen Grundlagen. Sie haben den Abfall bei der 160 mg Dosierung zum Ende der Prüfphase gezeigt. Wir wissen ja von Alkylphosphatvergiftungen, bei denen eine vorübergehende, irreversible Schädigung der Cholinesterase eintritt, daß diese Patienten anfangs auch ausgeprägte Wahrnehmungsstörungen haben. Die Frage zielt darauf ab, inwieweit etwas über kumulative Effekte bekannt ist und wie es nach langwöchigem Gebrauch aussieht – kommt es dabei evtl. zu einer Umkehr des gewünschten Effektes?

Antwort: In kontrollierten Studien überblickt man für Tacrin immerhin einen Zeitraum von 30 Wochen. Innerhalb diesem sind solche Effekte nicht beschrieben worden, auch nicht in den nichtkontrollierten Studien mit Applikationszeiten von über einem Jahr.

Frage: Wie sieht es mit dem deutlichen differentiellen Drop-out in beiden Therapiearmen aus, im Vergleich zu den Drop-outs unter Plazebo?

Antwort: Problematisch ist hier der geforderte, völlig utopische Besserungsscore von sieben Punkten in der ADAS. Wenn man nicht so auswertet, dann findet man auch in der Intent-to-treat-Analyse einen statistisch signifikanten Vorteil. Ich meine, man hätte mit einem Drei-Punkte-Besserungskriterium arbeiten sollen.

Frage: Was wäre für Sie die aussagekräftigste Studie, um Leute davon zu überzeugen, daß Nootropika keine Plazebos sind?

Antwort: Es gibt gerade für Nimodipin in Deutschland Daten, die lange Zeit im Sektor der Nootropika völlig unvorstellbar schienen, nämlich, daß ein Nootropikum in einem Drei-Arm-Vergleich zeigen konnte, daß es nicht nur Plazebo überlegen ist, sondern auch noch einem bis dato in Deutschland als quasi Standardsubstanz geltenden Präparat (Hydergin).

Ich meine, das ist eine höchst aussagekräftige Studie, die allerdings in den USA nicht bzw. zumindest nicht so repliziert werden konnte. Dies rührt meines Erachtens u. a. daher, daß andere Skalen verwendet wurden.

Frage: Ist Tacrin wirklich besser als die schon vorhandenen, risikoärmeren Nootropika, wie z. B. Nimodipin?

Antwort: Ich glaube, daß das Ausmaß der Wirksamkeit wahrscheinlich nicht nennenswert größer ist als bei den anderen Substanzen. Ich denke aber, daß man unter dem Aspekt der biologischen Heterogenität denken muß und wir vielleicht lernen können, eine Substanz so einzusetzen, daß man das Optimum an Wirksamkeit erreicht, wie dies ja z. B. in sog. Enrichment-Designs gemacht wird, wo man ja von vorneherein die Gruppe herausselektiert, die auf das Verum bzw. Plazebo respondiert und dann nur noch diese Subgruppe weiterverfolgt und so natürlich viel bessere Effekte aufzeigen kann. Ich denke, man sollte auch überlegen, daß im Falle der Nichtzulassung einer Substanz wie jetzt das Tacrin Forschern und Herstellern der Anreiz genommen wird, sich überhaupt noch in diesem Sektor zu betätigen.

Frage: Gibt es bei dem Einsatz von Tacrin über den 30 Wochenzeitraum hinaus Hinweise wenigstens für eine Verlangsamung des Krankheitsverlaufes oder fällt die Wirkung wieder ab?

Antwort: Bei allen Studien sieht es danach aus, daß die Wirksamkeit doch nachläßt, aber die Verlaufskurve bleibt noch lange Zeit über der Plazebokurve, d. h. in diesem Sinne haben Sie eine Verzögerung des Krankheitsprozesses, so daß sich meines Erachtens doch ein positiver gesundheitsökonomischer Faktor herausrechnen läßt. Auch für Tacrin gibt es relativ lange Kontrollgruppen-Studiendaten.

Frage: Wie sind die Erfahrungen mit Tacrin und Nimodipin bei amnestischen Syndromen und Durchgangssyndromen?

Antwort: Meines Wissens liegen mit Tacrin hierzu keine Erfahrungen vor, mit Nimodipin nur im Sinne der klinischen Erfahrung.

Frage: Es sind einige wenige Fälle beschrieben worden, wo sich Parkinson-Syndrome entwickelt haben bzw. eine Demaskierung eines Parkinson-Syndroms beobachtet wurde. Bei Alzheimer-Patienten lassen sich ja relativ häufig extrapyramidalmotorische Störungen finden, wie sind hier die Befunde und Erfahrungen mit Tacrin?

Antwort: In den allgemeinen Nebenwirkungsbeurteilungsskalen wurden keine Besonderheiten in Richtung EPMS registriert, ich selber habe auch keine diesbezüglichen Erfahrungen gemacht.

Kommentar: Aufgrund der tierpharmakologischen Befunde meine ich, daß Nimotop insbesondere bei der Altersvergeßlichkeit eingesetzt werden könnte. Bei Tacrindosierungen ab 40–80 mg haben wir über einen längeren Zeitraum hin in einem sehr hohen Prozentsatz deutliche Transaminasenanstiege gesehen, was zu einer hohen Drop-out-Rate führte. Bei Parkinson-Patienten habe ich den Eindruck, daß sich die Bradyphrenie unter

Tacrin bessert, und zwar ebenso wie motorische Defizite unter relativ niedriger Dosierung. Ich denke, 160 mg ist eine sehr hohe Dosis, die im Alltag bei 80% zu Drop-outs führen könnte.

Antwort: Ich denke, man braucht diese exzessiv hohe Dosierung nicht. Tacrin wird meines Erachtens von vorneherein für eine reduzierte Stichprobe von Patienten in Frage kommen und ganz besonders für solche, die diese spezielle Lebersensibilität nicht aufweisen. Die transitorische Transaminasenerhöhung muß in ihrer Wertigkeit erst weiter untersucht werden.

Literatur

Amaduci L, Angst J, Bech P et al. (1990) Consensus conference on the methology of clinical trials of "nootropics", Munich, June 1989. Pharmacopsychiatry 23: 171-175

Beske F, Kunczik T (1993) Hirnleistungsstörungen: Frühzeitige Therapie rechnet sich. Geriatrie Prax 5: 24-27

Bundesgesundheitsamt (1992) Proof of efficacy of nootropics for the indication "dementia" (phase III) - recommendations. Pharmacopsychiatry 25: 126-135

Committee for "Geriatric Diseases and Astheniasis" (ed) (1986) Impaired functions in old age. AMI-Heft 1. Institut für Arzneimittel des Bundesgesundheitsamtes, Berlin

Cooper B (1989) Früherkennung, Diagnose und Verlauf von Demenzprozessen in der Altenbevölkerung. Eine Untersuchung in der allgemeinärztlichen Praxis. Unveröff. Forschungsbericht an das Bundesministerium für Forschung und Technologie.

Häfner H (1993) Epidemiologie psychischer Störungen im höheren Lebensalter. In: Möller H-J, Rohde A (Hrsg) Psychische Krankheit im Alter. Springer; Berlin, Heidelberg New York Tokyo, S 45-68

Häfner H, Löffler W (1991) Die Entwicklung der Anzahl von Altersdemenzen und Pflegebedürftigkeit in den kommenden 50 Jahren - eine demographische Projektion auf der Basis epidemiologischer Daten für die Bundesrepublik Deutschland (alte Länder). Öff. Gesundh. Wesen 53: 681-686

Hay JW, Ernst RL (1987) The economic costs of Alzheimer's disease. Am J Publ Hlth 77: 1169-1175

Herrmann WM, Kern U (1987) Nootropika: Wirkungen und Wirksamkeit. Eine Überlegung am Beispiel einer Phase-III-Prüfung mit Piracetam. Nervenarzt 58: 358-364

Herrschaft H (1992a) Nootropika - Allgemeiner Teil. In: Riederer P, Laux G, Pöldinger W (Hrsg) Neuro-Psychopharmaka, Bd 5: Parkinsonmittel und Nootropika. Springer, Wien, S 161-178

Herrschaft H (1992b) Co-Dergocrin (Dihydroergotoxin). In: Riederer P, Laux G, Pöldinger W (Hrsg) Neuro-Psychopharmaka Bd 5: Parkinsonmittel und Nootropika. Springer, Wien, S 225-238

Hu T, Huang L, Cartwright WS (1986) Evaluation of the costs of caring for the senile demented elderly: a pilot study. Gerontologist 26: 158-163

Huang L, Cartwright WS, Hu T (1988) The economic cost of senile dementia in the United States, 1985. Public Health Rep 103: 3-7

Kanowski S, Fischhof P, Hiersemenzel R, et al. (1989) Therapeutic efficacy of nootropic drugs - a discussion of clinical phase III studies with nimotipine as a model. In: Bergener M, Reisberg B (eds) Diagnosis and treatment of senile dementia. Springer, Berlin Heidelberg New York Tokyo, pp 339-349

Kanowski S, Fischhof P, Grobe-Einsler R et al. (1990a) Efficacy of xantinolnicotinate in patients with dementia. Pharmacopsychiatry 23: 118-124

Kanowski S, Ladurner G, Maurer K, et al. (1990b) Empfehlungen zur Evaluierung der Wirksamkeit von Nootropika. Z Gerontopsychol Gerontopsychiatr 3: 67-79

Krieglstein J (1990) Hirnleistungsstörungen. Pharmakologie und Ansätze für die Therapie. Wiss. Verlagsgesellschaft, Stuttgart

Kurz A, Rüster P, Rombero B, Zimmer R (1986) Cholinerge Behandlungsstrategien bei der Alzheimerschen Krankheit. Nervenarzt 57: 558-569

Möller H-J (1991) Die Rolle der Nootropika in der medikamentösen Therapie dementieller Erkrankungen. In: Möller H-J (Hrsg) Hirnleistungsstörungen im Alter. Pathobiochemie, Diagnose, therapeutische Ansatzpunkte. Springer, Berlin Heidelberg New York Tokyo, S 51-69

Möller H-J (1992) Beispiele klinischer Prüfmodelle für den Wirksamkeitsnachweis von Nootropika. In: Lungershausen E (Hrsg) Demenz. Herausforderung für Forschung, Medizin und Gesellschaft. Springer, Berlin Heidelberg New York Tokyo, S 147-157

Möller H-J (1993) Klinische Wirksamkeit und sinnvoller Einsatz von Nootropika. In: Möller H-J, Rohde A (Hrsg) Psychische Krankheit im Alter. Springer, Berlin Heidelberg New York Tokyo S 119-133

Möller H-J (im Druck) Therapie mit Nootropika. In: Möller H-J, Schmauß M (Hrsg) Arzneimitteltherapie in der Psychiatrie. Wiss. Verlagsgesellschaft, Stuttgart

Möller H-J (1995) Neuere Entwicklung der Behandlung mit Nootropika. In: Hirsch RD, Kortus R, Loos H, Wächter C (Hrsg) Gerontopsychiatrie im Wandel: vom Defizit zur Kompetenz. Bibliomed 9: 159-182

Möller H-J, Maurer I, Saletu B (1994) Plazebo-controlled trial of xanthine derivate propentofylline in dementia. Pharmacopsychiatry 27: 159-165

Oswald WD, Oswald B (1988) Zur Replikation von Behandlungseffekten bei Patienten mit hirnorganischen Psychosyndromen im Multizenter-Modell als Indikator für klinische Wirksamkeit. Eine plazebokontrollierte Doppelblind-Studie mit Pyritinol. Z Gerontopsychol Gerontopsychiatr 1: 223-241

Parke-Davis (ed) (1993) Cognex (tacrine hydrochloride capsules) 0096G020. Parke-Davis, Morris Plains/USA

Ruhl K-H (1992) Bedeutung der medikamentösen Therapie dementieller Prozesse. In: Lungershausen E (Hrsg) Demenz. Herausforderung für Forschung, Medizin und Gesellschaft. Springer, Berlin Heidelberg New York Tokyo, S 316-325

Yesavage JA, Westphal J, Rush L (1981) Senile dementia: combined pharmacologic and psychologic treatment. J Am Geriatr 29: 164-171

Zimmer R, Lauter H (1986) Neuere pharmakologische Modelle und Forschungsergebnisse in der Therapie der degenerativ und/oder vaskulär bedingten hirnorganischen Psychosyndrome bzw. Demenzen im mittleren und höheren Lebensalter. In: Lauter H, Möller H-J, Zimmer R (Hrsg) Untersuchungs- und Behandlungsverfahren in der Gerontopsychiatrie. Springer, Berlin Heidelberg New York Tokyo, S 77-113

Demenz und Apoplex

I. Füsgen

Auf den ersten Blick haben diese beiden Diagnosen, Demenz und Apoplex, nicht viel gemeinsam. Demenz stellt eine funktionsorientierte Diagnose dar, dagegen der Apoplex eine pathophysiologisch begründete Diagnose. Auf den zweiten Blick finden sich allerdings viele Gemeinsamkeiten. Bei beiden Diagnosen handelt es sich um altersabhängige Krankheitsbilder. Beide Diagnosen kommen häufig gemeinsam vor und scheinen auch zumindest für den vaskulären Bereich gemeinsame Ursachen zu haben.

In diesem Zusammenhang darf nicht unerwähnt bleiben, daß wir bisher mit der genauen Definition der vaskulären Demenz noch Probleme haben. Bei den vaskulären Demenzformen unterscheiden wir im großen und ganzen 3 Haupttypen: Die Multiinfarkt-Demenz, die Binswangerkrankheit und die Demenz bei größeren zerebrovaskulären Insulten, die nur teilweise auf identische Mechanismen zurückzuführen sind (Ermini-Fünfschilling u. Stähelin 1993). So herrscht zur Zeit noch keine Einigkeit über die Definition der vaskulären Demenz (Bendixen 1993; Rocca et al. 1991). Inwieweit arteriosklerotische Gefäßveränderungen ursächlich auch bei der Demenz vom Alzheimer-Typ mitbeteiligt sind, bleibt offen. Henderson u. Henderson (1989) stellen dazu die Hypothese auf, daß die vaskulären Veränderungen ihrerseits das Auftreten neuropathologisch nachweisbarer Alzheimer-Veränderungen fördern. Bei über 30% der Alzheimer-Patienten sind vaskuläre Verschlüsse festzustellen (O'Brien 1994).

Sowohl die Demenz als auch der Apoplex stellen als Diagnose für sich aufgrund ihrer hohen sozialpflegerischen Bedeutung schon eine Bedrohung für unsere Gemeinschaft dar, kommen sie aber gemeinsam vor, sind sie immer von hoher Hilfsbedürftigkeit begleitet und bedeuten bei der bestehenden demographischen Veränderung eine entsprechende Bedrohung für unser Sozial-Gesundheitssystem.

Für die Beurteilung bzw. Behandlung von Apoplexiepatienten spielen dementielle Begleiterscheinungen eine große Rolle, da sie die selbständige Handlungsfähigkeit des Patienten und damit die Frage, ob ein von Apoplexie Betroffener zu Hause betreut werden kann, oft im Einzelfall ganz entscheidend beeinflussen. So ergibt sich aus den Untersuchungen von Weitbrecht (1993), daß bei Patienten mit hirnorganischem Psychosyndrom unabhängig vom sonstigen neurologischen Defizit nahezu doppelt so häufig (ca. 24%) eine Pflegeheimunterbringung erforderlich wurde als bei den übrigen Schlaganfallpatienten (ca. 13%). Sich mit den Behandlungsstrategien des Krankheitsbildes Demenz und Apoplex zu beschäftigen, scheint fast ein unbedingtes „Muß" für unsere Gesellschaft zu sein, wenn wir inhumane Tendenzen in unserer Gesellschaft vermeiden wollen.

Otomo (zit. nach Lucke 1990) untersuchte zusammen mit seinen Mitarbeitern anhand von 1.113 Autopsien die Beziehung zwischen der Zahl makroskopisch sichtbarer Hirninfarkte und der klinischen bekannten Diagnose einer Demenz. Dabei ergaben sich folgende Befunde: Kein Herd bedeutete eine Demenz in 13%, bei 1–4 Herden eine

Demenz in 26,9%, bei 5–7 Herden eine Demenz in 29,9%, bei 8 und bei mehr Herden eine Demenz in 36,4%. Bei der Untersuchung von Otomo handelte es sich meist um kleinere Herde, und je häufiger sie gefunden wurden, desto häufiger hat auch eine Demenz bestanden. Wenn lediglich ein großer Herd erkennbar war, stießen die Untersuchungen nur in 12,7% der Fälle auf eine Demenz, d. h. ebenso selten wie in den Fällen, wenn sie keinen Herd gefunden haben. Aufgrund einer Reihe von Untersuchungen scheint aber die Menge des Verlustes von funktionsfähigem Hirngewebe doch einen deutlichen Zusammenhang mit dem gleichzeitigen Vorliegen einer Demenz zu haben. Je nach Untersucher findet sich allerdings ein unterschiedliches Volumen (von 7–100 ml) von infarziertem Gehirngewebe als Schwellenwert für das Auftreten einer begleitenden Demenz (Erkinjunti et al. 1988; Tomlinson et al. 1970; Wallin et al. 1989). Dieses Volumen kann durch mehrere kleine Infarkte, aber auch durch einen einzelnen Infarkt zustandekommen. Von Bedeutung dürfte weiterhin die Lokalisation der Schädigung (Hyppocampus, Limbische Struktur, Corpus callosum, sowie die frontale Gehirnrinde) sein und ob sie beidseits oder singulär auftritt (O'Brien 1994).

Nicht vergessen werden darf, daß aus einer Reihe von Untersuchungen (Tatemichi et al. 1990, 1991) bekannt ist, daß die Häufigkeit des Auftretens einer Demenz in den Monaten nach einem Schlaganfall allerdings altersabhängig zunimmt. Hier muß auch daran gedacht werden, daß gerade ältere Apoplexiepatienten von ihren Angehörigen, besonders von der Ehefrau „überpflegt" werden – bis sie ihre Selbständigkeit verlieren und ihre verbliebenen Restfunktionen nicht mehr nutzen. Ganzheitliche Therapiemaßnahmen stehen dem Fortschreiten der Demenz als auch dem vaskulären zerebralen Geschehen entgegen, ohne daß man sie allerdings aufgrund unserer bisherigen Kenntnisse überschätzen darf.

Differentialdiagnostisch von Bedeutung für die weitere Therapie des Patienten ist, daß neuropsychologische Störungen nicht als Demenz verkannt werden. Hier sind insbesondere ideatorische Apraxie, konstruktive Apraxie, räumliche Orientierungsstörung, Anosognosie und Neglect zu nennen. Besonderer Bedeutung kommt auch der Differentialdiagnose einer Depression zu. Zirka 40% der Schlaganfall-Patienten leiden unter depressiven Verstimmungen und dürfen keinesfalls als dement eingestuft werden (Schlegel 1994).

Ganzheitliches Therapiekonzept

Die Therapie des dementiellen Apoplektikers oder des Apoplexiepatienten mit Demenz darf nicht auf die isolierte Korrektur körperlicher oder psychologischer Konstrukte abzielen, sondern sie ist auf die „Lebensqualität des Patienten und seiner Kompetenz zur Bewältigung des Alltags auszurichten", d. h. für die Therapie dieser Patienten ist ein ganzheitlicher Therapieansatz zu fordern. Gleichwertig haben dementsprechend neben der internistischen Basistherapie, die spezifische Arzneimitteltherapie und die Symptomtherapie ihren Platz. Ergänzend runden eine körperliche und psychisch aktivierende Betreuung, ein Selbsthilfetraining, Beachtung der Ernährung, soziale Maßnahmen und nicht zu vergessen eine bewußte Angehörigenbetreuung die genannten drei Grundsäulen des Behandlungskonzeptes ab. Man wird oft nicht alle möglichen Therapiemaßnahmen gleichzeitig anbieten können. Dann sollte man die für den Patienten praktisch relevanten Maßnahmen vorziehen, die es ihm erleichtern, seinen Tagesablauf so selbständig wie möglich zu bewältigen. Nur so können optimale Therapieergebnisse mit einer sowohl für den Patienten als auch die Angehörigen spürbaren Verbesserung der Lebensqualität bewirkt werden.

Internistisch-geriatrische Basistherapie

Mit der Basistherapie soll die Ausgangssituation des Patienten für die weiteren spezifischen Therapiemaßnahmen optimiert werden. Dabei stehen natürlich die begleitenden Krankheitsbilder im Vordergrund, die in besonderer Weise den Schlaganfall und vaskuläre Demenzprobleme beeinflussen. Hier sind Hypertonie, Diabetes mellitus, Hyperlipidämie, Herzkrankheiten, Hyperfibrinogenämie usw. zu nennen. Dabei kann die internistische Basistherapie z. B. der Hypertonie schon erhebliche Probleme mit sich bringen, wenn man nur die allgemeine Nebenwirkungsrate der Hypertoniebehandlung auf den alten Menschen mit seinen Multimorbiditätsmustern betrachtet (Lang 1994). Besonderer Bedeutung kommt hier auch dem Einfluß blutdrucksenkender Medikamente auf die Kognition zu (Füsgen 1994). Aber auch die anderen Faktoren wie Diabetes mellitus und Herzkrankheiten haben eine hohe Bedeutung. Nach den bisher vorliegenden Kenntnissen müssen alle Einflußfaktoren im Bereich der primären und sekundären Prävention zerebraler Gefäßkrankheiten grundsätzlich in die basistherapeutischen Überlegungen miteinbezogen werden (Füsgen 1995).

Spezifische Arzneimitteltherapie

Für den Bereich des apoplektischen Insultes stehen hier die Gabe von Azetylsalizylsäure, Ticlopidin und u. U. die Antikoagulation im Vordergrund (Füsgen 1995). Inwieweit Rheologica (z. B. Pentoxifyllin und eine Hämodilution) von Bedeutung sind, ist im wissenschaftlichen Bereich umstritten. Für das dementielle Syndrom spielt ohne Zweifel der Einsatz von Nootropika eine wichtige Rolle.

Es scheint sogar so zu sein, daß z. B. der Einsatz von Azetylsalizylsäure nicht nur eine Sekundärprävention nach Auftreten eines Schlaganfalles bedeutet, sondern gleichzeitig auf das dementielle Syndrom positive Auswirkungen hat (Meyer 1989). Gleiches gilt in umgekehrter Weise für die Nootropika beim Apoplex. So konnte z. B. für Piracetam eine signifikante Besserung von Paresen, aphasischen und Bewußtseinsstörungen bei Patienten mit akuten ischämischen Hirninfarkten nachgewiesen werden (Herschaft 1989).

Symptomtherapie

Neben einer Reihe von zu behandelnden Symptomen wie z. B. depressiver Verstimmung, Affektlabilität usw. stehen die vier geriatrischen „I's" (Intellektueller Abbau, Inkontinenz, Immobilität, Instabilität) im Vordergrund der Therapie. Sie sind es nämlich, die schnell zu Abhängigkeit und damit Pflegebedürftigkeit führen. Sie sind auch die Haupteinweisungsgründe in Pflegeinstitutionen.

Kognitive Verfahren

Das kognitive Training ist nur sinnvoll bei leichtgradigen Demenzkranken und soll die Selbständigkeit im Alltag in beginnenden Stadien der Hirnleistungsstörung erhalten. Bei mittelgradig bis fortgeschrittenen Demenzkranken, insbesondere für Erkrankte in Institutionen, wird das Realitätsorientierungstraining eingesetzt werden müssen.

Training kognitiver Funktionen. Der direkteste Weg ist unter Laborbedingungen das gezielte Training umschriebener kognitiver Funktionen (z. B. verbales Gedächtnis, Merkfähigkeit). Es gibt dazu eine Reihe von Programmen (z. B. nach Petra Rigling, von Lehrl und Fischer, Franziska Stengel usw.). Allerdings werden diese Maßnahmen beim dementen Apoplektiker in der Regel nur sehr beschränkt einsetzbar sein.

Ein zweiter Ansatz kognitiven Trainings ist die Vermittlung von sog. mnemonischen Techniken, die die Gedächtnisleistung verbessern helfen. Mit Hilfe von assoziativer Verknüpfung, Visualisierung und Doppelcodierung, also mit „Eselsbrücken", sollen sich Gedächtnisinhalte intensiver einprägen. Dabei haben allerdings Patienten mit kognitiven Störungen und leichten Demenzsyndromen Schwierigkeiten mit der Visualisierung.

Eine dritte Methode des kognitiven Trainings ist, dem Patienten einfache Gedächtnishilfen an die Hand zu geben. Der Gebrauch eines Terminkalenders und einer Uhr kann sich günstig auf die zeitliche Orientierung ausüben, Tagesplanung und -strukturierung können Leerlauf und Langeweile vermeiden helfen. Dabei scheint sich das „Überlernen", eine Aufgabe durch ständiges Wiederholen, günstig auf die Dauerhaftigkeit der Therapieeffekte auszuwirken.

Wahrscheinlich aber ist das günstigste Trainingsprogramm, Alltagsaufgaben zu trainieren. Dabei werden komplexe Alltagsaufgaben mittels „Umgehungsstrategien" trainiert. Hier findet sich ein deutlicher Übergang in ein realitätsorientierendes Training.

Inkontinenz

Sowohl bei der Demenz als auch beim Schlaganfall handelt es sich um einen Ausfall der zerebralen Kontrolle, die am Blasenmuskel (Detrusor) vorwiegend eine Hyperreflexie und am Sphinkter einen Verlust der willkürlichen Kontrolle verursacht. Es handelt sich um eine motorische Dranginkontinenz (nichtinhibierte neurogene Blasenfunktionsstörung). Diese Form der Inkontinenz ist nach unseren heutigen Vorstellungen recht gut behandelbar (Welz-Barth u. Füsgen 1995). Toilettentraining und unter Umständen medikamentöse Zusatztherapie führen in bis zu 80% zu einer Beherrschung bzw. erheblichen Besserung der Inkontinenz. Die Zahl der anticholinergen Substanzen, die meist in der Therapie der Dranginkontinenz eingesetzt werden, ist groß und ihr Nebenwirkungsspektrum fast ebenso umfangreich. Für den Einsatz von Anticholinergika bei dementen Apoplexiepatienten ist zu beachten, daß zu den gerade für den älteren Patienten belastenden Nebenwirkungen Obstipation und Mundtrockenheit auch Verwirrtheit und damit eine Demenzverstärkung gehören können.

Immobilität

Grundsätzlich unterscheidet sich die Lagerung des geistig klaren Apoplektikers nicht von der des Dementen. Gleiches gilt auch für die Bewegungstherapie. Allerdings ergeben sich dabei oft Probleme, die durch Nichtverstehen, bzw. fehlende Mitarbeit des dementen Patienten bei der Lagerung bedingt sind. So kann der Betreuende bei einem orientierten Patienten eher eine Mitarbeit und Kooperation erwarten, als bei einem Dementen. Gerade unruhige, hirnleistungsgestörte Patienten halten meist eine Lagerung nur für kurze Zeit ein. Dagegen behält der geistig klare Apoplektiker nach entsprechender Erklärung die eingenommene Lage länger bei. So ist in der Regel auch die Lagerung und Mobilisierung dementer Patienten aufgrund der teilweise fehlenden Mitarbeit schwieriger und durch häufigere Lagekorrekturen auch mit ungleich größerem Arbeitsaufwand verbunden. Es gibt verschiedene neurophysiologische Konzepte, nach denen Schlaganfallpatienten gelagert und mobilisiert werden können (Bobath, Brunnström, PNF, Vojta usw.). In den meisten geriatrischen Abteilungen wird nach dem Bobath-Konzept (Bobath 1970) behandelt. Obwohl es bisher keinen eindeutigen Wirksamkeitsnachweis für dieses Konzept gibt, ist das Attraktive daran, daß es die Aktivierung der vom Schlaganfall betroffenen Seite in den Mittelpunkt stellt. Ferner kann das Bobath-Konzept verhindern, daß zusätzliche Schäden entstehen, wie z. B. ein Reißen am gelähmten Arm. Wichtig ist auch, daß es in seinen Grundzügen von allen Mitarbeitern gerade im klinischen Bereich durchführbar ist, ein 24-Stundenkonzept darstellt und sowohl für den Patienten wie für alle Mitarbeiter gut verständlich ist. Aber gerade beim hirnleistungsgestörten Apoplektiker gelingt die Umsetzung des Bobath-Konzeptes oft nicht, hier sollte man dann frühzeitig mit einer Kompensation durch die nicht betroffene Seite beginnen (Weimann 1992).

Instabilität

Gerade Stürze und Unsicherheiten im Bereich der Bewegung machen oft das weitere Verbleiben zu Hause unmöglich und bedingen eine Aufnahme in Institutionen. Deshalb muß dem Symptom der Instabilität in der Therapiephase besondere Aufmerksamkeit gewidmet werden. Dabei muß natürlich der Therapieaufbau die zerebrale Leistungsfähigkeit des Patienten berücksichtigen: Man wird beim dementen Apoplektiker mit einfach auszuführenden Übungen beginnen, die täglich wiederholt werden. Bei Patienten mit gutem Körpergefühl und erhaltener Koordination bieten sich dagegen Übungen mit einem komplexeren Bewegungsablauf an. Als motivationsfördernd hat sich beim hirnleistungsgestörten Apoplektiker die Verwendung geeigneter Geräte erwiesen. Die verwendeten Hilfsmittel sollen leicht, weich, griffig und wegen der oft bestehenden Sehschwäche gut sichtbar sein: Geeignet sind z. B. Plastikringe, bunte Tücher, Luftballons, Bälle oder Seilstücke. Je nach physischer und zerebraler Situation des Patienten kann ein Spaziergang eine willkommene Abwechslung zur Gymnastik im geschlossenen Raum darstellen. Wird ein stationärer Patient nach passagerer Immobilisation (z. B. aufgrund eines Sturzes mit Fraktur) wieder bewegt, sollten Spaziergänge - zuerst über die Station, später durch das Haus - unternommen werden. Dies ist besonders bei Patienten mit Orientierungsstörungen unbedingt erforderlich.

Häufig ist ein Problem für demente Apoplektiker das Treppensteigen. Die Fähigkeit zum Treppensteigen kann jedoch von direkter, lebenswichtiger Bedeutung sein. Bei der

Gangschulung ist evtl. der Einsatz spezieller Hilfsmittel, z. B. Gehbock, Rollator etc. in Erwägung zu ziehen. Die Auswahl der entsprechenden Gehhilfe richtet sich nach der individuellen Situation des Patienten: Bei Patienten mit guter Merkfähigkeit, ausreichender Konzentrationsfähigkeit und erhaltenem Körpergefühl sollte ein einfaches Hilfsmittel gewählt werden. Manchmal muß man sich aufgrund der eingeschränkten zerebralen Leistung für eine Gehhilfe entscheiden, womit der Patient aus rein funktioneller Sicht eher unterfordert ist. Die einfache Gehhilfe entspricht dann zwar nicht seinem funktionellem Status, aber wird seiner zerebralen Leistung gerecht.

Verlaufs- und Erfolgsdokumentation (Geriatrisches Assessment)

Nach einer grundsätzlich einschätzenden Diagnostik und Dokumentation der Befunde ist es von großer Bedeutung, den weiteren Verlauf und den Einsatz verschiedener therapeutischer Maßnahmen gerade bei diesem so schwierig zu behandelnden Krankheitsbild zu beurteilen. Das wichtigste Ziel jeder Therapiemaßnahme muß eine Steigerung bzw. Erhaltung der Lebensqualität sein. Lebensqualität ist aber ein stark subjektiver Parameter, so daß auch die Einschätzung der Effektivität therapeutischer Maßnahmen grundsätzlich individuell zu erfolgen hat. Erfahrungsgemäß wird sich die Kontrolle von Verlauf und Therapie an einigen festen Punkten orientieren. In erster Linie wären hier die soziale Integration und Selbständigkeit des Kranken sowie die Einschränkung der kognitiven Leistungen, unter Umständen mitbeeinflußt durch eine begleitende Depression, zu nennen. Diese Bereiche dürften sicherlich für die meisten Patienten eine zentrale Bedeutung für ihre - individuell unterschiedliche - Lebensqualität besitzen. Eine Selbsteinschätzung des Therapieerfolges durch den von Demenz und Apoplexie betroffenen Kranken kann ebenfalls aufschlußreich sein. Bei einem Großteil der Patienten wird dies jedoch aus unterschiedlichen Gründen nicht möglich sein bzw. zu falschen Ergebnissen führen. Dies ändert nichts daran, daß natürlich das Befinden des Patienten erfaßt werden muß, gerade im Hinblick auf bestimmte medikamentöse oder belastende Therapieabläufe.

Nachfolgend soll kurz ein geriatrisches Assessment als Verlaufskontrolle anhand bestimmter Einschätzskalen angeboten werden. Die dargestellten Tests wurden von uns aufgrund eigener und internationaler Erfahrung ausgewählt, da sie einfach, schnell erlernbar und in der täglichen Praxis gut einsetzbar sind. Nach unseren Erfahrungen eignen sich diese Tests gut für den praktischen Umgang mit dementiellen Apoplektikern. Dies bedeutet jedoch keineswegs, daß mit einem aufgrund eigener Ausbildung und Erfahrung anders zusammengestellten „geriatrischen Assessment" nicht vergleichbare oder vielleicht sogar bessere Erfolge erzielt werden können. Hier sei beispielhaft nur das Assessment der Solinger Arbeitsgruppe (Tausche et al. 1992) genannt.

Unser Geriatrisches Assessment aus Velbert-Neviges umfaßt:

Körperliche Untersuchung (Timed "Up-and-Go"-Test, Barthel-Index),
psychische Untersuchung (MMS nach Folstein, bei Bedarf SKT/Syndrom-Kurz-Test, Depressionskala/GDS),
soziale Einschätzung (Kontakte, Aktivitäten, Wohnsituation, ökonomische Verhältnisse).

Der am häufigsten bei Untersuchungen über Apoplex bisher eingesetzte Test zur Erfassung der Selbsthilfefähigkeit ist der *Barthel-Index* (Mahoney u. Barthel 1965). Er überprüft die "activities of daily living" wie Essen, Waschen und Baden, Harn- und

Stuhlinkontinenz, Toilettenbenutzung, Transfer, Ankleiden, Laufen und Treppensteigen. Der Einsatz von IADL (instrumental activities of daily living)-Skalen erscheint wenig sinnvoll, da IADL-Funktionen komplexer sind als ADL-Funktionen und in einer streng hierarchischen Ordnung über diesen stehen, weshalb eine Überprüfung der IADL-Funktionen nur bei intakter ADL-Funktion für sinnvoll gehalten wird (Six 1988), was für das geschilderte Krankheitsbild in der Regel nicht der Fall ist. Als weiterer Test empfiehlt sich aus unserer Sicht der Timed "Up-and-Go"-Test (Podsialdo u. Richardson 1991). Dieser Test ist sehr zuverlässig und scheint die Fähigkeit eines älteren Menschen, sich auch außerhalb der Wohnung zu bewegen, recht gut zu erfassen.

Bei den psychischen Untersuchungen erscheint uns die "mini-mental-state-examination"/MMSE ein leicht durchführbarer Test für mittelschwere bis sehr schwere Demenzen (Folstein et al. 1975). Der Test ist gut validiert und in 10 min durchführbar. Ist eine weiterführende Diagnostik sinnvoll bzw. die Erfassung leichterer Demenzsymptome von Bedeutung, empfiehlt sich der „Syndrom-Kurz-Test"/SKT (Erzigkeit 1989). Da es wichtig ist, im Therapieverlauf depressive Zustände zu diagnostizieren, ist der Einsatz eines Depressionstests sinnvoll. Speziell für die Untersuchung älterer Menschen wurde von Yesavage eine "geriatric depressions scale" entwickelt (Yesavage u. Brink 1983). Der Test ist primär als Beurteilungsskala gedacht, kann aber auch von einem Interviewer bewertet werden. Später wurde noch von Sheikh u. Yesavage (1986) eine 15 Fragen umfassende Kurzfassung entwickelt, die wir in modifizierter Form anwenden und die sich auch gut für die tägliche Praxis eignet.

Zur Erfassung der sozialen Kontakte und Aktivitäten sowie der Wohnsituation haben wir für unsere Einrichtung einen eigenen Bogen entwickelt. In der Regel reicht aber, daß man sie abfragt und sie in seine Beurteilung miteinbezieht.

Der Einsatz von „Befindlichkeitsskalen" erfordert im allgemeinen einen hohen Zeitaufwand und entsprechende Ausbildung. Bei genügender klinischer Erfahrung ist es in den meisten Fällen jedoch ausreichend, den therapeutischen Einfluß auf die „Befindlichkeit" im Rahmen des Beratungsgespräches einzuschätzen. Eine evtl. vorhandene Begleitdepression sollte allerdings ausgeschlossen werden.

Diskussion

Frage: Sie haben darauf hingewiesen, daß die Therapie der vaskulären Demenz in der Prophylaxe des Schlaganfallrezidives besteht. Sie haben Substanzen aufgeführt, die zur Sekundärprävention eingesetzt werden. Für die Antikoagulation gibt es doch eindeutige Richtlinien der Indikation in der Sekundärprävention bei jüngeren Schlaganfallpatienten. Man tut sich bei älteren Patienten im allgemeinen schwer, sich zur Antikoagulation zu entschließen wegen des evtl. erhöhten Risikos der Einblutung in das Gewebe und wegen der möglicherweise verminderten Compliance. Haben Sie Kriterien, nach denen Sie entscheiden können, ob Sie einen alten Patienten auf Antikoagulanzien einstellen oder nicht?

Antwort: Bei Vorhofflimmern stellen wir relativ großzügig heute auf niedrig dosierte Antikoagulanzien ein, also mit einem Quick-Wert um 40%. Einer hoch dosierten Markumarisierung stehen wir allerdings sehr zurückhaltend gegenüber. Das Lebensalter als solches setzt der Indikation zur Antikoagulation nach unserer Einschätzung aber keine Begrenzung.

Frage: Kann man sich wirklich damit zufriedengeben, daß der Hausarzt eine Depressionsskala ausfüllt? Nach meinen Erfahrungen führt die Anwendung der Hamilton-Depressionsskala durch damit unerfahrene Ärzte zur völligen Verzerrung der Werte. „Laien" begreifen die Werte als wesentlich zu hoch, weil sie den Extrembereich, den diese Skala abdeckt, also die ganz schweren endogenen Depressionen, überhaupt nicht kennen. Oder aber, sie haben große Schwierigkeiten mit der Interpretation der einzelnen Items, weil sie diese psychopathologische Differenziertheit nicht gelernt haben. Kann man solche Skalen wirklich sinnvoll ausfüllen, ohne daß man sie richtig trainiert hat?

Antwort: Man sollte die differenzierte psychiatrische Befunderhebung und die klinische Patientenbegleitung, bei der im Vordergrund fast nicht mehr die Krankheit steht, sondern die sozial-pflegerische Bedürftigkeit, auseinanderhalten. Es handelt sich um einen fortschreitenden Prozeß. Die durchschnittliche Lebenserwartung nach Apoplex liegt bei 5 Jahren, die der Demenz nach Diagnosestellung zwischen 4 und 8 Jahren. Die Prognose der Kombination von Apoplex und Demenz ist bisher nicht untersucht, weil sich mit diesen Patienten im allgemeinen keiner beschäftigt. Mit diesen Kranken muß man sich nicht speziell psychiatrisch, sondern sozial-begleitend auseinandersetzen.

Frage: Jeder hochkarätige Psychopathologe schlägt die Hände über den Kopf zusammen, wenn er solche Skalen sieht. Skalen bedeuten ohnehin schon eine Reduktion an Differenziertheit sondergleichen. Aber wenn man von diesem Standard ausgeht, weil er besser kommunikabel ist, darf man einem, der Psychiatrie nicht gelernt hat, solche differenzierten Skalen nicht geben und so tun, als ob er damit arbeiten kann. Entwickelt sind diese Skalen in der Regel in Zusammenarbeit mit Psychiatern, d. h., ihre Validität und Reliabilität gelten nur, wenn sie von Psychiatern angewendet werden. Die Gültigkeit der Skalen ist nicht übertragbar auf den Allgemeinarzt, so daß hier eine Pseudoexaktheit vorgetäuscht wird.

Antwort: Was ich Ihnen vorgestellt habe, ist kein Studiendesign, sondern es handelt sich um Verfahren, mit denen man schwer demente Apoplektiker begleiten kann, um eine Verlaufskontrolle zu haben und um Pflegebedürftigkeit einzuschätzen.

Frage: Sie haben nebenbei der Azetylsalizylsäure auch eine neurotrope Wirkung zugesprochen. Hängt das damit zusammen, daß die Patienten, von denen Sie sprechen, rezidivierende klinische Embolien haben? Wir wissen ja seit der Embolusdetektion mit Hilfe der transkraniellen Dopplersonographie, daß ASS bei einigen Patienten die Rate von Mikroembolien in das Gehirn senkt. Oder würden Sie der Azetylsalizylsäure tatsächlich einen echten neurotropen Effekt zusprechen?

Antwort: Es gibt zwei amerikanische Studien zu diesem Thema, die Multiinfarktpatienten eingeschlossen haben. Die Frage der Prävention von Mikroembolien durch Azetylsalizylsäure wurde darin nicht untersucht.

Literatur

Bendixen B (1993) Vascular dementia: a concept in flux. Curr Opin Neurol Neurosurg 6: 107–112
Bobath B (1970) Adult hemiplegia. Evaluation and treatment. Heinemann Medical, London

Erkinjunti F, Haltia M, Palo J (1988) Accuracy of the clinical diagnosis of vascular dementia: A prospective clinical and post mortem neuropathological study. J Neurol Neurosurg Psychiatry 51: 1037-44

Ermini-Fünfschilling D, Stähelin HB (1993) Gibt es eine Prävention der Demenz? Z Gerontol 26: 446-452

Erzigkeit H (1989) SKT-Manual. Beltz, Weinheim

Folstein MF, Folstein SE, McMugh RR (1975) "Mini Mental State": A Practical method for grading the cognitive state of patients for the clinician. J Psychiatr Res 12: 189-198

Füsgen I (1994) Hypertonie und kognitive Störungen - Therapeutische Konsequenzen. Geriatrie Praxis 6: 34-38

Füsgen I (1995) Apoplex, MMV, München

Henderson AS, Henderson JA (1989) Etiology of dementia of Alzheimers-type. Jon Willy & Sons, Chichester-New York-Brisbane - Toronto

Herschaft H (1989) Piracetam. Neuro-Psychopharmaka 5: 200

Lang E (1994) Hochdruckbehandlung im Alter. Geriatrie Praxis 7/8: 34-36

Lucke C (1990) Störungen nach Schlaganfall und ihre Abgrenzung zur Demenz. In: Staatsbürgerliche Stiftung Bad Harzburg (Hrsg) Bad Harzburger Gespräche 1.-2. 3. 1990

Mahoney FI, Barthel DW (1965) Functional evaluation. The Barthel Index. Md State Med J 14: 61-65

Meyer IS (1989) Randomized clinical trial of daily aspirin therapy in multi-infarct dementia. JAGS 37: 549-555

O'Brien MD (1994) Vascular disease and dementia. In: Serdi IJ (ed). Dementia and cognitive impairments. Paris, pp 137-141

Podsiadlo D, Richardson S (1991) The Timed "Up and Go": A test of basic functional mobility for frail elderly persons. J Am Geriatr Soc 39: 142-148

Rocca NA, Hofmann A, Brayne C et al. (1991) The prevalance of vascular dementia in Europe: facts and fragments from 1980-1990 studies. Ann Neurol 30: 817-824

Schlegel S (1994) Depression nach Hirninfarkt. Nervenheilkunde 13: 52-56

Sheikh JI, Yesavage JA (1986) Geriatric Depression Scale (GDS): Recent evidence and development of a shorter version. In: Brink TL (ed). Clinical gerontology: A Guide to assessment and intervention. The Haworth Press, New York, pp 165-173

Six P (1988) Medizinische Beurteilung des älteren Menschen. Med Gen Helv 8/4: 20-27

Tatemichi TK, Foulkes MA, Mohr JP et al. (1990) Dementia in storke survivors in the stroke. Data Bank Cohort. Stroke 21: 585-866

Tatemichi TK, Desmond DW, Mayeux R (1992) Dementia after stroke. Neurology 43: 1185-1193

Tausche P, Schütz M, Glumm Ch, Füsgen I (1992) Leistungsnachweis, Qualitätssicherung und Verlaufskontrolle bei geriatrischen Patienten. Geriatr Praxis 4: 48-53

Tomlinson BE, Blessed S, Rotl M (1970) Observation on the brain of demented old people. J Neurol Sci 11: 205-242

Wallin A, Akafuzoff I, Carlosson A et al. (1989) Neurotransmitter-deficites in a non-multi-infarkt category of vascular dementia. Acta Neurol Scient 79: 397-406

Welz-Barth A, Füsgen I (1995) Harinkontinenz. In: Füsgen I (Hrsg) Der ältere Patient. Urban & Schwarzenberg, München Wien Baltimore, S 265-295

Weimann G (1992) Bewegungstherapie beim Schlaganfall. Perfusion 4: 112-188

Weitbrecht WU (1993) Nach dem Schlaganfall kommt oft auch ein dementielles Syndrom. Ärztezeitung/Forsch. Praxis 165: 16

Yesavage JA, Brink TL et al. (1983) Development and validation of a geriatric depression screening scale: A preliminary report. J Psychiatr Res 39: 37-49

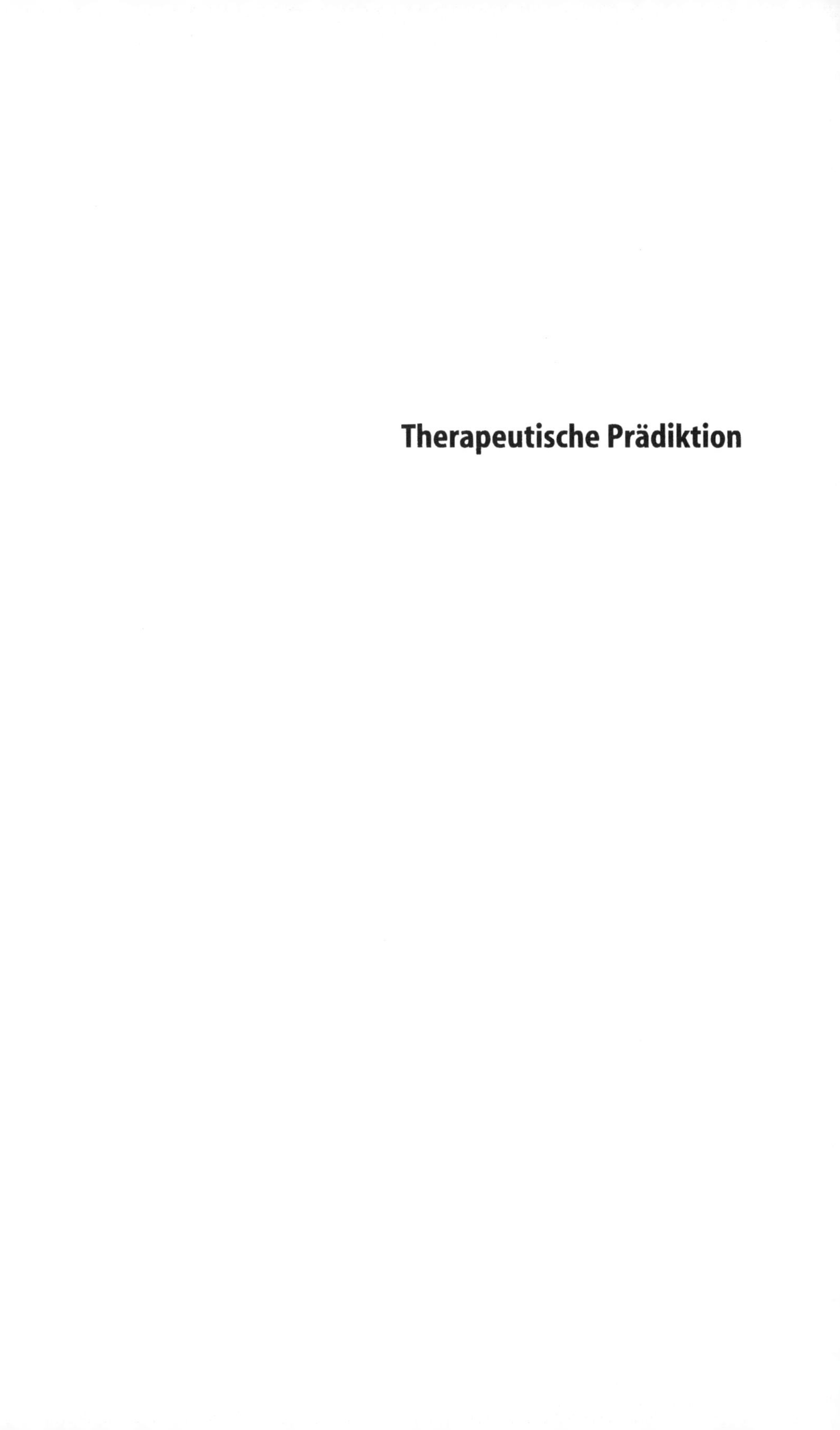

Therapeutische Prädiktion

Prädiktion des Therapieerfolges bei neurologischen Erkrankungen

P. Krauseneck

Einleitung

Aufgabe dieser Darstellung kann es nicht sein, die vielfältigen prognostischen Faktoren verschiedener neurologischer Krankheitsbilder aufzuzählen. Im vorgegebenen Rahmen kann nur versucht werden, an Hand weniger Beispiele die Grundproblematik von Vorhersagemodellen aufzuzeigen. Diese ist nicht spezifisch neurologisch, sondern im Prinzip in allen medizinischen Disziplinen gleich. An konkreten neurologischen Erkrankungen sollen aber Besonderheiten unseres Fachgebietes und daraus erwachsende ethische Implikationen erörtert werden.

Der Aufschwung der Prädiktionsforschung in den letzten Jahren hat im wesentlichen 2 Gründe:

1. den Wunsch nach einem „humanen Sterben" auf der Intensivstation, verbunden mit der Frage, ob das Machbare auch sinnvoll ist;
2. den steilen Anstieg der Gesundheitskosten, der die Frage auslöst, ob das Machbare auf Dauer bezahlbar und die Rationierung der medizinischen Versorgung zu verhindern ist.

Außerdem haben die zunehmend verfügbaren exakten Daten zum Krankheitsverlauf aus multizentrischen und auch multinationalen Studien und Erhebungen, insbesondere auch aus systematischen langfristigen Beobachtungen bei chronischen Erkrankungen, die Grundlagen für Prädiktionsmodelle geschaffen und so die Forschung stimuliert. Die Beantwortung von Fragen nach der Effizienz früher Interventionen auf den Krankheitsverlauf chronischer Erkrankungen wie Morbus Parkinson oder multiple Sklerose rückt langsam in den Bereich des Möglichen.

Künftig wird bei Anwendung eines Medikamentes oder eines therapeutischen Vorgehens in verstärktem Maße nicht nur die Frage zu beantworten sein, ob es wirksam, nebenwirkungsarm und kostengünstig im Hinblick auf den beabsichtigten Effekt ist. Vielmehr ist darüber hinaus zu prüfen, ob der erwünschte Effekt den Krankheitsverlauf und das Gesamttherapieergebnis auch im Hinblick auf „Lebensqualität" (als Kürzel für körperliches, seelisches und soziales Wohlbefinden) wirklich wesentlich beeinflußt und von daher die Nebenwirkungen und Kosten gerechtfertigt sind. In gleicher Weise sind auch die Umstände bei der Erzielung des Effektes bezüglich Ihrer Auswirkungen auf die somatopsychische Unversehrtheit und mögliche soziale Folgen zu bewerten. Das heißt, Prädiktion ist ein wissenschaftlicher Weg zu einer „ganzheitlichen" Sichtweise.

Untrennbar ist das Vorhersageproblem mit der Therapieentscheidung (oder neudeutsch "decision making") verbunden. Gelingt es, zuverlässige Vorhersagesysteme zu entwickeln, können Patienten und Angehörigen Leid und Schmerz einer unzureichenden oder evtl. übermäßigen Behandlung erspart werden. Die gesellschaftlichen Ressourcen werden geschont. Die Patienten können in die Lage versetzt werden, schwierige Therapieentscheidungen auf der Basis gesicherten Wissens mitzutragen. Fehler des Vorhersagesystems führen im Extremfall zur Unterlassung lebensrettender Maßnahmen oder zur Durchführung unnötiger, gefährlicher, u. U. tödlicher Therapien. Diese Spannung ist dort besonders kritisch und letztlich unlösbar, wo es gilt, die für Patientengruppen gewonnenen Ergebnisse auf das Individuum zu übertragen.

Die enormen ethischen Konflikte, die dies aufwirft, sind evident. Zu weiteren Spannungsfeldern der Prädiktionsforschung, die hier nicht näher ausgeführt werden können, s. Tabelle 1.

Tabelle 1. Vor- und Nachteile von Prädiktionsmodellen

Chancen	Risiken
Adäquate (Nicht-)Behandlung	Über-/Unterbehandlung
Ökonomischer Ressourceneinsatz	Ökonomischer Utilitarismus
Gute therapeutische Standards	Individuum vernachlässigt
Qualitätssicherung	Verlust der Therapiefreiheit
Optimale Patientenauswahl in Modellen/Studien	Beschränkte Gültigkeit der Aussagen

Zur Definition von Prädiktion

Prädiktionsversuche reichen bis in die Anfänge der Medizin zurück. Zwei Zitate von Hippokrates sind nachfolgend wiedergegeben.

Hippokrates:

„Strangulierte und erstickte Menschen, die noch nicht ganz tot sind, überleben nicht, wenn sie Schaum vor dem Mund haben.“
- Lungenödem

„Wenn die Patienten bei anhaltendem Fieber äußerlich kalt sind, aber innerlich brennen und sehr durstig sind, sterben sie.“
- septischer Schock

Die Ärzteschaft hat sich schon immer bemüht, prognostische Parameter aufzudecken, die im Frühstadium oder gewissen Stadien einer Erkrankung den weiteren Krankheitsverlauf anzeigen.

In manchen Bereichen sind wir nicht über Hippokrates hinausgekommen und müssen uns weiter auf unseren erlernten und erlebten Erfahrungsschatz und unsere Intuition am Krankenbett verlassen. Zunehmend haben wir aber mathematische Vorhersagemodelle nach der Gleichung

$$y = Bo + B1X1 + B2X2 + B3X3 + \cdots BkXk$$

zur Verfügung, die uns den erwarteten Krankheitsverlauf als Ergebnis einer Regressionsgleichung mit einer Konstanten und einer Summe von Faktoren, die aus einer multiplen linearen oder logistischen Regression gewonnen sind, beschreiben. Die Güte einer solchen Gleichung hängt vor allem von der Qualität und dem Umfang der für ein Krankheitsbild zur Verfügung stehenden Daten ab. Gültigkeit und Richtigkeit hängen wesentlich von der Art der Erkrankung, dem Zeitpunkt der Vorhersage und dem Vorhersagezeitraum ab (s. auch Kollef u. Schuster 1994).

Diese Vorhersage des Spontanverlaufs wird durch die Einführung von Therapievariablen ungleich komplexer und u. U. entscheidend verändert, wie sich schon aus den neuen Fragestellungen ergibt:

- Wie wird das Ergebnis der Behandlung sein?
- Können Rückschlüsse auf die Therapie gezogen werden?
- Wie wirken sich Erkrankung und Therapie auf das weitere Leben des Patienten aus?

Die letzte Fragestellung macht deutlich, daß Prädiktion im Therapiesektor mehr anstrebt als eine reine Effizienzmessung nach dem Muster: Erzielt Therapie A eine höhere Heilungsrate als Therapie B, bzw. ist Dosis A effektiver als Dosis B? Dementsprechend stellt sich das Problem der Prädiktion bei leichten, selbstbegrenzenden Erkrankungen oder bei Krankheiten, bei denen hocheffiziente Therapie zur Verfügung steht, wie z. B. der Angina tonsillaris, nicht.

Therapieprädiktion im engeren Sinne setzt voraus, daß komplexe Therapiemaßnahmen im Hinblick auf ein klar definiertes und längerfristiges Behandlungsziel (z. B. Intensivtherapie mit dem Kriterium längeren Überlebens) oder spezifische Therapiemaßnahmen - seien sie einfach oder komplex - im Hinblick auf ihre Auswirkungen auf die Gesamtsituation des Patienten bewertet werden.

Als Beispiel für den letzteren Fall sei der Vergleich einer transurethralen mit einer offenen Prostataresektion genannt. Beide haben gleiche Effizienz bezüglich der Beseitigung der Miktionsstörungen, aber erstere hat ein höheres Risiko für Potenzstörungen, letztere für allgemeine Komplikationen. Als Beispiel einer komplexen Therapie mit komplexem Ergebnis dient die multimodale Therapie bei malignen Gliomen, auf die noch näher einzugehen sein wird.

Die Schwierigkeit der Therapiebewertung bringt es mit sich, daß wir heute häufig nur Prädiktion zum Verlauf einer Erkrankung, aber mangels umfassender Daten nicht zum Erfolg einer bestimmten Therapie betreiben können.

Bedingungen der Prädiktion

Zeitpunkt

Neben der Qualität und Vollständigkeit der Daten spielt der Zeitpunkt der Prädiktion bezogen auf den Krankheitsablauf eine ganz entscheidende Rolle für die Vorhersagesicherheit. Es liegt auf der Hand, daß der letzte Schritt eines Prozesses bei Kenntnis des Krankheitsverlaufes und ausreichender Datenlage mit sehr hoher Wahrscheinlichkeit, ja mit Sicherheit vorausgesagt werden kann. Ein Beispiel hierfür ist die absolut sichere Prognose des unmittelbar erfolgenden Todes anhand der Hirntodkriterien. Andererseits sind heute Vorhersagen des Verlaufes zu Beginn einer chronischen Erkrankung kaum bzw. nur mit hoher Irrtumswahrscheinlichkeit möglich, z. B. bei der multiplen Sklerose.

Daten

Datenklassen

Neben den rein deskriptiven epidemiologischen und klinischen Daten, werden künftig biologische Daten, die krankheits- und stadienspezifisch sind, wesentlich zur Verbesserung der Prädiktion beitragen. Beispiele sind die DOPA-Aufnahme im PET bei Parkinson oder genetische Tumormarker bei Hirntumoren.

Datenerfassung

Idealerweise werden alle wesentlichen Daten vollständig und unverzerrt erfaßt. Angesichts der Vielzahl von irrelevanten Daten ist eine korrekte Auswahl des Datensets für die praktische Anwendung von größter Bedeutung. Hier sind im Bereich der Intensivmedizin mit der Glasgow-Koma-Skala bzw. den Apache-Scores schon gut abgesicherte, weitestgehend objektive Instrumente vorhanden. Aber auch dort spielt die korrekte Zuordnung des Krankheitsbildes durch den subjektiven Faktor Arzt noch eine wichtige Rolle, da die Prädiktion krankheitsspezifisch erfolgen muß (s. unten). Einer absoluten „Objektivierung" der Daten steht entgegen, daß eine adäquate Bewertung eines komplexen Therapieerfolges gerade auch subjektive Daten des Befindens des Patienten erfassen sollte (s. Luce u. Wachter 1994). Die geeignete Datenauswahl bringt enorme praktische Schwierigkeiten mit sich und der "detection bias", d. h. der Einfluß einer nicht untersuchten, relevanten, aber als normal angenommenen Variable, beeinträchtigt den Wert vieler groß angelegter Untersuchungen erheblich.

Patientenauswahl

Da das Grundset von Daten, auf das sich eine Prädiktion stützen kann, an einer bestimmten, im Idealfall allerdings repräsentativen Patientenpopulation gewonnen werden muß, darf sich eine Vorhersage nur auf eine dementsprechende Patientengruppe beziehen. Dies macht z. B. die Übertragbarkeit der Ergebnisse von Therapiestudien, die stets nur eine Auswahl von Patienten behandeln, auf die gesamte Patientenpopulation problematisch.

Zielkriterien

Insbesondere bei der Vorhersage eines Therapieerfolges ist die formal und inhaltlich exakte Definition des Zielkriteriums entscheidende Voraussetzung. Es muß auch bewertet werden, inwieweit ein Zielkriterium für das Individuum von praktischer Bedeutung ist, da z. B. in der Onkologie eine Tumorrückbildung keineswegs immer mit einer Verlängerung der Überlebenszeit einhergeht.

Tabelle 2. Verlaufstyp neurologischer Erkrankungen und Prädiktionsmöglichkeiten

Kategorie	Erkrankung	Kriterium	Vorhersagesicherheit/ Irrtumswahrscheinlichkeit	
Akut/Spätst.	Hirntod	Tod	+++	0%
Akut	Koma	Tod	++	10-20%
Subakut	Maligne Gliome	Überlebenszeit	++	niedrig
Chronisch	Parkinson	Bradykinese/ Neuronenverlust	++	niedrig (?)
Chronisch	MS	Tod/Invalidität	+	hoch

Krankheitstyp

Da die zugrunde liegende Erkrankung den möglichen Zeitpunkt der Prädiktion festlegt, ist der jeweilige Verlaufstyp eng mit der Sicherheit einer Vorhersage gekoppelt. Tabelle 2 gibt hierzu Beispiele aus der Neurologie.

Prädiktion bei neurologischen Krankheitsbildern

Koma

Zu diesem nicht spezifisch neurologischen Krankheitsbild seien hier nur die schon getroffenen Aussagen verdeutlicht. Da es sich um ein akutes, in der Regel fortgeschrittenes Krankheitsgeschehen mit dem eindeutigen Zielkriterium Tod handelt, bei dem recht präzise Meßinstrumente (Komaskalen) vorliegen, sind die Prädiktionsmöglichkeiten gut. So ist z. B. bei sehr niedrigen und sehr hohen Scores der Apache-II-Koma-Skala selbst bei falscher Diagnosestellung die Irrtumswahrscheinlichkeit bezüglich Überleben/Tod nahezu Null. Allerdings bedingt in den ja meistens vorliegenden mittleren Skalenbereichen eine falsche Diagnose (z. B. Sepsis statt epileptischer Anfall) eine Irrtumswahrscheinlichkeit von fast 20% (Cowen u. Kelley 1994). Dies zeigt, daß diese Scores nicht verabsolutiert werden dürfen. Andererseits verlangt die hohe prognostische Sicherheit geradezu nach therapeutischen Konsequenzen.

Multiple Sklerose

Diese extrem variable Erkrankung stellt bezüglich Prädiktionsmöglichkeiten im Vergleich zu Hirntod und Koma das andere Extrembeispiel dar. Jahrzehntelanges Bemühen hat bislang nicht zu brauchbaren prognostischen Kriterien geführt, weder für den akuten Schub noch für die Langzeitprognose. Sicher ist, daß die primär chronische Verlaufsform ungünstiger ist und daß Frauen und jüngere Patienten eine etwas bessere Prognose haben (z. B. Weinshenker et al. 1991; Weinshenker 1994). Am Beispiel der kürzlich erschienenen umfassenden Arbeiten von Runmarker u. Andersen (1993), und Runmarker et al. (1994) sollen die Schwierigkeiten, aber auch die positiven Ansätze der Prädiktion bei diesem Krankheitsbild aufgezeigt werden:

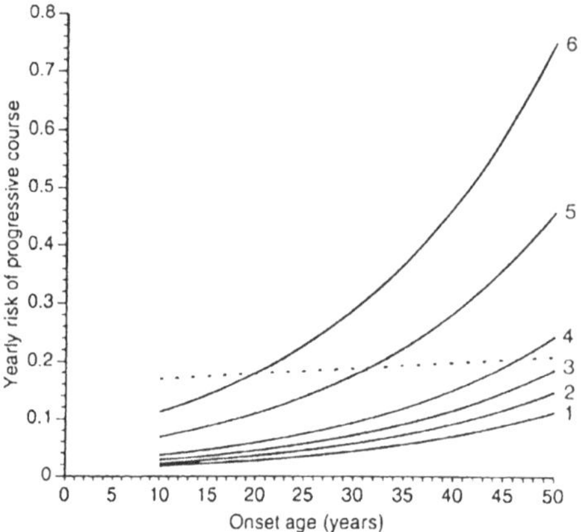

Abb. 1. Aus den Koeffizienten des Modells 1 (s. Originalarbeit) berechnetes jährliches Risiko des Übergangs in einen chronisch progressiven Verlauf für männliche Patienten mit unterschiedlichen Eingangsparametern: *1* komplette Remission des 1. Schubes, monoregionale Symptome, nur Symptome afferenter Nervenfasern. *2* wie (*1*), aber inkomplette Remission. *3* wie (*1*), aber Symptome efferenter Nervenfasern. *4* inkomplette Remission und Symptome efferenter Nervenfasern. *5* inkomplette Remission und polyregionale Symptome, aber nur von afferenten Nervenfasern. *6* wie (*5*), aber Symptome von efferenten Nervenfasern. Für Frauen (*unterbrochene Linie*) ist nur die Kategorie 6 mit dem höchsten Risiko dargestellt

308 MS-Patienten wurden über mindestens 25 Jahre nachbeobachtet und eine Vielzahl epidemiologischer und klinischer Parameter auf ihre prognostische Wertigkeit hinsichtlich der Zielkriterien „Beginn eines progressiven Verlaufs“, „Gehunfähigkeit“ (DSS/6) und „Tod“ (DSS/10) untersucht. Die lange und sorgfältige Nachbeobachtung machte es möglich, die gleichen Parameter zu Beginn der Erkrankung und nach 5jährigem Verlauf hinsichtlich ihrer prädiktiven Eigenschaften für die Langzeitprognose an 255 als „sichere oder wahrscheinliche“ MS eingestuften Patienten zu prüfen.

„Verlaufstyp“, „Geschlecht“, „Alter“, „Rückbildung der Symptome nach dem 1. Schub“, „Art der Symptome“ und „mono-/polyregionale Symptome“ waren unabhängige und signifikante Kriterien eines günstigen Verlaufs für 5 Jahre. „Geschlecht“ und „Art der Symptome“ verloren diese Eigenschaft aber für den 15- und 25-Jahre-Verlauf. Berechnete man die Vorhersagekraft der einzelnen Kriterien zum Zeitpunkt nach 5 Jahren für den 25-Jahre-Verlauf, so erreichten nur noch die „Rückbildung der Symptome nach dem letzten Schub“ und die „Zahl betroffener neurologischer Systeme“ Signifikanz.

Ähnliche Verschiebungen ergeben sich, wenn nach dem Muster der oben angegebenen Gleichung multivariate Vorhersagemodelle errechnet werden. Art und Anzahl der Variablen wechseln je nach Zielkriterium (DSS/6, bzw. Übergang in chronisch progressiven Verlauf) und nach Ausgangszeitpunkt der Berechnung, wobei aber auch einige Faktoren – mit etwas wechselnder Gewichtung – konstant bleiben (afferente und/oder efferente Nervenfasern betroffen, mono-/polyregionale Symptome). Eindeutig herausarbeiten ließ sich auch, daß Patienten mit einem späten Erkrankungsalter anfangs eine raschere Progredienz zeigen, während bei frühem Erkrankungsbeginn erst nach ca. 15 Jahren das Maximum der Progression erreicht wird.

Abbildung 1 gibt Risikokurven des Übergangs in einen progressiven Verlauf aus der Arbeit von Runmarker et al. (1994) wieder, aus denen theoretisch das individuelle Progressionsrisiko eines männlichen MS-Patienten abgelesen werden kann. Die eben beschriebene Variabilität der in die Modelle eingehenden Faktoren und der durch die übrigen Daten nicht hinreichend erklärbare stark abweichende Verlauf der weiblichen Risikogruppe 6 zeigen aber die noch bestehende enorme Unsicherheit dieser Modelle. Künftige Validierung muß zeigen, was von diesen hoffnungsvollen Ansätzen bleibt.

Morbus Parkinson

Die Parkinson-Erkrankung hat zwar mit der MS die Schwierigkeit der klaren diagnostischen Zuordnung und das Auftreten verschiedener Verlaufstypen gemeinsam, sie bietet aber wegen des typischerweise stetig langsam progredienten Verlaufs weit bessere Bedingungen für die Entwicklung zuverlässiger Prädiktionsmodelle. Der derzeitige Stand der Forschung sei an Hand zweier aktueller Arbeiten der Gruppe um Calne, Vancouver, aufgezeigt (Lee et al. 1994; Schulzer et al. 1994). Diese Arbeiten zeigen auch eine weitere Anwendungsmöglichkeit guter Prädiktionsmodelle: den Rückschluß auf ätiopathogenetische Faktoren.

Die Autoren (Lee et al. 1994) untersuchten an 238 Patienten nach vorübergehendem Weglassen der Medikation (10 – 12 h) den Zusammenhang zwischen Alter des Patienten, Dauer der Erkrankung und Ausmaß der motorischen Beeinträchtigung an Hand des Bradykinesie-Scores aus der Unified Parkinson's Disease Rating Scale. Die Diagnose mußte klinisch gesichert und andere neurologische Erkrankungen und neurochirurgische Eingriffe durften nicht vorangegangen sein oder vorliegen.

Es ergab sich, daß Alter und Erkrankungsdauer unabhängig und additiv zur Schwere der Bradykinese beitrugen und daß die Progredienz der Bradykinese in den ersten Jahren rascher war und bei langen Verläufen zuletzt dem normalen Altersabbau entsprach. Letzterer ist aus anderen Untersuchungen bekannt, wie auch die Tatsache, daß der Neuronenverlust und der Dopamingehalt in den Stammganglien anfangs exponentiell erfolgt.

Der Zusammenhang zwischen Bradykinesie-Score und Krankheitsdauer konnte nach linearer Anpassung an den Faktor Alter durch 3 Regressionsmodelle dargestellt werden, von denen sich das quadratische einem exponentiellen und einem segmentiert linearen als deutlich überlegen erwies, obwohl die tatsächlichen Kurvenverläufe sich nur gering unterscheiden. Dies zeigt erneut die Anfälligkeit derartiger Prädiktionsmodelle für rechnerische Artefakte, bzw. den großen Einfluß von Dateninkonsistenzen.

An einer Untergruppe von 36 Patienten konnte andererseits von dieser Arbeitsgruppe auch gezeigt werden, daß im PET die Fluorodopa-Aufnahme in den Stammganglien linear mit der Zunahme des Bradykinesie-Scores abnimmt, was auch von anderen Autoren gefunden wurde. Dies bestätigt indirekt die gefundenen Prädiktionsmodelle, da diese nicht mit einem akzelerierenden oder dezelerierenden Prozeß vereinbar sind, was kubische Modellfunktionen implizieren würde, die nicht mit den erhobenen Daten im Einklang stehen. Abbildung 2 gibt die Umrechnung des klinischen Progressionsmodells auf den Neuronenverlust wieder, was modellhaft zeigt, daß ein schädigendes Ereignis eingetreten sein muß, das zu 2 möglichen Konsequenzen führte: 1. Verlust eines Teils der Neuronen und Schädigung der anderen in der Weise, daß diese schneller absterben, oder 2. Beginn eines Prozesses, der zu einer konstanten Verlustrate normaler Neurone führt.

Auf diese Weise würde ein gutes Prädiktionsmodell nicht nur eine individuelle Vorhersage des weiteren Verlaufes, sondern auch Hypothesen, bzw. bei umfassender und ausreichend validierter Datenlage auch Beweise für eine bestimmte Ätiopathogenese liefern können. Gleiche Vorgehensweise wie hier beschrieben bei einem anderen Patientenkollektiv wird aber notwendigerweise zu etwas differenten Ergebnissen führen, da das Modell trotz guter Anpassung nur zu ca. 60 % Übereinstimmung mit den beobachteten Daten führte. Eine Verallgemeinerung ist daher zunächst nicht zulässig.

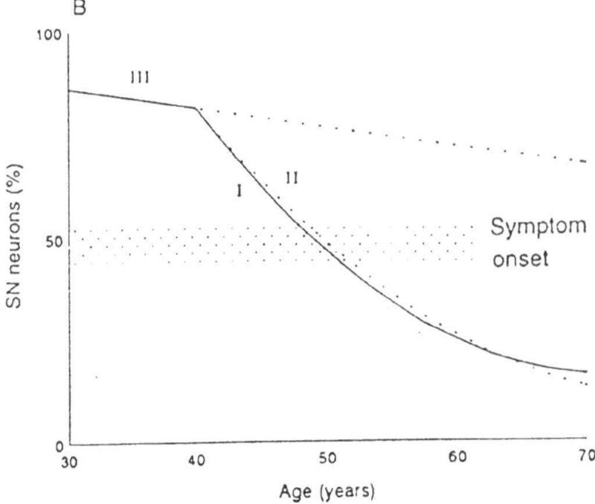

Abb. 2. Zwei quadratische Überlebenskurven für nigrale Neurone bei idiopathischem Parkinson-Syndrom mit zunehmendem Alter. Die *Kurve I* (*durchgezogen*) entspricht der aus den erhobenen Daten (Lee et al. 1994) abgeleiteten quadratischen Regressionsfunktion, umgerechnet in Prozent überlebender nigraler Neurone. Eine kubische Anpassung ist nicht möglich. Die *Kurve II* (*gestrichelt*) zeigt die quadratische Überlebensfunktion der Neurone unter der Annahme eines konstanten pathogenetischen „Prozesses" und wiederum bei Annahme eines „events". Die *Kurve III* repräsentiert das lineare Überleben der Neurone bei normalem Altern vor dem „event". Das durchschnittliche Alter bei dem „event" wird auf 40 Jahre geschätzt und der Symptombeginn auf ca. 50 Jahre, wenn 50 % der Neurone abgestorben sind. (Aus Schulzer et al. 1994, S. 511)

Maligne Gliome

Diese bösartigen Hirntumore führen ohne Therapie in wenigen Monaten bis Jahren zum Tode, und auch eine intensive, multimodale Therapie kann die medianen Überlebenszeiten nur verdoppeln bis verdreifachen. Aufgrund der schweren Krankheitsfolgen, z. T. aber auch durch die Nebenwirkungen der Therapie, muß auch mit ungünstigen Verläufen gerechnet werden, bei denen die gewonnene Lebenszeit in schlechtem Zustand, insbesondere auch mit stark beeinträchtigten geistigen Fähigkeiten verbracht wird. Wir haben hier also ein Paradigma, bei dem eine komplexe Therapie im Hinblick auf ein komplexes Ergebnis zu bewerten ist.

Günstige Voraussetzungen für eine Prädiktion des Spontanverlaufs und des Therapieeffektes sind:

- relativ kurzer Verlauf und damit sehr begrenzter Vorhersage-Zeitraum,
- rein lokale Tumorprogression und Fehlen von Metastasen oder anderer schwer faßbarer Fernwirkungen,
- Vorliegen von schon seit 1970 in den USA und Europa durchgeführten großen randomisierten Studien mit gut standardisierten Daten und abgesicherten Referenzhistologien.

Hier waren an verschiedenen Patientengruppen gleichartige Analysen und mehrfache Berechnung prognostischer Faktoren möglich (z. B. Walker et al. 1978, 1980; Green et al. 1983; Ulm et al. 1989), die zu einigen sehr gut abgesicherten prognostischen Faktoren und schließlich auch zur Definition klar voneinander abgrenzbarer Risikogruppen geführt

Tabelle 3. Signifikante prognostische Faktoren in drei aufeinanderfolgenden Studien der amerikanischen Hirntumorgruppe:

Walker et al. (1978)	Walker et al. (1980)	Green et al. (1983)
Alter	Alter	Alter
Histologie	Histologie	Histologie
Karnofsky	Karnofsky	Karnofsky
Anamnesedauer	Anamnesedauer	Anamnesedauer
Bewußtseinslage	Kopfschmerzen	Bewußtseinslage
	Motorische Ausfälle	Motorische Ausfälle
	Anfälle	Anfälle
	Persönlichkeitsveränderungen	Sprachstörungen
		Hirnnervenausfälle
		Sensorische Ausfälle
		Krebsvorerkrankung
		Arteriosklerose
		Resektionsausmaß
		Blutgruppe
		Leukozyten vor Therapie
		Thrombozyten vor Therapie

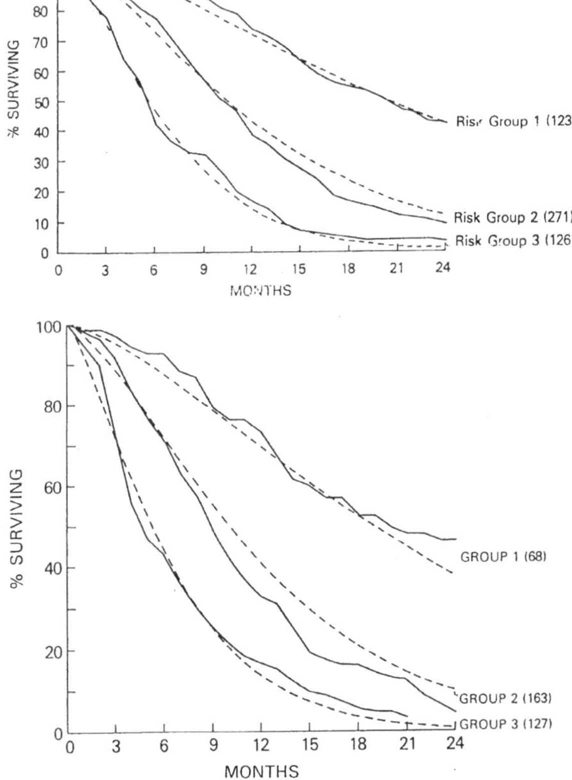

Abb. 3 a, b. Überlebenskurven für Risikogruppen bei malignen Gliomen. Die durchgezogenen Linien stellen die beobachteten Überlebensdaten dar, die gestrichelten Kurven sind aus dem Vorhersagemodell berechnet. **a** Modell aus Walker et al. (1980), in das folgende prognostische Faktoren eingingen: Alter, Persönlichkeitsveränderung, Anamnesedauer, Histologie, Allgemeinzustand, Interaktion zwischen Persönlichkeitsveränderung und Allgemeinzustand. **b** Gleiches Modell aus Green et al. (1983) mit folgenden Faktoren: Alter, Histologie, Allgemeinzustand, Blutgruppe, Leukozytenzahl vor Therapie, Thrombozytenzahl vor Therapie, Anamnesedauer, Bewußtseinslage vor Therapie

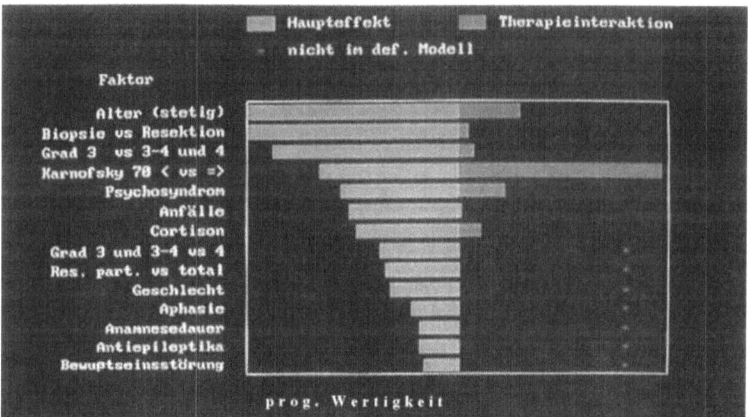

Abb. 4. Prognosefaktoren und Interaktionen mit der Therapie aus der Deutsch-Österreichischen Gliomstudie. Die statistisch signifikanten Faktoren sind aufgelistet, von denen aber nur ein Teil zur Erstellung des Prognosemodells nötig war – die übrigen Kriterien verbesserten die Vorhersage nicht. Auf der rechten Seite ist das Ausmaß der Interaktion des jeweiligen Faktors mit der Therapie dargestellt, wobei sich nur der Karnofsky-Score und in geringem Maße das Alter als bedeutsam erwiesen

haben. Wie oben schon erwähnt, ergeben sich jedoch bei jeder neuen Analyse bei neuen Patientengruppen trotz des gleichen Krankheitsbildes u. U. neue prognostische Faktoren. Dies sei am Beispiel von drei aufeinanderfolgenden Studien der amerikanischen Hirntumorgruppe erläutert, die die gleiche Patientenauswahl (Patienten mit supratentoriellen malignen Gliomen in ausreichendem Allgemeinzustand unmittelbar postoperativ) und im wesentlichen gleiche Therapie (Operation plus Strahlentherapie plus mehr oder weniger intensive Chemotherapie) zum Inhalt hatten. Tabelle 3 zeigt die signifikanten prognostischen Faktoren, wobei der Großteil der aufgeklärten Varianz durch die drei Hauptfaktoren Alter, Allgemeinzustand (Karnofsky-Status) und Histologie erklärt wird, da die übrigen überwiegend von den erstgenannten abhängig sind.

Die Berechnung von Risikogruppen ist an Hand dieser Faktoren recht gut und zuverlässig möglich. Abbildung 3 zeigt, daß deren Bestimmung auch mit etwas unterschiedlichen Prognosefaktoren jeweils mit guter Näherung möglich ist und auch mit dem etwas weniger detaillierten Datensatz der älteren Arbeit praktisch mit gleicher Güte gelingt. Aus diesen Überlebenskurven geht aber auch hervor, daß diese Risikogruppen nur bedingt hilfreich sind, da in allen Gruppen, auch der schlechtesten, ein kleiner Teil länger Überlebender beobachtet wird. Von daher wäre also eine wünschenswerte Therapieentscheidung derart, daß der schlechtesten Gruppe keine Strahlen-/Chemotherapie mehr angeboten wird, kaum zu rechtfertigen. Das Modell ist zwar zuverlässig, aber nicht trennscharf genug.

Abbildung 4 gibt eine Weiterentwicklung dieses Modells aus der Deutsch-Österreichischen Gliomstudie wieder. Dort ergab sich eine hochsignifikante Interaktion der durchgeführten Chemotherapie mit dem Karnofsky-Status in der Weise, daß die aggressivere Therapie bei Patienten in gutem Allgemeinzustand und die weniger aggressive bei Patienten in schlechterem Zustand zu längeren Überlebenszeiten führte. Das multiple Regressionsmodell sichert ab, daß keine anderen intervenierenden Variablen für diesen

Effekt verantwortlich sind, so daß die Konsequenz für die nachfolgende Studie gezogen werden konnte, die Therapie entsprechend anzupassen.

Das Beispiel der malignen Gliome zeigt, daß derartige Prädiktionsmodelle durchaus geeignet sein können, auch für das Individuum konkrete Therapieentscheidungen zu begründen oder zumindest zu erleichtern. Gleichzeitig werden die Grenzen deutlich. Für das Individuum gibt es keine umfassende Vorhersage, sondern nur eine Trendaussage.

Zusammenfassung und Ausblick

Die vielfältige Problematik in der Prädiktionsforschung muß notwendigerweise zu unterschiedlichen Lösungsansätzen führen. So können u. U. einzelne Kriterien mit hohem Vorhersagewert herausgearbeitet werden wie bei der Hirntoddiagnostik oder der Komaprognose. Andererseits sind komplexe Modelle und z. T. nicht direkt erfaßbare rechnerische Variablen wie die Interaktionsfaktoren notwendig, um über die rein empirische Prognoseabschätzung hinauszukommen. Von entscheidender Bedeutung ist die Länge des Vorhersagezeitraums, obwohl, wie das Beispiel der malignen Gliome zeigt, auch über Jahre hin recht zuverlässige Aussagen zumindest für Gruppen möglich sind.

Allen Prädiktionsmodellen gemeinsam ist, daß nur ein miteinander verbundenes Set von Variablen zu zuverlässigen Aussagen führt. Längerfristigen Vorhersagen ist weiterhin gemeinsam, daß sie für Gruppen relativ hohe Zuverlässigkeit besitzen, aber innerhalb der Gruppen ein kleiner Teil der Individuen abweichende Verläufe zeigt. Hier für die kürzeren Vorhersagezeiträume bessere Trennschärfe zu entwickeln, ist ein realistisches Nahziel, das durch die Einbeziehung der zunehmend verfügbaren biologischen Marker, wie z. B. die unterschiedlichen genetischen Merkmale bei gleicher histologischer Zuordnung bei den malignen Gliomen, rascher erreichbar sein wird.

Der abweichende individuelle Verlauf stellt natürlich auch für die abzuleitende Therapieentscheidung das kritische Problem dar. Sind wir berechtigt, dem 80jährigen die Dialyse zu verweigern, dem 75jährigen eine Strahlen- oder Chemotherapie vorzuenthalten, wenn eine – wenn auch geringe – Chance auf Jahre erfüllten Lebens besteht? Dürfen wir andererseits eingreifende Therapien bei geringen Chancen zumuten? Dürfen wir der Gesellschaft hohe Kosten für minimale individuelle Chancen aufbürden?

Um diese Frage im Einzelfall ausgewogen beantworten zu können, benötigen wir möglichst gut abgesicherte, möglichst objektive Daten über die Prognose der Erkrankung, über die subjektiven Werte des Patienten und seiner Angehörigen, die Kenntnis von Begleiterkrankungen und wichtiger Verhaltensweisen, sowie die Kenntnis und das Bewußtsein unserer Irrtumsmöglichkeiten.

Wir benötigen diese Daten, um den Patienten aufklären zu können und mitentscheiden zu lassen. Wir benötigen aber auch gute Daten, um sozialpolitisch begründeten Restriktionen und Therapievorschriften entgegentreten zu können. Wir brauchen umfassende Daten, um gar zu lineare Schlußfolgerungen aus Prognosemodellen bzw. deren Mißbrauch zu verhindern (vgl. Tanenbaum 1993). Kurz, wir haben als Ärzte die Verpflichtung, unseren Teil zur Vervollkommnung der Prädiktionsmodelle hin zu mehr Zuverlässigkeit und ganzheitlicher Sichtweise beizutragen.

Diskussion

Frage: Sie haben Daten zu eher fatalen Erkrankungen präsentiert. Meine Frage ist: Sie haben einen Patienten mit einer transitorischen ischämischen Attacke, der mit 100 mg Azetylsalizylsäure, mit 300 mg, mit 500 mg oder nicht behandelt wird. Wie wäre in diesem Beispiel die Prädiktion, die Voraussage des Behandlungserfolges?

Antwort: Dieses Problem würde ich nicht unter dem Oberbegriff der Prädiktion subsumieren. Es handelt sich hier um die Frage der Effizienzprüfung, die sich auf große randomisierte Studien stützen muß. Prädiktion beinhaltet, daß wir prüfen, ob es Nebenwirkungsraten gibt und welche Auswirkungen die Therapie auf das Alltagsleben hat. Wir brauchen für ein gutes Prädiktionsmodell größere und exaktere Datensätze als für den eindimensionalen Wirkungsnachweis.

Frage: Nun könnte es aber doch sein, daß dieser Prädiktor „Allgemeinzustand" zusammenhängt mit anderen Variablen. Allgemeinzustand kann variiert werden durch Sozialstatus, aber auch durch Begleiterkrankungen. Haben Sie denn nachgeprüft, ob z. B. der Faktor Begleiterkrankungen derjenige Faktor ist, der dann den Allgemeinzustand festlegt in dieser prädiktiven Reihe?

Antwort: Wenn ich eine Variable nicht entdecke, kann ich sie auch nicht beurteilen. Hier ist es so, daß wir alle bekannten Variablen, insbesondere Begleiterkrankungen, analysiert haben. Die Begleiterkrankungen waren in beiden Gruppen vergleichbar. Den Sozialstatus haben wir nicht analysiert, weil das bei Hirntumoren nach aller Kenntnis keine wesentliche Rolle für die Überlebenszeit spielt. Was Sie sagen, ist völlig richtig. Man muß immer nachsehen, ob Faktoren, die wir nicht einbezogen haben, sich möglicherweise doch auf die Therapie auswirken.

Frage: Hippokrates, den Sie am Anfang zitiert haben, fand die Prognose deswegen so wichtig, weil sie den Arzt davor bewahren konnte, hoffnungslose oder vergebliche Therapien durchzuführen. Die Prädiktion ist wichtig, um rechtzeitig zu erkennen, wann eine Krankheit infaust verlaufen wird. Wie verhält es sich mit Nebenwirkungen und subjektiv erlebten Wirkungen? Sind Therapieeffekte bei Tumorerkrankungen genügend günstig, um ihren Einsatz zu rechtfertigen?

Antwort: Zur Frage der Chemotherapie von Hirntumoren ist die Antwort nicht schwer: Die Überlebensqualität der Betroffenen ist akzeptabel.

Frage: Mir sind die Kriterien, die in ihren Studien angewendet werden, nicht vertraut. Ich weiß aus einer Literaturrecherche, daß für den Verlauf chronischer Erkrankungen das Ausmaß der Depressivität im allgemeinen einen hohen prädiktiven Wert besitzt. Dies gilt z. B. für Nierenkrankheiten und Herzkrankheiten. Besitzt Depressivität auch im Fall der Hirntumoren eine Aussagekraft bzgl. der Prädiktion?

Antwort: Was die Gliome betrifft, ist diese Frage nicht explizit untersucht worden, weil diese Patienten praktisch keine Depressionen haben. Bei diesen relativ kurzen Krankheitsverläufen ist nicht zu erwarten, daß Depressivität für die Prognose eine Rolle spielt.

Das gilt eher für langsam, chronisch progredient verlaufende Erkrankungen, z. B. multiple Sklerose und Morbus Parkinson.

Frage: Sie haben wiederholt den ökonomischen Aspekt angesprochen. Ich bin skeptisch, ob dieser Gesichtspunkt eine Leitlinie sein oder werden könnte. Ich zweifle sehr, daß die weitere Aufgliederung von Prädiktoren so valide Ergebnisse ergeben wird, daß man danach entscheiden könnte, eine Patientengruppe nicht zu behandeln, weil sie nur eine kurze Überlebenszeit hat. Sehen Sie das anders?

Antwort: Wir können nicht akzeptieren, wenn aus ökonomischen Gründen gesagt wird, ein Patient solle eine bestimmte Therapie nicht erhalten. Es gehört zu unseren vordringlichen Aufgaben, in den nächsten Jahren Daten exakt und umfassend zu erfassen, um einem politischen Druck zu entgehen. Wir müssen sagen können, daß klare medizinische und wissenschaftliche Fakten bestehen, um eine Therapie einzuleiten.

Frage: Wie glaubwürdig sind Daten über die Behandlungsprognose und Prädiktion des Therapieerfolges, wenn keine Vergleichsgruppe vorhanden ist, die nicht behandelt wird, keine Plazebogruppe im klassischen Sinne?

Antwort: Es gibt aus der Frühzeit der Hirntumorforschung gute Vergleichsdaten. Hier wurden verglichen Patienten, die nur operativ behandelt wurden mit solchen, die sich neben der Operation auch einer Bestrahlung unterzogen und mit anderen, die operiert wurden und eine Chemotherapie erhalten haben. Dabei zeigte sich, daß jene Patienten, die nur operiert wurden, nur halb so lange gelebt haben wie diejenigen, die zusätzlich eine Strahlentherapie erhalten haben. Patienten, die zusätzlich noch Chemotherapie erhielten, lebten durchschnittlich unwesentlich länger. Aber ein Viertel dieser Kranken lebte deutlich länger als ohne Chemotherapie. Man kann daraus ableiten, daß diese Therapie effizient ist auch ohne Placebogruppe.

Literatur

Cowen JS, Kelley MA (1994) Errors and bias in using predictive scoring systems. Crit Care Clin 10: 53-72

Green SB, Byar DP, Walter MD et al. (1983) Comparisons of carmustine, procarbazine, and high-dose methylprednisolone as additions to surgery and radiotherapy for the treatment of malignant glioma. Cancer Treat Rep 67: 123-132

Kollef MH, Schuster DP (1994) Predicting intensive care unit outcome with scoring systems. Crit Care Clin 10: 1-18

Lee CS, Schulzer M, Mak EK et al (1994) Clinical observations on the rate of progression of idiopathic parkinsonism. Brain 117: 501-507

Luce JM, Wachter RM (1994) The ethical appropriateness of using prognostic scoring systems in clinical management. Crit Care Clin 10: 229-241

Runmarker B, Andersen O (1993) Prognostic factors in a multiple sclerosis incidence cohort with twenty-five years of follow-up. Brain 116: 117-134

Runmarker B, Andersson C, Oden A, Andersen O (1994) Prediction of outcome in multiple sclerosis based on multivariate models. J Neurol 241: 597-604

Schulzer M, Lee CS, Mak EK et al. (1994) A mathematical model of pathogenesis in idiopathic parkinsonism. Brain 117: 509-516

Tanenbaum SJ (1993) What physicians know. N Engl J Med 329: 1268-1271

Ulm K, Schmoor C, Sauerbrei W et al. (1989) Strategien zur Auswertung einer Therapiestudie mit der Überlebenszeit als Zielkriterium. Bio Inf Med Biol 29 (4): 171-205

Walker MD, Alexander E jr, Hunt WE et al. (1978) Evaluation of BCNU and/or radiotherapy in the treatment of anaplastic gliomas. J Neurosurg 49: 333-343
Walker MD, Green SB, Byar DP et al. (1980) Randomized comparisons of radiotherapy and nitrosoureas for the treatment of malignant glioma after surgery. N Engl J Med 303: 1323-1329
Weinshenker BG (1994) Natural history of multiple sclerosis. Ann Neurol 36: S6-S11
Weinshenker BG, Rice GPA, Noseworthy JH et al. (1991) The natural history of multiple sclerosis: a geographically based study. 3. Multivariate analysis of predictive factors and models of outcome. Brain 114: 1045-1056

Prädiktion des Therapieerfolges bei psychiatrischen Erkrankungen: Ein Beitrag zu Konzept und Methodik psychiatrischer Prädiktorforschung

W. GAEBEL

Einleitung

Die Prognostik psychiatrischer Erkrankungen ist von vergleichbarer klinischer Bedeutung wie Diagnostik und Therapie: Nur in Kenntnis der spontanen Verlaufsprognose einer Erkrankung und deren zu erwartender Verbesserung durch ein geeignetes Therapieverfahren läßt sich die Indikation zu dessen Anwendung – und damit die Inkaufnahme etwaiger unerwünschter Begleitwirkungen – begründen. Verständlicherweise hat mit der Entwicklung hochwirksamer psychiatrischer Therapieverfahren das Interesse an der „Prädiktion" des Behandlungserfolgs, also eines unter Nutzen/Risiko- wie Kostenaspekt begründeten Einsatzes eines Therapieverfahrens, zugenommen. Dennoch ist das gesicherte Wissen zur Prädiktion des Behandlungserfolgs in der Psychiatrie unbefriedigend. Dies liegt nicht zuletzt an unbewältigten konzeptuellen und methodischen Problemen.

Erfolgreiche Prädiktforschung erfordert explizite Konzepte, Definitionen und Operationalisierungen für Krankheitsverlaufstypen (Spontan-„Prognostik"), Therapieresponse, „Outcome" und Prädiktoren. Der Einsatz geeigneter statistischer Methoden ist erforderlich, um die Beziehungen dieser Merkmale untereinander zu analysieren. Ein übergeordnetes Prädiktionskonzept sollte den Bezug dieser Elemente zu ihren jeweiligen biopsychosozialen Grundlagen beinhalten. Schließlich können valide Voraussagen nur auf der Grundlage erkennbarer Regeln getroffen werden, die für Verlauf und Behandlungsergebnis einer Erkrankung wirksam sind. Je mehr sich demnach das Wissen über mögliche ätiologische Determinanten und pathogenetische Mechanismen der Manifestation und Verlaufscharakteristik einer Krankheit entwickelt, desto besser werden die Voraussetzungen sein, einen validen Prädiktionsalgorithmus aufzustellen.

Im folgenden Beitrag sollen konzeptuelle und methodische Aspekte der Prädiktorforschung dargestellt werden, um zur künftigen Optimierung dieses klinisch relevanten Forschungszweiges beizutragen.

Diagnostik

Durch die Einführung und fortlaufende Überarbeitung operationaler Diagnosesysteme psychiatrischer Erkrankungen wie ICD-10 (Dilling et al. 1991) und DSM-IV (APA 1994) ist eine für die Prädiktorforschung wichtige Voraussetzung geschaffen, nämlich die Möglichkeit zur Selektion relativ homogener Krankheits- und Behandlungsgruppen. Ein sinnvoller Vergleich verschiedener Studienergebnisse ist nur unter dieser Voraussetzung möglich. Wie beispielsweise Untersuchungen zur Verlaufsprognose schizophrener Erkrankungen zeigen, ist diese – unabhängig vom Therapieverfahren – von der Wahl des Diagnosesystems mitbestimmt (Kendell et al. 1979), was u. a. auf unterschiedliche Zeitkriterien zurückgeht, die für die Diagnosestellung gefordert werden. Der Schweregrad einer Erkrankung und das dementsprechend variierende Behandlungssetting sind ihrerseits wichtige Moderatorvariablen in der Prädiktorforschung.

Behandlung

Behandlungsformen

Psychiatrische Behandlung ist in der Regel eher zielsyndrom- und weniger diagnoseorientiert (Freyhan 1957). Entsprechend der Vielzahl in der Psychiatrie angewandter Behandlungsmethoden (s. Übersicht), von denen somatotherapeutische und einige psychotherapeutische Verfahren bisher am besten evaluiert sind, müßten Prädiktoren für den Therapieerfolg dieser Verfahren untersucht werden, um - deren prinzipielle Wirksamkeit vorausgesetzt - zu einer verbesserten Indikationsstellung beizutragen.

Psychiatrische Therapieverfahren

Somatotherapie:
- Pharmakotherapie,
- Schlafentzugsbehandlung,
- EKT,
- Lichttherapie,
- Internistische Begleitbehandlung.

Psychotherapie (Einzel-/Gruppenverfahren):
- therapeutisches Basisverhalten,
- kognitive Verhaltenstherapie,
- tiefenpsychologische Verfahren,
- interpersonale Therapie,
- andere empirisch belegte Verfahren.

Entspannungsverfahren:
- autogenes Training,
- progressive Relaxation.

Soziotherapie

Sozialarbeiterische Beratung

Andere Begleittherapien:
- psychiatrische Pflege,
- BT/AT,
- psychologische Trainingsprogramme,
- Training lebenspraktischer Kompetenz,
- Angehörigenarbeit,
- Kreativtherapien,
- Freizeit- und Kommunikationsangebote,
- Laienhilfe,
- Bewegungstherapie,
- Physiotherapie.

Kombinationstherapien.

Dabei ist wiederum zu berücksichtigen, daß therapiespezifisch unterschiedliche Zielkriterien eine Rolle spielen. In dem vorliegenden Beitrag werden Beispiele vor allem aus der Pharmakotherapie - speziell schizophrener Psychosen - gewählt, die bisher bezüglich Responseprädiktoren mit am besten untersucht ist.

Behandlungsphasen

Entsprechend den verschiedenen Krankheitsverlaufsformen können unterschiedliche Behandlungsphasen unterschieden werden, für die jeweils Prädiktoren untersucht werden müssen, da erfahrungsgemäß „universelle“ Prädiktoren nicht existieren.

Akutbehandlung

Symptomänderungen, darstellbar als eine Zeitfunktion $[f(t_1 - t_2)]$, können das Ergebnis einer spontanen Remission, einer Plazebo- oder einer echten Behandlungsresponse sein. Deshalb muß bei der Beurteilung der Ergebnisse einer Pharmakotherapie unterschieden werden zwischen einer Response "on drug" und einer Response "to drug" (May u. Goldberg 1978). Das ist allerdings in individuellen Fällen nur möglich, wenn ein experimentelles A-B-A-Behandlungsdesign angewendet wird. Bei akuter Pharmakotherapie sind Verhaltens- und Erlebensstörungen ("signs" und "symptoms") einer psychischen Erkrankung Zielbereiche für die Responsemessung. Gewöhnlich werden sie zu einem Syndrom- oder Gesamtscore auf einer Meßskala – der die globale Syndromintensität (i) wiedergibt – kombiniert, welche zur Verlaufsmessung wiederholt eingesetzt wird, zumindest einmal zu Beginn und einmal zu Ende der Behandlung (Abb. 1).

Während der "Outcome" durch einen Residualscore i_2 bei t_2 angezeigt wird, wird die „Response“ durch einen Differenzscore $(i_1 - i_2)$ oder besser durch die prozentuale Veränderung $[(i_1 - i_2) \times 100/i_1]$ gemessen, um für individuelle Unterschiede im Ausgangs-

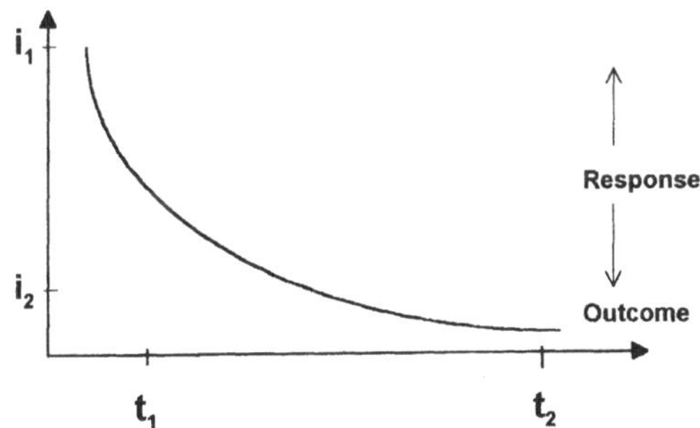

Abb. 1. Schematische Darstellung des Akutverlaufs unter neuroleptischer Behandlung

Veränderung $(f(t_1 - t_2))$ durch:
- ◆Spontanremission
- ◆Plazeboeffekt
- ◆Pharmakologische Wirkung („unter“ vs. „auf“ Medikation)

Maße für:
- ◆Verlauf: $\Delta i/\Delta t$, $\Delta t \to 0$ (i = objektive und/oder subjektive Symptome)
- ◆Outcome: Restscore (RS) i_2
- ◆Response: Differenzscore (DS) $(i_1 - i_2)$
prozentuale Veränderung (%V) $(i_1 - i_2) \times 100/i_1$

Operationalisierung von:
- ◆Response: $>=$ x % V
- ◆Nonresponse: $<$ x % V

score i_1 zu korrigieren. Response kann dann operational als eine bestimmte prozentuale Veränderung definiert werden, die erreicht werden soll, während andernfalls von einer Nonresponse gesprochen wird. Es muß allerdings berücksichtigt werden, daß derartige Definitionen willkürlich auf ein Response/Partialresponse/Nonresponsekontinuum angewendet werden.

Analog zu globalen Wirksamkeitsaussagen wie „besser" oder „schlechter" gibt es auch bei der Verwendung zusammengesetzter Skalenscores potentielle Nachteile. Zum einen nivelliert die Summation von Krankheitszeichen und -symptomen jegliches differentielle Wirkprofil einer Therapie, da sie nur Rückschlüsse über eine Veränderung im Schweregrad der Krankheit zuläßt. Zum anderen entstammen die einzelnen psychopathologischen Merkmale unterschiedlichen Datenquellen: Verhaltensauffälligkeiten können vom Rater direkt beobachtet und gemessen oder codiert werden, die Erfaßbarkeit von Erlebensstörungen hängt wesentlich von der Introspektionsfähigkeit und verbalen Ausdrucksfähigkeit des Patienten ab (Alpert 1985; Gaebel u. Wölwer 1995). Nicht nur unter dem Aspekt der Reliabilität, sondern auch seiner Validität ist objektiv erfaßtes Krankheitsverhalten einer Selbsteinschätzung des Patienten möglicherweise überlegen. Im Hinblick auf eine stärker funktional orientierte Psychopathologie (Van Praag et al. 1987), die auf zugrundeliegende neurobiologischen Dysfunktionen und deren therapeutische Beeinflußbarkeit abzielt, sollten Zielbereiche therapeutischer Wirksamkeit konzeptuell differenziert und objektiven Meßmethoden unter Berücksichtigung experimenteller Untersuchungsmethoden zugeführt werden (Gaebel u. Renfordt 1989). Insbesondere aus der Depressionsforschung liegen hierzu Untersuchungsbefunde vor (Ranelli u. Miller 1981; Troisi et al. 1989; Kuny u. Stassen 1993).

Eine Response auf psychoaktive Medikamente, wie z. B. typische Neuroleptika, entwickelt sich mit zeitlicher Verzögerung, die auf bestimmten neurobiologischen Veränderungen basiert (Freed 1988; Pickar 1988). Betrachtet man allerdings die exponentielle Zeitkurve der Veränderung, so scheint sich die Gruppe der Responder ("on" oder "to drug") schneller zu bessern als die Gruppe der Nonresponder. Es ist nicht bekannt, ob der flachere zeitliche Veränderungsgradient bei Nonrespondern die spontane Selbstlimitierung einer Krankheitsepisode wiedergibt – die im Falle einer Response durch Medikamente beschleunigt wird –, oder ob sie bereits eine Partialresponse (z. B. auf Plazebo) widerspiegelt. Derartige Überlegungen können aber beispielsweise dazu beitragen, Response/Nonresponse anhand zugrundeliegender zeitabhängiger biologischer Prozesse, die sowohl für den spontanen Krankheitsverlauf als auch für das Behandlungsansprechen bedeutsam sind, neu zu konzeptualisieren und definieren. Dies hätte für die Prädiktorforschung eine nicht unerhebliche Bedeutung.

Langzeitbehandlung

Die Verhinderung von Rückfällen stellt das wichtigste Responsekriterium einer Langzeitbehandlung dar. „Rückfall" bedeutet Wiederauftreten einer akuten, anhand ihres Schweregrads definierten Krankheitsepisode nach bereits eingetretener Remission, unabhängig davon, ob eine stationäre Wiederaufnahme erforderlich ist oder nicht. Um eine akute Krankheitsepisode als solche abgrenzen zu können, müssen Begriffe wie Voll-, Teilremission und Prodromalsymptomatik ebenfalls definiert werden. Desweiteren muß zwischen klinischer Verschlechterung und Rückfall unterschieden werden. In der Depressionsforschung wurde der Begriff „Rückfall" für eine frühe Verschlechterung nach einer akuten Episode vorgeschlagen, während eine Reexazerbation der Krankheitssymptome nach einer bestimmten Remissionsdauer als „Wiedererkrankung" bezeichnet wird (Frank et al. 1991).

Eine neuroleptische Langzeitbehandlung - gewöhnlich als niedrigdosierte Dauermedikation, da sich eine intermittierende Behandlung mit Frühintervention rückfallprophylaktisch als nicht vergleichbar wirksam herausgestellt hat (Pietzcker et al. 1993) - dient zur Rückfallprävention oder Symptomsuppression. Eine Prädiktion des Therapieerfolges unter Langzeitbehandlung zielt folglich auf den zugrundeliegenden Medikamentenmechanismus, Rückfälle/Symptome zu unterdrücken, sie zu verhindern oder ihr Auftreten hinauszuzögern. Augenscheinlich wird ein Rückfall nicht durch Symptomunterdrückung, sondern durch ein Hinauszögern einer Symptomexazerbation verhütet (Hogarty et al. 1973). Allerdings sind die neurobiologischen Wirkmechanismen einer neuroleptischen Dauerbehandlung bisher erst rudimentär aufgeklärt.

Behandlungsergebnisse

Krankheitsverlauf

Um den Krankheitsverlauf in seiner tatsächlichen Kontinuität anhand von Zeitkoordinaten (t_1, $t_2 \ldots t_n$) zu modellieren, ist ein ausreichend engmaschiger zeitlicher Beurteilungsrahmen ($dt \rightarrow 0$) erforderlich (vgl. Abb. 1). Abhängig vom Krankheitsstadium (akut/postakut/chronisch) und den entsprechend erwarteten Veränderungsgradienten muß ein unterschiedlich enger Zeitrahmen gewählt werden. Da die verwendeten Untersuchungsinstrumente gewöhnlich retrospektiv eine bestimmte Zeitperiode abdecken, ist ein zu enger zeitlicher Rahmen weder nötig noch durchführbar, um den Krankheitsverlauf in bezug auf bestimmte Behandlungsbedingungen zu beschreiben.

Verlaufsausgang

Der - spontan oder unter einer bestimmten Behandlung zu beobachtende - Verlaufsausgang oder "Outcome" einer Erkrankung stellt den zu einem bestimmten Zeitpunkt festgestellten Querschnittsbefund dar. Entsprechend einem multidimensionalen Outcomekonzept in der Psychiatrie können verschiedene, zudem behandlungsspezifische Therapiezielbereiche unterschieden werden. Abhängig von Krankheits- und Behandlungsstadium (z. B. Akut- vs. Langzeitbehandlung) müssen unterschiedliche Erfolgsindikatoren definiert werden. Wichtige Bereiche sind Symptomatologie, Arbeitsfähigkeit, soziale Kontakte, Rehospitalisierung und ggf. Dauer des Krankenhausaufenthalts. Lebensqualität - obwohl inkonsistent definiert - ist ein weiteres Outcomemerkmal, das mit sozialer Eingliederung, subjektivem Wohlbefinden und Nebenwirkungen der Behandlung in Zusammenhang steht und dem neuerdings in Psychopharmakastudien vermehrt Beachtung geschenkt wird (Awad 1992). Wie die Schizophrenieforschung gezeigt hat, sind verschiedene Outcomemerkmale im Querschnitt nur mäßig miteinander korreliert, prädizieren sich allerdings longitudinal am besten selbst (Gaebel et al. 1986). Die unterschiedlichen Outcomedimensionen wurden daher als "open-linked systems" konzeptualisiert (Strauss u. Carpenter 1974): "Each system is open in the sense of influencing and being influenced by outside variables; the systems are linked in the sense of having

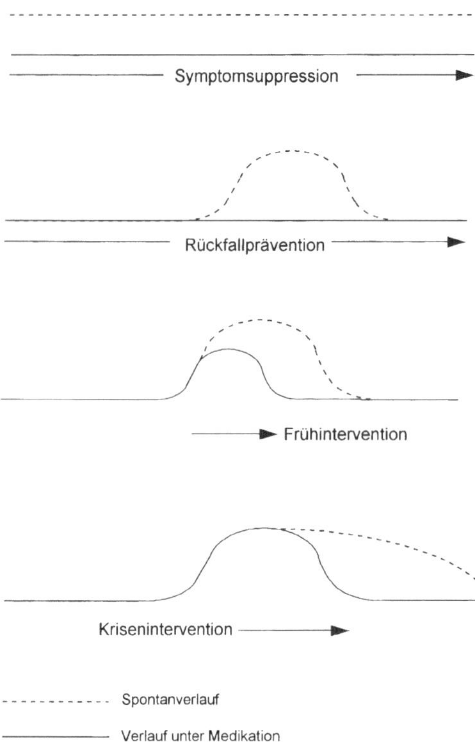

Abb. 2. Unterschiedliche therapeutische Interventionsformen im Krankheitsverlauf

definite but incomplete interdependence; conceived in this framework each outcome process, work, social relationships, symptoms, and need for hospitalization might be considered as a system." Dementsprechend gibt es zu einem bestimmten Zeitpunkt je nach betrachteter Dimension verschiedene Verlaufsausgänge und nicht „den" Verlaufsausgang.

Die Charakterisierung einer biologischen Variable als State- oder Traitmarker hängt nicht zuletzt von einer klaren Definition des prä-, intra- und postepisodischen Krankheitszustandes anhand eines bestimmten Zielsymptoms ab. Schizophrene Patienten, die auf einer Skala zur Positivsymptomatik remittiert sind, weisen häufig ausgeprägte Negativsymptomatik auf. Es hängt daher von der Definition ab, ob diese Patienten als remittiert bezeichnet werden, was wiederum Konsequenzen für die Charakterisierung einer Variable als State- oder Traitmarker hat.

Dementsprechend gibt es keinen absoluten Outcome, sondern dieser hängt von willkürlich gewählten Definitionskriterien und dem Zeitpunkt ihrer Anwendung ab.

Response

„Response" stellt ein therapiebezogenes Konzept des Krankheitsverlaufs dar. Es bezieht sich auf eine entweder vor oder nach Behandlung definierte behandlungsbedingte

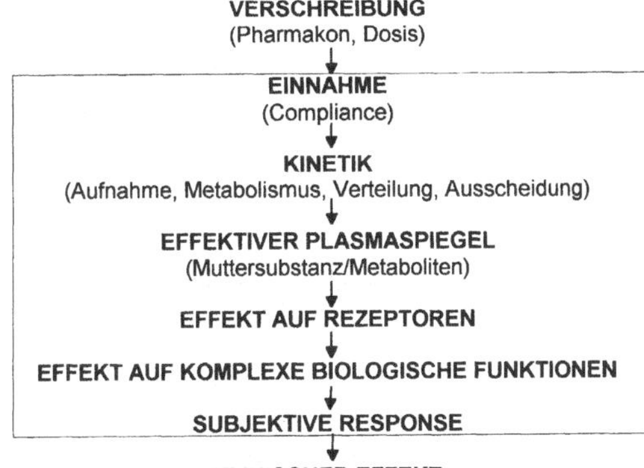

Abb. 3. Intervenierende biopsychosoziale Systemebenen zur Erklärung der interindividuellen Variabilität des pharmakotherapeutischen Outcome

Veränderung des spontanen Krankheitsverlaufs anhand eines bestimmten Outcomeindikators. Ein kausaler Behandlungseinfluß kann allerdings nur erschlossen werden, wenn ein entsprechendes Studiendesign (z. B. randomisierte Therapiezuteilung, Plazebogruppe) den spontanen Krankheitsverlauf abzuschätzen erlaubt. Abhängig von Art und Zeitverlauf (z. B. der Responselatenz) von Behandlungseffekten müssen Zielsymptom, Behandlungsdauer und Zeitraster der Untersuchung gewählt werden. In unterschiedlichen Krankheitsstadien kommen unterschiedliche therapeutische Interventionen zur Anwendung. Wie bereits beschrieben, können Akutbehandlung (Frühintervention, Krisenintervention) und Langzeitbehandlung (Symptomsuppression, Rückfallprophylaxe) unterschieden werden (Abb. 2).

Prädiktoren

Es liegen Übersichtsarbeiten vor zu Prädiktoren des Therapieerfolgs einer Pharmakotherapie (Woggon 1992), speziell einer antidepressiven Pharmakotherapie von Depressionen (Bielski u. Friedel 1976; Joyce u. Paykel 1989) sowie einer neuroleptischen Therapie von Schizophrenien (Awad 1989, 1994). Woggon (1992) stellt fest, daß der auffälligste Befund bei der Durchsicht der Literatur die Widersprüchlichkeit der Resultate ist. Sie kommt zu der Schlußfolgerung, daß sich vor Behandlungsbeginn der Erfolg einer Antidepressiva- oder Neuroleptikabehandlung nicht sicher vorhersagen läßt, jedoch nach einer Probetherapie von wenigen Tagen Dauer. Wir selbst konnten dies anhand der Frühresponse auf eine neuroleptische Akutbehandlung schizophrener Psychosen zeigen (Gaebel et al. 1988).

Der spontane Krankheitsverlauf wird nicht nur durch eine spezifische Behandlung, sondern auch durch andere Faktoren mitbestimmt und modifiziert. Sie werden als potentielle Outcome/Response-„Prädiktoren" bezeichnet und rekrutieren sich in der Regel aus Patienten-, Krankheits- und Umfeldvariablen. Bei Anwendung eines Systemkonzepts (Engel 1980; Goodman 1991) lassen sich biopsychosoziale Einflußebenen abgrenzen, die der Komplexität einer Medikamentenwirkung Rechnung tragen und entsprechende Untersuchungsansätze charakterisieren (Abb. 3).

In diesem Modell, in dem außer Umgebungsfaktoren wie Behandlungsmilieu, geplante psychosoziale Interventionen und das Familienumfeld (Gaebel 1993) eine Rolle spielen, finden sich auf verschiedenen Ebenen potentielle Outcome/Responseprädiktoren.

Potentielle Prädiktorvariablen am Beispiel der Neuroleptikatherapie (Modifiziert nach Awad 1989)

Patient	Demographische Variablen (Geschlecht, sozioökonomischer Status, Familienstand) Psychiatrische Vorgeschichte (Ersterkrankungsalter, familiäre Belastung, prämorbide Anpassung, früheres Therapieansprechen) Klinische Charakteristika (Positive/negative Symptome, andere Symptome) Diagnosekriterien Einstellungen (Compliance)
Neuroleptikum	Pharmakontyp
Effektiver Plasmaspiegel	Blutspiegel des Pharmakons (Testdosis, steady state)
Effekt am Rezeptor	Indizes der DA-Rezeptorblockade (HVA, PRL, EPS) Provokationstests (GH, Amphetamin)
Komplexe biolog. Funktionen	Hirnmorphologie (CT, MRT) Neurologische "soft signs" Perinatale Komplikationen Neurokognitive Funktionen Psychophysiologie (EDA, EEG)
Subjektive Interpretation	Frühe subjektive Response
Verhaltensbezogene Reaktivität	Frühe Symptomänderung

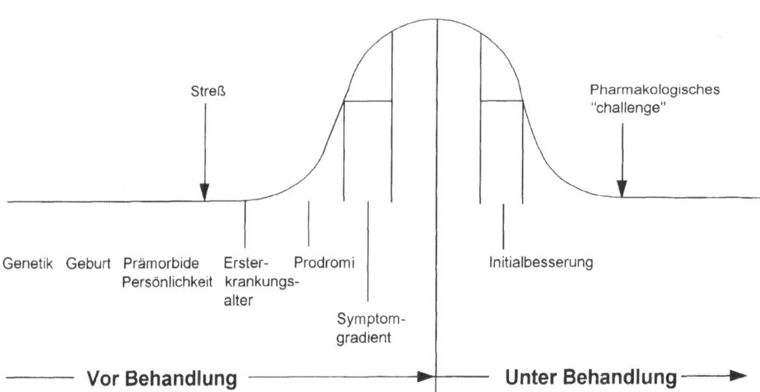

Abb. 4. Potentielle Responseprädiktoren im Krankheits- und Behandlungsverlauf

Andere Klassifikationsmöglichkeiten von Prädiktoren sind z. B. "state/trait", statisch/dynamisch oder subjektiv/objektiv. In bezug auf den Krankheitsverlauf und den Zeitpunkt der Behandlung lassen sich prä- und intratherapeutische Responseprädiktoren unterscheiden (Abb. 4).

Variablen, die atypische Krankheitsaspekte, Chronizität oder prämorbide soziale Anpassung charakterisieren, sind als allgemein wirksame prognostische Merkmale identifiziert worden. Erschwerend ist allerdings, daß einige dieser Prädiktoren, wie z. B. prämorbide Anpassung, oft nicht leicht von Outcomemerkmalen selbst abgrenzbar sind. Darüberhinaus konnten viele Prädiktoren in Replikationsstudien nicht validiert werden (May u. Goldberg 1978). Auch bei multivariater Kombination von Einzelprädiktoren liegt die erklärte Outcomevarianz selten höher als 30–40%. Der günstige Effekt einer medikamentösen Behandlung selbst scheint die prädiktive Kraft vieler Merkmale zu überspielen, so daß viele Patienten auch bei diagnostisch ungünstigen Eingangsmerkmalen offensichtlich von der Behandlung profitieren.

Im individuellen Fall ist die Therapieerfolgsvorhersage besonders wichtig – und schwierig. Dies liegt z. T. an der interindividuellen Variabilität behandlungsabhängiger Prozesse (vgl. Abb. 3). Dementsprechend sind zusätzlich zu statischen Hintergrundvariablen ohne direkten Bezug zum Behandlungsprozeß behandlungsabhängige dynamische Variablen in prädiktive Modelle einbezogen worden (May et al. 1976). Sie tragen kybernetischen Prinzipien des zugrundeliegenden Krankheitsprozesses und dessen Behandlungssensitivität (z. B. Selbach 1961) oder der „Elastizität“ biologischer Systeme Rechnung, die mit funktionellen Imagingmethoden (z. B. PET) gemessen werden können.

Das sog. Testdosismodell kombiniert verschiedene Prädiktoren aus unterschiedlichen Untersuchungsebenen, z. B. psychopathologische Frühresponse, subjektive Response, pharmakokinetische, psychophysiologische, biochemische und andere funktionale Prädiktoren nach Applikation einer Testdosis (Gaebel et al. 1988). Befunde über Beziehungen zwischen (frühen) pharmakokinetischen Daten und Behandlungsoutcome sind inkonsistent (Gaebel et al. 1992) und können künftig möglicherweise durch direkte Meßparameter der Pharmakonwirkung am Rezeptor oder an nachgeordneten Signaltransduktionssystemen (Hyman u. Nestler 1993) ersetzt werden. Subjektive Frühresponse stellte sich in einigen Studien als Responseprädiktor heraus (z. B. Van Putten u. May 1978; Awad u. Hogan 1985), in anderen hingegen nicht (Gaebel et al. 1988). Einer der leichter zugänglichen und mehrfach replizierten Prädiktoren ist die klinische Frühresponse (May et al. 1980; Nedopil u. Rüther 1981; Möller et al. 1983; Woggon u. Baumann 1983; Awad u. Hogan 1985; Bartko et al. 1987; Gaebel et al. 1988). Aufgrund dieser Befunde muß gefolgert werden, daß – im Gegensatz zu der angeblichen „Latenz“ einer Neuroleptikaresponse – eine spezifische klinische Besserung bereits in den ersten Behandlungstagen nachweisbar ist.

Beziehungen zwischen Prädiktoren und Outcome/Response

Konzeptuelle Aspekte

Ein heuristisch integratives Konzept für die Prädiktorforschung ist das Vulnerabilitätsstreßmodell (Nuechterlein 1987; Clements u. Turpin 1992). Entsprechend diesem Modell können ätiopathogenetische wie pathoplastische Determinanten des Krankheitsverlaufs – d. h. von Manifestationen, Remissionen und Reexazerbationen – gemäß ihrer biologischen und psychosozialen Komponenten konzeptualisiert werden (Abbildung 5).

Um den Zusammenhang zwischen Behandlung und Response näher zu untersuchen, muß das Vulnerabilitätskonzept unter Bezug auf eine Prädisposition zur psychischen Destabilisierung in das Konzept potentieller Instabilität übersetzt werden. Klinische Instabilität und demnach Rückfallgefährdung Schizophrener, die möglicherweise durch eine Dysfunktion des dopaminergen Systems vermittelt werden, können beispielsweise durch die Reaktivität definierter psychobiologischer Systeme auf pharmakologische Belastungstests, z. B. mit Methylphenidat, untersucht werden (Lieberman et al. 1987).

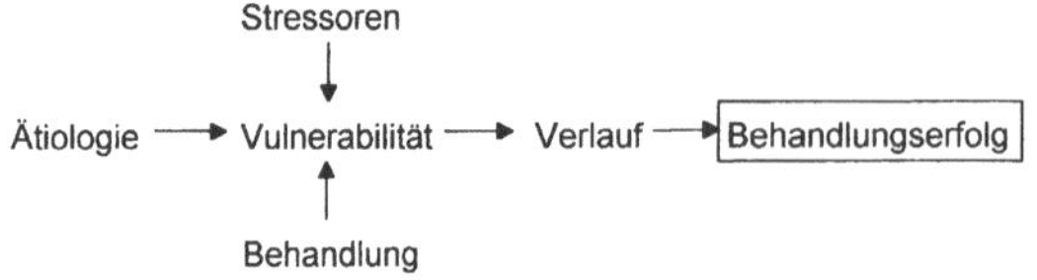

Abb. 5. Modifiziertes Vulnerabilitätsstreßmodell zum Einsatz in der Prädiktionsforschung

In einem funktionellen Kontext sind die Steilheit der Symptomgradienten bei spontaner Destabilisierung wie bei behandlungsinduzierter (früher) Restabilisierung ebenfalls Responseprädiktoren. Diese Art objektiver Prädiktoren erscheinen um so bedeutender, als sich subjektive Vorläufer einer Destabilisierung („Prodromalsymptome") nicht als valide Rückfallprädiktoren erwiesen haben (Gaebel et al. 1993).

Es ist eine künftige Forschungsaufgabe, replizierbare Prädiktoren bezüglich ihrer neurobiologischen Grundlagen aufzuklären. Die gemeinsame Endstrecke pharmakologischer wie nichtpharmakologischer Einflüsse auf den Krankheitsverlauf muß sich schließlich auf postsynaptische regulatorische Prozesse der Signaltransduktion und Genexpression zurückführen lassen, die die Grundlage neuronaler Plastizität darstellen (Hyman u. Nestler 1993). Dies sind wahrscheinlich die Prozesse, die die konsistentere „strukturelle" Basis verschiedener Outcomeformen und ihrer Prädiktoren darstellen.

Biometrische Aspekte

Die psychoneurobiologische Bedeutung statistischer Assoziationen zwischen Prädiktor- und Outcomemerkmalen ist unklar. In der Regel sind Prädiktoren „Indikatoren" unbekannter Prozesse, die in nicht näher bekannter Weise mit den Indikatoren verschiedener Outcomedimensionen zusammenhängen. Viele dieser Beziehungen hängen von der jeweiligen Definition und Operationalisierung von „Outcome" oder „Response" ab – sie ändern sich mit veränderten Kriterien. Ein Prädiktormerkmal ist selten Indikator einer „Determinante" von Outcome oder Response – allenfalls ein statistisch assoziierter „Risikofaktor" für Behandlungsmißerfolg bzw. Nebenwirkungen oder ein „Indikator" des Behandlungsansprechens.

Es ist wichtig, Prädiktor-Outcome-Beziehungen mit adäquaten statistischen Methoden zu analysieren. Bereits bei der Planung von Prädiktorstudien sollte daher ein Biometriker einbezogen werden. Metaanalysen können die Ergebnisse verschiedener Studien im Überblick analysieren. Dafür ist es notwendig, die Rohdaten zugänglich zu machen. Im einzelnen spielen Ein-, Ausschluß- und Stratifizierungskriterien eine besondere Rolle bei der Kontrolle prognostischer Merkmale, darüber hinaus muß über das einzusetzende statistische Analyseverfahren wie Risikomaße, Regressions- oder Klassifikationsmethoden entschieden werden (Köpcke 1994).

Ausblick

Klinischer Verlauf und Behandlungsausgang verschiedener psychiatrischer Erkrankungen sind heterogen und variabel. Die Therapieresponse auf verschiedene biologische und nichtbiologische Therapieverfahren ist ein komplexer, inkonsistent operationalisierter Prozeß, dessen Mechanismen bisher weitgehend unbekannt sind. Reliabilität und Validität vieler Prädiktoren sind enttäuschend niedrig, insbesondere im individuellen Fall. Bei einer Responserate von 60–70% ist insbesondere die Entwicklung von Prädiktoren der Nonresponse oder ernsthafter Nebenwirkungen von besonderer Bedeutung.

Um die wissenschaftliche Entwicklung in der Prädiktionsforschung voranzubringen, sollten ausgewählte Prädiktoren des Therapieerfolges routinemäßig in klinische Prüfungen einbezogen werden (Carpenter et al. 1981; Gaebel u. Awad 1994). Unter Bezug auf das biopsychosoziale Modell von Ätiopathogenese und Behandlung sollten die unterschiedlichen Komponenten des Vulnerabilität-Streß-Outcomemodells konzeptualisiert, definiert und operationalisiert werden. Einem hypothesegeleiteten funktionellen Ansatz sollte in der Prädiktorforschung grundsätzlich größeres Gewicht beigemessen werden, da die Funktionstestung eines therapierelevanten psychoneurobiologischen Systems mehr über die Responsekapazität auszusagen vermag, als irgendeine epidemiologische Variable, die bestenfalls einen Indikator bisher nicht verstandener verlaufsbeeinflussender Prozesse darstellt. Schließlich sollten im Hinblick auf die bessere Vergleichbarkeit von Studienergebnissen Sensitivität und Spezifität einer Prädiktorvariable unter Berücksichtigung unterschiedlicher Cut-off-Werte für Prädiktoren und Outcomevariable berechnet und dargestellt werden. Die sog. ROC-Methode ("receiver operating characteristics") erlaubt eine quantitative Analyse der prädiktiven Power verschiedener Outcomeprädiktoren (Hsiao et al. 1989). Adäquate statistische Methoden runden den Forderungskatalog an eine künftige Prädiktionsforschung ab (Köpcke 1994).

Diskussion

Frage: Bei chronischen Erkrankungen wie der Schizophrenie oder der MS haben wir ja eine sehr variante Erkrankung. Gibt es schon Hinweise darauf, nach welcher Verlaufsstrecke die Prognose valide wird. Ist die Prädiktion nach einem halben Jahr, nach 2 Jahren, nach 5 Jahren möglich?

Antwort: Über den Spontanverlauf haben wir für schizophrene Psychosen sehr lange Katamnesen von 20–30 Jahren. Offenbar gibt es keine therapieüberdauernde Wirksamkeit. Das heißt, wenn die Therapie nach 5 Jahren abgesetzt wird, dann gibt es Rückfälle, die genauso sind wie nach dem ersten Jahr. Daraus leiten wir als Therapieleitlinie für das Gros der Patienten ab, daß sie bei mehrfach rezidivierendem Verlauf u. U. lebenslang behandelt werden müssen. Dies ist eine Leitlinie, die von vielen Ärzten nicht befolgt wird, was zu häufigeren Rückfällen führt. Aus den Beobachtungen von Bleuler wissen wir, daß offenbar der Spontanverlauf der Erkrankung selbst nach 5 bis 10 Jahren eine günstige Wende nimmt. Es gibt also nicht nur deletäre Verläufe über Jahrzehnte hinweg, sondern auch günstige Wendungen. In diesen Fällen könnte man natürlich überlegen, ob eine Behandlung noch nötig ist oder nicht. Es ist schwierig, das im Einzelfall wirklich zu übersehen.

Frage: Man muß immer wieder schauen, wo sind die latenten Variablen, die möglicherweise in das Phänomen Frühtherapie eingehen. Warum kommt überhaupt ein Patient eher in die Behandlung und warum nicht. Weiter geht natürlich das Faktum ein, daß ein akuter Beginn der Erkrankung bekanntlich ein guter Prädiktor ist. Weitere Variablen wären die Motivation des Patienten, die Art des Umfeldes z. B. bezüglich "high-expressed-emotions". Hat Lieberman diese kritischen oder latenten Variablen miteinbezogen?

Antwort: Ja. Man muß allerdings sagen, hier ist eine sehr spezielle Outcome- oder Responsevariable gewählt worden, nämlich "time to remission". Wir teilen hier die Kritik, daß dies evtl. Ausdruck eines prognostisch ungünstigen Verlaufes ist und nicht so sehr die Frage des Einsetzens der Therapie. Überlegenswert ist die Frage, ob es sich um einen toxischen Prozeß handelt, den man möglichst rasch unterbinden muß, damit er nicht sozusagen als Selbstläufer Folgeschäden setzt. Dies sind zunächst Spekulationen, aber ich denke, doch interessante Überlegungen.

Frage: Ein Streitpunkt ist ja die Frage, wann wechseln wir bei einer antidepressiven Therapie das Medikament - schon nach 5 Tagen, spätestens nach 14 Tagen oder erst nach 6 Wochen? Von Angst wird ja sehr forciert, daß man tatsächlich innerhalb der ersten 7 Behandlungstage einen gewissen Effekt sehen muß. Ist das nicht der Fall, dann sollte nach seiner Meinung die gleiche Medikationsschiene nicht weiterverfolgt werden.

Antwort: Von Consensus-Konferenzen wird z. T. gerne ohne empirische Grundlage irgendein Zeitmaß festgelegt. Ich halte es für dringend angezeigt, daß dies exakt empirisch untersucht wird. Gleiches gilt für das Thema der Stufenpläne in der Antidepressivabehandlung. Hier sollte ein Therapiealgorithmus entwickelt werden, der die Sequenz der verschiedenen Verfahren fundiert beschreibt bzw. festlegt. Das ist im Endergebnis dann wohl eigentlich die Konsequenz einer sinnvollen Prädiktorforschung.

Frage: Wir leben ja fast schon in einer Zeit des Bestrebens nach Qualitätssicherung. Meines Erachtens wird es zunehmend wichtig, sich über die Interaktion mit dem Patienten Gedanken zu machen und dies als Prädiktor zu fassen. In der Psychotherapieforschung ist es ja schon lange geläufig, die Therapeutenvariable, die Qualität der Interaktion zu berücksichtigen. Das scheint mir auch für die pharmakologische Behandlung ein bedeutsamer Faktor zu sein, ebenso wie die Erfassung der Qualität der Behandlung an den verschiedenen Zentren.

Antwort: Ihren Ergänzungen und Hinweisen stimme ich völlig zu. Ich denke aber, daß wir längst davon abgekommen sind, nur Medikamente zu verordnen. Der Kontext, in dem eine Behandlung stattfindet, macht ihre Professionalität im besten Sinne aus.

Literatur

Alpert M (1985) The signs and symptoms of schizophrenia. Compr Psychiatry 26: 103-112

American Psychiatric Association (APA) (1994) DSM-IV (Diagnostic and Statistical Manual of Mental Disorders), 4th edn. APA, Washington DC

Awad AG (1989) Drug therapy in schizophrenia: variability of outcome and prediction response. Can J Psychiatry 34: 711-720

Awad A (1992) Quality of life of schizophrenic patients on medications and implications for new drug trials. Hosp Commun Psychiatry 43: 262-265

Awad AG (1994) Prediction research of neuroleptic treatment outcome in schizophrenie - state of the art: 1978-1993. In: Gaebel W, Awad AG (eds) Prediction of neuroleptic treatment outcome in schizophrenia. Concepts and methods. Springer, Wien, pp 1-14

Awad AG, Hogan TP (1985) Early treatment events and prediction of response to neuroleptics in schizophrenia. Prog Neuropsychopharmacol Biol Psychiatry 9: 585-588

Bartko G, Herczeg I, Bekesy M (1987) Predicting outcome of neuroleptic treatment on the basis of subjective response and early clinical improvement. J Clin Psychiatry 48: 363-365

Bielsky RJ, Friedel RO (1976) Prediction of tricyclic antidepressants response. A critical review. Arch Gen Psychiatry 33: 1479-1489

Birnbaum K (1923) Der Aufbau der Psychose. Grundzüge der psychiatrischen Strukturanalyse. Springer, Berlin

Carpenter WT, Heinrichs DW, Hanlon TE (1981) Methodologic standards for treatment outcome research in schizophrenia. Am J Psychiatry 138: 465-471

Clements K, Turpin G (1992) Vulnerability models and schizophrenia: the assessment and prediction of relapse. In: Birchwood M, Tarrier N (eds) Innovations in the psychological management of schizophrenia. Wiley, Chichester New York Brisbane Toronto Singapore, pp 21-47

Dewey SL, Smith GS, Logan J et al. (1993) Striatal binding of PET ligand ^{11}C-Raclopride is altered by drugs that modify synaptic dopamine levels. Synapse 13: 350-356

Dilling H, Mombour W, Schmidt MH (Hrsg) (1991) Weltgesundheitsorganisation: Internationale Klassifikation psychischer Störungen. Huber, Bern Göttingen Toronto

Engel GL (1980) The clinical application of the bio-psychosocial model. Am J Psychiatry 137: 535-544

Frank E, Prien RF, Jarrett RB et al. (1991) Conceptualization and rationale for consensus definitions of terms in major depressive disorder. Remission, recovery, relapse, and recurrence. Arch Gen Psychiatry 48: 851-855

Freed WJ (1988) The therapeutic latency of neuroleptic drugs and nonspecific postjunctional supersensitivity. Schizophr Bull 14: 269-277

Freyhan FA (1957) Psychomotilität, extrapyramidale Syndrome und Wirkungsweisen neuroleptischer Therapien (Chlorpromazin, Reserpin, Prochlorperazin). Der Nervenarzt 28: 504-509

Gaebel W (1993) The importance of non-biological factors in influencing the outcome of clinic trials. Br J Psychiatry 163 [Suppl 22]: 44-50

Gaebel W, Renfordt E (eds) (1989) Objective methods for behavioral analysis in psychiatry and psychopharmacology - examples and concepts. Pharmacopsychiatry 22 [Suppl]: 1-50

Gaebel W, Awad AG (1994) Prediction research in neuroleptic therapy - future directions. In: Gaebel W, Awad AG (eds) Prediction of neuroleptic treatment outcome in schizophrenia. Concepts and methods. Springer, Wien, pp 203-209

Gaebel W, Wölwer W (1995) Affektstörungen Schizophrener. Kohlhammer, Stuttgart, in Vorbereitung

Gaebel W, Pietzcker A, Baumgartner A (1986) 3-year follow-up of schizophrenic patients - outcome dimensions and neuroleptic treatment. Pharmacopsychiatry 19: 208-209

Gaebel W, Pietzcker A, Ulrich G et al. (1988) Predictors of neuroleptic treatment response in acute schizophrenia. Pharmacopsychiatry 21: 384-386

Gaebel W, Müller-Oerlinghausen B, Schley J (1992) Early serum levels of neuroleptics do not predict therapeutic response in schizophrenia. Prog Neuropsychopharmacol Biol Psychiatry 16: 891-900

Gaebel W, Frick U, Köpcke W et al. (1993) Early neuroleptic intervention in schizophrenia - are prodromal symptoms valid predictors of relapse? Br J Psychiatry 163 [Suppl 21]: 8-12

Goodman A (1991) Organic unity theory: the mind-body problem revisited. Am J Psychiatry 148: 553-563

Helmchen H, Gaebel W (1987) Strategies of clinical research on neurobiological determinants of psychosis. Psychiatr Dev 5: 51-62

Hogarty GE, Goldberg SC, Collaborative Study Group (1973) Drug and sociotherapy in the aftercare of schizophrenic patients. Arch Gen Psychiatry 28: 54-64

Hsiao JK, Bartko JJ, Potter WZ (1989) Diagnosing diagnoses. Receiver operating characteristic methods and psychiatry. Arch Gen Psychiatry 46: 664-667

Hyman SE, Nestler EJ (1993) The molecular foundations of psychiatry. American Psychiatric Press, Washington London

Joyce PR, Paykel ES (1989) Predictors of drug response in depression. Arch Gen Psychiatry 46: 89-99

Kendell RE, Brockington IF, Leff JP (1979) Prognostic implications of six alternative definitions of schizophrenia. Arch Gen Psychiatry 36: 25-31

Köpcke W (1994) Design, methodological and statistical issues in prediction research of neuroleptic response. In: Gaebel W, Awad AG (eds) Prediction of neuroleptic treatment outcome in schizophrenia. Concepts and methods. Springer, Wien, pp 155-164

Kuny S, Stassen HH (1993) Speaking behaviour and voice sound characteristics in depressive patients during recovery. J Psychiatr Res 27: 289-307

Lieberman JA, Kane JM, Sarantakos S et al. (1987) Prediction of relapse in schizophrenia. Arch Gen Psychiatry 44: 597-603

May PRA, Van Putten T, Yale C et al. (1976) Predicting individual responses to drug treatment in schizophrenia: a test dose model. J Nerv Ment Dis 162: 177-183
May PRA, Goldberg SC (1978) Prediction of schizophrenic patients' response to pharmacotherapy. In: Lipton MA, Dimascio A, Killam KF (eds) Psychopharmacology: a generation of progress. Raven Press, New York, pp 1139-1153
May PRA, Van Putten T, Yale C (1980) Predicting outcome of antipsychotic drug treatment from early response. Am J Psychiatry 137: 1088-1089
Möller HJ, Kissling W, Zerssen D von (1983) Die prognostische Bedeutung des frühen Ansprechens schizophrener Patienten auf Neuroleptika für den weiteren stationären Behandlungsverlauf. Pharmacopsychiatry 16: 46-49
Nedopil N, Rüther E (1981) Initial improvement as predictor of outcome of neuroleptic treatment. Pharmacopsychiatry 14: 205-207
Nuechterlein KH (1987) Vulnerability models for schizophrenia: state of the art. In: Häfner H, Gattaz WF, Janzarik W (eds) Search for the cause of schizophrenia. Springer, Berlin Heidelberg New York Tokyo, pp 297-316
Pickar D (1988) Perspectives on a time-dependent model of neuroleptic action. Schizophr Bull 14: 255-268
Pietzcker A, Gaebel W, Köpcke W et al. (1993) Continuous vs intermittent neuroleptic longterm treatment in schizophrenia - results of a German multicenter study. J Psychiatr Res 27: 321-339
Ranelli CJ, Miller RE (1981) Behavioral predictors of amitriptyline response in depression. Am J Psychiatry 138: 30-34
Selbach H (1961) Über die vegetative Dynamik in der psychiatrischen Pharmakotherapie. Dtsch Med J 16: 511-517
Strauss JS, Carpenter WT (1974) The prediction of outcome in schizophrenia. II. Relationships between predictor and outcome variables. Arch Gen Psychiatry 31: 37-42
Troisi A, Pasini A, Bersani G et al. (1989) Ethological predictors of amitriptyline response in depressed outpatients. J Affect Disord 17: 129-136
Van Praag HM, Kahn RS, Asnis GM et al. (1987) Denosologization of biological psychiatry or the specificity of 5-HT disturbances in psychiatric disorders. J Affect Disord 13: 1-8
Van Putten R, May PRA (1978) Subjective response as a predictor of outcome in pharmacotherapy. Arch Gen Psychiatry 35: 477-480
Woggon B (1992) Prädiktoren für das Ansprechen auf Psychopharmaka. In: Riederer P, Laux G, Pöldinger W (Hrsg) Neuro-Psychopharmaka, Bd. 1. Springer, Wien, S 475-484
Woggon B, Baumann U (1983) Multimethodological approach in psychiatric predictor research. Pharmacopsychiatry 16: 175-178

Psychiatric Morbidity in the United Arab Emirates

EMAD HAMDI, YOUSREYA AMIN, and RAFIA GHUBASH

Introduction

The United Arab Emirates (UAE) is a recently born (1971) Arabian Gulf nation. Urban development has been massive in the last three decades. An increasingly heterogenous influx of expatriate workers and a rapid expansion of mass media communication led to strong interaction between Western values and Islamic tradition in an indigenous Bedouin population. Population composition is such that, at best, the native population constitutes 12 % – 20 % of a total estimated 2 million inhabitants (Department of Planning and Research 1992). The characteristic demographic structure and rapid social changes consequent upon economic wealth were expected to have substantial effects on the prevalence and pattern of psychiatric morbidity in this country and in the surrounding countries that have undergone similar changes in the latter decades.

Psychiatric morbidity has been examined in different settings within Arab countries. Several hospital based studies of psychiatric morbidity have been reported in the middle east (Okasha 1968: El-Sayed et al. 1986; El-Assra and Amin 1988; El-Rufaie und Abu Mediny 1991). The former two studies are outpatient surveys in Egypt and Saudi Arabia, respectively. In the UAE only one retrospective study is being reported (Ihezue et al. 1991). El-Rufaie and Absood (1993) studied a sample of primary care attenders for psychiatric morbidity. Females had a higher rate (31.8 %) than males (20.2 %).

This presentation summarizes a series of studies describing psychiatric morbidity in the UAE in different settings. The main purpose of these studies was to relate the social circumstances and changes in the Gulf region to the pattern of psychiatric disorder. The first part describes the Dubai community psychiatric survey (Ghusbash et al. 1992, 1994; Hamdi 1992; Bebbington et al. 1993). The second part describes a hospital based survey in Al-Ain (Amin and Hamdi 1995). It is evident that in a developing part of the world, psychiatric services wer only formally introduced in the early 1970s. Consequently this review will be limited by the available information.

Prevalence and Pattern of Psychiatric Morbidity in UAE Women

The Dubai Community Psychiatric Survey comprised a cross-sectional survey of 300 women nationals accessed through a random sample of households in the seven districts of Dubai. The community sample was followed by a hospital sample that included 42 additional women, a consecutive series of new cases referred to the outpatient clinic of the Psychiatry Department at Rashid Hospital, Dubai.

The national population of Dubai is heterogeneous. Nationals of non-Arab descent were included if the family resided in the region for at least 20 years. Subjects between the ages of 15 and 65 were included in the study with the exception of those with organic mental disorders, neurological disease, or mental retardation. Houses were selected from all seven districts by the random walk technique of Cochran and Stopes-Roe (1980). Full details of the procedure are described by Ghubash and her colleagues (1992). A total of 247 households were included in the study. From them, 300 women who satisfied the inclusion criteria were interviewed. All subjects from community and hospital samples were assessed through a semi-structured interview comprised of the following instruments.

1) The full version of the Present State Examination (PSE), 9th edition, was used to detect psychiatric symptomatology (Wing et al. 1974) and to establish case status by applying the PSE-ID-CATEGO program (Wing and Sturt 1978).
2) A range of demographic, family and social information was collected from each subject through a standard survey questionnaire. These were supplemented by questions covering vulnerability factors relevant to depression in females (Brown and Harris 1978).
3) The Socio-Cultural Change Questionnaire (ScCQ) (Bebbington et al. 1993) was used to assess and quantify the type and extent of individual changes in behaviour and attitudes that correspond to social changes affecting the community. Specifically, ScCQ was devised to obtain a quantitative assessment of the degree to which female subjects have experienced changes in living circumstances, values and attitudes away from traditional values and lifestyles and toward a more Western type of behaviour.

Measurement of Psychiatric Morbidity: The PSE-ID-CATEGO System

There are three Arabic translations of the PSE-9 (Okasha and Ashour 1981, Al-Khani 1986, Abdel-Mawgoud 1986). The version by Al-Khani (1986) was applied in this study. Al-Khani translated the schedule and instructions into classical Arabic, which made his version more appropriate for the subjects of the community survey. He used the iterative – back-translation technique, which was applied to the International Pilot Study of Schizophrenia (WHO 1973, 1979). The conceptual difficulties encountered in translating the PSE into Arabic were limited. The Arabic translation was applied by Al-Khani to over 200 patients with different kinds of mental disorders, mainly psychoses. Some modification of wording was needed to take account of local circumstances, as was the addition of familiar examples especially suited to non-educated subjects. With these slight extensions, the instrument proved effective in the Arabic context.

The Index of Definition (Wing and Sturt 1978) is a computer program designed to specify the degree of certainty with which a subject can be regarded as a "case". The ID is divided into eight levels, whereby each successive level implies an increasing degree of confidence in the case definition. Levels 1–4 have been traditionally considered to be subthreshold levels for clinical disorder. Symptoms at level 5 are considered at the threshold of clinical disorder and symptoms at levels 6–8 reflect definite cases.

Table 1. Distribution of hospital and community samples according to index of definition levels

Index of definition	N	%	N	%
(1) No psychiatric symptoms	32	10.7	0	0
(2) Nonspecific neurotic symptoms	97	32.3	0	0
(3) Nonspecific neurotic symptoms	41	13.7	2	4.8
(4) Specific neurotic symptoms	62	20.7	2	4.8
Total noncases	232	77.3	4	9.5
(5) Threshold cases	53	17.7	16	38.1
(6) Definite cases	12	4.0	19	45.2
(7) Definite cases	2	0.7	2	4.8
(8) Definite cases	1	0.3	1	2.4
Total cases	68	22.7	38	90.5
Total sample	300	100.0	42	100.0

Prevalence of Psychiatric Disorder

The principle finding of the community survey is the high prevalence of psychiatric morbidity. Out of 300 subjects randomly selected for interview, 68 (22.7%) were classified as cases by the PSE-ID-CATEGO program. However, of the 68 cases, 53 (78%) are at the threshold level 5, and 15 cases (22%) are more likely to be definite cases of psychiatric disorder (Table 1).

Community surveys have conclusively indicated that the bulk of psychiatric morbidity consists of minor affective and neurotic disorders namely depression and anxiety (Schwab and Schwab 1978; Shepherd 1978). Although the prevalence of these disorders varied widely in earlier studies (Dohrenwend and Dohrenwend 1969), comparable methods of case identification have yielded in the last two decades converging estimates of point prevalence indicating that between 4%-8% of men and 8%-15% of women in the general population suffer from a form of psychiatric disorder (Lloyd and Bebbington 1986). Most of these studies were carried out in Europe and North America. Studies in African (Orley and Wing 1979) and Asian (Cheng 1986) populations yielded higher estimates of psychiatric morbidity.

The high rate of psychiatric disorder in women in Dubai community may be attributed to the threshold at which symptoms are considered cases by the ID-CATEGO program. It may also be due to a lower threshold for symptom scoring adopted by the field researchers, or to actual excess of psychiatric disorder in women in this particular community. We propose that the rapid sociocultural change affecting UAE society contributes to this excess.

Four subjects (9.5%) in the hospital sample were not classified as cases, 38.1% were classified at the threshold level of disorder compared to 17.7% of the community sample, and a total of 52.4% were classified as definite cases compared to 5% of the community sample. The results indicate that hospital referred subjects have severer forms of psychiatric disorder than cases detected in the community survey. Threshold cases in the community exceed definite cases by a ratio of 3.53 to 1, while they are 0.73 to 1 definite case in the hospital.

Table 2. Diagnostic breakdown of hospital and community cases according to CATEGO classes and ICD-9 coding categories

ICD-9 Category	Community cases		Hospital cases	
	N	%	N	%
Manic-depressive psychosis, depressed type or neurotic depression	19	27.9	4	9.5
Anxiety states	12	17.6	7	16.7
Phobic states	9	13.2	2	4.8
Neurotic depression	9	13.2	15	35.7
Manic-depressive psychosis, depressed	8	11.8	3	7.1
Affective psychosis, unspecified	5	7.4	0	0
Manic-depressive psychosis, manic type	4	5.9	3	7.1
Other paranoid states	1	1.5	3	7.1
Schizophrenia: Catatonic*, paranoid**	1*	1.5	1**	2.4
Total	68	22.7	38	90.5
Unclassified subjects	232	77.3	4[a]	9.5

[a] Clinician diagnosis: one anxiety state, one recent hysterical conversion, and two neurotic depressions.

Pattern of Psychiatric Morbidity

Community surveys provide more accurate estimates of prevalence, while hospital based studies provide clearer insight into patterns of morbidity (Table 2). Depression-related diagnoses are the most common categories in community and hospital samples, accounting for 60% of total morbidity in community cases and 52% of hospital cases. Anxiety disorders come second and account for 19% of total morbidity in community cases, compared to 21.5% in hospital cases. Patterns of neurotic and affective morbidity in hospital cases confirm results of the community survey that depression is more prevalent than anxiety in UAE women. Manic disorders, paranoid disorders, and to a lesser extent schizophrenia are more common in hospital cases (16.6%) than in the community sample (8.9%) even though the latter is composed of outpatient referrals.

Considerable differences within variants of depression exist in the two samples. More community cases were allocated to the manic-depressive category compared to hospital cases. The latter include an excess of neurotic depressions. Anxiety states have a similar frequency in both samples. Phobic states in hospital cases are only one third those of community cases.

The pattern of psychiatric morbidity in the hospital study confirms the findings of the community survey in that depression is the most common form of psychiatric morbidity in Dubai females. This finding is different from the findings in community surveys in the Mediterranean region (Carta et al. 1991), indicating a higher prevalence of anxiety rather than depression, and agrees with the relative prevalence of these disorders in European and North American studies (e. g. Bebbington et al. 1981). It is difficult to give a social explanation for this finding beyond the argument that depression is a disorder associated with loss, helplessness, while anxiety is related to threat and competitive striving. The nature of social stress influencing women in the UAE is more likely to be of the former kind rather than the latter, since the majority is free from competitive, economic and social striving.

Table 3. Psychiatric morbidity and demographic variables

	Noncases		Community cases		Hospital cases		χ^2	*P*
	N	%	N	%	N	%		
Age Groups								
15–24	76	32.8	21	30.9	15	35.7		
25–34	67	28.9	22	32.4	9	21.4		
35–44	40	17.2	12	17.7	9	21.4	1.79	N. S.
45–54	28	12.1	7	10.3	5	11.9		
55–64	21	9.1	6	8.8	4	9.5		
Educational Level								
Illiterate	82	35.3	27	39.7	17	40.5		
Primary	26	11.2	9	13.2	4	9.5		
Preparatory	33	14.2	8	11.8	11	26.2	9.29	N. S.
Secondary	51	22.0	16	23.5	8	19.1		
University	40	17.3	8	11.8	2	4.8		
Employment								
Employed	75	32.3	15	22.1	16	38.1	3.72	N. S.
Unemployed	157	67.7	53	77.9	26	61.9		
Total	232	100	68	100	42	100		
Marital Status								
Single	66	28.5	17	25.0	11	26.2	15.35	<0.005
Married	146	62.9	38	55.9	19	45.2		
Postmarital	20	8.6	13	19.1	12	28.6		
Polygamous marriage	14	9.6	9	23.7	3	15.8	5.53	<0.07
Monogamous marriage	132	90.4	29	76.3	16	84.2		

A high proportion of phobic disorders were detected in the community survey, while two cases were found in the hospital series. This finding confirms the opinion that, although prevalent, the majority of individuals affected do not seek treatment (American Psychiatric Association 1987).

Documentation for neurotic and affective disability in the survey population may not reflect the extent of this problem in the UAE society, since several types of disorders are produced by this form of adversity. Delinquency, personality disorder, and drug abuse are insufficiently covered by the research instrument and are uncommon among females, particularly traditional subjects.

Psychiatric Disorder and Demographic Variables

The community sample was divided into cases (n = 68) and noncases (n = 232) for subsequent comparisons (Table 3). The hospital sample (n = 42) was included in the analyses for the purpose of comparing consulting and nonconsulting patients. As shown in Table 3, there are no significant associations between psychiatric morbidity and particular age groups, employment status, or educational levels in UAE women.

The proportion of postmarital status (separated, widowed and divorced) in community cases (19.1%) is more than double that of noncases (8.6%), a difference that was found to be statistically significant in the community survey. The higher proportion of

Table 4. Psychiatric morbidity and social variables

	Noncases		Community cases		Hospital cases		χ^2	P
	N	%	N	%	N	%		
Arab ethnic origin	152	65.5	37	54.4	17	40.5	10.51	<0.01
Other ethnic origin	80	34.5	31	45.6	25	59.5		
Extended family	120	51.7	38	55.9	24	57.1		
Nuclear family	112	48.3	30	44.1	18	42.9	0.66	N. S.
No biological children	6	4.0	4	8.7	4	12.9		
1-5 biological children	142	94.0	40	87.0	27	87.1	4.21	N. S.
6+ biological children	3	2.0	2	4.3	0	0.0		
Loss of father before age 15								
yes	58	25	14	20.6	13	31	1.5	N. S.
No	174	75	54	79.4	29	69		
Loss of mother before age 15								
Yes	36	15.5	9	13.2	7	16.7	0.29	N. S.
No	196	84.5	59	86.8	35	83.3		
Total	232	100	68	100	42	100		
Confiding relationships[a]								
Yes	169	82.4	55	87.3	23	65.7	7.32	<0.05
No	36	17.6	8	12.7	12	34.3		

[a] The presence of confiding relationships could not be ascertained in 39 subjects.

postmarital status is even more magnified in hospital cases (28.6%). The differences are highly significant ($P < 0.005$). The excess of psychiatric morbidity in polygamously married subjects detected in the community cases is demonstrated in the hospital sample but the difference only approaches significance ($P < 0.07$) since the number of subjects in this category was small in the hospital sample.

Psychiatric Morbidity and Social Variables

In the community sample a moderate excess of cases was found in subjects of non-Arab ethnic origin (Table 4). This difference is more apparent in the hospital sample so that the distribution of subjects of Arab versus non-Arab origin is reversed between noncases (40.5%) and hospital cases (59.5%). Excess morbidity in subjects of non-Arab origin is statistically significant ($P < 0.01$). The profession of the head of the household was not associated with an excess of psychiatric morbidity ($\chi^2 = 6.92$, $df = 6$, N. S.)

A detailed analysis of the association between family structure and psychiatric morbidity was undertaken in the present study (Table 4). No association was found between living in an extended versus a nuclear family ($\chi^2 = 0.66$, N. S.), the absence of children in the household or their number when present, and psychiatric morbidity. An association between having no biological children and psychiatric morbidity in the community sample was not upheld in the hospital sample ($\chi^2 = 4.21$, N. S.).

Contrary to Western studies, there is little association between loss of either parent in childhood and the later development of psychopathology. There are little differences between the proportions of those who lost either parent in the community cases, hospital cases, and noncases.

In the community sample, there was no association between the presence of a confiding relationship and psychiatric morbidity. The association is demonstrated in the hospital sample, where a significant proportion of subjects (34.3 %) reported that they lacked such a relationship ($P < 0.05$). A confidante was defined differently from the study of Brown and Harris (1978). In the present study a confidante is a family member or a female friend whom the subject meets regularly and with whom she may discuss her problems freely.

General Comments

The vulnerability model proposed by Brown and Harris (1978) suggests that women are more susceptible to depression in the event of adversity if they are unemployed, lack a confiding relationship, or have to care for more than three young children at home. This study examined the association between psychiatric disorder and 11 sociodemographic variables including the independent effects of the vulnerability factors of Brown and Harris. With the exception of a postmarital status and living in a polygamous marriage, none of these demographic variables demonstrated significant association with case status. The hospital study confirms the community survey with some modification. Due to the smaller number of subjects, only a trend was detected between living in a polygamous marriage and psychiatric morbidity. The hospital study detects an association between having a non-Arab origin and the absence of a confiding relationship in the subject's social environment and psychiatric morbidity.

Significant findings emerge from this study which relate psychiatric disorder and marital status. There is a significant excess of cases among women of post marital status, i. e. divorced, widowed or separated, which is confirmed in hospital cases. This in in line with a number of investigators (Srole et al. 1962; Henderson et al. 1979; Surtees et al. 1983; Madianos et al. 1985; Hodiamont et al. 1987; Der and Bebbington 1987; Bebbington 1987, 1988). As regards traditional Arab women, there may be additional sources of stress associated with a postmarital status. Social-cultural adequacy is achieved through having a husband and producing children (El-Islam 1975). Being unmarried is a source of anxiety, but more important is to perceive failure in marriage and suffer limited future opportunity. In addition to the social stigma, which is attached to postmarital status, deprivation of a social role is evident among such women.

Females who live in polygamous marriages experience more than twice the psychiatric morbidity of females in monogamous marriages. This finding is more apparent in community subjects than in the hospital cases probably due to the smaller number of cases of polygamy in the latter sample (P 0.07). Females living in a polygamous marriage are similar to women in a post-marital state functionally and effectively. They may serve as scapegoats and experience frustrations from rivalries with the other wife. There is a negative impact on self-esteem among women living in a polygamous marriage, who often feel in an inferior position to other married women. The present study agrees, albeit to a lesser extent, with the findings of Chaleby (1985), who reported that 25 % psychiatric inpatient women in Kuwait are polygamously married. Chaleby (1988) also suggests polygamy was a source of stress in 64 % of Saudi females studied for the effect of marital status on mental health.

A possible association between psychiatric morbidity and membership in disadvantaged ethnic groups has been postulated. Dohrenwend and Dohrenwend (1969) review eight studies, four of which demonstrate an excess of psychiatric morbidity for blacks and four for whites. Ethnicity was assessed in relation to psychiatric morbidity in this study because of the heterogeneous structure of the citizen population. It is important to point out that UAE ethnic groups are not similar to those in other studies, which make comparisons difficult.

The main ethnic groupings in UAE society are derived from distinctions between citizens of Arab origin and citizens of non-Arab origins, e. g. Iranian origin. While occupational discrimination is not a characteristic feature of ethnicity in the UAE, social disadvantage is strongly reflected in minimal cross-marriage and social relationships between members of different ethnic origins. Differences in racial constitution are reflected in the hospital study and are statistically significant. There is an excess psychiatric morbidity in citizens of non-Arab origins.

It was not possible to conduct an in-depth examination of factors that rely upon judgements of the subject about her family. Rather, the principal emphasis has been to study information that can be elicited with certain reliability. This approach was required as survey subjects with a high degree of illiteracy were not expected to be accustomed to self-expression in psychological or experiential terms.

The role of the extended family in providing social support and protection from psychiatric illness was recently highlighted in studies conducted by WHO concerning the effect of extended families on the course and outcome of schizophrenia in developing communities where it was suggested that living in an extended family carries a better prognosis in such cases (Sartorious 1977; El-Islam 1979, 1982). There have not been comparative studies of the effect of the extended family on neurotic and affective morbidity in similar communities.

Approximately 53% of the survey subjects came from extended families. For this analysis, the nuclear family is composed of the female subject, her husband and children, or the female subject and her brothers, siblings, father and mother who live under the same roof. An extended family contains more than two generations living together in the household who may be any other relatives in addition to the first degree family members.

Taken alone, the association between living in an extended or a nuclear family and psychiatric morbidity was primarily negative. Family circumstances, e. g. the quality and amount of support it offers, seems to be more important than the number of persons who comprise the family. Positive associations for extended families in studies on schizophrenia may not reflect an actual reduction in psychopathology as much as it is related to the tolerance of psychopathology and its apparent dilution in the larger family environment. The extended family form is declining in the UAE, as it is in most traditional societies. The present situation may be considered a transitional period, in which Western type social support organizations have not yet developed, with negative consequences for mental health. However, this possibility was not substantiated in the present study.

For the traditional married female, having no children may be a more significant source of distress than having a large number of children. This would be consistent with the expected sociocultural role for women in traditional Arab societies (El-Islam 1975), but is actually contrary to the postulates of Brown and Harris (1978). This hypothesis was tested together with an examination of the relation between number of biological children and psychiatric morbidity. Statistical analysis suggests no relation exists between the two in either sample.

Loss of parents in childhood has been linked to adult psychiatric morbidity, particularly depression (Brown and Harris 1978). This is the focus of considerable controversy along with several elements of their proposed vulnerability model. Solomon and Bromet (1982) were unable to replicate the findings of Brown and Harris. Tennant et al. (1980, 1981, 1982) were also unable to replicate the findings of Brown and Harris. These researchers attributed their positive associations to inadequate control of potentially confounding variables. Where experimental and control samples were most rigorously matched, no association was found between childhood parental bereavement and depression in later life. In their view, parental death in childhood appeared to have little effect on adult depressive morbidity.

While more research is required to draw firm conclusions about this lack of association, it may be a consequence of the availability in rural and traditional societies of an extensive network of interpersonal contacts and intimate relationships where most married women live with parents and close relatives. The present study supports the latter possibility and fails to demonstrate any significant association between loss of either parent before age 15 and the development of psychiatric morbidity, as reflected in case status.

Failure to detect a relationship between early parental loss and the later development of psychopathology may also be attributed to the many intervening factors which are influential after the loss of parents. For example, parental loss may not be an independent factor contributing to a vulnerability to psychiatric disorder. Rather, factors such as surrogate or substitute parental relationships to the child (Birtchnell 1980) may be at work. Contributing factors may be the attitude of the surviving parent towards the developing child (Tennant et al. 1980). Subsequent experiences later in life may alter or modify the reactions to an early loss so that when taken in isolation, such factors are unable to explain any association with adult psychopathology (Tennant et al. 1980).

The presence of a confiding relationship was examined in a manner different from the methodological design adopted by Brown and Harris (1978), who restricted confidants to spouse or boyfriend. The results demonstrate no significant association between the absence of a confiding relationship and psychiatric morbidity in the community sample, but are supported in the hospital sample. Taking into consideration the methodological limitations, the results support the observation and general consensus of literature which includes confiding relationships among the risk factors proposed by Brown and Harris, an effect which has been related to vulnerability to psychopathology (Costello 1982).

Psychiatric Morbidity and Socio-Cultural Change

This aspect of the community survey attempted to relate psychiatric morbidity to acculturation resulting from rapid socioeconomic changes and contact with foreign cultures through the large number of expatriate workers and their families residing in the country.

The Socio-Cultural Change Questionnaire, ScCQ (Bebbington et al. 1993) is constructed around behaviour and attitudinal changes affecting the single individual and believed to result from exposure to Western influence. Behaviour and attitude changes were explored in the following areas: A – Women's education; B – marriage and marital customs and tradition; C – employment of women; and D – general customs and tradition. In addition, the subject's degree of comfort or discomfort in situations considered to be unconventional in traditional societies was used to construct an independent EASE score. Some of these questions referred to activities that were unacceptable in the culture.

The ScCQ was administered to 287 women who, in addition to being citizens, had spent their greater part of their life in the UAE. Thirteen women were excluded because they spent their early upbringing and early adulthood in their country of origin. An overall tradition index was derived as follows: The numerator was calculated by adding the actual score of each variable, and the denominator was calculated by adding the maximum possible score on all items. The tradition index is equivalent to the sum of actual scores divided by the sum of maximum scores.

$$\text{Tradition Index} = \frac{\text{Sum of actual scores}}{\text{Sum of maximum possible scores}}$$

Items that are not applicable to a subject, e. g. items related to marriage in a subject who is not married, are not counted either the denominator or numerator. A score of 1 is equivalent to maximum traditionality and a score of 0 is equivalent to a maximum degree of acculturation. In addition to the overall Tradition Index, separate Attitude and Behaviour Tradition Indices were constructed by adding scores of the attitude and behaviour sections of the questionnaire separately.

Analyses of responses to the ScCQ depended on establishing three score ranges. The first approach was to divide subjects into markedly modern group (total score between 0.0 and 0.4), an intermediate group scoring between 0.4 and 0.6 and a traditional group ranging between 0.6 and unity. The choice of three score ranges derived from initial content analysis of the questionnaire responses. A second division of the scores for the ScCQ involved dividing the sample population into three numerically equal groups covering the entire range of scores. As illustrated in Table 5 there is no significant association between modernity and case status.

Another approach to analyzing the data was based on the possibility of discrepancy between attitude and behaviour. It was felt that discrepancies of this sort reflected disharmony both between belief and action and between the individual's own attitudes and their view of the dominant social values. This is very likely to constitute a source of stress for these women. For this purpose, subjects were classified into four groups based upon the direction and amount of difference between the Attitude Index and Behaviour Index (Table 6). Group A comprised those subjects whose attitudes were markedly more traditional than their behaviours; group B those whose attitudes were moderately more traditional; group C those who are moderately more traditional in behaviour than

Table 5. Distribution of community psychiatric cases according to scores on the Socio-Cultural Change Questionnaire

ScCQ Score range	Cases		Significance
	N	%	χ^2
0.0 – 0.4	3/17	17.6	$\chi^2 = 0.46$
0.4 – 0.6	36/149	24.2	$df = 2$
0.6 – 1.0	27/123	22.0	$P = 0.79$
Modern third[a]	18/95	19.0	$\chi^2 = 2.45$
Intermediate third	27/96	28.1	$df = 2$
Traditional third	21/98	21.4	$P = 0.29$

[a] Divisions approximate because of tied scores

Table 6. ScCQ attitude/behaviour discrepanoies in relation to psychiatric disorder

Groups	Cases N	%
A	18/48	37.5
B	17/84	21.4
C	15/89	16.9
D	14/67	20.9

χ^2 = 8.0, df = 3, P = 0.047
Group A Attitude index - behaviour index >0.1
Group B Attitude index - behaviour index 0 to <0.1
Group C Attitude index - behaviour index <0 to -0.1
Group D Attitude index - behaviour index <-0.1
Plus values Attitude index is more than behaviour index
Minus values Behaviour index is more than attitude index

attitude; and group D subjects who were markedly more traditional in behaviour than attitude.

The results confirmed our prediction in that women who show a high degree of traditional attitudes and lesser traditional behaviour are significantly more likely to be psychiatric cases than women who show less discordance between their beliefs and behaviour.

Pattern of Psychiatric Admissions in Al-Ain

This section describes a prospective study conducted in the Psychiatry teaching unit of Al-Ain district general hospital. The unit was recently opened (1993) and is the only inpatient unit serving a catchment area of around 250000. It consists of 30 beds (16 male and 14 female). The broad aim of the investigation is to identify the characteristics of the inpatient population receiving psychiatric treatment in the area and study the profile of psychiatric morbidity in terms of descriptive psychopathology and varieties of diagnoses. Consecutive cases admitted during a period of 3 months (from October 93 to January 94) were studied using a modified form of the Bethlem Royal and Maudsely Hospital observation sheet. The latter includes two parts. Part I consists of three cards. Card 1 covers the sociodemographic data. Card 2 is a screen for sleep, appetite and weight changes. It also deals with the duration of symptoms, family history, personal history, education, sexual history and previous medical and psychiatric history. Card 3 includes the mental state examination. Each patient was interviewed in order to collect data, Information recorded on admission as well as progress notes were used to complete information. A fresh mental state assessment was done before discharge and a final diagnosis reached. Diagnoses were made by consultants according to ICD-10 who also contributed their opinion to the Global Clinical Impression on the degree of improvement on discharge.

Retrospective analysis of records show that the total number of admissions to the psychiatric service, Al-Ain hospital in 5 years from 1990 - 1994 is 2745. The male-female ratio is 1.49:1. There is a stable excess of male over female admissions during the studied years. The absolute number of admissions has only increased slightly over the years in females.

Table 7. Sources of admission

Source of admission	Males $n = 80$	Females $n = 44$
Clinic	43 (53.8 %)	17 (38.6 %)
Emergency room	19 (23.8 %)	22 (50 %)
Other wards and hospitals	10 (12.5 %)	4 (9.1 %)
Police and court	8 (10 %)	1 (2.3 %)

$\chi^2 = 9.88$, $P < 0.02$

The total number of admissions during the prospective study period reached 149, including 98 males and 51 females. As some cases are readmitted in the same period, the number of unrepeated male admissions was 80 and females 44, a ratio of 1.8 : 1. The readmission rate within the study period marking relapse is 18.4 % for males and 13.7 % for female patients. The psychiatric unit is an emergency ward receiving acute cases. The duration of hospitalization ranges from 1 to 90 days. Mean duration of admission is 13.48 ± 10.8 days for males and 14.46 ± 20.3 days for females. These findings indicate a real excess of male over female admissions independent of duration of stay and readmission rates.

A significantly higher proportion of females (50 %) than males are admitted through emergency; male admissions are more commonly admitted from the outpatient clinic (54 %) (Table 7). This finding may reflect the types of disorders with which females are admitted, or else it may indicate that females have lesser access to outpatient psychiatric services than males. The latter possibility may be secondary to the restricted social activities of women in the traditional society in general.

Demographic Characteristics

The sociodemographic characteristics (Table 8) of this consecutive sample of psychiatric admissions indicate no remarkable gender differences in age, marital status, or degrees of education significant proportion of the whole sample consulted one or more faith healers before presenting for treatment (44 %), a fact that is revealing about the dominant conceptions of mental illness in a traditional community. These is a significantly lesser number of females admitted from UAE and Omani nationalities, which again may reflect the lesser opportunity for treatment that females have in the shadow of traditional custom. That this is not a general phenomenon is indicated by the almost equal proportion of male and female admissions from other Arab nationalities. The male Asian prepondenance is a consequence of the fact that this group of workers mostly leave their families in their home country.

There is some relationship between the duration of expatriate stay in the country and psychiatric admission. A slight initial excess in admissions with less than 1 year residence in the country is followed by an almost linear and steady increase with the duration of expatriate stay in the country. There are a number of possible interpretations of this finding that requires replication in a larger sample before it can be generalized. On the whole, it indicates that long stay for expatriates does not seem to favour mental health. The rise in frequency of psychiatric disorders that manifest quite late in time (after

Table 8. Demographic characteristics of consecutive inpatient admissions

Nationality	Male $n = 80$ (%)	Female $n = 44$ (%)	Total $n = 124$ (%)	χ^2, P
Nationals	27 (71)	11 (29)	38 (30.6)	
Omani	10 (62.5)	6 (37.5)	16 (12.9)	
Other Asian	25 (71.4)	10 (28.6)	35 (28.2)	4.09, n. s.
Other Arab	15 (51.7)	14 (48.3)	29 (23.4)	
Others	3 (50)	3 (50)	6 (4.8)	
Age Group[a]	$n = 80$	$n = 42$	$n = 122$	
15 - 20 years	8 (10)	10 (23.8)	18 (15.8)	
21 - 30 years	30 (37.5)	12 (28.6)	42 (34.4)	4.43, n. s.
31 - 40 years	26 (32.5)	12 (28.6)	38 (31.2)	
41 - 50 years	9 (11.3)	5 (11.9)	14 (11.5)	
> 50 years	7 (8.8)	3 (7.1)	10 (8.2)	
Civil status[b]	$n = 79$	$n = 44$	$n = 123$	
married	45 (57)	27 (61.4)	72 (58.5)	
single	26 (32.9)	12 (27.3)	38 (30.9)	0.43, n. s.
divorced and widowed	8 (10.1)	5 (11.4)	13 (10.6)	
Education[c]	$n = 77$	$n = 41$	$n = 118$	
illiterate	16 (20.7)	13 (31.6)	29 (24.6)	
primary	18 (23.4)	9 (22)	27 (22.9)	4.89, n. s.
intermediate	17 (22.1)	4 (9.8)	21 (17.8)	
secondary	15 (19.5)	6 (14.6)	21 (17.8)	
college	11 (14.3)	9 (22)	20 (21.9)	
Occupation	$n = 80$		$n = 44$	
Unemployed	22 (27.5)	Unemployed/ housewife	2/25 (61.4)	13.62, <0.001

[a] Age is unknown for two cases
[b] Civil status is unknown for one case.
[c] Level of education is unknown for 3 males and 3 females.

20 years of residency or more) may be related to postmigration factors, particularly the problems of long-term assimilation. (Harrison 1991) The same author speculates, "it may be possible to endure extreme privation when there is promise of a better future, the risk of mental disorder increases where hopes are dashed and promised opportunities are blocked or fail to materialize."

Pattern of Disorder- und Gender-Related Characteristics

Like the community and hospital surveys previously referred to, the most common reason for psychiatric admission is a depression-related disorder (20.8%) (Table 9). The second most common admission diagnosis is a biploar manic episode (13.3%), which is somewhat higher than the proportion of schizophrenia admissions (10%). Drugrelated admissions are less represented in the present sample, probably out of unjustified fear among drug dependent patients that the police or their employer may be informed if they seek treatment.

There are few but important gender differences. Females are significantly less admitted with a diagnosis of schizophrenia. Females receive much more commonly a schizopaf-

Table 9. Diagnostic breakdown in relation to sex in consecutive hospital admissions

	Male n = 77 %	Female n = 43 %	Total n = 120 %[a]	χ^2 sig
Depressive disorders & episodes	13 (16.9)	12 (27.9)	25 (20.8)	2.03, n. s.
Bipolar disorders & manic episodes	10 (12.9)	6 (13.9)	16 (13.3)	0.02 n. s.
Schizophrenia	11 (14.3)	1 (2.3)	12 (10)	4.39, P <0.05
Schizo-affective disorders	3 (3.9)	3 (7)	6 (5)	0.55 n. s.
Other psychotic disorders[b]	5 (6.5)	3 (7)	8 (6.7)	0.01 n. s.
Alcohol related disorders	11 (14.3)	–	11 (9.2)	–
Other substance related disorders	4 (5.2)	–	4 (3.3)	–
Organic mental disorders	4 (5.2)	1 (2.3)	5/ (4.2)	0.57, n. s.
Dissociative (conversion) disorders	1 (1.3)	7 (16.3)	8 (6.7)	9.95, <0.01
Adjustment disorders	6 (7.8)	6 (13.9)	12 (10)	1.16, n. s.
Others	9 (11.7)	4 (9.4)	13 (10.8)	0.16, n. s.
total	77 (100)	43 (100)	120 (100)	

[a] In four cases, three males and one female, the diagnosis was still uncertain on discharge.
[b] Includes acute and transient psychotic disorders and delusional disorders.

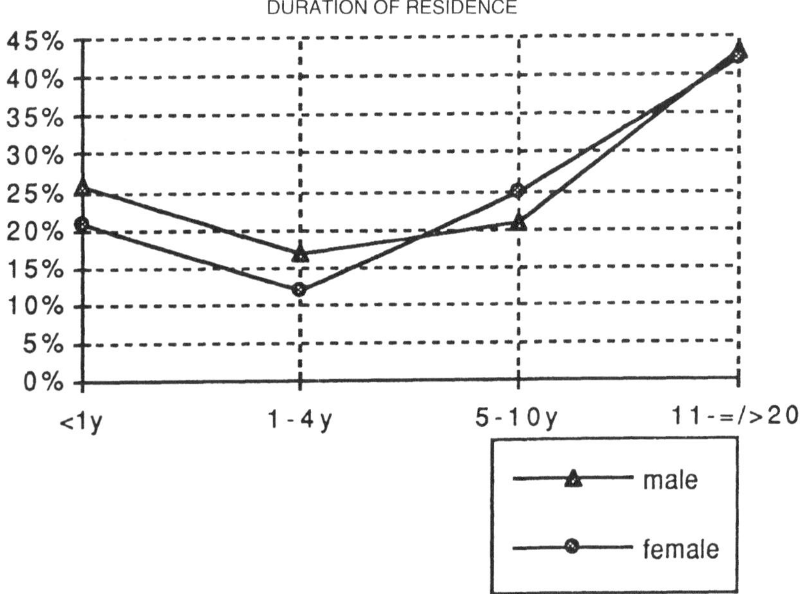

Fig. 1. Duration of residence

fective diagnosis. Females are significantly more frequently admitted with a diagnosis of dissociative (conversion) disorders. There were no female admissions for alcohol and other psychoactive substance related problems. Hysterical neurosis is diagnosed infrequently in Western cultures. It is still a common mental disorder in developing countries. The prevalence of hysterical neurosis in the psychiatry outpatient of a general hospital of a general hospital is 6.5 % in one study and 9.2 % in another (Chandrasekaran et al. 1994). In our study dissociative (conversion) disorders represent 6.7 % of the study sample. They are significantly more prevalent among females than males. Similar finding were previously reported in an overview of conversion disorder (Ford and Folds 1985). On the other hand, substance use disorders were exclusively represented in males. Although disparate disorders, these two groups of disorders may be expressions of more basic and unitary psychopathology. Indeed a link between conversion symptoms and sociopathy has been proposed (Cloninger et al. 1975; Guze 1964).

A comparison of diagnoses among the three cultures, namely Gulf region citizens, other Arab nationalities and Asians, show differences. Alcohol and drug related problems are highly represented among Gulf regions nationals (20.4 % of national admissions) $\chi^2 = 6.97$, $df = 2$; $P < 0.05$); it is lowest among other Arab nationalities (3.5 %) and intermediate among Asians (5.7 %). Affective disorders are highly identified among Arab residents (51.7 %), least among Gulf region citizens (24.1 %), and intermediate among the Asians (28.6 %) $\chi^2 = 6.91$, $df = 2$; $P < 0.05$). Anxiety and stress related disorders are highly represented among Asians and almost equally distributed among Arab nationals and gulf region citizens. The observation that drug problems, particularly alcohol, is significantly more prevalent among UAE nationals points out that alcohol use is spreading rapidly despite the Islamic ban. So far, alcohol has not been taken seriously as the number one problem drug. It has been overshadowed by other drugs, particularly opioids.

General Comment

The principle finding of this study is the higher proportion of male compared to female admissions to the only psychiatric ward serving a well-defined catchment area. In a previous survey of outpatient visits to the psychiatry clinic over three years (1991 – 1993), we found that males also outnumber females by a ratio of 1.44 : 1. These figures are based on a total of 11 981 males and 8300 females (Amin 1993, unpublished data). Our males also have an appreciably higher psychiatric consultation and previous admission rates. That the excess is real rather than apparent is confirmed by the almost equal mean duration of stay in the ward for the two sexes and the similar rates of readmission.

The real excess of male admissions may seem to reflect population composition rather than an excess of male over female psychiatric morbidity. Figures derived for the Al-Ain region indicate a male to female ratio of 1.53 : 1 (Ministry of Planning 1992). The population pyramid is seriously schewed in favour of males between the ages of 20 – 55 years. The larger numbers of males comes from the majority of male expatriate workforce, who cannot bring their families for financial reasons.

Still, almost three times as many males than females are admitted from the indigenous population (Table 2). A significantly higher proportion of these women are admitted in emergency. The increase in male admissions is more than the population increase even when the expatriate population is accounted for. Taken collectively, therefore, these findings indicate that women in Al-Ain are either less vulnerable to psychiatric disorder or are less likely to be referred to routine psychiatric services. The former possibility is contradicted by the findings of the community survey reported above. It remains to conclude that women have lesser access to psychiatric services than men for obvious cultural reasons. Women are not encouraged to engage in activities outside their homes and may not be permitted to seek medical help except for physical reasons. Psychological complaints may be considered forms of dissatisfaction with life, with spouse or even rebellion rather than suffering.

References

Abdel-Mawgoud M (1986) The English-Arabic version of PSE: an Arabic translation of the full version of Present State Examination (PSE). Psychiatric Hospital, Bahrain

Al-Khani MF (1986) Life events and schizophrenia: a study in Saudi Arabian population. Unpublished Ph. D. thesis, University of London

American Psychiatric Association (1987) Diagnostic and statistical manual of mental disorders, third edition revised. American Psychiatric Association, Washington DC

Amin Y (1993) Statistical analysis of psychiatric outpatient clinic Al Ain Hospital. Unpublished Service Report

Amin Y, Hamdi E (1995) Gender differences in psychiatric admissions: the influence of culture and social structure. Arab J Psychiatry 6 (in press)

Bebbington PE (1988) The social epidemiology of clinical depression. In: Henderson AS, Burrows GD (eds) Handbook of studies in social psychiatry. Elsevier, Amsterdam

Bebbington P, Ghubash R, Hamdi E (1993) The Dubai community psychiatric survey: II development of the Socio-cultural Change Questionnaire. Soc Psychiatr Psychiatr Epidemiol 28: 60-65

Bebbington PE (1987) Marital status and depression: a study of English national admission statistics. Acta Psychiatr Scand 75: 640-650

Bebbington PE, Hurry J, Tennant C, Sturt E, Wing JK (1981) Epidemiology of mental disorders in Camberwell. Psychol Med 11: 561-579

Birtchnell J (1980) Women whose mothers died in childhood: an outcome study. Psychol Med 10: 699-713

Brown GW, Harris T (1978) Social origins of depression: a study of psychiatric Disorder in Women. London: Tavistock

Carta MG, Carpiniello B, Morosini PL, Rudas N (1991) Prevalence of mental disorders in Sardinia: a community study in an inland mining district. Psychol Med 21: 1061-1071

Chaleby K (1985) Women in polygamous marriages in an inpatient psychiatric population in Kuwait. J Nervous Mental Dis 173: 56-58

Chaleby K (1988) Traditional Arabian marriages and mental health in a group of outpatient Saudis. Acta Psychiatr Scand 77: 139-142

Chandrasekaran R, Goswami U, Sivakumar V, Chitralekha (1994) Hysterical neurosis - a follow-up study. Acta Psychiatrica Scandinavica 89: 78-80

Cheng TA (1986) A community study of minor mental disorders in Taiwan. Unpublished Ph. D. Thesis, University of London

Cloninger R, Reich T, Guze SB (1975) The multifactorial model of disease transmission: III. familial relationship between sociopathy and hysteria (Briquet's syndrome)

Cochrane R, Stopes-Roe M (1980) Factors affecting the distribution of psychological symptoms in urban areas of England. Acta Psychiatr Scand 61: 445-460

Costello CG (1982) Social factors associated with depression: a retrospective community study. Psychol Med 12: 329-339

Department of Planning and Research (1992) The annual statistical book, Ministry of Health, United Arab Emirates

Der G, Bebbington P (1987) Depression in inner London - a register study. Social Psychiatry 22: 73-84

Dohrenwend BP, Dohrenwend BS (1969) Social status and psychological disorder: a causal inquiry. Wiley, New York

El-Assara A, Amin H (1988) Hospital Admissions in a Psychiatric division in Saudi Arabia. Saudi Med J 9 (1): 25-33

El-Islam MF (1979) A better outlook for schizophrenics living in extended families. Br J Psychiatry 135: 343-347

El-Islam MF (1982) Rehabilitation of schizophrenics by the extended family. Acta Psychiatr Scand 65: 112-119

El-Islam MF (1975) Culture bound neurosis in Qatari women. Social Psychiatry 10: 25-29

El-Rufaie OEF, Absood GH (1993) Minor psychiatric morbidity in primary health care: prevalence, nature, and severity. Int J Social Psychiatry 39 (3): 159-166

El-Rufaie OEF, Abu Medni MS (1991) Psychiatric in-patients in a general teaching hospital: an experience from Saudi Arabia. Arab J Psychiatry 2: 138-145

El-Sayed SM et al. (1986) Psychiatric diagnostic categories in Saudi Arabia. Acta Psychiatr Scand 74: 553-554
Ford CV, Folks DG (1985) Conversion disorder: an overview. Psychosomatics 26: 371-383
Ghubash R, Hamdi E, Bebbington P (1994) The Dubai community psychiatric survey: III Acculturation and the prevalence of psychiatric disorder. Psychol Med 24: 121-131
Ghubash R, Hamdi E, Bebbington P (1992) The Dubai community psychiatric survey: I-Prevalence and socio-demographic correlates. Soc Psychiatry Psychiatr Epidemiol 27: 53-61
Guze SB (1964) Conversion disorders in criminals. american J Psychiatry 121: 580-583
Hamdi E (1992) A comparison of hospital and community cases of psychiatric disorder: I Clinical pattern and socio-demographic characteristics. Egyptian J Psychiatry 15/1: 114-129
Harrison G (1991) Migration and mental disorder. Med Int 95 (Middle Eastern Edition Nov Psychiatry Part 2) 2: 3978-3980
Henderson AS, Duncan-Jones P, Byrne DG, Scott R, Adcock S (1979) Psychiatric disorder in Canberra. A standardized study of prevalence. Acta Psychiatr Scand 60: 355-374
Hodiamont P, Peer N, Syben N (1987) Epidemiological aspects of psychiatric disorder in a Dutch health area. Psychol Med 17: 495-505
Lloyd G, Bebbington P (1986) Social and transcultural psychiatry. In: Hill P, Murray R, Thorley A (eds) Essentials of postgraduate psychiatry, 2nd edn. Grune and Stratton, London
Madianos M, Vlachonikolis I, Madianou D, Stefanis C (1985) Prevalence of psychiatric disorders in the Athens area. Acta Psychiatr Scand 71: 479-487
Okasha A, Ashour A (1981) Psycho-demographic study of anxiety in Egypt: the PSE in its Arabic version. Br J Psychiatry 139: 70-73
Okasha A (1968) Preliminary psychiatric observation in Egypt. Br J Psychiatry 114: 949-955
Orley J, Wing JK (1979) Psychiatric disorders in two African villages. Arch Gen Psychiatry 36: 513-520
Sartorius N (1977) Priorities for research likely to contribute to better provision of mental health care. Soc Psychiatry 12: 171-184
Schwab JJ, Schwab ME (1978) Sociocultural roots of mental illness: an epidemiologic survey. Plenum, New York
Shepherd M (1978) Epidemiology and clinical psychiatry. Br J Psychiatry 133: 289-298
Solomon E, Bromet E (1982) The role of social factors in affective disorder in assessment of the vulnerability model of Brown and hid colleagues. Psychol Med 12: 123-130
Srole L, Langner TS, Michael ST, Opler MK, Rennie TAC (1962) Mental health in the metropolis, vol 1: the mid-town Manhattan study. McGraw Hill, New York
Surtees PG, Dean C, Ingham JG, Kreitman NB, Miller P McC, Sashidharan SP (1983) Psychiatric disorder in women from an Edinburgh community: association with demographic factors. Br J Psychiatry 142: 238-246
Tennant C, Bebbington P, Hurry J (1980) Parental death in childhood and risk of adult depressive disorders: a review. Psychol Med 10: 289-299
Tennant C, Bebbington P, Hurry J (1982) Female vulnerability to neurosis: the influence of social roles. Australian New Zealand J Psychiatry 16: 135-140
Tennant C, Smith A, Bebbington P, Hurry J (1981) Parental loss in childhood. Arch Gen Psychiatry 38: 309-314
Wing JK, Sturt E (1978) The PSE-ID-CATEGO system: a supplementary manual. Institute of Psychiatry, London
Wing JK, Cooper JE, Sartorius N (1974) Measurement and classification of psychiatric symptoms for the PSE and the CATEGO Program. Cambridge University Press, Cambridge
World Health Organization (1973) International pilot study of schizophrenia. World Health Organization, Geneva
World Health Organization (1979) Schizophrenia: an international follow-up study. Wiley, New York

Sachverzeichnis

Springer-Verlag und Umwelt

Als internationaler wissenschaftlicher Verlag sind wir uns unserer besonderen Verpflichtung der Umwelt gegenüber bewußt und beziehen umweltorientierte Grundsätze in Unternehmensentscheidungen mit ein.

Von unseren Geschäftspartnern (Druckereien, Papierfabriken, Verpakkungsherstellern usw.) verlangen wir, daß sie sowohl beim Herstellungsprozeß selbst als auch beim Einsatz der zur Verwendung kommenden Materialien ökologische Gesichtspunkte berücksichtigen.

Das für dieses Buch verwendete Papier ist aus chlorfrei bzw. chlorarm hergestelltem Zellstoff gefertigt und im pH-Wert neutral.